KB121371

아이들을 **놀게 하라**

아이들을 놀게 하라
—
2021년 9월 15일 초판 1쇄 발행
2021년 9월 29일 초판 2쇄 발행
—
지은이 파시 살베리, 윌리엄 도일
옮긴이 김정은
펴낸이 김정수, 강준규
책임편집 유형일
마케팅 추영대
마케팅지원 배진경, 임혜솔, 송지유, 이영선

펴낸곳 (주)로크미디어
출판등록 2003년 3월 24일
주소 서울시 마포구 성암로 330 DMC첨단산업센터 318호
전화 번호 02-3273-5135
팩스 번호 02-3273-5134
편집 070-7863-0333
홈페이지 http://rokmedia.com
이메일 rokmedia@empas.com
—
ISBN 979-11-354-6839-1 (03590)
책값은 표지 뒷면에 적혀 있습니다.

• 호모 루덴스는 로크미디어의 교육 도서 브랜드입니다.
• 잘못 만들어진 책은 구입하신 서점에서 교환해 드립니다.

LET THE CHILDREN PLAY

아이들의 몸, 두뇌, 마음을 성장시키는
놀이의 중요성

아이들을 놀게 하라

파시 살베리, 윌리엄 도일 지음 / 김정은 옮김

HOMO LUDENS

이 책을 우리의 가족 오토, 노아, 에로,
브렌던, 페트라, 나오미에게 바칩니다.

놀이에서 얻은 교훈을 창의적으로 적용할 줄 아는 어린이가 성공적인 인생을 살 수 있다.

활발한 놀이는 어린 시절의 정의 자체에 포함되어야 할 만큼 어린이의 발달에 대단히 중요하다. 놀이는 성장 과정의 소중한 기억이 되어 줄 뿐 아니라, 창의력과 상상력을 키워 주고, 신체, 인지, 감정 능력을 발달시킨다.[1]

- 미국 소아과 학회 임상 보고서

어린이들은 놀이를 통해 세상을 발견하고 놀이를 통해 창의력을 표출한다. 놀이가 없다면 완전한 지적 발달을 이룰 수 없다. 삶에 활기를 주는 생각과 개념들은 놀이라는 거대한 통로를 통해 아이의 영적인 세상으로 흘러들어간다. 놀이는 호기심과 탐구심에 불을 붙여 줄 하나의 불꽃이다.[2]

- 바실리 수호믈린스키, 교육자, 기쁨의 학교School of Joy 창립자

요즘 메이플 스트리트 초등학교의 운동장은 조용하다.

움직이는 것이라고는 강한 서풍에 떠밀려 앞뒤로 삐걱삐걱 흔들리는 그네뿐이다. 한때 미끄럼틀을 타기 위해 길게 늘어서던 줄은 이제 온데간데없다. 소프트볼이나 킥볼 게임을 하는 아이도, 술래잡기나 얼음땡을 하는 아이도 없다. 올해에는 5학년들의 뮤지컬 공연도 없을 것이다.

아이들은 리코더 부는 법을 배우지 않을 것이고, 세월을 초월하여 이어져 온 민요 배우기 시간도, 리듬에 맞게 행진하기도 더 이상 없을 것이다. 미술 작품 전시회도 열리지 않을 것이다. 물감에 옷이 얼룩덜룩해지지 않도록 해 줄 아빠의 나이만큼 낡은 긴팔 셔츠가 더는 필요하지 않다.

메이플 스트리트 초등학교가 문을 닫는 거냐고? 그렇지 않다. 학교는 낙제학생방지법No Child Left Behind Act의 의무사항을 충족하기 위해 매분 매초를 쥐어 짜내고 있을 뿐이다. 이제, 많은 부모와 교육자들은 미국의 초등학생

들이 어린 시절을 완전히 박탈당하고 있는 것은 아닌지 의심의 눈길을 보내고 있다.[3]

- 조안 헨리, 재키 맥브라이트, 줄리 밀리건, 조이 니콜스

그들은 나무 사이를 달리다가 미끄러지고 넘어지고 서로를 밀쳐 댔으며, 잡기 놀이를 하고 숨바꼭질을 했다. 하지만 무엇보다도 그들은 눈물이 뺨을 타고 흘러내릴 때까지 실눈을 뜨고서 태양을 바라보았다. 그 노랑과 그 아름다운 파랑을 향해 손을 흔들었고, 신선한 공기를 흠뻑 들이마셨으며, 아무 소리도, 아무 움직임도 없는 신성한 바다에서 가만히 고요함에 귀를 기울였다. 그들은 모든 것을 바라보았고 모든 것을 음미했다. 그러고는 거칠게, 마치 동굴을 탈출한 동물들처럼 소리치며 원을 지어 달렸다. 한 시간 내내 달리기를 멈추지 않았다.[4]

- 레이 브래드버리Ray Bradbury, '단 하루의 모든 여름All Summer in a Day' 중에서

저자·역자 소개

—

저자 | **파시 살베리**Pasi Sahlberg

파시 살베리는 세계적으로 저명한 교육자이자 저자, 강연자, 학자이며, 교육 개혁과 관련하여 세계적으로 존경받는 권위자이다. 파시는 교사, 헬싱키에 있는 핀란드 교육부 사무국장, 워싱턴 DC 세계은행 선임 교육전문가, 하버드 대학교 방문교수 등을 역임하였다. 2016년에는 아동 교육, 창의성, 놀 권리에 대한 연구 공로를 인정받아 레고상Lego Prize을 수상하였다. 현재는 호주 시드니의 뉴사우스웨일스 대학교 교육학부에서 교육정책 교수로 재직 중이다. 파시의 전문 연구 분야로는 교습 및 학습, 학교 개혁, 국제 교육 문제, 교육 리더십 등이 있다. 교육에 관하여 수많은 사설, 단행본을 출간하였고 세계 각지에서 500회 이상 강연하였다. 핀란드, 스웨덴, 스코틀랜드, 호주, 캐나다, 아이슬란드 등 많은 나라의 정부 및 지도자들에게 교육 개혁에 관한 조언을 하기도 했다. 그는 저서《핀란드의 끝없는 도전》으로 2013년 미국 그라베마이어상Grawemeyer Award을, 감동적인 교육자이자 교육적 평등의 옹호자로서의 공로를 인정받아 2014년에는 스코틀랜드에서 로버트 오웬상Robert Owen Award을 받기도 했다.

저자 | **윌리엄 도일**William Doyle

윌리엄 도일은 뉴욕 타임스 베스트셀러 저자이자 텔레비전 프로듀서다. 2015년부터 이스턴 핀란드 대학교에서 풀브라이트 학자이자 미디어 및 교육 분야 강사로, 유니세프, OECD, 세계경제포럼으로부터 세계 최고의 교육 체계를 지닌 나라로 선정된 바 있는 핀란드에서 교육문화부 고문으로 활동하였다. 윌리엄은 백악관의 역사에 대한 다큐멘터리로 미국 작가조합상 최고의 텔레비전 다큐멘터리 부문을 수상하였고, HBO 오리지널 프로그래밍 이사로 재직하였다. 미국 변호사협회의 실버 그래블상Silver Gavel Award과 미국 도서관 협회의 알렉스상Alex Award을 수상하였고, 로버트 F. 케네디Robert F. Kennedy 도서상 최종 후보에 올랐었다. 교육에 관한 그의 사설은 〈워싱턴포스트〉, 〈LA 타임스〉, 〈USA 투데이〉, 〈뉴욕데일리뉴스〉, 〈시드니모닝헤럴드〉 등 다양한 매체를 통해 소개되고 있다. 윌리엄은 2017년 히스토리 채널의 다큐멘터리 《권력의 이동Transition of Power: The Presidency》의 책임 프로듀서, 《네이비실: 숨은 역사Navy Seals: Their Untold Story》의 공동 프로듀서이자 동명의 책의 공저자, 《미국의 반란: 제임스 메러디스와 미시시피 옥스퍼드 전투An American Insurrection: James Meredith and the Battle of Oxford, Mississippi》, 위대한 인권운동가 제임스 메러디스의 자서전 《주님이 주신 임무A Mission from God》, 《PT 109: 미국의 주요 전쟁, 존 F. 케네디의 생존과 운명An American Epic of War, Survival and the Destiny of John F. Kennedy》의 저자이기도 하다.

2017년에 저자들은 이 책의 작업을 위해 록펠러 재단 벨라지오 센터의 상근 선임연구원으로 임명되었다. 두 저자는 놀이의 중요성을 강조하며 아이들이 빼앗긴 놀이를 되찾아주기 위해 수백 개의 논문과 자료를 근거로 아이들이 놀이를 하는 것이 유익하고 합리적이라는 사실을 전한다. 자녀를 둔 부모로서 저자들은 아이와 부모 양쪽 모두에게 도움이 될 수 있는 최선의 방안을 이 책을 통해 제시하고 있다.

역자 | **김정은**

서울대학교에서 외교학을 전공했다. 졸업 후에 국제무역과 금융에 대한 관심을 바탕으로 한국무역보험공사에서 근무하다 번역 작업에 매력을 느껴 번역가의 길에 들어섰다. 현재 펍헙번역그룹에서 전문번역가로 활동하고 있다. 옮긴 책으로《비밀의 화원》,《아이처럼 놀고 배우고 사랑하라》,《숫자 갖고 놀고 있네》등이 있다.

추천사

▬

어린 시절 당신은 얼마나 많은 시간을 밖에서 놀면서 보냈는가? 혼자서 또는 친구들과 함께 놀이를 만들어 내고 뛰어다니고 뒹굴면서, 그저 즐거움을 만끽하며 보낸 시간이 얼마나 되는가? 아마 일주일에 몇 시간씩은 되었을 것이다. 나는 베이비붐 세대다. 리버풀의 도심에서 자라는 동안 나와 형제들은 밖으로 놀러 다니느라 집에 붙어 있을 틈이 없었다. 마치 고양이들처럼 오로지 밥을 먹을 때만 집에 갔다. 거리에서, 뒷골목에서, 공원에서 우리끼리, 또는 동네의 다른 친구들과 함께 놀았다.

우리는 뛰어다니면서 잡기놀이를 했고, 숨바꼭질과 공놀이를 했다. 만화책에서 읽은 이야기나 토요어린이극장에서 본 영화 내용을 저 나름대로 각색해서 우리만의 모험을 떠나기도 했다. 우리의 부모님들도 비슷한 어린 시절을 보냈고, 그들의 부모님들 역시 마찬가지였다. 아주 오랜 옛날부터 아이들은 신체놀이, 상상놀이, 사회적 놀이를 하며 밖에서 많은 시간을 보냈다. 하지만 이제는 그렇지 않다. 오늘날의 아이들은 그 어느 때보다도 놀이에 시간을 적게 쓰고 있다. 그리고 그 결과는 짐작하기조차 어렵다.

《아이들을 놀게 하라》는 놀이가 어린이들에게 얼마나 중요한가를 생생하게 보여 주는 책이다. 놀이가 아이들에게 주는 즐거움은 결코 사소하지 않다. 무럭무럭 성장하기 위해서 아이들은 놀아야 한다. 몸을 이용한 활동적인 놀이는 아이가 자기 자신과 주변의 세상에 대해 배우는 가장 중요한 방법이다. 놀이는 아이들이 저 나름대로의 삶을 일구어 나가는 데 꼭 필요한 개인적, 사회적 기술을 연마하고 신체적, 정신적으로 건강하게 발달하기 위해서 꼭 필요하다. 활동적인 놀이는 모든 어린이의 일상에 규칙적으

11

로 포함되어야 한다. 그러나 이 책에서 보여 주듯이, 슬프게도 많은 어린이들이 마주하고 있는 현실은 전혀 다르다. 세계 많은 지역의 어린이들은 여러 가지 이유로 놀이에 대한 욕구와 권리를 조직적으로 박탈당하고 있다.

교육 분야에서의 경험을 통해 나도 이런 현실을 접했다. 현재 나는, 어린이의 놀이를 장려하기 위해 유니레버Unilever로부터 자금 지원을 받아 운영되는 국제기구 '먼지는 이롭다Dirt is Good(DiG)'에서 회장이자 수석 고문으로 일하고 있다. 이 캠페인은 어린이의 삶이 점점 더 균형을 벗어나고 있으며, 신체적이고 활동적인 놀이가 다른 요구사항과 제한 사항들 때문에 점점 밀려나고 있다는 우려로부터 시작되었다. 2015년 '먼지는 이롭다' 캠페인은 전 세계 부모들이 놀이에 대해 어떤 태도를 취하고 있는가에 대해 설문조사를 진행하였다. 브라질, 중국, 인도, 인도네시아, 포르투갈, 남아프리카공화국, 터키, 영국, 미국 등 10개국에 거주하는 12,000여 가정이 조사에 참여하였다. 그 결과, 모든 지역의 어린이들이 이전 세대에 비해 자기주도적인 실외놀이를 하는 데 훨씬 적은 시간을 쓰고 있음이 밝혀졌다.

전체 부모의 약 3분의 2가 자녀들의 바깥놀이 기회가 자신들의 어린 시절에 비해 줄어들었다고 말한다. 어린이의 절반 이상이 하루에 채 한 시간도 밖에서 놀지 못하며, 그보다 훨씬 적게 노는 아이들도 많다. 놀이는 점점 더 실내로 집중되고 있으며, 전체 어린이의 10퍼센트 가까이가 밖에서 전혀 놀지 않는다. 엄중한 감시를 받는 죄수들조차도 하루에 최소 한 시간씩을 실외에서 휴식이나 운동을 하며 보내도록 한다. 오늘날 전 세계의 많은 어린이들은 범죄자들보다도 실외에서 보내는 시간이 적은 셈이다. 아이들이 전혀 놀지 않는다는 뜻은 아니다. 하지만 오늘날 아이들은 다르게 논다. 앞으로 살펴보겠지만, 바깥놀이 시간이 주어진다고 해도 정해진 게임이나 활동을 하며 어른들의 감시를 받는 경우가 많다. 실내에서 놀 때는 대부분의 시간을 컴퓨터 게임을 하면서 보낸다. 그러면 이런 현실에는 어떤 문제가 있을까? 그리고 과연 어떤 종류의 놀이가 가장 중요할까?

DiG 캠페인에서 부모들에게 이 질문을 던졌더니, 반복적으로 등장하는 문구가 있었다. 바로 '진짜 놀이'였다. 그게 무슨 뜻이냐고 묻자 다음과 같은 답변이 돌아왔다.

'눈을 반짝이며 몰입된 상태로 하는 놀이', '열정과 행복을 느낄 수 있는 놀이', '자신의 성격을 자연스럽게 표현할 수 있는 놀이', '아이들의 자연스러운 호기심을 자극하는 놀이'.

과연 '진짜 놀이'란 무엇이고 그것이 왜 그렇게 중요할까?

진짜 놀이는 특정한 활동을 의미하지 않는다. 오히려 다양한 활동을 할 때 느껴지는 특정한 마음 상태를 뜻하므로, 모래놀이를 하든 물놀이를 하든, 그림그리기, 줄넘기, 등산, 잡기놀이, 역할놀이, 저글링, 숨바꼭질을 하든 상관없다. 진짜 놀이에는 다양한 감각 활동 및 신체 활동이 포함된다. 또한 아래와 같은 일반적 특징을 갖는다.

· 자신의 의지에 따라 스스로 시작한다: 아이가 자유롭게 선택하는 것이 진짜 놀이다. 누가 시켜서 억지로 어떤 놀이를 할 때 아이들은 논다는 기분을 전혀 느끼지 못할 것이다.

- 창의적이다: 아이들은 저마다의 흥미와 상상에 맞게 현실을 바꿔 가며 상상놀이를 한다.
- 활동적이다: 진짜 놀이를 할 때 아이들은 정신적으로는 물론이고 신체적으로도 활발히 움직인다.
- 협상을 통해 만들어진 규칙이 있다: 게임에 참여하는 자격부터 게임 안에서 어떤 행동이 용인되는지 등 놀이의 규칙을 아이가 만든다.

저자들은 수많은 연구 결과를 통해 진짜 놀이가 행복한 아동기를 보내고 독립적인 성인이 되기 위한 필수 요소임을 확인시켜 준다. 진짜 놀이는 건강한 *신체* 발달을 위해 필수적이다. 자라나는 어린이에게는 자신의 능력을 탐구할 수 있는 안전한 환경과 풍부한 영양, 활발한 신체 활동으로부터 오는 자극이 필요하다. 진짜 놀이는 어린이의 *인지* 발달을 자극한다. 어린이의 두뇌는 가소성이 대단히 크다. 진짜 놀이를 통해 타고난 호기심과 창의력을 활용하는 과정에서 어린이의 두뇌는 새로운 신경 연결망을 형성하고 기존의 연결망을 발달시킨다. 진짜 놀이는 어린이의 *정서 발달*을 촉진한다. 놀이를 통해 아이들은 자신의 감정과 생각을 탐구하고 타인이 어떻게 느끼고 생각하는지 배운다. 진짜 놀이는 어린이의 *사회성 발달*에도 필수적 역할을 한다. 놀이를 통해 아이들은 타협하는 법, 공통의 목표를 이루기 위해 다른 사람과 사이좋게 지내는 법을 배우고, 협력하기, 소통하기, 문제 해결하기를 연습한다.

만약 진짜 놀이가 어린이들의 행복한 삶에 그토록 중요하다면 왜 오늘날의 어린이들은 이전 세대에 비해 진짜 놀이를 많이 누리지 못하는가? 몇 가지 이유가 있다. 하나는 디지털 미디어의 광범위한 보급과 자제하기 어려운 컴퓨터 게임의 등장이다. DiG 캠페인은 두 번째 설문조사를 진행하여 가정에서 어린이들이 얼마나 많은 시간을 미디어 활동에 소비하는지 살펴보았다. 영국, 아일랜드, 프랑스, 스페인, 포르투갈 전역에서 신생아부터 만 7세까지의 자녀를 키우고 있는 부모 4,000여 명이 설문에 참여했는데, 이들의 4분의 3은 자녀들이 아주 어린 나이부터 매일 상당 시간을 미디어 화면 앞에서 보낸다고 답했다. 만 3세가 될 무렵, 미디어 사용은 아이들이 노는 주된 방법이 되었다. 계산 결과 만 7세가 될 때까지 아이들이 컴퓨터나 텔레비전 화면 앞에서 보내는 시간은 최대 2년 3개월(818일)에 이르렀다. 심지어 가족 및 친구들과 함께 컴퓨터 게임을 하거나 영화를 보는 시간은 이 중 절반도 채 되지 않았고, 나머지 시간 동안 아이들은 미디어를 보며 홀로 시간을 보냈다.

만 7세가 될 때까지 아이들은 일반적으로 미디어와 함께 1년 3개월을 보냈고, 이는 누군가와 함께 밖에서 노는 시간의 2.5배 이상이었다. 예를 들어 부모 다섯 명 중 네 명은 자녀들이 밖에서 활동적인 운동을 하기보다는 실내에서 가상 스포츠를 즐길 거라고 답했다. 물론 미디어 활동이 모두 나쁜 것은 아니고, 여기서 비디오 게임이나 디지털 문화에 대해 반대 의견을 제시하려는 것도 아니다. 비디오 게임은 아이들에게 긍정적인 영향을 줄 수도 있다. 하지만 《아이들을 놀게 하라》가 설득력 있게 보여 주듯이, 진짜 놀이가 주는 사회적, 정서적, 인지적, 신체적 이득에는 비할 바가 아니다.

진짜 놀이를 막는 또 하나의 장벽이 있다. 많은 어른들은 아이들의 놀이를 즐거운 여가 활동 정도로 여길 뿐, 다른 우선사항들, 특히 교육에 비해 중요하지 않다고 생각한다. 지난 20여 년 동안 공공 교육 정책은 학교와 교사, 학생들에게 끝없이 계속되는 표준 시험을 통해 학업 성취도를 증명하도록 엄청난 압력을 가해 왔다. 많은 부모들은 자녀들이 마주한 불확실한 미래를 깊이 걱정한다. 바로 이 불확실성 때문에 학교에서는 물론이고 가정에서도 체계적인 학습과 성적 높이기에만 점점 더 초점을 맞추고 있다. 진짜 놀이는, 그것이 얼마나 중요한지 널리 알려지지 않았기 때문에 가정과 학교, 공공 정책에서 보통 중요한 안건으로 다뤄지지 않는다.

많은 학교가 학습 시간을 확보하기 위해 놀이 시간을 줄이고 있다. 학교 밖에서 보내는 시간도 역시 빈틈없이 관리된다. 그것이 학교나 직장에서의 경쟁을 위해 필요한 이해력과 기술을 함양하기 위한 최선의 방법이라고 여기기 때문이다. 심지어 자녀들에게 더 다양한 놀이와 창의적인 바깥놀이가 필요하다고 믿는 부모들조차도 차마 일정을 바꾸지는 못한다. 결국 놀이는 아이들의 '할 일 목록'에서 점차 사라지고 있다.

바깥놀이가 줄어드는 세 번째 이유는 두려움이다. 전 세계 어린이들의 바깥놀이 시간이 줄어드는 이유는 부모들이 자녀의 안전을 걱정하기 때문이다. 이런 두려움의 대부분은 근거 없는 것임에도, 24시간 동안 끊임없이 불필요한 걱정을 유발하는 뉴스들에 의해 과장된다. 이 때문에 밖에서 놀 때도 아이들은 성인의 감시를 받곤 하는데, 그 결과 놀이가 주는 이득이 크게 줄어들거나 아이들에게 진짜 놀이라는 느낌을 전혀 주지 못하게 된다.

또 다른 문제도 있다. 도시 인구가 늘고 농어촌 인구가 줄어들면서 자동차를 비롯한 장애물이 없는, 진짜 놀이에 적합한 장소가 대단히 부족해졌다는 점이다. 많은 도시 지역에서는 도시 계획을 할 때 놀이를 우선순위에 두지 않기 때문에 아이들이 놀 수 있는 안전한 공간을 마련하지 않는다. DiG 캠페인에서는 '놀이 부족' 문제를 사회적으로 중요하게 다뤄야 한다고 주장한다. 대단히 중요한 문제이기 때문이다. 우리는 인식 제고와 변화를 위한 실질적 행동을 통해 어린이의 일상에 다양한 형태의 놀이를 되살려야 한다. 그것이 바로 이 책의 주제의식이기도 하다.

《아이들을 놀게 하라》는 많은 부모와 교육자, 정책 결정자들이 교육의 우선순위를 급진적으로 바꾸어, 어린이의 건강, 교육, 행복을 증진해야 한다고 주장한다. 그들의 주장은 구체적 근거를 통해 열정적이고도 설득력 있게 제시된다. 또한 어떤 변화를 통해 어떤 이익을 얻게 되는지 구체적으로 보여 주는 놀라운 대안적 사례들이 포함되어 있으며, 결론에서는 그런 변화를 불러오는 데 도움이 될 행동 목록도 제시한다. 간결하고 명확한 저자들의 주장은 최근 연구 결과뿐만 아니라 인간을 훌륭하게 성장시키는 것에 관한 고전적 원칙들에 기반을 둔다. 나는 독자 여러분도 저자들이 잘 정리한 권위 있는 자료와 사례, 주장들을 통해 설득될 것이라고 믿는다. 아니, 어렸을 때 놀이의 이익을 체감해 본 적이 있는 독자라면, 마음속 깊은 곳으로는 모든 어린이가 놀이의 이익을 누려야 함을 이미 알고 있으리라고 믿는다.

켄 로빈슨

감사의 글

—

우선, 인터뷰에 응해 준 많은 분들께 감사한다. 그밖에도 감사할 분들이 너무나 많다. 페트라 살베리, 브렌던 도일, 나오미 모리야마, 마리 루이스 도일, 편집자인 애비 그로스와 옥스퍼드 대학 출판사의 많은 동료들, WME 엔터테인먼트의 에이전트 멜 버거와 데이비드 하인즈, 켄 로빈슨 경, 제임스 메러디스, 이스턴 핀란드 대학의 동료와 학생들, 앤디 하그리브스, 유카 몬코넨, 리스토 투루넨, 유카 피티카이넨, 잔 피타리넨, 사리 아부-누티넨, 리트바 칸텔리넨, 헬미 야빌로마-마켈라, 헤이키 하포넨, 유르키 코르키, 투마 야르벤파, 샘 에이브럼스, 이바나 안드리야세빅, 마리자 프라네토빅 시비틱, 바리야 마직, 레이첼 코퍼, 커스티 길크리스트, 캐시 람스테터, 캐시 허시-파섹, 찰스 애덤스, 마이클 리치, 팀 워커, 그웬 콜빈, 제리 헐버트, 주니 몰사, 레오니 하임슨, 테리 몰사와 핀란드 풀브라이트센터의 동료들, 록펠러 재단 벨라지오 센터의 직원들에게 감사 인사를 드린다. 중국의 안지 플레이와 관련하여 청쉐친과의 인터뷰를 통역해 준 제시 코피노에게도 감사한다.

목차

—

어린 시절의 황금기는
올 것이다

어린이를 어떻게 대하는가보다
사회정신을 적나라하게 드러내는 것은 없다.[5]

- 넬슨 만델라

놀이와 놀이를 통한 배움은 아이들에게 이롭다.
당신의 자녀에게도 어린 시절을 허락하라![6]

- 리센룽, 싱가포르 총리

어린이들은 세상에 존재해 온 이래로 늘 놀이를 통해 배워 왔다. 격려와 자유 속에서, 그 어떤 처벌이나 불이익도 없이 활기차게 움직이고, 탐험하고, 발견하고, 실행하고, 흉내 내고, 실험하면서 배움을 얻었다.

지적인 놀이와 신체놀이는 모두 어린이의 건강한 성장과 배움을 위해 필수적이다.

이는 비주류적 관점이 아니고, 자유주의적이거나 보수주의적인 의견도 아니며, 특정한 시대, 문화, 나라에만 국한된 생각도 아니다. 오늘날 전 세계를 선도하는 교육자, 아동발달전문가, 연구자, 소아과 의사들은 하나같이 입을 모으고 있다. 어린이가 잘 배우기 위해서는 놀이가 필요하다고.

1930년 미국 전역의 아동발달전문가 3,000명은 백악관 회의를 통해 '어린이 헌장Children's Charter'을 선포하였다. 이 헌장은 국가적 정책 선언으로, "미국 깃발의 보호 아래에 있는 모든 어린이는 우정과 놀이, 즐거움을 누릴 권리를 가지며, 사회로부터 놀이와 오락을 위한 안전하고 건전한 장소를 제공받을 권리, 교사나 적절히 훈련받은 지도자들과 함께 건전한 신체적, 정신적 즐거움을 누릴 권리를 갖는다."라고 언명하였다. 당시 이 헌장은 대통령의 지지와 서명을

받았으며, 심지어 대통령은 자신의 권한으로 헌장의 권위를 뒷받침해야 한다고 강력하게 주장하기도 했다.[7]

1989년 국제연합이 채택한 아동권리협약Convention on the Rights of the Child 제31조는 "모든 아동은 휴식과 여가를 즐기고, 연령에 적합한 놀이와 오락 활동에 참여하며, 문화생활과 예술에 자유롭게 참여할 권리를 갖는다."라고 선언하였다. 2007년에는 미국의 소아과 의사 67,000여 명을 대표하는 미국 소아과학회American Academy of Pediatrics가 임상 보고서를 통해 '어린이의 건강한 발달을 촉진하는 데 놀이가 중요한 역할'을 하며, '학습 환경에도 반드시 포함되어야 함'[8]을 강조하였다. 2010년 질병통제예방센터Centers for Disease Control and Prevention가 발간한 보고서에 따르면, 학교 쉬는 시간을 포함한 신체 활동 시간은 표준 시험 성적 등 학업 성취도 향상에 도움이 될 수 있고, 인지 능력과 태도 그리고 학습 행동에도 영향을 미쳐 수업 태도를 개선하고 집중력을 높이며, 결과적으로 학업 성취도를 개선한다. 이를 뒷받침하는 근거는 상당히 많다고 한다.[9]

2011년 유럽의회European Parliament와 유럽연합 이사회Council of the European Union는 "모든 어린이는 휴식과 여가, 놀이를 즐길 권리를 가진다."라고 선언하고, '놀이가 유년기의 학습에 결정적인 역할을 함'을 인정하였다.[10] 미국 소아과학회는 2011년 또 한 편의 중요한 임상 보고서를 통하여 '부모, 교육자, 소아과 의사가 놀이의 중요성을 이해해야만' 빈곤한 어린이가 최고의 잠재력을 발휘할 수 있음을 강조하였고[11], 2013년에 발행한 임상 보고서에서도 '쉬는 시간은 아동

의 발달에 매우 중요한 필수 요소이며, 학교에서의 성과 개선을 위해서도 필수적'이라고 주장하였다.[12]

또한 대단한 권위를 자랑하는 미국 국립과학아카데미National Academy of Sciences 소속 의학 협회Institute of Medicine(현재 국립의학아카데미 National Academy of Medicine라고 불림)는 2013년에, 학교에서 체육 교육과 더불어 최소 60분 동안의 격렬한 또는 적당한 강도의 신체 활동 기회가 제공되어야 한다고 권고하였다.[13] 이 목표는 수업 시간 사이사이에 자유롭게 놀 수 있는 쉬는 시간을 배치하는 것만으로도 거의 달성할 수 있다고 보았다. 〈뉴욕타임스〉 기사에 따르면 국립의학아카데미는 '건강 및 의학 분야에서 최고의 권위를 지닌 존경받는 학자들'로 구성되며, 이들이 발간하는 보고서에는 전 세계 의료계를 바꾸어 놓을 만한 힘이 있다고 한다.[14]

2017년 미국 질병통제예방센터는 신체 활동과 쉬는 시간이 학생들의 학교생활에서 필수적이며 학업 성취도 향상에 도움을 줄 수 있다고 선언하였다.[15]

같은 해 중국 교육부는 유아 교육에서 놀이를 장려하는 일을 '무엇보다도 중요한 문제'로 규정하면서 '어린이의 삶에서 놀이가 지니는 가치'를 강조하였고, 놀이는 '세상과 만나고 배우는 어린이들만의 방식'이라고 선언하였다. 또한 부모와 교육자들에게 어린이들이 '자발적이고 즐거운 놀이'에 참여하도록 용기를 북돋워 주고 지지해 줄 것을 촉구하고, 지식과 기술 학습만을 강조하고 놀이는 평가절하하거나 방해하는 오늘날의 세태를 비판하였으며, 어른들이 주도하는 놀이, 전자 기기가 다른 놀잇감을 대체하는 현상 등 어린이의 놀 권리를 박탈하는 다양한 요소들을 없애고, 어린이의 신체 및 정서 건강에 악영향을 미치는 유치원의 '초등학교화'와 '성인 중심적 교육' 경향을 되돌려야 한다고 말했다.[16]

2018년, 세계은행이 발간하는 세계 개발 보고서는 "어린이들의 두뇌가 새로운 정보를 가장 효율적으로 취하기 위해서는 탐구, 놀이, 친구나 양육자와의 상호작용이 필요하다."라고 선언했다.[17]

같은 해 미국 소아과 학회는 또 한 편의 보고서를 발간하여 어린이들의 삶에 놀이를 시급히 되돌려 줘야 한다고 촉구하였다. 보고서에 따르면 놀이는 21세기에 꼭 필요한 능력인 문제 해결력, 협동력, 창의력을 습득하기 위한 기초가 되며, 성인으로서 성공하기 위해 꼭 필요한 실행 능력을 키워 준다고 한다. 또한 어린이들은 놀이를 통해 급변하는 오늘의 세계가 요구하는 기술을 함양할 수 있다. 그 밖에도 놀이는 가정에서 올바른 행동의 기초가 되는 실행 능력을 키우고, 학교에서 언어 및 수리 능력을 함양하며, 안전하고 안정된 양육 관계를 형성하여 해로운 스트레스로부터 보호받고, 사회적, 정서적 회복력을 키울 수 있는 훌륭한 기회가 된다.[18]

이처럼 놀이가 어린이의 삶과 교육의 기초를 이룬다는 합의가 의학계 및 과학계 전반에 강하게 형성되어 있음에도, 전 세계의 수많은 어린이들에게 놀이는 점점 더 희귀한 경험이 되고 있다.

학교에서는 왜 놀이가 죽어 가고 있는가? 많은 사회적 문화적 요인이 존재하지만, 한 가지 중요한 정치적 원인으로 '세계교육개혁운동Global Education Reform Movement', 즉 'GERM'을 꼽을 수 있다. 이는 저자 파시 살베리가 만든 용어로서, 어린이가 학내 활동에 얼마나 많이 참여하고 행복하게 노는가보다 표준 시험을 통해 측정된 학업 성취도를 더 중요하게 여기는 학교 개혁 패러다임을 지칭한다.

GERM은 어린이들의 학습량을 늘림으로써 교육이 개선될 수 있다는 일부 정치가 및 정책 결정자들의 믿음으로, 이를 위하여 학교들 간의 '적자생존' 경쟁, 교사 인력의 비전문화 및 교수 학습과정의 표준화, 정량화된 자료에 근거한 학교 경영이 필요하다는 주장이다. 특히, 이들은 성과에 관한 자료를 획득하기 위하여, 빠르게는 초등학교 3학년부터 일부 과목에서 보편적인 필수 표준 시험을 치르게 해야 한다고 주장한다. 정부로부터 표준화된 시험 점수를 산출하라는 강력한 압박을 받는 학교와 아이들에게 —미술, 음악, 체육, 생활 기술, 야외 실습, 도덕, 시민윤리, (과학, 기술, 공학, 수학 과목의) 실험 프로젝트와 더불어— 놀이는 언제든지 포기할 수 있는 불필요한 사치로 점점 무시되고 있다.

의도가 얼마나 좋았든 GERM은 잘못된 정보와 이해가 만들어 낸 비효율적 정책이었고, 그로 인해 1990년대부터 오늘에 이르기까지 미국, 영국, 호주의 공교육 시스템은 완전히 오염됐으며, 그 영향이 다른 지역까지 퍼져 나가고 있다. 아동 교육은 그 어떤 의미 있는 척도로 보아도 개선되지 않았고, 오히려 교육의 중대한 초석인 놀이만이 평가절하되어 사라지고 있다. 놀이가 점점 잊히는 책임은 최소한 부분적으로 GERM 정책에 있다.

부모들은 무엇이 자녀들에게 최선인지를 안다. 하지만 교육에 관해서 부모들이 항상 완벽한 정보를 갖추거나 진실만을 듣는 것은 아니다. 예를 들어 (만 4, 5, 6세 정도 되는) 유아들에게 억지로 학과목을 가르쳤을 때 조금이라도 장기적 학습효과가 있다는 구체적인 근거가 거의 없다는 사실을 많은 부모들은 모를 것이다. 자발적인 독서나 짧은 복습 과제를 제외하고 고등학교 이전에 주어지는 대부분의 숙제들이 아이들에게 도움이 된다는 구체적인 근거 역시 거의 없다는 사실도 아마 모를 것이다. 또한 아이들이 가장 잘 배우기 위해서는 학교에서든 학교 밖에서든 정기적으로 실내외놀이가 필요하며, 이는 특히 어린 아이일수록 중요하다는 사실도 많은 부모들이 모를 수 있다.

　파시 살베리는 최근 멕시코시티에서 개최된 어느 교육 회의에서 이런 현실을 생생하게 마주했다. 파시의 강연이 끝난 후 멕시코시티의 어느 사립 유치원에서 일하는 몇몇 교사들이 다가오더니 물었다.

　"선생님 책은 언제 출간되나요? 꼭 필요한 책이에요! 지금 당장요!"

　파시가 이유를 묻자 한 교사가 이렇게 설명했다.

　"저희 유치원의 학부모님들은 놀이가 얼마나 중요한지 이해하지 못해요. 어떤 분들은 유치원비를 깎아 달라고까지 하세요. 놀이 시간이나 낮잠 시간은 거의 시간 낭비나 마찬가지인데 그 시간에 대해서까지 유치원비를 낼 필요가 없다고 생각하시는 거죠."

파시는 대답했다.

"그래 봐야 만 네다섯 살 된 아이들이잖아요! 그렇게 어린 아이들은 유치원에 다니는 목적 자체가 놀이를 통해서 배우기 위해서인데요!"

선생님들이 맞장구쳤다.

"그러니까요! 하지만 학부모님들은 그걸 모르세요."

멕시코시티의 학부모들만 그런 건 아니다. 공저자 윌리엄 도일은 어느 날 뉴욕의 공원 벤치에 앉아 아들이 뛰어노는 모습을 바라보다가 어느 유치원 교사와 대화를 나누게 됐다. 놀이터에서 즐겁게 뛰노는 두 아이는 그녀가 부업으로 돌보는 아이들이라고 했다. 그녀는 아동교육 분야에서 박사 학위까지 받은 대단히 숙련된 교육자였다. 그녀는 파크 애비뉴 바로 근처에 있는 사립학교 소속 유치원에서 일하고 있었는데, 종교적 색채가 강한 엘리트 교육기관이며 입학 조건도 대단히 까다로운 곳이었다.

"그만둘까 생각 중이에요."

그녀가 불쑥 내뱉었다. 이유를 묻자 그녀는 이렇게 설명했다.

"교사들이 너무 많은 잘못을 저지르고 있어요. 학교가 아이들에게 주는 것이라고는 스트레스, 압박감, 말도 안 되게 많은 과제들뿐이에요. 정작 필요한 건 놀이인데 말예요. 학교에서 뭔가를 배우려면 아이들은 놀아야 해요. 하지만 이제 학교에는 즐거움도, 발견도, 주인의식이나 독립심도, 휴식도 없어요. 있는 거라곤 스트레스뿐이죠. 부유하든 가난하든 어린이들을 이런 식으로 교육해서는 안 돼요."

아이들을 놀게 하라

"그럼 좀 더 어린 아이들은 어때요? 유치원에는 놀이 수업이 좀 있나요?"

윌리엄이 물었다. 그녀는 쓴웃음을 지었다.

"전혀요. 15년 전에 제가 이 일을 시작했을 때는 놀이 수업이 정말 많았어요. 지금과는 전혀 달랐죠. 하지만 이제는 학부모님들이 그렇게 내버려 두지를 않아요. 제가 근무하는 초등학교에 입학시키려고 세 살배기들에게 산수와 글자 공부를 반복시키는 부모님도 있어요. 그게 얼마나 잘못된 일인지 학교가 나서서 가르쳐 주지도 않으니, 학부모님들은 아이들의 배움에 놀이가 얼마나 중요한지 전혀 모르시죠. 악순환이에요. 공립학교도 비슷한 상황이라고들 하더군요. 놀이는 어느새 과거의 유물이 되어 버렸고, 아이들의 학교생활은 스트레스 그 자체가 되고 있어요. 그런 생활이 유치원부터 대학교까지 쭉 이어지는 거예요."

이제는 우리 부모와 교사, 그리고 시민들이 나설 때다. 정부 관료들과 학교 관리자들을 압박하여 어린이들이 학교에서 꼭 배워야 하는 것이 무엇인지(일정 수준의 신체놀이와 지적인 놀이가 포함된다) 널리 알리고, 아이들에게 그것을 제공해 주어야 한다. 이제는 아이들에게 실내놀이, 바깥놀이, 자유놀이, 교사의 지도에 따르는 놀이, 놀이처럼 즐거운 학습과 '심층놀이'(아동의 자기주도성, 내재적 동기, 긍정적 감정, 과정 지향, 상상력의 활용을 특징으로 하는 양질의 고차원적인 놀이를 지칭함)를 정기적으로 충분히 제공해 주어야 한다. 이제는 부유한 아이든 가난한 아이든, 유치원생이든 고등학생이든 상관없이 모든 어린이에게 놀이를 돌려줘야 한다.

학교에서 사라져 버린 모든 놀이의 순간, 짧아진 쉬는 시간, 각종 기계들로 대체되어 버린 다정하고 유능한 교사들, 아이들에게 강제되어 과도한 스트레스를 유발하는 불필요한 표준 시험 등은 아이들이 무엇을 빼앗겼는지 적나라하게 보여 준다. 아이들이 성장하고 배우는 과정에서 간절히 바라는 것은 마음껏 움직이기, 창의성, 새로운 발견, 기쁨, 따뜻함, 격려, 우정이다.

지금까지 우리는 아이들에게 스트레스, 압박감, 표준화된 시험만을 강요해 왔다. 이것이 아이들의 배움이나 미래에 도움이 되었다는 근거는 어디에도 없는데도 해마다 전 세계 수백만, 수천만 명의 어린이들에게 같은 일을 반복하고 있다.

마치 최면술에 빠지기라도 한 듯, 꿈속을 헤매는 사람처럼, 벼랑을 뛰어내리는 나그네쥐들처럼 거의 부지불식간에 무기력하게 이런 일들을 해 왔다.

놀이를 허락하지 않는 오늘의 세상은 교사의 재능과 학교의 잠재력과 아이들의 운명을 낭비하고 있다.

그 어떤 사회에서도, 그 어떤 어린이도 절대로 이런 식으로 살아서는 안 된다. 더 이상 어린 시절을 슬픔이라는 벼랑 끝에 매달아 둘 수는 없다.[19]

***

아이들을 놀게 하라

머지않아 아이들은 놀게 될 것이다.

학교에서, 집에서, 그리고 동네에서 아이들은 놀게 될 것이다.

머지않아 아이들은 과도한 스트레스와 과제, 시험, 수치심으로부터 자유로워질 것이고, 침울한 실내에서 하루 여섯 시간에서 여덟 시간을 가만히 앉아 있도록 강요받으며, 얼굴 없는 컴퓨터 화면이 내주는 질 낮은 시험에 대비하기 위해 학교에서도 집에서도 온 시간을 쏟아붓는 일은 없을 것이다. 부유층이든 중산층이든 빈곤층이든 학교에 다니는 모든 어린이는 점심시간과 체육시간뿐만 아니라, 매일 수업 사이사이에 주어지는 쉬는 시간마다 안전하게 보호받으며 비가 오나 눈이 오나 밖에서 뛰어놀게 될 것이다.

모든 학교는 즐거운 학습과 실험이라는 굳건한 토대 위에서 교과과정을 설계할 것이고, 아이들 저마다의 차이와 다양성은 처벌받기보다 축복받을 것이다. 학교는 즐거운 호기심, 창의성, 새로운 발견으로 가득한, 활력 넘치는 곳이 될 것이다. 모든 어린이는 성공을 꿈꾸며 마음껏 실패하고 다시 도전할 것이다. 학생과 교사들이 저지르는 실수는 수치스러운 일로 치부하기보다 함께 나누고 분석하여 본보기로 삼을 것이다.

모든 유치원 교실에는 모래 테이블, 그리기 및 만들기 재료, 옷장놀이, 나무블록이 구비될 것이고, 어린이들은 어린이에게 가장 알맞은 방식으로 —즉, 두뇌놀이, 신체놀이, 사회적 놀이, 교사의 지도에 따른 놀이, 아이들 스스로 선택하고 주도하는 '자유놀이'를 통해— 학업의 기반을 쌓게 될 것이다.

어린이들은 기회가 생길 때마다 정기적으로 자연, 철공소나 목공소, 악기와 음악 수업을 접하게 될 것이다. 학교는 오랫동안 잊혔던 것들, 예컨대 생활기술, 요리, 윤리학, 가정학, 정원 가꾸기, 현장학습, 과학 실험 등을 가르치게 될 것이다. 또한 학교는 모든 아이들에게 영양가 있는 식사를 제공할 것이다. 아이들은 건강할수록 더 잘 배우기 때문이다.

어린이들은 정부가 주도하는 무의미한 표준 시험과 비생산적인 수준의 엄청난 학습량, 끔찍한 스트레스 때문에 더 이상 눈물 흘리지 않을 것이다. 그저 놀고, 새로운 것을 배우고, 집중하고, 협동하고, 최선을 다하고, 때로는 실패하고, 성공하고, 다른 친구가 성공하도록 도울 생각에 신이 나서 즐거운 마음으로 아침마다 학교로 달려갈 것이다.

교사는 놀이에 기반을 둔 학습과 놀이처럼 즐거운 학습이 통합된 교과과정을 설계하는 법을 배우게 될 것이다. 얼굴 없는 컴퓨터 화면과 스트레스를 유발하는 객관식 시험은 사라지고, 교사가 직접 설계한, 연령에 적합한 퀴즈, 시험, 만들기, 발표 등을 통해 학생을 평가할 것이며, 여기에 교사들의 개인적 관심과 따뜻함, 격려가 더해질 것이다. 또한 교사는 학생들이 자신을 평가하고 서로를 평가하도록 도울 것이다.

일주일에 몇 번씩 어린이들은 수업 시간에 무엇을 배우고 싶은지 직접 선택할 것이다. 쉬는 시간은 대부분 아이들 스스로 생각해 낸 자유로운 바깥놀이로 채워지고, 필요한 교육을 받은 성인들이 안전을 위해 근처에서 아이들을 지켜볼 것이다. 아이들은 가끔 무릎이 까지고 온몸이 땀범벅이 되며 지저분해지고 축축하게 젖을 것이다. 어린이는 원래 그렇기 때문이다. 어린이에게는 하루에도 몇 번씩 밖에서 놀고 교실 밖에서 주기적으로 쉬는 시간을 즐겨야 할 시급한 필요와 권리가 있다는 사실을 학교도 이해하게 될 것이다. 또한 학교는 어린이들이 쉬는 시간에 놀이나 운동 대신 밖에서 책을 읽거나 친구와 이야기를 나누거나 나무 위를 기어오르거나 아니면 그저 조용히 휴식을 취하기로 결정할 권리 또한 있음을 알게 될 것이다.

교사, 부모, 지역사회는 놀 수 있는 안전한 환경을 제공하고, 어린이가 혼자서 감당할 수 있는, 나이에 걸맞은 위험을 감수해 보도록 격려할 것이다. 어린이들에게 과도한 공부가 끝도 없이 강제되고 쉬는 시간이면 멍하니 텔레비전 화면만을 바라보던 시절은 지나가고, 하교 시간 이후에도 텅텅 비어 있었던 뒤뜰, 운동장, 놀이터가 이제는 네 살부터 열여덟 살까지 크고 작은 아이들이 웃고 소리치고 뛰어다니고 뒹구는 소리로 가득 채워질 것이다.

아이들은 밖에 나가서 여기저기를 뛰어다니고, 더러워지고, 진흙탕에서 놀고, 탐험하고, 심지어 때로는 주머니칼로 뾰족한 막대기를 깎아도 혼나지 않을 것이다. 나무 오르는 법, 모닥불 지피는 법도 배울 것이다. 부모들은 몸소 나서서 동네 아이들이 놀 만한 안전한 장소를 만들어 주고, 멀찍이 물러서서 아이들끼리 놀게 내버려 둘 것이다.

세계는 포스트 디지털 세대 어린이의 등장을 목격할 것이다. 어린이와 부모들은 디지털 기기의 노예가 아닌 주인이 될 것이다. 한 때 교실을 어수선하게 만들던 전자 기기는 창고에 처박히거나 버려지고, 학교와 가정에서 전자 기기를 보는 시간은 일주일에 몇 시간 정도로 제한될 것이며, 아이들은 텔레비전이나 디지털 기기 없는 오아시스에서 대부분의 시간을 보내게 될 것이다.

스티브 잡스, 빌 게이츠, 버락 오바마와 여러 실리콘 밸리 기업인을 포함한 선구적인 부모들이 그랬듯이 어린이가 가정에서 전자 기기를 접하는 시간은 최소한으로 제한될 것이다. 부모들은 주기적으로 온가족의 전자 기기를 차단하고, 자녀들과 함께 대화를 나누고, 책을 읽고, 아이들을 재촉해 공원에 가고, 함께 잔디밭에서, 침대에서, 거실 바닥에서 뒹굴며 놀 것이다. 부모와 교사들은 스마트폰의 전원을 끄게 하는 학교가 좋은 학교라는 사실을 깨닫게 될 것이다.

대도시, 팽창하는 교외 지역, 시골에 이르기까지 어떤 지역에 있는 학교든, 아이들이 마음껏 씰룩거리고 키득거리고 꼼지락거리고 갈지자로 걷고 가끔은 축 늘어져 있기도 하고 깡충깡충 뛰고 몸을 흔들흔들하도록 격려해 줄 것이다. 아이들은(특히 남자아이들은) 원래 생물학적으로 그렇게 설계되어 있기 때문이다.

어린이들은 부모와 교사의 격려를 받아 가끔은 지루해하기도 하고, 창밖을 내다보며 '멍을 때릴' 것이다. 그렇게 뇌에게 잠시 휴식을 준 다음에야 마음껏 배우고, 표현하고, 즐겁게 발견하고, 탐구하고, 창의적으로 생각할 수 있기 때문이다.

학교에서는 몇 주에 한 번씩 아이들을 위한 '실패 아카데미'가 열

아이들을 놀게 하라

릴 것이다. 학교는 아이들에게 성공과 성취를 향한 하나의 과정으로서 대담한 생각, 창의적 실험, 지적인 모험을 통한 실패를 장려할 것이다. 학생들에게 실수는 배움을 위한 교훈이 되어 줄 것이고, 교사가 저지르는 실수나 실패 역시도 즐겁게 배운다는 자세로 모든 학생들과 함께 나누고 축복받을 것이다. 아이들은 성공과 실패가 반대 개념이 아니며 늘 공존하는 존재라는 사실을 배울 것이다.

아이들은 집중하는 시간이 짧고 자꾸만 움직이는 게 당연하므로 학교는 그런 이유로 아이들에게 벌을 주는 대신 다양한 재능을 가진 아이들의 다양한 요구를 존중하고, 몸으로 또는 머리를 써서 놀고 싶어 하는 모든 아이들의 욕구를 주기적으로 수용하고 존중할 것이다.

머지않아 정치인과 정책 결정자들은 어린이들에 대한 거대한 사회 실험을 중단하고, 우리가 이미 알고 있는 것, 즉 교육은 전문성, 협력, 연구, 공정성, 행복, 공감에 가치를 두는 공공 서비스라는 사실에 근거하여 교육 시스템을 구축할 것이다.

머지않아 어른들은 어린이들의 말에 귀를 기울이게 될 것이다. 그리고 그들에게 어린 시절을 되돌려 줄 것이다. 머지않아 정부 관료, 부모, 교육자들은 어떻게 하면 어린이가 가장 잘 배우고 성장하는가에 대한 연구 결과를 주의 깊게 공부할 것이고, 그 결과 삶을 통째로 바꿔 놓을 만한 강력한 지혜를 얻을 것이다. 바로, 아이들은 놀아야 한다는 사실이다.

머지않은 미래에 어른들은 모든 어린이에게 어린이다운 삶을 보장할 것이다. 부모, 교사, 정책 결정자, 그리고 어린이들이 모두 참여하여 어린이집, 유치원부터 고등학교에 이르는 모든 교육 기관의 오늘과 내일을 새롭게 창조할 것이며, 그것을 놀이 —자유로운 놀이, 지도에 따르는 놀이, 신체놀이, 머리를 쓰는 놀이, 실내놀이, 실외놀이— 라는 탄탄한 토대가 뒷받침할 것이다.

그리고 그런 날이 오면 우리는 놀라운 일들을 목격할 것이다. 우선 어린이들의 건강과 학교에서의 태도가 개선될 것이다. 학업, 정서, 사회적 기술이 좋아지고 집중 시간이 길어지며 '실행 능력'이 개선될 것이다. 미래에 갖추어야 할 능력 또한 풍부하게 성장할 것이다. 어린이들은 훨씬 더 행복해질 것이고 더 잘 배울 것이다. 또한 학교도 번창할 것이다.

***

우리는 아동기의 황금시대Golden Age of Childhood 문턱에 서 있다. 세계의 모든 어린이들에게 창조성, 탐구, 심도 있는 학습, 건강한 몸, 행복을 가져다줄 새로운 교육의 시대는 올 수 있다. 오늘과 내일의 학교를 놀이라는 토대 위에 세울 수만 있다면, 이런 시대는 머지않아 열릴 것이다.

아이들을 놀게 하라

LET THE CHILDREN PLAY

두 아버지의
이야기

사랑하는 자녀가 잘 성장하기를 바란다면
놀이를 더 많이 허락해야 한다.

- 피터 그레이Peter Gray 교수[20]

5년 전 우리는 서로 나라를 바꾸었다.

핀란드에 살던 파시 살베리는 세계에서 가장 성공적인 교육 사례들을 연구하고 가르치기 위해 하버드 대학교 교육대학원 방문교수가 되어 미국으로 건너갔고, 윌리엄 도일은 풀브라이트Fulbright 장학재단의 지원을 받아 세계적인 핀란드 초등교육체계를 연구하고 대학원에서 미디어와 교육에 관한 강의를 하기 위해 핀란드로 떠났다. 각자의 아내와 어린 자녀들도 함께였다.

그리고 둘 다 충격을 받았다.

미국에서 파시가 만난 교육 문화와 아동기는 심각한 스트레스, 표준화, 교사들의 비전문화로 점철되어 있었고, 심지어 유치원에서부터도 놀이가 조직적으로 제거되고 있었다.

핀란드에 간 윌리엄은 정반대의 상황을 마주하였다. 세계적으로 칭송받는 핀란드의 아동교육체제는 놀이를 통한 학습이라는 강력한 토대에 기반을 두고 있었고, 학교에서는 전문성 있고 존경받는 아동 교육자들의 지도 아래 신나는 놀이와 즐거운 발견이 체계적으로 계속되었다.

5년 동안 각자의 교육 현장에서 일하고 함께 이 책을 쓰면서 우리는 세계 곳곳을 여행하였고, 수천 명의 교사, 부모, 학생 연구자, 정

아이들을 놀게 하라

책 결정자들을 만나 아동 교육과 교육 개혁, 혁신, 놀이, 그리고 '내일의 학교'에 대해 이야기를 나누었다.

파시는 약 80만 킬로미터 거리를 돌아다니며 미국 30개 주, 유럽 전역, 캐나다, 남아메리카, 남아프리카공화국, 중동, 동남아시아, 호주, 뉴질랜드, 중국, 남아프리카의 수많은 학교를 방문하고, 교사 컨퍼런스에서 강연하고, 어린이집부터 고등학교에 이르기까지 다양한 학교의 교실을 관찰하였다.

당시 그는 하버드 대학 방문교수, 싱가포르 국립교육대학 및 애리조나 주립대학 방문학자, 핀란드, 스코틀랜드, 스웨덴 정부 고문, 핀란드 오울루 대학 관리이사회 이사, 중국 베이징 소재 중국 최고의 공립 중학교인 베이징 아카데미의 이사회 이사로 활동하고 있었다. 또한 미국 의회, 국제연합 총회, 다수의 미국 주 의회, 다양한 국제회의에서 교육과 관련된 연설을 했다.

같은 기간 동안 윌리엄은 핀란드 최대의 교사 교육기관에 몸담았고, 이스턴 핀란드 대학에서 세계 30여 개국 출신의 고등학생, 대학생, 국제교환학생들에게 '내일의 학교'에 대한 강의를 하였으며, 헬싱키에서 핀란드 교육문화부 고문으로 활동했다. 당시 핀란드는 유니세프, 세계경제포럼, 경제협력개발기구OECD 등의 국제기구에 의해 세계 최고의 학교 시스템을 가진 나라로 꼽히고 있었다.[21]

이후 뉴욕으로 돌아온 윌리엄은 미국에서 가장 영향력이 큰 —하지만 부끄럽게도 가장 인종 분리가 심한— 대도시의 학교 시스템에 대해 조사하였다. 10여 개의 공립 및 사립학교 교실을 방문했고, 아들이 다니는 공립초등학교에도 정기적으로 방문하였다. 대다수의 학생이 흑인과 라틴계로 아주 다양한 인종이 모여 있고, 대부분의 학생들이 빈곤선 이하의 생활을 하는 학교였다.

이 책은 그 기간 동안 우리가 세계 곳곳의 정부 및 학교 고문으로서, 교육 시스템에 대한 직접 관찰자로서 진행한 현장 연구와 인터뷰 및 경험을 기반으로 쓰였다. 놀이와 아동 교육에 관한 역사 문헌 및 방송보도를 집중적으로 검토한 결과 역시 중요한 토대가 되었으며, 교육, 의학 및 기타 과학 분야의 피어 리뷰 저널peer-reviewed journal(동료 평가를 거친 논문만 게재되는 학술지_역주)에서 700편 이상의 논문을 검토하는 작업은 연구의 핵심을 이루었다.

또한 광범위한 전문가들과 독자적으로 진행한 일대일 인터뷰도 이 책을 쓰는 데 큰 도움이 되었다. 직접 또는 온라인을 통하여 저명한 교육학자, 연구자, 사상가, 의사 등 70명 이상의 '두뇌 집단'이 인터뷰에 응해 주었다.

미국에서 가장 권위 있는 연구 기반 교육기관인 전미 교육 아카데미National Academy of Education의 회장 글로리아 래드슨-빌링스Gloria Ladson-Billings가 인터뷰에 참여하였고, 놀이에 관하여 대단히 중요하고도 독창적인 실험과 연구를 진행한 바 있는 교육 전문가 세르조 펠리스Sergio Pellis, 앤서니 펠레그리니Anthony Pellegrini, 스티븐 시비 Stephen Siviy도 인터뷰에 응해 주었다. 그 밖에도 전 세계 수십 명의 저명한 교육자들과 진행한 인터뷰, 저자들이 다양한 문화권과 국가들을 돌아다니며 만난 수천 명의 교육자, 연구자, 학생, 부모들과의 대화 역시도 이 책을 쓰는 데 큰 영향을 주었다.

마지막으로 아버지로서의 개인적인 경험 역시 이 책을 쓰는 데 지대한 영향을 미쳤다. 우리는 세계에서 가장 우수한 아동 발달 실험실, 바로 놀이터에서 수천 시간을 보내면서 우리의 자녀들을 비롯하여 셀 수 없이 많은 아이들이 뛰어다니고, 협동하고, 서로 어울리고, 자라고, 탐험하고, 창의력을 발휘하고, 넘어지고, 지저분해지고, 무릎이 까지고, 팀을 이루고, 새로운 게임과 상상의 세계를 만들어내고, 지루해하고, 성공하고, 실패하며, 하나의 인간이 된다는 것의 의미를 깊이 있게 배워 나가는 모습을 지켜보았다.

독자들께
드리는 글

—

놀이의 교육적 장점을 강조하는 연구 결과가 얼마나 많든, 놀이의 중요성을 역설하는 교사, 소아과 의사, 연구자가 얼마나 많든, 여전히 누군가는 교육에서 놀이가 중요하다는 우리의 생각을 놀랍고도 충격적이며 대단히 위험한 것으로 받아들일 것이다.

독자 여러분 역시 학교는 결국 배우기 위한 곳이지 놀기 위한 곳이 아니라고 생각할 수 있고, 심지어 놀이와 공부를 정반대의 행위라고 느낄 수도 있다. 이해한다. 그것은 부분적으로 놀이라는 단어 자체의 넓고 불분명하고 애매모호한 특징에 기인한 문제이기도 하다.

그러므로 우선, 아동 교육의 맥락에서 놀이를 보다 정확하게 표현하는 문구를 생각해 보고자 한다. 바로 '시드SEED(체계적 탐험, 실험, 발견Systematic Exploration, Experimentation, and Discovery)'다. 아이들은 놀이를 통해 바로 이런 것들을 한다. 놀이는 어린이의 배움과 성장, 행복을 위한 '시드', 즉 씨앗이다.

파시 살베리의
이야기

—

지난 해 나는 위스콘신 주립 독서 협회가 개최한 교사 연례 모임에서 강연을 했다.

부탁받은 강연 내용은 미국과 핀란드의 학교생활이 서로 어떻게 비슷하고 다른지에 관한 것이었다. 핀란드의 학교 교육은 지난 15년 동안 큰 주목을 받았다. OECD의 주최로 각국의 교육 수준을 평가하기 위해 치러지는 표준 시험, 국제학업 성취도 평가 PISAProgram for International Student Assessment에서 핀란드 학생들이 대단히 우수한 성적을 거두었기 때문이다. 특히 많은 사람들을 놀라게 한 것은 핀란드의 학교 시스템이 미국 등 다른 나라의 학교들과 완전히 반대되는 일들을 하고 있다는 점이었다. 예컨대 핀란드에서는 만 7세가 될 때까지 학습에 관한 그 어떤 정식 교육도 받지 않는다. 학교와 관련된 스트레스나 과제가 적으며, 고등학교를 마칠 때까지 (경향성을 점검하기 위해 소수의 학생들만을 표본으로 선정하여 치르는 정기 시험을 제외하면) 표준 시험을 한 번도 치르지 않는다. 전문성을 갖춘 교사들은 존경받으며, 무엇보다도 교육 과정 내내 놀이가 아주 많이 이루어진다.

핀란드는 어린이에게 표준 시험을 강요하지 않는 나라지만, 역설적이게도 PISA라는 표준 시험에서 좋은 성적을 거두었고, 그 덕분에 핀란드의 교육이 유명세를 타게 됐다. 그러나 핀란드의 교사들은 아마 주저하지 않고 이렇게 말할 것이다. PISA 점수는 세계의 전반적 경향성과 효율성을 보여 주는 흥미로운 지표일 수 있지만, 학습의 범주 가운데 아주 좁은 영역만을 대변하는 대단히 불완전하고 불충분한 결과라고 말이다. 실제로 PISA가 측정하지 못하는 수많은 기술, 재능, 능력들이 존재하며, 그 대부분은 창의력, 공감 능력, 측은지심, 리더십, 발표력, 호기심, 팀워크처럼 표준화된 시험 점수로 간단히 정리될 수도 없고 절대로 그래서도 안 되는 것들이다.

위스콘신 강연의 청자들은 학교 관리자, 대학생, 유치원부터 고등학교까지 다양한 학교의 교사 등 수십 명의 교육 분야 종사자들로 구성되어 있었다. 강연이 끝을 향해 갈 때쯤 나는 미국의 학교 교육을 개선하기 위한 몇 가지 아이디어를 냈다. 우선, 한 나라의 교육 체제를 '수출'해서 다른 나라에 그대로 적용할 수는 없다는 점을 분명히 했다. 문화적 차이가 너무 크기 때문이다. 하지만 나는 국가들이 서로의 교육 체제로부터 많은 것을 배우고 영감을 얻을 수 있다고 굳게 믿는다.

나의 제안은 교육 공정성에 더 많은 투자를 할 것, 학교들 사이에 경쟁보다 협력을 장려할 것, 표준 시험을 최소한으로 제한할 것 등이었다. 그리고 다음으로 이어지는 슬라이드는 조금 특별했다. 나는 지난 10년 동안 미국 전역에서 거의 300번 가까이 강연했는데, 청중 가운데 교사의 비중이 높을 때면 이 슬라이드는 항상 엄청난 호응을 얻곤 했다. 이번 청중들 역시 시골 지역부터 거대 도시까지 다양한 지역에서 학생들을 가르치는 열정적이고 자부심이 강하며 대단히 전문성 있는 교육자들로 이뤄져 있었으므로 열렬한 반응이 예상됐다.

나는 마음의 준비를 하고 다음 슬라이드로 넘어가는 버튼을 눌렀다. 검은 배경화면에 하얗고 커다란 글씨로 단 한 문장이 쓰여 있었다.

「아이들을 놀게 하라.」

곧 강의실에서는 미소와 박수가 터져 나왔고 이따금씩 환호 소리도 들렸다. 그동안 내가 받았던 그 어떤 박수갈채보다도 큰 소리였다. 그동안 이런 반응에 꽤나 익숙해졌다고 생각했는데 이번에는 그야말로 차원이 달랐다! 강의실에 있는 거의 모든 사람이 이미 알고 있고 믿고 있는, 아주 단순한 세 마디의 말이지만, 평소 교육과정에서 거의 생각해 본 적이 없는 메시지이기 때문일 것이다.

"아이들을 놀게 하라!"

내가 다음 말을 이어 갈 때까지 박수갈채는 계속되었다.

"핀란드에서는 모든 어린이가 45분의 수업이 끝날 때마다 15분 동안 밖에서 자유롭게 노는 시간을 보장받습니다. 고등학교 때까지 내내 그렇습니다. 만 7세 이전의 어린이집 및 유치원 교육에서는 자신의 행동을 책임지는 법을 배우고, 놀이를 통해 다른 아이들과 함께 지내는 법을 배우는 데 초점이 맞춰져 있습니다. 아이들 스스로 배우고 싶어 하지 않는 한 읽고 쓰는 법을 배워야 한다는 학업의 압력도 스트레스도 전혀 없습니다. 외부에서 주어지는 표준 시험이 없으니 핀란드 교사와 학생들은 본질에, 그러니까 배움과 행복에 마음껏 집중할 수 있습니다. 핀란드의 교육에서 놀이는 학습에 꼭 필요한 도구입니다."

더 많은 박수와 환호가 터져 나왔다. 마치 록 스타라도 된 기분이었다. 정부의 규제에 힘입어 핀란드의 모든 유치원은 어린이의 욕구에 예민하게 반응하고, 어린이의 이야기에 귀 기울이고, 어린이의 관심사를 중시하며, 또한 놀이를 통한 학습을 유아 교육의 핵심 목표로 삼고 있다고 말하자, 청중들은 놀라워했다.

이어서 나는, 수업이 끝날 때마다 주어지는 15분의 쉬는 시간이 교사들에게도 쉬는 시간이 되어 준다고 말했다. 교사들은 교사 휴게실에서 편안히 휴식을 취하면서 차를 마시고 동료들과 담소를 나눈다. 그러면서 때로는 교습에 관하여 다양한 의견을 나누기도 하고 학습 부진을 겪는 아이를 어떻게 도울지 논의할 수도 있다.

이제, 청중들의 절반은 환호를 보내고 나머지 절반은 울고 있는 것 같았다. 울고 있는 청중들 중 절반은 핀란드의 모든 학생들이 누리는 교육의 필수 요소들을 미국 어린이들이 전혀 누리지 못하는 현실에 슬픔과 분노를 느끼는 듯했다. 아이들에게 너무 많은 것을 빨리 해내라고 강요하고, 어린이들의 삶에서 놀이를 없애 버리는 획일적인 교육 시스템은 아이들에게 큰 악영향을 미치고 있었고, 이는 미국의 수많은 부모들과 교사들에게 큰 걱정거리가 되어 가고 있었다.

강연이 끝난 후 30대 여성 유치원 교사 두 분이 나를 찾아왔다. 둘을 각각 캐롤과 리사라고 부르겠다.

캐롤은 작은 시골 마을에 있는 유치원에서 7년째 일하고 있었다. 동료인 리사는 같은 동네에 있는 다른 유치원에서 일한다고 했다. 그들은 내게 잠시 이야기를 나눌 수 있느냐고 물었다.

캐롤은 충격을 받은 듯했고, 리사는 실제로 눈물을 흘리고 있었다.

"왜 그러시죠?"

내가 물었다.

"이럴 줄 알았어요. 이럴 줄 알았다고요!"

리사가 눈물이 그렁그렁한 눈으로 말했다.

"우리가 아이들에게 못할 짓을 하고 있다는 걸 저도 알고 있었어요!"

나는 생각했다.

'안 돼. 더 이상은 안 돼.'

최근 몇 년 동안 미국 교사들의 이런 반응을 너무도 많이 봐 왔기 때문에 이제는 상당히 익숙해졌다고 생각했지만, 감정이 북받쳐 오른 리사를 보자 나도 눈물이 날 것만 같았다. 많은 교사들은 자신이 학교에서 어쩔 수 없이 한 일들 때문에 아이들이 피해를 입었을까

아이들을 놀게 하라

봐 두려워했다. 미국, 호주, 영국 등 여러 나라에서 이메일이나 편지로 내게 심경을 고백해 온 교사들도 많았고, 어린이들에게서 놀이를 빼앗고 심한 스트레스만을 주도록 강요당한 시간이 너무 억울해서 교직을 아예 떠나 버렸다는 교사들도 수십 명이나 됐다.

리사는 자신이 유치원에서 근무한 8년 사이에 어린이에게 적합한 학습이나 놀이가 전부 사라져 버렸다고 말했다. 이제 주 정부는 과도한 압박을 유발하는 표준 시험을 만 4세 및 5세 어린이들에게까지 도입하고, 그 작은 아이들에게 '표준'과 '엄격함'이라는 미명 아래 말도 안 될 정도의 학습 압박을 가하도록 교사들을 강제하고 있었다.

이런 정책을 뒷받침하는 정치 이론은 다음과 같다. 미국은 싱가포르나 대한민국, 핀란드처럼 교육 분야에서 국제적으로 높은 성과를 내는 나라들을 따라잡아야 하는데, 학습의 '엄격함'을 더 이른 시기에 적용하면 할수록 장기적으로 더 좋은 결과가 나올 것이고, 대학과 직장으로 나아갈 준비를 더 빨리 마치게 될 것이며, 그러면 미국은 언젠가 국제 학교 순위에서 1등을 차지하게 될 거라는 것이다. 그러나 이 이론을 뒷받침하는 근거는 어디에도 없으며, 미국은 이미 최근 20여 년 동안 '시험과 처벌'을 강화하고 '빠를수록 좋다'는 관행을 적용해 왔음에도 만족스러운 성과를 얻지 못했다. 미국의 국제 시험 점수는 거의 높아지지 않았고, 인종이나 경제적 지위에 따른 '학업 성취도 차이'를 줄이지도 못했으며, 오히려 어린이의 정신 건강 및 행복 지수만 악화되었을 뿐이다.

캐롤과 리사가 가르치는 아이들을 비롯하여 미국에서 유치원이나 학교를 다니는 수많은 아이들은 전혀 배울 준비가 되어 있지 않은 개념을 습득하도록 강요받았고, 그 결과 실패감에 시달리고 있었다. 그 시기는 놀이, 교사들의 지도, 따뜻하고 지지적인 분위기 속에서 친구를 사귀고, 즐겁게 학교 다니는 법을 배우고, 문학을 비롯한 다양한 학문의 기초를 닦아야 할 아주 중요한 시기인데도 말이다. 두 교사는 자신의 제자들에게 필요한 건 보살핌과 지지, 사랑이지, 지나친 기대와 과도한 학습, 많은 어린이를 실패자로 낙인찍어 버리는 외부의 시험이 아니라고 말했다.

캐롤은 이렇게 설명했다.

"핀란드에 사는 아이들이 어떤 교육을 받는지 듣고 나니 우리가 지금 아이들에게 얼마나 해로운 일을 하고 있는지 깨달았어요. 이게 옳지 않다는 걸 마음속 깊은 곳에서는 이미 알고 있었던 것 같아요. 정말 큰일이에요!"

"혼란스럽다는 건 알아요. 혼자서 할 수 있는 일이 그리 많지도 않을 테고요. 하지만 학교를 그만두지는 마세요!"

캐롤에게는 말하지 않았지만, 전부 이미 수백 번은 들어 본 이야기였다. 미국 전역과 세계 곳곳의 많은 교육자들이, 교사가 학생들에게 정말 필요한 것을 주지 못하고 교육자로서의 신념에 어긋나는 것들만을 요구받고 있다는 느낌에 사로잡혀 있었다.

부모들 역시도 점점 더 이런 압박감에 시달리고 있었다. 나도 그런 경험을 했다. 2013년, 아이비리그 대학에서 3년 동안 학생들을 가르치기 위해 미국으로 건너왔을 때의 일이다.

매사추세츠 케임브리지에서 지내던 어느 날 아침, 나는 네 살인 아들을 데리고 앞으로 다니게 될 유치원을 구경하러 갔다. 아주 깔끔한 곳이었다. 유치원 원장은 우리를 따뜻하게 환대하며 커피 한 잔을 권했다.

"아이가 단어는 몇 개나 아나요?"

원장이 물었다.

"네? 단어라니요?"

내가 당황해서 물었다.

"아이가 단어를 몇 개나 아는지 여쭤봤어요. 어휘력이 어느 정도인지 알고 싶어서요. 숫자는 몇까지 셀 수 있죠?"

생각해 본 적도 없는 질문이었다. 내 아이는 이제 겨우 만 세 돌을 넘겼고, 앞으로 최소한 3, 4년 동안은 이런 질문을 마주할 일이 없을 거라고 생각했다. 그런데 경고도 없이 갑작스레 미국 교육에 새롭게 등장한 놀라운 개념을 눈앞에서 대면하게 된 것이다. 바로 '유치원 수학능력preschool readiness'이었다.

전에 한 번 들어 본 적이 있긴 했다. 경쟁과 스트레스, 학업 압박이 점점 더 심해지면서 '대학 수학능력'이라는 개념이 만 5세 어린이의 '유치원 수학능력'으로 확대되고 있다는 것이었다. 심지어 이 유치원은 미국 교육 체계의 상징이자 정점인 하버드 대학과 겨우 몇 블록 떨어진 곳에 있었다. 하지만 아무리 그래도 만 3세짜리에게 그런 개념을 적용하다니, 정말이지 기이하게 느껴졌다.

나는 아들을 내려다보았다. 배변 훈련과 모유 수유가 아주 최근의 기억으로 남아 있는 아이였다.

"그걸 왜 아셔야 하나요?"

내가 묻자 원장은 대답했다.

"아이가 저희 프로그램에 적응할 준비가 되었는지 알아야 하거든요. 다른 친구들과 함께 수업을 따라갈 수 있어야 하니까요. 모든 아이가 훌륭한 성과를 내도록 돕는 것이 저희의 목표입니다."

나의 고국인 핀란드를 비롯한 여러 나라에서였다면 정말 터무니없다고 여겨졌을 법한 대화였다. 유치원 등록금이 매년 25,000달러라는 것도 터무니없긴 마찬가지지만. 어떻게 유치원 입학 자격 조건으로 만 3세짜리 아이의 어휘력을 측정한다는 생각을 할 수 있단 말인가? 핀란드에서는 아이들이 만 6세에서 7세가 될 때까지 대부분의 학습이 주로 놀이, 게임, 노래, 대화를 통해 이루어지며, 상당히 최근까지는 미국도 마찬가지였다. 핀란드에서 중요시되는 질문은 "아이가 학교에 다닐 준비가 되었는가?"가 아니라 "학교가 모든 아이들을 받아들일 준비가 되었는가? 아이들 저마다의 개성을 수용할 준비가 되었는가?"이다. 나는 바로 그것을 내 아들이 다니게 될 유치원에 묻고 싶었다.

'당신의 유치원은 여기 있는 제 아들을 지금 모습 그대로 기꺼이 받아들여 줄 준비가 되었습니까? 아이의 행복을 보장하기 위해 어떤 일들을 하실 겁니까?'

하지만 대화는 거기까지 이어지지 않았다.

　　　　　　　　　　　　　　　　　　　　아이들을 놀게 하라

미국의 교육 체계로 이제 막 첫발을 내디디려는 작은 아이가 마주한 것은 놀랍게도 냉혹한 학습의 시험대였다.

내가 핀란드의 시골에서 자라면서 경험한 아동기의 학습 과정을 생각해 보니, 어떻게 이렇게 다를 수가 있을까 싶었다. 당시 나의 배움은 집 안팎에서의 놀이에 뿌리를 두고 있었다. 여덟 살 때 나는 집 근처 숲과 시냇가를 혼자 또는 친구들과 함께 마음껏 돌아다니며 온몸을 더럽히고, 간신히 위험을 모면하고, 나무와 언덕을 오르고, 흙 속에서 애벌레를 파내고, 자연과 대화하면서 세상이 어떻게 작동하는가를 배웠다. 아이들에게 놀이는 단지 남는 시간을 보내는 방법이 아니라, 살아가는 방식 그 자체였다.

어린 시절 나는 핀란드의 시골 마을 부토마키Vuohtomäki에 있는 학교 사택에서 살았다. 내 아버지는 그 지역 초등학교 교장 선생님이셨고, 사택은 지역 당국이 교사들을 외딴 지역으로 이끌기 위해 학교 건물에 덧붙여 지은 것이었다.

학교 건물은 정말 훌륭했다. 1920년에 지은, 마치 성처럼 보이는 하얀 목조 건물이었는데 그 작은 핀란드 북부 마을의 가장 높은 언덕 꼭대기에 자리하고 있었다. 너무 작은 마을이라 교회도 없었지만 대신 이 학교가 있었으므로 마을 사람들 모두가 학교를 마치 교회처럼, 대단히 가치 있는 것으로 여겼다. 운동장에는 기어오를 나무와 뛰어서 오르내릴 수 있는 큰 바위와 언덕이 가득했다. 정말이지 놀기에 완벽한 장소였다.

하루가 끝나고 학생들이 모두 떠나면 나는 빈 교실을 차지하고 선생님이 되어 상상 속의 아이들을 가르쳤다.

그때마다 기분이 너무 좋았다. 이제 겨우 아홉 살인 내가 초등학교에서 아이들을 가르치고 있다니! 교실은 우리 집 거실과 주방에서 문 하나만 열면 바로 있었지만, '가면 안 되는 곳'이었기 때문에 나는 늘 부모님 몰래 슬쩍 들어가야만 했다. 그 비밀스러움 때문에 그 모든 '놀이'가 훨씬 더 재미있게 느껴졌다. 내가 선생님으로 출연하는 연극이 매일같이 상연되었다.

모두가 떠나 버린 건물에는 나와 나의 사랑스럽고 충직한 개 '루루'만이 있었다. 루루는 부모님이 안 계실 때면 나를 지켜 주고 내 연극의 관중이 되어 주었다. 교실에서 나는 상상 속의 학생들에게 이야기를 들려주고 이름을 부르고 틀린 답을 고쳐 주었다. 그중에서도, 아이들에게 신기한 마법을 가르쳐 주거나 자연 현상에 대한 실험, 예컨대 물과 바퀴로 물레방아 돌리기 실험을 할 때 가장 신이 났다.

나는 늘 나의 '학생'들이 놀라는 모습을 보고 싶었다. 한 번은 불을 이용한 실험을 했는데(물론 실제로 하지는 않았다) 불이 생각보다 너무 커져서 나는 모든 학생들에게 창문의 사다리를 타고 교실을 빠져나가라고 말했다. 우리는 나무로 만들어진 낡은 학교 건물 2층에 있었기 때문이다. 나는 소방서에 전화했고, 얼마 후 학교 운동장에 모여 있던 모든 학생들은 내가 소방관들과 함께 화재를 진압하는 모습을 놀란 토끼 눈으로 올려다보았다. 그 후 우리는 다시 교실로 기어 올라가서 화재 안전에 대해 배웠다.

아이들을 놀게 하라

어른이 된 후 나는 실제로 고등학교 수학 교사가 되었고, 그 후에는 교육정책 공무원과 대학 교수가 되었다. '나의 미래 놀이'가 어른이 된 나의 삶과 직업에 중대한 영향을 미친 것이다.

다시 매사추세츠 케임브리지에 있는 유치원 이야기로 돌아가자면, 결국 대화는 흐지부지되었고, 나는 아들의 손을 붙잡고 서둘러 그곳을 빠져나왔다. 근처 다른 유치원을 찾아보기 위해서였다. 아들과 나는 케임브리지의 거리들을 헤매며 두 곳의 유치원을 더 방문했다.

다른 곳들 역시 거의 비슷했다. 정말 당황스러웠다. 그곳의 유치원들은 나의 작은 아이가 지금껏 얼마나 많은 성과를 이루었는지만 신경 썼고, 심지어 그 성과라는 것도 읽을 줄 아는 글자와 숫자의 개수처럼 편협하고 기술적인 능력들뿐이었다. 하지만 내 아들은 다른 것들을 잘했다. 아주 잘 놀았고, 그림을 그리거나 노래를 부르고 춤을 출 때면 생생한 상상력을 동원했다. 새로운 사람을 만나면 호기심을 보였고 굉장히 친절했다. 그리고 무엇보다도 세 가지 언어를 구사할 줄 알았다. 핀란드어, 영어, 그리고 어머니의 모국어인 크로아티아로 의사소통이 가능했고, 누구와 대화하느냐에 따라 사용하는 언어를 선택할 줄도 알았다. 이건 만 3세치고는 상당히 인상적인 능력이었다. 하지만 '유치원 수학능력'에 관해서라면 그 어떤 것도 전혀 도움이 되지 않았다.

나는 아내와 대화를 나눈 뒤 아이스크림을 먹고 있는 아들에게 가서 우리의 최종 결정에 대해 알려 주었다.

"앞으로 집에서 엄마, 아빠와 함께 지내게 될 것 같구나."

동네에 놀이터가 있고 매주 음악 수업도 있으니 괜찮을 것 같았다. 우리 부부는 일정을 유연하게 조정할 수 있었으므로 실현 가능한 계획이었다. 또한 가장 저렴한 선택지이기도 했다.

결과적으로 내 아들에게는 아주 완벽한 선택이었다. 하지만 이런 경험을 한 뒤로 나는 세계에서 가장 부유한 이 나라가 어째서 모든 어린이들을, 특히 부모나 보호자가 유아기 교육과 미술학원, 운동학원 등에 많은 돈을 지불할 수 없는 아이들을 더 잘 보살피지 못하는지가 궁금해졌다.

2013년에 나는 버지니아에 사는 몇몇 교육자들을 모시고 핀란드로 향했다. 핀란드의 교육 체계를 면밀히 살펴보기 위한 여행이었다. 그들은 핀란드의 학교가 고국의 학교와 완전히 다른 곳이라는 사실을 알게 되었다. 핀란드의 학교에는 표준화된 시험이 없고, 학과목과 더불어 예술 교육을 대단히 중시하며, 하루 최소한 한 시간씩은 학생들을 밖에 나가서 자유롭게 놀게 했다. 교사들은 대부분 자신의 일에 만족했고 사회에서 전문성을 인정받았다.

방문객들은 에스포Espoo시에 있는 오로라 초등학교를 방문했다가 특이한 광경을 목격하기도 했다. 쾅, 하고 문 여는 소리와 함께 텅 비어 있던 운동장으로 400여 명의 아이들이 우르르 쏟아져 나오는 모습이었다.

"소방훈련인가요?"

깜짝 놀란 미국 학교 관리자가 물었다.

아이들을 놀게 하라

"아닙니다."

교장인 마르티 선생이 대답했다.

"45분간의 실내 수업이 끝날 때마다 주어지는 15분간의 쉬는 시간입니다."

4학년 여자아이 몇몇은 공놀이를 했다. 수다를 떨면서 운동장을 돌아다니는 아이들도 있었다. 어떤 아이들은 디지털 기기를 가지고 놀았고, 다른 아이들은 마음껏 달리기 시합을 했고, 잠시 혼자만의 시간을 보내는 아이들도 있었다.

열한 살짜리 남자아이가 방문객들을 지나쳐 달려가더니 운동장 저 끝에 있는 키 큰 나무를 기어올랐다. 그러고는 마치 원숭이처럼 자신이 가장 좋아하는 나뭇가지에 자리를 잡고 앉았다.

"방금 저 아이 보셨어요?"

버지니아 알렉산드리아시에서 온 초등 교사 한 명이 어안이 벙벙한 표정으로 물었다.

"그럼요. 아주 잘 아는 아이입니다."

마르티 교장은 대답했다. 그는 이 학교를 15년째 운영해 오고 있었다.

"저 아이는 어디든 기어 올라가서 높은 곳에 앉아 있기를 아주 좋아합니다."

"하지만 나무에서 떨어져서 다치기라도 하면 어떡하나요?"

또 다른 미국 교사가 물었다.

"글쎄요. 그러면 다시는 높은 곳에 오르지 않겠지요."

마르티 교장이 대답했다.

"미국에서는 있을 수 없는 일이에요."

초등 교사는 단언했다.

"그래도 운동장에 눈이 가득 쌓이는 한겨울에는 학생들이 실내에서 머무르겠죠?"

또 다른 교사가 물었다.

"글쎄요, 보통은 그렇지 않습니다. 바깥 온도가 영하 15도 미만으로 떨어지지 않는 한 아이들은 밖으로 나옵니다. 그게 규칙이지요. 아이들의 작은 두뇌에는 언제나 신선한 공기가 필요하니까요."

마르티가 말했다. 꽁꽁 얼어붙은 날씨에도 놀이를 위해 밖으로 나가야 한다니, 미국 교사들은 놀라움에 입을 다물었다.

이 장면은 서양의 민주국가이자 우방국인 미국과 핀란드가 학교 환경이나 교육 문화에 있어 얼마나 극단적으로 다른가를 보여 준다. 하나가 반드시 다른 하나보다 낫다고 말할 수는 없지만, 이렇게 다른 문화 때문에 양국의 어린이들은 학교에서의 놀이를 아주 다르게 이해하며, 부모와 교사들의 놀이에 대한 인식 역시 완전히 달라진다.

세계 각국의 정부 관료 및 교육부 장관들과 수백 차례 회의하면서 내가 가장 자주 받은 질문은 이것이었다.

"어떻게 하면 우리나라의 학교 교육을 발전시킬 수 있을까요?"

나는 '여러분의 목표가 무엇인지에 따라 달라질 것'이라고 답했다.

"만약 당신의 목표가 표준 국제 시험에서 좋은 점수를 얻고자 하

아이들을 놀게 하라

는 것이라면 제가 드릴 말씀은 별로 없습니다. 그런 시험 성적과 등수의 교육적 가치는 아주 제한적이니까요. 하지만 당신의 목표가 전반적인 학습의 질을 향상시키고 학생들이 밝은 미래를 만들어 갈 가능성을 최대로 끌어올리는 것이라면, 특히 어려운 가정환경에서 자라는 아이들을 올바른 길로 이끄는 것이라면, 다섯 가지 아이디어를 제안할 수 있습니다."

나의 제안은 이랬다.

첫째, 교사들의 전문성을 키워라. 교육 이론과 실습, 아동 발달, 교육 연구, 리더십 부문에서 집중적인 임상 훈련과 석사 수준의 교육을 받게 하고, 전문성을 갖춘 교사들에게 학교를 맡겨라. 그리고 그들을 엘리트 전문가로 대우하라.

둘째, 학교와 교사들 사이에 경쟁을 유도하기보다 협력을 이끌어 내라.

셋째, 학교에 공정하고 충분한 자금과 인력을 제공하라. 충분한 자원과 유능한 교사를 갖춘 학교만이 매일같이 일어나는 학내 불평등 문제를 해결할 수 있다.

넷째, 어린이들에게 스트레스와 과도한 학업, 두려움 대신 따뜻한 지지와 행복으로 가득한 교실을 만들어 주어라.

그리고 마지막으로 아이들을 놀게 하라. 유치원부터 고등학교까지 교육 체계 전체에 정기적으로 즐거운 배움과 발견의 시간, 실내외 신체놀이 및 지적인 놀이를 포함시켜라.

그리고 나면 보통은 차갑고 깊은 침묵이 이어진다. 교사들은 "아이들을 놀게 하세요."라는 말을 들으면 환호하거나 눈물을 흘렸지만, 정치인들과 공무원들은 마치 식물인간이라도 된 듯 아무 반응도 하지 않았다. 그들의 표정은 이렇게 말하고 있었다. '도대체 무슨 소리를 하는지 이해할 수가 없군요.' 또는 '우리나라에서는 백만 년이 지나도 그런 일이 벌어지지 않을 겁니다.'

그러면 나는 이런 생각이 들었다.

'내가 그동안 본 것을 저들도 볼 수 있다면 얼마나 좋을까. 하지만 아마 저들은 절대 믿지 못하겠지.'

나는 핀란드의 초등학교에서 수학 및 과학 교사로 일하는 동안 학생들이 걱정이나 혼란스러운 감정에 사로잡히는 모습을 가끔 봤다. 그럴 때마다 나는 수업을 잠깐 멈추고 수학 게임을 하거나 노래를 한 곡 불렀다. 그러면 놀랍게도 아이들은 금세 긴장을 풀고 새로운 생각과 도전에 마음을 열곤 했다.

나는 핀란드와 전 세계의 놀이터에서 작은 아이들이 새로운 게임을 멋지게 만들어 내는 모습도 목격했다. 그런 일은 보통 부모와 교사들이 한 발 떨어져서 아이들끼리 놀게 내버려 둘 때 벌어졌다. 열 살짜리 아이가 과학 수업에 가져갈 식물 표본을 구하기 위해 날카로운 정원용 가위를 들고 핀란드의 깊은 숲속으로 사라지는 모습을 본 적도 있다. 그 아이에게 과학 수업은 이미 즐거운 모험이었다.

한겨울 스코틀랜드의 어린이들이 온몸에 진흙범벅을 한 채 진흙탕을 뛰어다니는 모습도 보았다. 교사와 부모들은 그런 아이들을 아낌없이 응원했다. 미국 텍사스와 뉴욕주의 가난한 지역 공립학교에서 핀란드처럼 수업 시간마다 15분 동안의 쉬는 시간을 주었더니 많은 아이들이 수업에 더 잘 집중하고 주어진 일을 더 잘해냈다.

나는 점심시간 전에 거의 한 시간 동안이나 눈부신 햇살을 받으며 뉴질랜드의 초원을 뛰어다니는 학생들도 보았다. 교실로 돌아온 아이들은 즐거운 마음으로 날카로운 집중력을 발휘했다. 하루 종일 실내에만 갇혀 있는 아이들보다 훨씬 더 효율적으로 배울 준비가 되어 있었다.

호주에서는 어린이들이 마을 어르신들에게 전통 놀이를 배우는 모습도 봤다. 부모와 조부모들이 직접 놀이하는 법을 가르쳐 주자 아이들은 너무 좋아하며 어쩔 줄을 몰라 했다.

중국에서는 어린 아이들이 장난감과 공을 손에 들고 줄을 맞춰 운동장으로 가로지르더니, 수업 시작 전에 선생님과 함께 태극권을 즐기며 활력을 채우는 모습을 보았다.

일본에서는 중학교 2학년 교사가 수학을 어찌나 열정적이고 즐겁고 신나게 가르치는지 아이들 모두 수업 끝나는 종소리가 울렸는데도 교실을 떠나기 싫어했다.

나는 아시아, 유럽, 라틴 아메리카에서 유치원생들이 자유로운 놀이를 통해, 사물을 이용해서, 재미있는 옷차림으로, 물과 모래로, 노래로, 그리고 서로와 함께 있음으로써 학업의 초기 기반을 다지는 모습을 보았다.

또한 뉴욕의 공립학교에서 훌륭하게 성장하는 흑인과 라틴계, 아시아계, 백인 계열의 아이들도 보았다. 그들은 미국 교육에서 거의 찾아볼 수 없는 것을 누렸다. 바로 매일 두 번 주어지는 20분간의 휴식과 첫 수업 시작종이 울리기 전에 주어지는 30분간의 휴식이었다.

나는 전 세계를 돌아다니며, 정식 수업이 필요할 때와 놀이를 통한 지도가 필요할 때를 구별할 줄 알고, 한 발 물러서서 아이들이 스스로 '배우는 법을 배우도록' 내버려 둬야 할 때가 언제인지도 잘 아는 교사들을 여럿 만났다.

나는 많은 곳에서 더 행복하게 배우고, 더 많이 배우고, 더 잘 배우는 어린이들을 보았다. 그 모든 배움에는 늘 놀이가 포함되어 있었다.

***

어린이를 어린이답게:
교육의 금과옥조?

—

정치인과 최신 기술 판매 기업들은 '미래의 학교'에 대해 이야기할 때 '21세기 기술'과 '디지털 학습'에 관한 익숙한 논쟁을 뛰어넘지 못한다. 하지만 그보다 깊은 통찰력이 필요하다. 학교에서 놀이가 차지하는 중대한 역할은 미래의 학교에 대한 우리의 사고에 영감을 심어 줄 수 있다.

일부 기술 플랫폼과 상품은 교사와 학생들에게 많은 도움을 줄 수 있다. 하지만 이 책은 교육 관련 최신 기술이나 '혼합형 학습 blended learning' 또는 컴퓨터 화면을 통한 '맞춤 학습personalized learning', '디지털 학습', '개인 전자 기기 학교에 가져오기' 등에 관한 것이 아니다. 이 책은 놀이, 그것도 몸으로 하는 놀이에 관한 것이다.

그러므로 전 세계 교사와 부모, 시민들에게 이렇게 제안하고자 한다. 전 세계적인 인식 제고를 통해 학교에서 놀이의 힘을 회복하고 확대하자.

세계 곳곳에서 이루어진 다양한 연구와 실험, 교실에서의 경험을 통해 확보된 수많은 과학적 증거와 지식들이 말해 주는 바는 분명하다. 장기적으로 어린이들은 놀이가 풍부한 환경에서 가장 잘 배우며, 놀이는 효과적인 교육 및 향후 학업 성취의 기반이자 아동기를 이끄는 엔진이다.

놀이는 어린이가 세상을 배우는 방식이고, 사회생활의 기초를 형성하는 방식이다. 어린이는 놀이를 통해 탐구하고, 발견하고, 실패와 성공을 거듭하고, 사람들과 어울리면서 성장한다. 다시 말해서, 놀이는 아동기의 밑바탕이 된다.

놀이는 어린이들에게 성공을 위해 꼭 필요한 능력과 사고방식을 갖춰 줄 열쇠다. 놀이를 통해 아이들은 수많은 능력을 얻을 수 있다. 몇 가지만 꼽아 봐도 창의력, 혁신, 협동력, 회복탄력성, 표현력, 공감 능력, 집중력, 실행 능력 등 아주 다양하다. 놀이는 모든 어린이가 상상력과 혁신, 창의적 사고의 힘을 발휘하기 위해 꼭 필요한 수단이다.

어린이들은 지속적인 신체놀이와 지적인 놀이에 적합하도록 생물학적으로 설계되었다. 그래서 아이들은 질문하고 공상하고 상상놀이를 하고 블록으로 탑과 인형의 집을 쌓고 씰룩거리고 꼼지락거리고 달리고 점프하고 웃고 울고 불만스러워하고 무언가에 빠져들고 지루해하고 창의적으로 행동한다. 그리고 무엇보다도 서로 다르다. 그런 점에서 실은 우리가 아이들에게 배워야 한다.

수학자이자 연구자로서 MIT에서 학생들을 가르치고 연구하며 삶의 대부분을 보낸 시모어 페퍼트Seamour Papert(1928~2016)는 이렇게 썼다.

「어린이에게 어른처럼 생각하라고 강요하지 말라. 어린이는 본디 배움에 타고난 재주를 가졌으니, 오히려 우리가 아이처럼 되기 위해 열심히 노력해야 할 것이다.[22]」

놀이는 아무 목적 없이 아무렇게나 하는 시간 낭비가 아니다. 놀이의 힘이 적절하게 활용되고 발휘될 때 그것은 아이의 학업과 정서, 신체 성장의 기초가 된다.

어린이에게 학교 안팎에서의 놀이는 삶 그 자체다. 어린이의 삶은 실내놀이와 실외놀이로 가득하다. 어른들의 지도 아래, 또는 자기들끼리 학교에서 배운 개념을 가지고 놀기도 하고, 수학과 언어, 과학, 사물, 연극, 책, 음악, 미술, 자연, 운동, 위험, 도구, 상상, 경험, 시행착오 등을 놀이로 즐긴다.

그럼에도 전 세계적으로 학교와 가정과 사회에서는 진짜 놀이를

아이들을 놀게 하라

위해 필요한 환경이 조직적으로 파괴되고 있다. 우리는 아이들에게 적막하고 암울하고 억압적인 환경만을 만들어 주고 있다.

미래를 준비해 주겠다는 핑계로 아이들에게서 어린 시절을 빼앗고 있다. '교육 개혁'이라는 명목 아래 어린이의 미래를 표준화하고 낭비한다. 하지만 그 어느 것도 어린이들의 건강한 발달과 학습에는 도움이 되지 않고 있다. 지금 아이들에게 엄청난 불안과 끔찍한 스트레스, 헛된 노력, 그리고 가만히 앉아서 끝도 없이 보게 되는 미디어만을 주고 있다.

이 책을 쓴 이유는 크게 두 가지였다.

첫째, 세계 각국으로부터 수집, 검토한 자료들을 살펴본 결과, 놀이는 어린이의 학습과 성장, 행복에 필수적인 요소이며, 건강 및 학습 개선 효과를 비롯하여 여러 가지 이점이 있음을 알 수 있었다. 우리는 '놀이를 통해' 위기에 빠진 학교를 구하고 상황을 개선할 수 있다고 분명히 믿는다.

둘째, 우리는 자신의 어린 시절로부터, 그리고 수백만 명의 다른 어린이들의 삶으로부터 놀이의 힘을 목격했다.

집에서 아이들의 모습을 지켜보면 어린이들은 창의성과 호기심을 타고난다는 사실을 쉽게 알 수 있다. 영유아들이 노는 모습을 보면 더욱 분명하게 다가온다. 하지만 많은 어린이들은 유치원, 초등학교를 거치면서 호기심과 창의력을 잃어버린다.

켄 로빈슨 경에 따르면 그에 대한 책임은 상당부분 학교에 있다. 문제는 교사들이 아닌 교육 체계의 엄격한 구조, 경직된 규정, 부적절한 정책이다. 저비용으로 '높은 표준'을 충족하고자 하는 전 세계적 교육 경쟁 때문에 수많은 학교가 공장으로 변해 버렸다. 그곳에서는 빽빽한 스케줄에 맞게 효율적으로 작동하는 표준화된 상품들만이 만들어진다. 하지만 어린이들이 더욱 건강하고 행복한 삶을 누리고, 향후 우리의 지구가 직면할 수많은 위기에 대비할 수 있는 최선의 방법은 놀이가 모든 학교의 일상에 더 깊이 뿌리내리는 것뿐이다. 우리는 그렇게 믿는다.

학교에서 아동기 학습의 자연스러운 표현인 놀이, 발견, 실험이 사라지고 그 자리가 불안, 스트레스, 비효율적 교육 정책으로 채워지고 있는 현실이 두렵다. 그로 인해 인류가 어떤 대가를 치르게 될지가 두렵고, 아이들의 학습과 행복이 조금도 개선되지 못하고 있다는 사실이 걱정스럽다.

또한 우리의 아이들이 걱정스럽다. 전 세계 모든 곳에 존재하는 모든 아이들 말이다. 많은 통계 및 연구 자료들이 정신 건강의 악화와 심각해지는 비만, 늘어나는 스트레스, 학교 부적응 문제, 삶에 대한 불만족, 약물 과다 처방 등 암울한 현실을 시사한다. 아마도 지적인 놀이 및 신체놀이의 부족을 포함하여 다양한 문화적, 사회적 스트레스에 기인한 결과일 것이다. 전 세계의 학교 정책은 교육의 사회적 비용을 폭발적으로 증가시키고 있는 인간성 위기에 불을 붙였다. 빠른 시일 내에 이런 현실을 바꾸지 못한다면 가장 어리고 가장 연약한 많은 어린이들이 더 이상은 견딜 수 없을지도 모른다. 우리는 그것이 너무도 두렵다.

아이들을 놀게 하라

교육이 이런 식일 필요는 없다. 아니, 이런 식이어서는 안 된다.

머지않아 곧 우리는 아이들에게 어린 시절을 되돌려 줄 것이다. 머지않아 어른들은 아이들의 말에 주의 깊게 귀를 기울일 것이다.

머지않아 곧 어른들은 *어린이를 어린이답게* 내버려 둘 것이다.

아동 교육의 금과옥조를 알아냈다고 주장하는 자가 있다면 그는 아마도 자신이 무슨 말을 하고 있는지 모를 것이다.

교육은 모순과 미지의 것들로 가득한, 복잡하고 불완전하고 신비로우며 대단히 어렵고도 섬세한 과정으로서, 극단적인 지적 겸손과 끝없는 개혁, 협력, 혁신만이 요구되는 과정이기 때문이다. 모든 교사, 학생, 부모, 문화는 서로 다르다. 그리고 어린이들은 학습에 악영향을 미칠 수 있는 수많은 사회적, 정서적, 신체적 압박과 스트레스에 노출되어 있다. 모든 학생이 저마다 다른 재능과 영재성을 갖고 있지만, 때로는 이런 재능이 완전히 가려져 있거나 오랫동안 발견되거나 발전하지 못한다.

결국, 놀이가 학습에 어떤 영향을 미치는가에 대한 우리의 지식에는 큰 공백이 있으며, 많은 연구가 생소하거나 불완전한 것도 사실이다. 어린이에 관한 연구에는 윤리적 문제로 인한 엄청난 어려움이 뒤따르기 때문이다. 대부분의 연구가 그렇듯이 아동에 관한 연구 역시 논란의 여지가 크다. 많은 경우 표본 집단이 작고, 연구 대상인 아동들이 균질하지 않고, 유아들에 비해 청소년에 대한 연구는 부족하며, 연구 기간도 짧다. 심지어 연구 결과가 애매모호하거나 부정적이어서 발표되지 않는 연구도 많다.[23] 때로는 연구들 간에 서로 상충하는 결과를 낳기도 한다. 또한, 놀이에 관한 연구는 대부분 관찰에 근거하므로, 연관성이나 상관관계는 분명히 알 수 있지만, 원인과 결과를 밝혀내기는 어렵다. 놀이에 대하여 진행 가능한 연구의 대부분은 서양, 특히 미국과 영국의 어린이들에 초점이 맞추어져 있고, 전 세계적으로 어린이들 사이에 존재하는 문화, 젠더, 윤리성, 경제 상황의 차이에 따른 놀이 연구는 드문 실정이다.

하지만 바로 지금, 세계 곳곳에서 많은 교사와 연구자, 부모들이 가능한 모든 실험 결과, 경험, 근거를 종합하여 학교를 개선하기 위한 도발적인 해결책을 찾아내고 있다. 바로, 어린이들은 더 많이 놀아야 한다는 것이다.

아이 혼자 놀 시간을 더 많이 확보한다는 것만으로 전 세계의 교육 문제를 해결할 수는 없다. 하지만 우리는 비용도 거의 들지 않는 놀이라는 훌륭한 방법을 통해 어린이들의 학습과 행복에 적합한 환경을 만들 수 있고, 그 결과 세계는 더 나은 미래로 나아가게 될 것이라고 주장하고자 한다.

과연 어린이들이 성공적인 학교생활과 삶을 누릴 수 있도록 돕는 최선의 방법은 무엇일까?

휴대폰 어플리케이션은 효과적인 해법이 될 수 없다. 표준 시험도, 모든 아이의 손에 태블릿 컴퓨터를 쥐여 주는 것도, 유행에 따르는 교육도 마찬가지다. 그것은 유치원생에게 초등학생 수준의 교육을 시키라고 강요하지도 않고, 초등학교를 스트레스 공장으로 바꾸어 놓지도 않는다.

아이들을 놀게 하라

사실, 지구상의 어린이들 대부분은 진짜 효과적인 방법을 태어날 때부터 잘 알고 있다. 또한 세계 곳곳의 학교, 교사, 부모, 어린이들이 이미 그것을 선구적으로 개척한 바 있다.

거기에는, 당신의 자녀를 포함한 모든 어린이에게 성공의 필수요소가 될 강력한 학문적, 사회적, 정서적 이익을 가져다주는 힘이 숨어 있다.

과연 교육의 목적은 무엇인가? 만약 그 답이 어린 시절의 스트레스를 높이고, 정치인과 행정가들에게 무의미한 저질의 데이터를 제공하고, 비생산적이고 효과가 검증된 바 없는 방식으로 오히려 학습을 방해하느라 수십억 달러의 자금을 허비하며, 아동 간 학습 격차 해소 및 학습 성과에 아무런 긍정적이고 지속적인 효과를 보지 못하는 것이라면, 우리 사회는 목표를 향해 대단히 훌륭하게 나아가고 있는 셈이다.

하지만 교육의 주된 목적에 대해 우리와 생각이 비슷하다면 이야기는 달라진다. 어린이들이 자신만의 꿈을 찾고, 배우는 법을 배우고, 배움을 사랑하도록 돕는 것이 교육의 목적이라면, 어린이들이 적극적이고 생산적이고 건강하고 창의적이고 책임감 있고 타인에게 공감할 줄 아는 사회의 일원이 되도록 돕는 것이 교육의 목적이라면, 오늘날 학교의 체계는 즉시 재정립되어야만 한다. 그리고 그 과정은 어린이 학습 언어의 탄탄한 기초가 되어 주는 '놀이' 위에 학교를 세우는 것부터 시작된다.

문제는 우리 학교들이 지금 완전히 잘못된 방식으로 작동하고 있다는 점이다. 그 중요한 원인의 하나는 비효율적인 교육 정책이다. 교육 정책은 학습의 주된 기반인 놀이를 학교에서 억지로 밀어내고 그 자리를 걱정과 스트레스, 때 이른 과도한 압박으로 채우고 있다. 국가의 교육 정책이 어린이들을 보편적인 표준 시험의 굴레에 가두고 있다. 교사들을 탓하려는 것이 아니다. 오히려 그 반대다. 우리는 잘못된 교육 정책과 지시사항에도 불구하고 모든 어린이들이 학교에서 잘 배우고 성장할 수 있도록 돕기 위해 최선을 다하는 수백만 명의 교사들을 존경한다.

과연 해결책은 무엇일까? 어떻게 하면 모든 아이들이 성공적인 학교생활과 삶을 영위할 수 있도록 도울 수 있을까?

우리는 선조들의 지혜로부터 영감을 얻고, 최근의 뇌 과학과 교육 연구가 이뤄 낸 비약적 발전들로부터 확신을 얻어 답을 찾아냈다.

답은 이 단순한 문구 속에 숨어 있다. *아이들을 놀게 하라!*

LET THE CHILDREN PLAY

놀이가 가진
배움의 힘

어린이들은 아주 어릴 때부터 합당한 놀이에 마음껏 참여해야 한다.
그런 분위기에서 자라나지 않으면
결코 덕과 예의를 갖춘 시민으로 성장할 수 없기 때문이다.[24]

- 플라톤, 국가

가장 많은 것을 배우는 방법이란 바로 그런 것이다.
무언가가 너무나 재미있는 나머지 시간이 흘러가는 걸
눈치채지도 못하는 경우 말이다.[25]

- 앨버트 아인슈타인, 1915년, 아들에게 보내는 편지 중에서

어린이들은 가장 잘 배우기 위해서 무엇을 해야 하는가?

답은 놀이다. 물론 놀이가 전부는 아니지만, 아이들은 많이 놀아야 한다.

17세기 모라비아 교회의 주교이자 근대 교육의 아버지라고 불리는 요한 아모스 코메니우스Johann Amos Comenius는 학교가 '기쁨의 정원'이 되어야 한다는 이상을 품고 있었다. 그가 꿈꾸는 학교는 아이들이 기쁨 속에서 조화롭게 자라나고, 놀고, 배우는 곳이었다.[26]

2008년, 일단의 유아발달 전문가 패널이 모여 어린이들이 어떻게 배우는가에 관한 여러 연구 논문을 검토한 결과, "어린이들에게는 비체계적이고 자유로운 놀이와 성인의 부드러운 지도에 따르는 즐거운 학습이 모두 필요하다. 가장 잘 배우기 위해서 어린이들은 즐겁게 몰입해야 하기 때문이다."라는 결론이 내려졌다.[27] 아이에게는 놀이가 바로 배움이다.

소아과 의사들도 어린이들이 적어도 부분적으로는 놀이를 통해서 배운다고 주장한다. 미국의 소아과 의사 67,000명 이상을 거느린 최고 권위의 집단, 미국 소아과 학회에서 2007년에 출간한 기념비적인 책에서는 다음과 같이 서술하고 있다.

「보호자들은 모든 어린이가 놀이로부터 완전한 이익을 얻을 수

아이들을 놀게 하라

있도록 도와야 한다.[28]」

해당 보고서는 또한 '놀이가 아동 발달에 필수적'이라고 덧붙이며 어린이가 놀이를 통해 얻는 많은 중대한 이익들이 무엇인지를 구체적으로 기술하였다. 내용은 다음과 같다.

「놀이를 통해 창의력을 발휘하는 과정에서 아이들은 상상력과 손재주가 좋아지고, 신체·인지·정서 능력이 발달한다. 놀이는 건강한 두뇌 발달에 중요하다. 어린이들이 아주 어린 나이부터 세상과 상호작용할 수 있는 것도 바로 놀이를 통해서다. 놀이를 통해 어린이는 자신만의 세상을 창조하고 탐구하면서 두려움을 극복하고 어른으로서의 역할을 연습한다. 때로는 그 과정에서 다른 어린이나 성인 보호자들과 협력하기도 한다. 놀이를 통해 자신만의 세상을 지배하면서 어린이는 새로운 능력을 발달시키고, 결국 높아진 자신감과 회복탄력성으로 미래의 어려움을 극복할 힘을 얻는다. 어른의 통제를 받지 않는 놀이를 통해서 집단으로 일하는 법, 함께 나누고 협상하는 법, 분쟁을 해결하고 자신의 입장을 변호하는 법도 배운다.[29]」

하버드 의과대학 및 보스턴 아동병원 산하의 미디어와 아동 건강 센터Media and Child Health에서는 '오늘 더 많이 놀기'라는 프로그램이 운영되고 있다. 이 프로그램을 이끄는 소아과 전문의 마이클 리치Michael Rich박사는 어떻게 하면 집과 학교에서 풍부한 양질의 놀이를 제공할 수 있을지에 관한 실용적 조언을 부모와 교사들에게 해 주기 위하여 최신 연구 및 실험 결과와 여러 알려진 사실들을 종합적으로 검토하였다. 그에 따르면 놀이는 아동의 신체 및 두뇌 발달을 돕고, 타인과 잘 어울리는 법을 배우는 데도 도움이 된다고 하는데, 그 사실을 수많은 근거가 뒷받침한다.[30]

아동기 놀이의 필요성에 대해서는 의학적, 과학적으로 아주 강력한 합의가 이루어져 있으며, 국제정치적으로도 놀이는 모든 아동의 기본적인 권리로 인식되고 있다. 역사상 가장 많은 국가가 승인한 조약인 UN 아동권리협약 제31조에서는 '모든 아동은 휴식과 여가를 즐기고, 자신의 연령에 적합한 놀이와 오락 활동에 참여할 권리를 갖는다.'라고 규정한다. 2011년 유럽의회와 유럽연합 이사회에서도 '모든 어린이는 휴식과 여가, 놀이를 즐길 권리를 가진다.'라고 선언하면서 '놀이가 어린 시절의 학습에 결정적인 역할을 한다'고 인정하였다.[31] 또한 모든 북유럽 국가들은 '놀이는 모든 어린이가 인간으로서 누려야 할 권리이며 이는 학교에서도 마찬가지'라는 취지의 법을 마련하였다.

놀이는 사람에게뿐 아니라 동물들에게도 생물학적인 필수 과제인 것으로 보인다. 2018년 미국 소아과 학회가 발간한 놀이에 관한 임상 보고서에는 다음과 같이 나온다.

「놀이는 진화적 유산으로서 다양한 종에서 발견되며, 복잡한 세상을 살아가기 위해 필요한 다양한 기술을 연마할 기회를 주고 건강의 기초를 이룬다. 무척추동물(문어, 도마뱀, 거북이, 꿀벌 등)부터 포유류(쥐, 원숭이, 인간 등)에 이르는 다양한 종에서 놀이가 나타나지만, 사회적 놀이는 대뇌 신피질(두뇌의 고차원적인 기능을 담당하는 부분)이 큰

　　　　　　　　　　　　　　　　아이들을 놀게 하라

종에서 두드러지게 나타난다.[32]」

그러므로 자라나는 어린이들의 삶에서 놀이를 빼앗아서는 안 된다. 최근 어린이를 '혁신적' 시민으로 키워 낼 수 있도록 교육계가 만반의 대비를 해야 한다는 주장이 터져 나오고 있는데, 이 역시도 학교 교육에 놀이의 요소가 포함될 때 더욱 잘 달성될 것이다. 고학년 아이들의 경우도, 심지어는 대학 교육에서조차도 마찬가지다. 하버드 대학 혁신 연구소Harvard University's Innovation Lab 소속 전문가이자 학습정책 연구소Learning Policy Institute 선임연구원이며《이노베이터의 탄생Creating Innovators》의 저자인 토니 와그너Tony Wagner는 교육에 더 많은 놀이, 열정, 목적이 필요하다고 주장한다.

"놀이는 인간 본성의 일부이며 본질적인 욕구다. 우리 모두는 새로운 가능성을 탐구하고 실험하고 상상하고자 하는 욕망과 선천적 호기심을 타고난다. 바로 그것이 혁신이다."

어린이들은 놀이를 통해 이런 능력을 키울 수 있다.[33]

포유동물들은 특히 놀이를 좋아한다. 많은 어린 포유동물들이 놀이를 하는 이유는 무엇일까? 20세기에 들어설 무렵 자연주의 철학자 카를 그로스Karl Groos는 놀이가 진화의 메커니즘이라고 주장했다. 어린 개체들이 놀이를 통해 생존에 필요한 행동을 연습한다는 것이다. 이처럼 놀이를 연습의 일환이라고 보는 '연습 이론'을 통해 얼룩말 망아지가 몸을 좌우로 흔들어 대는 이유를, 아기 사자들이 몰래 접근해서 쫓아가는 놀이를 하는 이유를 설명할 수 있다. 그로스는 이 이론을 인간에게도 확장하여, 어린이는 어른들을 관찰한 다음 놀이를 통해 자신의 문화권에서 생존하기 위해 필요한 기술을 익힌다고 주장하였다. 예컨대 수렵 채집 문화권에서 자란 어린이들은 활쏘기 놀이를 즐긴다.[34]

문명의 여명 이래로 모든 땅과 모든 문화권에서 놀이는 아동기의 자연스러운 기반을 이루어 왔다. 기원전 440년경 만들어진 그리스의 물병에는 요요를 가지고 노는 소년의 모습이 그려져 있다.[35] 수많은 수렵 채집 사회에서도 놀이가 공통적으로 나타났다. 아메리카 인디언 문화에서는 어린이들이 야생의 거친 땅에서 끊임없이 사냥감을 쫓고, 사냥하고, 싸우는 기술을 흉내 내며 놀았다. 호주의 어느 지역에서는 어린이들이 '막대 던지기 게임'을 즐겨 하는데 이는 호주 토착부족들의 오랜 전통에서 비롯된 것이다.

1560년 네덜란드 르네상스 시대의 화가 피테르 브뤼헐Pieter Bruegel은 《아이들의 놀이Children's Games》라는 그림에서 중세 어느 마을의 모습을 묘사했다. 마을은 놀이를 즐기는 수십 명의 어린이와 청소년들로 가득하다. 하나의 그림 안에 인형, 가면, 원반놀이, 볼링, 딸랑이, 수영, 잔디 볼링, 흔들 목마, 팽이 돌리기, 가장놀이, 죽마 타기, 장대높이뛰기, 모자 돌리기, 주사위, 그네, 구슬치기, 장님놀이, 동전 따먹기, 잭나이프 던지기, 물총놀이 등 최소 80가지의 놀이, 운동, 장난감이 표현되었다고 한다.

미국의 노예 어린이들도 놀 방법을 찾았고, 미 대륙 유럽 정착민의 아이들과 미국의 새로운 도시 및 교외 지역에 사는 어린이들도 놀이를 했으며, 심지어 홀로코스트에 직면한 어린이들마저도 놀 방

아이들을 놀게 하라

법을 찾아냈다.[36] 놀이는 인간과 평생을 함께하는 동반자다. 어린이들은 영아기부터 사물, 소리, 움직임, 생각, 감정 등을 가지고 논다. 그리고 놀이 행동은 노인이 될 때까지도 지속될 수 있다.

숙련된 아동발달 전문가, 연구자, 교사들에게 유아들이 잘 배우기 위해 무엇이 필요한지 묻는다면, 구체적인 답변은 다양하겠지만, 결국 핵심은 다음과 같을 것이다.

"어린이들에게 필요한 것은 따뜻한 분위기의 학교, 격려, 적극적인 탐험, 풍부한 대화, 직접 하는 활동, 즐거운 발견, 블록, 물감, 크레파스, 모래 테이블, 옷장 놀이, 연령과 개개인의 능력에 맞는 지시 또는 안내, 담임교사의 정기적인 발달 평가(배움에 '대한' 평가가 아닌 배움을 '위한' 평가), 충분한 쉬는 시간 및 실외 활동 시간(과 그에 대한 강력한 학문적 기반에 근거한 사회적 지지), 균형 잡힌 식사, 부모의 관심, 능력 있는 교사, 자원의 공평한 분배, 자유놀이와 지도에 따른 놀이를 포함하여 다양한 놀이를 활용한 교과과정 등이다."

오스틴 텍사스 대학에서 유아기 교육의 커리큘럼 및 지도를 가르치는 크리스토퍼 브라운Christopher Brown 교수는 이렇게 설명하였다.

"아이들이 더 놀고 싶어 한다고 해서 주어진 일을 하지 않겠다는 뜻은 아닙니다. 아이들도 학교에서 공부해야 한다는 것을 잘 알아요. 다만, 힘을 재충전하고, 있는 그대로의 모습으로 있을 기회가 필요할 뿐이지요."[37]

놀이란 무엇인가? 영어에서 놀이를 뜻하는 단어 '플레이play'는 축구부터 브로드웨이 연극, 드럼, 라스베이거스의 도박 게임까지 온갖 종류의 활동을 가리킨다. 학교에서 하는 놀이에 대해서도 놀이 전문가의 숫자만큼이나 다양한 정의가 존재한다. 그러다 보니 유아기 및 학령기에 놀이가 어떤 역할을 하는가를 논하고자 할 때 놀이라는 단어에 너무도 다양한 의미가 있다는 점이 문제가 되곤 한다.

놀이의 사전적 정의는 많은 경우 불만족스러우며, 부정확한 데다 실제와 모순되기까지 한다는 비판을 받는다. 미국 국립놀이협회National Institute for play의 창립자인 스튜어트 브라운Stuart Brown 교수는 놀이를 '단지 재미있어서 자발적으로 하는 모든 활동'이라고 규정한다.

"목적이 없는 것처럼 보이지만, 놀이를 할 때 참여자는 기쁨과 즐거움을 느끼고, 다양한 능력이 발달한다."[38]

뉴욕 세인트존스 대학의 에번 오르트립Evan Ortlieb 교수는 놀이를 "최소한의 각본으로 진행되는 열린 결말의 탐구 활동이며, 참여자는 그 경험의 자발성에 푹 빠진다."라고 묘사했다.[39]

2018년 미국 소아과 학회의 놀이에 관한 임상 보고서에는 다음과 같이 나온다.

「놀이는 정의 내리기 힘들다. 하지만 내재적 동기에 따라 이루어지는 활동이며, 활발한 참여와 즐거운 발견으로 이어진다는 점에 대해서는 점차 합의가 이루어지고 있다. 놀이는 많은 경우 외적인 목적이 없으며, 자발적으로 이루어지고, 재미있다. 어린이들은 종종 놀이에 활발하게 참여하고 열정적으로 몰두하는 모습을 보인다. 이는 실행 능력을 키워 주고 학교에서 배울

아이들을 놀게 하라

준비를 하는 데 도움이 된다(쉽게 지루해하는 아이는 잘 배울 수 없으므로). 놀이는 자기만의 상상 속 세상을 만들어 주고 상상의 요소가 포함되며 비문자적이다.[40]」

2,400년 전 플라톤은 만 3세에서 6세 어린이에게 '놀이의 안식처 play sanctuaries'를 만들어 줘야 한다고 주장했고, 자유로운 놀이를 자연의 필연적인 과정이라고 묘사했다.

"어린이들이 모이면 나이에 따라 자연스럽게 떠오르는 놀이를 자발적으로 발견한다."[41]

사실 놀이에 대한 정의를 찾으려 하는 것은 사랑의 보편적 정의를 찾으려는 것과 같다. 직접 보거나 느끼면 그것이 사랑인 줄 알지만, 정의를 내리려고 노력하면 할수록 더욱 규정하기 힘들게만 느껴지는 것이 사랑 아니던가. 놀이 역시 마찬가지다. 우리는 공원에 앉은 두 사람이 서로를 바라보는 모습만 봐도 사랑이라는 걸 알며, 보기만 해도 아이들이 놀고 있다는 것을 알 수 있다. 해변에 모래성을 쌓고 있는 청소년들, 학교 운동장에서 단체 줄넘기를 하는 초등학생들, 나무 블록으로 탑을 만드는 아이, 마룻바닥에서 형과 함께 장난감 자동차를 굴리는 젖먹이의 모습까지, 그 모든 것들이 놀이의 장면이다. 학교에서의 놀이는 다음과 같은 다양한 활동을 포함할 수 있다.

· 노래를 부르며 알파벳을 배우는 유치원생

- 블록으로 고층 건물을 만드는 초등학교 1학년 어린이들
- 시간 여행을 하는 뉴스 기자가 되어 역사 속 위대한 인물들, 예컨 대 앨버트 아인슈타인이나 공자, 마틴 루터 킹 주니어와 인터뷰 하는 연극을 하는 4학년 학생들
- 열정적인 교사가 과학적 방법론을 설명하기 위해 학생들에게 직 접 실험할 기회를 주고, 예상치 못한 실패를 적극 활용하는 고등 학교의 생물 수업
- 쉬는 시간, 신선한 공기를 맡으며 어른들의 감독 없이 학교 운동 장을 뛰어다니는 아이들
- 매주 자기만의 발견을 위해 주어지는 자유 수업 시간, 스스로 계 획한 '열정 프로젝트'에 푹 빠져 있는 중학교 2학년 아이
- 학습 목표를 향해 아이들을 조심스럽게 이끄는 교사와 그의 지도 를 받으며 재미있는 수학 게임을 즐기는 초등학교 3학년 아이들
- 정식 음악 수업이 끝난 후 30분 동안 다양한 악기를 연습하는 어 린이 재즈 밴드
- 학생들이 지루해하는 걸 눈치챈 교사가 수업을 멈추고 가장 좋아 하는 록발라드 곡을 목청이 터질 정도로 크게 부르는 모습
- 열정적이고 에너지 가득한 수업으로 학생들의 흥미와 즐거움에 불을 붙이는 중학교 2학년 수학 교사

놀이는 문화권마다 다른 의미를 가질 수 있다. 예를 들어 핀란드 어와 스웨덴어에서 학교에서의 놀이를 뜻하는 동사 '레이끼아 leikkiä'

아이들을 놀게 하라

는 형식이 정해진 운동 경기나 교사의 지도를 받는 악기 수업이라기보다 정형화되지 않아 상상력을 발휘할 수 있고 내재적 동기에 의해 이루어지는 즐거운 활동을 의미한다. 핀란드어에서 놀이를 뜻하는 명사 '레이끼leikki'는 '특히 어린이들이 재미를 위해 하는 행동'이라고 번역된다. '축구를 하다pelata jalkapalloa'나 '피아노를 치다soittaa pianoa'를 나타내는 단어는 따로 있다.

이 때문에 언어권마다 놀이라는 단어가 함축하는 의미는 아주 다양하다. 2002년 햄프셔 놀이정책포럼Hampshire Play Policy Forum이라는 영국의 시민단체는 놀이를 다음과 같이 정의했다.

'어린이에게 만족감을 주고, 창의성을 발휘할 수 있으며, 스스로 자유롭게 선택한 넓은 범주의 활동과 행동.'[42]

'유치원kindergarten(독일어로 '어린이를 위한 정원'을 뜻함)'이라는 개념을 처음으로 만들어 낸 19세기 독일 교육자 프리드리히 프뢰벨Friedrich Fröbel은 이렇게 쓴 바 있다.

「그러므로 놀이는 아동기 인간 발달의 가장 위대한 표현이다. 그 자체만으로도 한 어린이의 영혼을 자유롭게 표현해 주기 때문이다.[43]」

아동 교육과 관련하여 놀이를 정의한다면, '성인의 지도를 받든 혼자서 하든 상관없이 그 과정에서 창의력과 호기심, 상상력을 활용하게 해 주어 어린이의 지적, 신체적 발달에 큰 이익을 가져다주는 즐거운 활동'이라고 쓰고 싶다. 또는, '체계적 활동과 비체계적 활동, 실내 활동과 실외 활동을 모두 포함하여 실패나 처벌에 대한 두려움 없이 정기적으로 지적·신체적 자유와 선택권, 창의성을 발휘하고 즐거운 교습과 학습의 기회를 갖는 것'으로 정의할 수도 있겠다. 가장 폭넓게 보자면 학교에서의 놀이는 어린이에게 흥미와 즐거움의 감정을 유발하는 모든 교육적 활동이라고 정의할 수 있다. 놀이는 어린이가 삶에 대비하여 무대 연습을 하는 것과 같다. 놀이는 인간의 보편적 조건이다.

우리는 학교에서 하는 놀이의 정의에 어린이가 주도하는 '자유놀이'와 성인이 주도하는 '지도에 따르는 놀이'가 모두 포함되며, 신체놀이와 지적놀이, 실내놀이와 실외놀이가 모두 포함된다고 본다. 또한 놀이를 크게 다섯 가지 유형으로 분류한다면, 신체놀이, 사물을 이용한 놀이, 상징놀이, 가상놀이 또는 사회극놀이, 규칙이 있는 게임 등으로 구분할 수 있다. 어떤 놀이를 하든, 교사와 부모는 놀이가 결과물이 아니라 과정이라는 사실을 이해해야 한다. 캘리포니아 대학 버클리 캠퍼스의 심리학 교수 앨리슨 고프닉Alison Gopnik은 말한다.

"미국은 청교도 문화로 악명이 높습니다. 다른 문화권에서 단순한 즐길 거리로 여겨지는 것들, 예컨대 음식, 산책, 섹스 등을 어려운 업무 프로젝트처럼 만드는 재주가 있지요. 그래서 미국 부모들은 놀이가 어떤 예측 가능한 결과물을 만들어 낼 때에만 가치 있는 것처럼 행동하곤 합니다."[44]

아동기의 놀이는 시험을 통해 평가될 필요도 없고, 어른들이 정한 특정한 '결과물'을 낼 필요도 없다. 놀이 행동은 그 자체로 어린이

아이들을 놀게 하라

들에게 이로우며 배움이 된다.

놀이에는 많은 교육적 가치가 있지만, 어린이는 보통 재미를 위해서, 내재적 동기와 흥미에 의해서 놀이를 한다. 훈련되지 않은 어

기본 형태		상세	예시
신체놀이	대근육 운동	쌓기 무너뜨리기	블록 쌓기 점토/모래/나무
	소근육 운동	조작 협응	블록 조립하기 악기 연주
	정신 운동	창의적이고 모험적인 운동 감각 탐구	놀이기구 기어오르기 춤추기 폐품 활용하여 만들기
지적 놀이	언어	의사소통/기능/설명/습득	이야기 듣고 말하기
	과학	탐험/탐구/문제 해결	물놀이/요리
	상징/수학	표현/가상/작은 세상	인형의 집/플레이하우스/숫자게임
	창의력	심미/상상/환상/현실/혁신	그림그리기/색칠/만들기/설계하기
사회적/ 감정적 놀이	치료	공격성/퇴행/휴식/병행놀이	나무/점토/음악
	언어	의사소통/상호작용 협동	인형/전화기
	반복	숙달/조절	어떤 것이든!
	공감	공감/민감성	반려동물/친구
	자아인식	역할/경쟁/도덕성/민족성	손님/서비스센터/토론
	게임	경쟁/규칙	단어/숫자 게임

그림 1 ‖ 유아기 놀이 사례
《그깟 놀이?-유아기 놀이의 역할과 위상Just Playing? The Role and Status of Play in Early Childhood Education》(자넷 모일스Janet Moyles저, 1989년, Open University Press)에서 발췌

른들의 눈에는 놀고 있는 아이가 시시한 짓을 하거나 시간을 낭비하고 있는 것으로 보일 수 있다. 하지만 어린이에게 놀이는 인생 최고의 순간이자 존재의 이유 그 자체로 느껴질 수 있다. 그러므로 놀이는 적절한 이해를 통해 잘 활용하기만 한다면 어린이를 위한 자연스럽고도 대단히 효율적인 배움의 언어가 된다.

당신의 자녀가 성공적인 학교생활과 미래를 누리기를 바라는가? 그렇다면 아이들을 놀게 하라. 학교에서도 놀 수 있게 하라.

수많은 연구와 실험, 전 세계 학교에서의 실제 경험을 통해 다양한 형태의 놀이가 어린이들에게 많은 긍정적 영향을 미친다는 사실이 확인되었다. (그림2) 여기에는 인지 발달, 사회적-정서적 건강, 신체 건강, 주의력 강화, 기억력 발달, 조망 수용 능력, 협동, 협상, 도와주기, 나누기, 문제 해결, 트라우마 극복, 계획 능력, 의사 결정 기술, 배움의 동기, 친목 쌓기, 학습 준비, 사회적 기술 및 나누고자 하는 태도, 순서 지키기, 자기 절제, 공동 작업 및 친구와 원만한 관계 만들기, 창의력과 다양한 사고(문제 해결을 위한 다양한 접근법 생각해 내기), 건강한 두뇌발달, 정서 안정 및 회복탄력성, 공감 능력, 행복감, 운동능력, 빠른 언어발달 및 읽기, 자기 규제, 아이-부모 간 애착, 과학 및 수학 학습, 실행 능력 개선 등이 포함된다.

유아기의 놀이는 장기적으로 놀라운 영향을 미칠 수 있으며, 이는 선천적으로 특별한 문제를 가지고 태어나는 아이들에게도 마찬

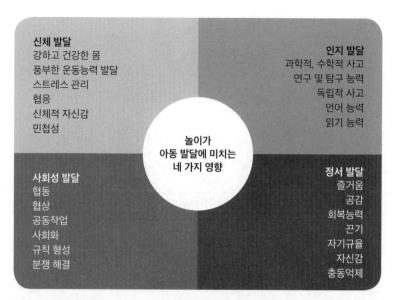

그림 2 | 과학은 무엇을 보여 주는가: 놀이는 아동의 성장과 발달에 어떤 도움이 되는가
국립 놀이 박물관National Museum of Play의 연구 자료 요약, 2013년. 박물관 측의 허가를 받아 게재하였으며 저작권의 보호를 받음

가지다. 자메이카에서 진행된 연구 결과 이 같은 사실이 밝혀졌다. 자메이카의 어느 보건 담당자는 발달 지연 아동을 키우는 어머니들에게 도움을 주고 그 효과를 장기적으로 분석하였다. 그는 2년이 넘는 기간 동안 일주일에 한 시간씩 가정을 방문하여 어머니들에게 양육 기술을 가르쳤으며, 거기에는 자녀들과 정기적으로 하는 놀이 방법도 포함되어 있었다. 그 아이들을 아동기까지 추적 관찰한 결과, 해당 가정의 아이들은 인지 발달, 정신 건강, 사회적 행동 측면에서 다른 아이들을 따라잡았고, 우울증과 폭력적 행동도 덜 보였으며, 장기적으로 청년기가 될 때까지도 더욱 훌륭한 교육적 성취를 일구

어 냈다.[45]

당신의 자녀가 이과 과목(과학, 기술, 공학, 수학)에서 뛰어난 성적을 얻기를 바라는가? 그렇다면 아이들을 놀게 하라.

사물, 패턴, 블록, 모래, 공, 미술 도구, 크레파스, 종이를 가지고 하는 놀이는 아이들에게 수학 및 과학 개념의 기초, 예컨대 숫자 세기, 연산, 방향, 거리, 측정, 순서, 물리학, 건축 등을 가지고 실험할 수 있는 다양한 기회를 준다. 연구 결과 어린 시절에 사물을 가지고 놀이하는 것과 과학 및 수학 성적 사이에는 긍정적인 연관성이 있는 것으로 밝혀졌다. 37명의 어린이를 16년 동안 추적한 어느 연구에서는 성별이나 IQ와 무관히 만 4세 때 블록으로 얼마나 복잡한 구조물을 만드느냐가 중고등학교 때 수학 학업 성취도와 상당한 정도의 긍정적인 연관성이 있는 것으로 드러났다.[46] 아동 심리학자 레이첼 화이트Rachel White 박사는 말한다.

"어른들의 가르침이 없어도 어린이의 자유로운 놀이에는 이과 과목에서 배우는 요소가 풍부하다."[47]

이과 과목 공부에 필수불가결한 요소인 호기심 역시도 독립적 놀이 및 협동 놀이를 통해 풍부하게 발달한다.

케임브리지 대학 심리학 및 교육 연구자 데이비드 화이트브레드 David Whitebread 박사가 분석한 2016년 자료에 의하면 다음과 같다.

「여러 신경과학적 연구 결과, 놀이는 시냅스의 성장을 촉진하며, 이는 특히 인간 고유의 고차원적 정신기능을 담당하는 전두엽에서 활발하게 나타

아이들을 놀게 하라

난다. 나의 연구 분야인 경험 심리학 및 발달 심리학에서도 학습 및 동기부여 능력은 지시에 따른 학습이 아니라 즐거운 학습으로부터 발달한다는 사실이 꾸준히 증명되었다. 아동기 초기에 읽기 능력과 같은 상징적 표현 능력을 발달시키려면 직접적인 설명보다는 가상놀이가 훨씬 효과적이다. 신체놀이, 구성놀이, 사회적 놀이는 초기 학습과 발달에 필수적이라고 밝혀진 지적, 정서적 '자기 규제' 능력을 키우는 데 도움이 된다.[48]」

신체놀이 및 활동이 학습 능력을 향상시킨다는 근거는 점점 더 명백해지고 있다. 2013년 국립과학아카데미는 임상 보고서를 통해 다음과 같이 선언하였다.

「학교에서의 쉬는 시간, 체육 시간, 교실에서 하는 신체 활동은 특히 수학과 읽기 학습 효과를 증진시킬 수 있다. 수학과 읽기를 잘하기 위해서는 효율적이고 효과적인 실행 능력이 필요한데, 이는 신체 활동 및 신체 건강과 연관되어 있기 때문이다. 또한 실행 능력과 두뇌 건강은 학업 성취의 기초가 된다. 집중력, 기억력과 관련된 기본적인 인지 기능이 갖춰지면 학습은 훨씬 쉬워지며, 그런 기능은 신체 활동 및 활발한 유산소 운동을 통해서 발전한다.[49]」

놀이와 신체 활동이 실행 능력에 미치는 잠재적 영향력은, 실행 능력이 학업 및 직업적 성공의 가능성을 보여주는 척도라는 점에서 특히 중요하다. 실행 능력에는 계획 및 의사 결정, 기억된 정보의 관리, 부정적인 감정과 행동 통제, 어떤 과제에서 다른 과제로의 부드러운 전이 등 광범위한 고차원적 인지 과정이 포함된다. 동물 연구 결과 역시도 비슷한 결과를 시사한다. 예컨대 '싸움 놀이'는 시냅스의 성장과 실행 능력에 영향을 미치는 전전두엽 피질의 발달에 긍정적 영향을 준다. 미국 소아과 학회에서 2018년에 발간한 아동의 놀이에 관한 임상 보고서에는 다음과 같은 내용이 실려 있다.

「실행 능력이 뛰어난 어린이들은 전이 능력도 뛰어나기 때문에 크레파스를 들고 그림을 그리다가도 학교 갈 시간이 되면 옷을 갈아입는다. 전전두엽과 실행 기능의 발달은 편도체(감정과 관련된 뇌의 부분)의 충동성, 공격성, 감정적 흥분을 조절하고 완화시킨다. 아동기에 심각한 사건을 경험한 경우에는 놀이의 역할이 훨씬 더 중요해진다. 부모와 자녀가 놀이를 하는 동안 경험하는 기쁨의 공유와 동조는 신체적 스트레스 반응을 하향조절하기 때문이다. 그러므로 놀이는 아동기에 경험한 중대한 고통이나 치명적인 스트레스로 편도체 크기가 변하거나 충동성, 공격성, 감정적 흥분이 극심한 경우 효과적인 치료제가 될 수 있다.[50]」

어린 자녀의 스케줄을 엄격하게 짜인 활동들로 촘촘히 채워 둔 부모들에게는 놀랍게 느껴지겠지만, 실행 능력을 높이는 한 가지 방법은 오히려 정반대의 활동, 즉 비체계적인 활동을 하는 것이다. 콜로라도 대학과 덴버 대학에 속한 일단의 연구자들은 교외 지역에 사는 만 6, 7세 아동 70명을 대상으로 실험을 진행하였고, 2014년 심리학 프런티어 저널Frontiers in Psychology에 다음과 같은 내용의 논문을 게재하였다.

아이들을 놀게 하라

「비체계적 활동(자유놀이, 가족 및 친구와 시간 보내기, 동물원이나 박물관 방문하기 등)에 더 많은 시간을 쓴 아동들일수록 자기주도적 실행 능력이 더 뛰어난 것으로 드러났다. 체계적 활동(축구 연습, 피아노 교습, 과외 교습, 숙제 등)에 대해서는 반대의 결과가 나타났다. 즉, 체계적 활동을 많이 하는 아이는 자기주도적 실행 능력이 떨어졌다.」

연구자들의 짐작에 따르면 체계화된 시간은 자기주도적 통제력의 발달을 늦출 수 있는데, 그런 상황에서는 앞으로 무슨 일이 언제 일어나야 하는지에 대한 외부적 신호를 어른들이 주기 때문인 것으로 보인다.[51] 다시 말해서 놀이는 당신의 자녀가 실행 능력을 연습하고 강화할 수 있게 도와준다.

"실행 능력은 어린이에게 대단히 중요합니다."

콜로라도 대학교 볼더 캠퍼스University of Colorado Boulder의 심리학 및 신경과학 교수이자 위 연구의 공저자이기도 한 유코 무나카타Yuko Munakata는 말했다.

"일상생활 전반에 걸쳐 다양한 일들을 해내는 데 도움을 주거든요. 한 가지 일에만 매몰되어 있지 않고 다른 활동들로 유연하게 옮겨 가는 것부터 화가 나도 소리 지르지 않기, 만족 지연하기까지 말입니다. 아동기의 실행 능력은 수년 후, 심지어 몇십 년 후 아이의 학업 성취도, 건강, 부, 범죄 여부에 이르는 중요한 결과들을 예견합니다."[52]

2018년 미국 소아과 학회의 임상 보고서에 따르면 놀이는 하찮은 것이 아니다. 놀이는 두뇌의 구조와 기능을 향상시키고 실행 능력

(배움의 내용보다는 배움의 과정을 의미)을 개선해 주는데, 그로써 방해물을 무시하고 목표를 향해 나아갈 수 있게 된다.[53]

장난감 회사 레고Lego사의 연구 기관이자 자선단체인 레고 재단 Lego Foundation 소속 연구원들은 다양한 연구 문헌을 검토한 결과 놀이에 다음과 같은 다섯 가지 주요 특징이 있음을 밝혀냈다. 놀이를 통한 배움은 그 활동이 (1)즐거운 경험일 때, (2)자신이 하는 일이나 배우는 것에서 아이 스스로 의미를 찾을 때, (3)적극적으로 몰입하고 집중하면서 사고할 때, (4)반복적으로 사고할 때(실험, 가설 검증 등), (5)사회적 상호작용이 포함될 때 일어난다. 이 다섯 가지 특징은 아동들이 놀이를 통한 배움에 몰두하는 과정에서 밀물처럼 차올랐다가 썰물처럼 사그라지기를 반복한다. 다섯 가지 특징이 항상 동시에 나타나는 것도 아니다. 하지만 장기적으로 보면 어린이는 즐거움과 놀라움의 순간을 경험하고, 의미를 발견하고, 적극적으로 몰두하며, 반복적으로 사고하고, 타인과 관계를 맺어야 한다.[54]

우리는 놀이에 관한 연구 분석을 통해 다양한 형태의 놀이 활동이 놀이의 질로 특징지어진다는 사실을 발견했다. 고차원적인 양질의 놀이에는 자기주도성, 내재적 동기, 긍정적 감정, 과정 지향, 상상력의 발현 등이 특징적으로 나타났다. 이러한 놀이를 '심층놀이deeper play'라고 부른다. 교사와 부모들은 심층놀이의 다섯 가지 측면에 각별히 주의를 기울임으로써 놀이를 통한 긍정적 경험과 전반적 효과를 증진할 수 있다. 이에 대해서는 제7장에서 보다 자세히 다루겠다.

미국 소아과 학회의 2007년 보고서는 학교생활에서 놀이의 중요성을 강조하면서, '놀이는 학습 환경의 필수불가결한 요소'라고 썼다. 또한, 놀이를 통해 아동들은 학교 환경에 잘 적응할 수 있으며, 놀이는 심지어 학습 준비도, 학습 태도, 문제 해결 능력에도 긍정적인 영향을 준다. 아동들은 놀이를 통해 자기만의 세계를 확립하는 과정에서 새로운 역량을 발달시키며, 이는 앞으로 마주할 어려움을 극복하는 데 필요한 자신감과 회복 탄력성을 길러 준다.[55]

런던 대학 및 옥스퍼드 대학 연구진은 영국 교육부의 재정 지원을 받아 만 3세에서 7세 어린이 3,000명을 대상으로 5년 동안 대규모 종적 연구를 실시하고 2004년에 보고서를 발간한 바 있다. 해당 보고서에 따르면, 유치원에서 오랫동안 풍부한 양질의 놀이를 경험한 어린이는 초등학교에서의 학습 능력과 행복감 측면에서 상당한 차이를 보였으며, 이는 가정환경이 어려운 아이들도 마찬가지였다. 연구진은 이렇게 기술하였다.

「자유롭게 선택한 놀이 활동은 아이들의 사고를 확장시켜 줄 최고의 기회다. 아이가 만들어 낸 놀이를 확장해 주고, 여기에 교사가 만든 집단 활동을 더한 교육이 아마도 학습에 가장 효과적일 것이다.」

해당 연구자들은 유아들의 놀이 환경을 구성할 때 '아이가 만들어 낸 놀이와 어른이 만든 활동 사이에 균형을 맞추는 방향으로 나아갈 것'을 추천했다.[56]

30년 넘게 포유류, 특히 쥐와 생쥐를 대상으로 놀이의 신경과학을 연구해 온 캐나다 앨버타 레스브리지 대학의 세르조 펠리스 교수는 동물에게서 놀이를 빼앗았을 때, 특히 사물을 갖고 하는 놀이와 거칠게 뒹구는 놀이를 못 하게 했을 때, 그것이 어떤 영향을 미치는 가를 실험했다. 그는 인터뷰를 통해 이렇게 말했다.

"자유로운 놀이가 쥐와 원숭이의 사회적 기술 발달에 미치는 영향에 근거하여 생각해 보건대, 어린이가 동급생들과 놀이를 하며 즐겁게 상호작용하는 행동은 전전두엽 피질에 의해 조절되는 사회적 기술을 발달시키기 위한 중요한 원천이 될 것으로 보입니다. 놀이에 의해 사회적 능력과 우정을 키우다 보면 아이들은 학교생활을 더욱 보람 있는 것으로 느끼며(동급생들과 동떨어져 혼자 고립되어 있다면 어느 누가 공부를 기분 좋게 느끼겠습니까?), 전전두엽 피질이 성숙했을 때 나타나는 실행 능력(집중력, 충동억제, 감정조절, 의사 결정 등)의 개선으로 학습 능력 역시 전반적으로 개선될 것입니다."[57]

놀이 실험 연구 분야의 또 다른 선구자로, 현재 게티즈버그 대학에서 심리학을 가르치는 스티븐 M. 시비 교수는 행동 신경과학자인 워싱턴 주립 대학의 야크 판크세프Jaak Panksepp 교수와 함께 이 주제와 관련하여 수십 년 동안 중요한 동물 조사 연구를 진행하였다. 그는 이렇게 말했다.

"어린이들은 놀이 욕구가 대단히 큽니다."

시비 교수는 동물을 관찰한 결과에 근거하여 아이들에게서 놀이를 빼앗으면 두 가지 결과가 나타날 것으로 본다.

첫째, 놀이에 대한 욕구는 계속해서 커질 것이고, 둘째, 교실에서

인지 문제에 집중하는 능력은 떨어질 것이다. 또한 놀이를 못 하게 하면 어린이의 사회적 발달에도 악영향을 미칠 수 있다.

당신의 아이가 성공적인 학교생활과 미래를 누리기를 바라는가? 그렇다면 아이를 밖으로 나가 놀게 하라.

브리티시컬럼비아 대학 및 브리티시컬럼비아 아동병원 산하 아동가족연구소Child & Family Research Institute at British Columbia Children's Hospital의 연구자들이 2015년 국제 환경연구·공중보건 저널 International Journal of Environmental Research and Public Health에 게재한 보고서에 따르면, 실외에서 하는 '위험한' 놀이는 아이들의 창의성, 회복탄력성, 사회적 기술을 길러 준다. 기어오르기, 점프하기, 거칠게 뒹굴며 놀기, 홀로 탐험하기 등의 신체 활동을 많이 하는 아이들이 신체적으로나 사회적으로 더 건강했다.[58] 해당 보고서의 주 저자이자 브리티시컬럼비아 대학 인구 및 공중보건 대학원과 소아과학부에서 조교수로 일하고 있는 마리아나 브루소니Mariana Brussoni는 말했다.

"이러한 긍정적 결과는 어린이들의 건강을 증진하고 활발한 삶을 촉진하기 위해 모험적인 실외놀이의 기회를 주는 일이 얼마나 중요한지 가르쳐 줍니다."[59]

어린이들은 왜 학교에서든 학교 밖에서든 실외로 나가서 위험을 경험해 보고, 정형화되지 않은 자유로운 놀이를 마음껏 즐겨야 할까? 어린이는 자연에서 보내는 시간을 통해 독창성, 창의력, 위험 관리능력을 증진하고, 다가올 즐거움과 새로운 발견의 가능성을 마음껏 느낄 수 있다. 유니세프의 '세계 아동백서The State of the World's

Children 2012: 도시의 어린이들'에서는 나무, 물, 자연 경관에 아동을 노출시키는 것이 아동의 신체적, 정신적, 사회적, 영적 건강에 긍정적인 영향을 미치며, 또한 인지적, 심리적 행복의 근간이 되는 집중력 회복에 도움이 되는 것으로 드러났다고 주장한다.[60]

2015년 캐나다 공중보건 연구자 20명은 실외놀이가 아동에게 주는 긍정적 영향을 대대적으로 분석하고 보고서를 발간하였다. 그들이 찾아낸 사실은 다음과 같았다.

- 실외의 자연 환경에서 (위험과 더불어) 활발한 놀이 기회를 갖는 것은 아동의 건강한 발달에 필수적이다. 그러므로 모든 환경에서, 즉 집에서나 학교, 어린이집, 동네에서, 그리고 자연에서 하는 자발적인 실외놀이의 기회를 늘릴 것을 추천한다.
- 어린이들은 밖에 있을 때 더 많이 움직이고 덜 앉아 있으며 더 오랫동안 논다. 이런 행동은 콜레스테롤 수치와 혈압, 신체 성분, 골밀도, 심폐 및 근골격 건강을 개선하며 정신적, 사회적, 환경적 건강 또한 증진시킨다.
- 바깥놀이는 당신이 생각하는 것보다 안전하다. 위험은 많은 경우 나쁘다고 여겨지지만, 위험에 대한 노출은 건강한 아동 발달을 위해 필수적이다.
- 뼈가 부러지고 머리를 다치는 불행한 일은 가끔 벌어지지만, 심각한 부상을 입는 경우는 드물다. 실외놀이와 관련된 대부분의 부상은 경미하다.

아이들을 놀게 하라

- 아이를 실내에만 가둬 두면 결과가 뒤따른다. 실내에서만 노는 것이 정말로 더 안전한가? 텔레비전 화면 앞에서 더 많은 시간을 보내는 아이들은 온라인 성범죄자나 폭력에 노출될 가능성이 높고 건강하지 않은 간식을 먹게 된다.

- 실내 공기 질은 많은 경우 실외에 비해 나쁘며, 알레르기 유발 항원(먼지, 곰팡이, 반려동물의 비듬 등)과 감염병에 노출될 가능성, 만성 질환을 앓게 될 가능성도 높아진다.

- 몸을 많이 움직이지 않는 습관은 장기적으로 심장 질환, 2형 당뇨, 암, 정신 질환 등 만성 질환에 걸릴 확률을 높인다. 과잉양육은 아동의 신체 활동을 제한하고 정신 건강에 해를 끼칠 수 있다.

- 어린이들은 밖에서도 엄중한 감시를 받으면 덜 활발하게 논다.

- 어린이들은 미리 만들어진 장난감보다 자연적 공간에 더 호기심과 흥미를 느낀다.

- 자연환경 속에서 활발한 놀이를 하는 아이들은 회복탄력성과 자기 규제력이 뛰어나고 성인이 된 후에도 스트레스를 더 잘 다루게 된다.

- 자유롭고 쉽게 접근할 수 있으며 최소한으로 구조화된 환경에서 하는 바깥놀이는 친구, 지역사회, 환경과 쉽게 어울릴 수 있게 해주며, 고립감을 줄여 주고, 대인 기술의 발달 및 건강한 신체 발달을 가능케 한다.[61]

바깥놀이 시간을 늘리면 자녀의 실행 능력을 키울 수 있을까? 노르웨이의 연구자들은 그렇다고 생각한다. 그들은 노르웨이 28개의 어린이집 562명의 아동을 대상으로 4년 동안 종적 연구를 진행한 끝에 보고서를 발간하였는데, 어린이집에서 실외활동을 많이 하는 아이들은 실외활동을 별로 하지 않는 아이들에 비해 집중력, 단기 기억력이 만 4, 5, 6, 7세 모두에서 일관적으로 높게 나타났고, 주의력 결핍 과잉 행동 증상은 적게 나타났다. 연구자들은 유아기 실외 활동 시간은 아동의 집중력 발달에 도움이 되고, 주의력 결핍 과잉 행동 증상을 예방한다고 결론지었다. 또한, 어린이집을 숲이 우거진 곳에 만들어서 어린이를 더 많은 실외 활동에 노출시키는 것은 자기 규제력과 인지 발달을 촉진하기 위한 효과적이면서도 환경 친화적인 방법이다.[62]

실외 활동이 어린이에게 주는 또 하나의 이득은 눈 건강일 것이다. 아시아 일부 지역에서 근시는 대유행의 수준에 이르렀지만, 그것을 막기 위한 효과적인 방법을 찾기 어려웠다. 그러나 최근 몇몇 연구 결과를 보면 실외 활동이 큰 도움이 될 것 같다. 중국 광저우 지역 12개 초등학교에 다니는 1학년 학생 약 2,000명을 대상으로 무작위 실험을 진행한 2015년 광저우 실외활동 종적 연구 보고서에 따르면, 학교에서 실외 활동 시간을 40분씩 늘리자 이후 3년 동안 근시 발생률이 줄어들었다. 비슷한 결과는 2003년부터 2005년까지 만 6세 및 12세 아동 4,000여 명을 대상으로 진행된 시드니 근시 연구에서도 나타났다.[63]

놀이가 정형화되지 않고 진정 자유로울수록 아이들이 얻는 이익은 더 커진다. 많은 연구자들은 어른의 감시를 덜 받는 비정형화된 놀이로, 위험, 도전, 모험을 많이 포함하는 놀이일수록 어린이들이 얻는 신체적, 인지적, 사회적, 정서적 이익이 더 크다고 주장한다. 펜실베이니아 블룸스버그 대학의 교육학 교수 마이클 패트[Michael Patte]에 따르면 정형화되지 않은 놀이, 아이들이 직접 생각해 낸 놀이는 다음과 같은 다양한 장점을 통해 아동에게 '전인적' 이익을 가져다준다:

· 자기만의 방식으로 세상의 다양한 요소를 배울 기회를 준다.
· 자기 결정력, 자아 존중감, 자기 규제력 등 정서 발달의 모든 중대한 부분에 도움을 준다.
· 사회성, 규칙에 대한 존중, 자기 규율, 공격성 통제, 문제 해결 능력, 리더십 발달, 분쟁 해결 능력, 규칙에 따라 노는 능력을 길러 준다.
· 감각을 자극하고 세상의 다양한 질감과 요소를 발견하게 해 준다.
· 창의력과 상상력을 키울 풍부한 토양이 되어 준다.
· 인지 이해력을 증진시킨다.
· 힘, 협동심, 심혈관 건강을 키워 주고 아동기 비만이나 그와 관련된 합병증 발생률을 낮춰 준다.
· 지루함은 어린이가 자기만의 행복을 만들어 내고 독창성을 증진시키며 자기 의존성을 키우기 위한 하나의 도구가 된다.[64]

쉬는 시간은
모든 어린이가 누려야 할 권리다

—

모든 어린이의 학교생활에는 두 가지가 반드시 포함되어야 한다. 쉬는 시간과 정기적인 체육 수업이다.

이 두 가지는 서로 다르다. 질병통제예방센터의 말을 빌리자면, '쉬는 시간은 초등학교 수업 일정에 정기적으로 포함되어야 하는 시간으로서 비정형화된 신체 활동과 놀이를 위한 시간'이어야 하며, 반대로 체육 수업은 체육 교육 전문가의 정형화된 교육에 따라 이루어지는 중간 강도 또는 높은 강도의 신체 활동이어야 한다. 두 가지 모두 어린이의 건강한 발달과 학업 성취에 필수적이다. (그림 3)

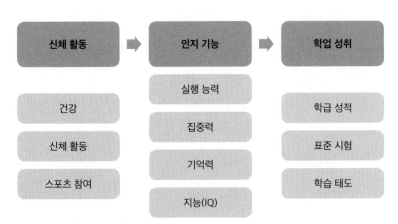

그림 3 ‖ 신체 활동은 학업 성취도를 어떻게 향상시키는가
《스포츠건강과학저널Journal of Sport and Health Science》에 게재된 「어린이의 신체 활동과 학업 성취: 역사적 관점에서Physical activity and academic achievement in children: A historical perspective」(Howie, E. & Pate, R., 2012년)에서 발췌함

아이들을 놀게 하라

그걸 어떻게 아느냐고? 사실 이 문제에 대한 지식은 상당히 부족하며, 관련 연구도 대부분 새롭거나 불완전하다. 어린이에 관한 연구에는 윤리적 문제로 인한 심각한 어려움이 뒤따르기 때문이다. 그래서 가장 믿을 만하다고 여겨지는 표준 연구, 즉 상당한 기간에 걸쳐 무작위로 진행된 종적 통제 연구가 이 분야에는 거의 불가능하다. 초등학교 학생 수백, 수천 명을 무턱대고 '무작위로' 선정한 다음 그중 절반의 아이들에게 향후 10년 동안 평소만큼 움직이지 말라고 주문하고, 대학 시절과 성인기까지 계속 그들을 추적하여 두 그룹의 아이들이 이후 어떤 삶을 살게 되는지 확인할 수는 없기 때문이다. 하지만 지금까지 진행된 모든 연구 결과를 종합적으로 분석하면 눈길을 끄는 이론을 찾을 수 있다. 바로, 성공적인 학교생활과 미래를 위해 *어린이들은 움직여야 한다는 것이다.*

정기적으로 움직이는 활동을 하면 어린이는 수많은 이익을 얻는다. 어린 시절에 매일 하는 신체 활동은 심혈관 및 대사 질환의 위험성을 낮추고, 성인기 심혈관 질환의 위험도를 낮추며, 어린 시절과 성인기 모두에서 제2형 당뇨병의 위험을 낮추고, 뼈 건강과 발달 촉진, 정신 건강과 행복 증진, 인지 및 학업 성취도 개선, 운동 제어 및 신체 기능 강화에 도움을 준다. 신체 활동은 새로운 뉴런의 발달을 자극하여 인지 능력, 기억력을 개선하고 우울증의 발생 가능성을 낮출 뿐 아니라, 뉴런 간 의사소통 능력을 증진하여 인지 능력을 개선하는 뇌유래신경영양인자brain–derived neurotropic factor(BDNF)의 분비를 촉진한다. 또한, 운동은 카테콜아민, 즉 노르에피네프린과 도파민처럼 활기를 북돋우고 기분을 좋게 만든다고 알려진 신경전달물질의 분비를 촉진한다.

2013년 세계 최고의 권위를 자랑하는 미국 국립과학아카데미에서 출간된 보고서는 부디 학교에서 어린이들을 더 많이 움직이게 해 달라는 간청과도 같았다. 의학 협회(현재 국립의학아카데미라고 불림)가 발간한 해당 보고서는 아동과 운동의 상관관계를 연구하기 위해 소집된 열네 명의 저명한 의학 및 과학 전문가 패널의 의견을 담고 있다. 다음은 보고서의 내용 일부를 발췌한 것이다.

「광범위한 과학적 근거에 의하면 정기적인 신체 활동은 어린 시절 성장과 발달을 촉진하며 신체적, 정신적, 인지적 건강에 다양한 이익을 준다. 신체 활동은 체지방을 줄이고 근육의 힘과 뼈를 강화하며 심혈관 및 대사 건강을 증진할 뿐만 아니라 불안과 우울감을 줄이고 예방하며 자존감을 높여 주어 정신 건강도 개선한다.[65]」

보고서는, 매일 최소 60분의 격렬한 또는 보통 강도의 신체 활동을 해야 한다는 '미국인을 위한 신체 활동 가이드라인Physical Activity Guidelines for Americans을 충족하는 어린이가 전체의 절반 정도에 불과할 것으로 추정하면서, 학교는 의무적으로 쉬는 시간이나 체육 수업, 수업 중 활동 등을 통해 어린이들이 매일 이 목표의 절반 이상을 달성할 수 있게 해야 한다고 조언하였다.

또한, 보고서는 학교에서 하는 운동이 학업 성취에 미치는 잠재적 영향력을 강조하면서, 격렬한 또는 보통 강도의 신체 활동과 뇌의 구조 및 기능 사이에 연관성이 있음을 시사하는 증거가 점점 더 많이 나타나고 있다고 지적하였다.

"더 활동적인 아이일수록 집중력이 좋고 인지 처리 속도가 빠르며 표준 시험에서도 더 좋은 결과를 낸다."[66]

미국 소아과 학회의 2018년 임상 보고서에 의하면, 어린이들은 정형화된 체육 수업 이후보다 자유로운 놀이를 즐긴 쉬는 시간 이후에 더욱 집중력을 발휘한다. 또한, 유아들에게 더 많은 쉬는 시간을 주는 나라일수록 아이들이 성장했을 때 더 큰 학업 성취를 보이는 것도 어찌 보면 당연한 일이다. 이에 더하여 신체놀이는 스트레스, 피로감, 부상, 우울감을 낮추고, 운동성, 민첩성, 협응력, 균형감각, 유연성 등을 증가시킨다. 또한, 놀이가 실행 기능, 언어, 초기 수학(수 파악 및 공간 개념), 사회성 발달, 교우 관계, 신체 발달 및 건강, 자아 통제감을 증진한다는 수많은 근거가 존재한다.[67]

설문 조사 기관 갤럽Gallup은 2010년 해당 연구 분야에서는 최초로 미국 전역 2,000여 명의 초등학교 교장을 대상으로 쉬는 시간에 대한 설문 조사를 실시하였다. 결과는 놀라웠다.

· 다섯 명 중 네 명의 교장은 쉬는 시간이 학업 성취에 긍정적인 영향을 준다고 답했다.
· 전체 교장의 3분의 2가 학생들이 쉬는 시간 이후에 교사의 말에 더 귀 기울이며 수업에도 더 집중한다고 답했다.

• 실질적으로 모든 교장은 쉬는 시간이 어린이들의 사회성 발달(96퍼센트)과 전반적인 행복(97퍼센트)에 긍정적 영향을 준다고 답했다.[68]

일리노이 대학 연구진은 만 9세 및 10세 어린이들을 대상으로 신체 활동에 관한 연구를 시행하고 2009년 보고서를 발행하였다. 해당 보고서에 따르면, 보통 강도의 산책을 단 20분가량 하는 것만으로도 한 가지 과제에 집중하는 능력이 상당히 개선되었다. 연구진들은 두뇌의 신경전기 활동을 측정하기 위해 아동의 머리에 뇌파 측정용 모자를 씌우고 실험을 진행하였다. 그 결과 흥미로운 사실을 발견했다. 신체 활동을 하고 약간의 시간이 지난 후 아주 복잡한 과제를 하게 했더니, 실행 능력의 양상과 관련성이 있다고 여겨지는 'P3'라는 뇌파가 산책하지 않은 통제 집단에 비해 상당히 높은 수준으로 나타났다. 동일 연구진이 뒤이어 실시한 2013년 후속 연구에서는 건강한 아이들뿐만 아니라 주의력 결핍/과잉행동장애를 진단받은 아이들이 수학 및 읽기 연습을 할 때도 놀이로부터 비슷한 이익을 얻는다는 사실이 증명되었다.[69]

질병통제예방센터에 의하면 신체 활동을 활발히 하는 학생들이 시험 성적과 출석률, 수업 참여도를 비롯한 학교생활 태도에서도 대체로 더 뛰어나다. 또한, 쉬는 시간과 수업 사이사이에 주어지는 5분에서 10분가량의 짧은 쉬는 시간이 주의력, 집중력, 수업 참여 태도, 읽기 점수 등 학생들의 인지 능력과 연관성이 있는 것으로 드러났다. 장기적으로는 어린 시절의 정기적인 신체 활동이 유년기 및 성년기 심혈관 질환의 위험성을 낮춘다.[70]

신체 활동은 어린이의 학교생활에 어떻게 도움을 줄까? 몇몇 이론은 생체학적, 신경학적, 심리적, 사회적 요인들이 뇌 기능을 개선하고 학업 성취도를 높일 수 있다고 지적한다. 신체 활동을 하면 뇌로 흘러가는 혈액과 산소의 양이 증가하고, 스트레스를 줄이고 기분을 좋게 해 주는 노르에피네프린과 엔도르핀 분비가 늘어나며, 신경 전기 활동이 증진되고, 새로운 신경세포의 성장을 돕고 시냅스 가소성을 높여 학습 능력과 기억력을 개선하는 성장인자가 증가하기 때문이다.

사우스캐롤라이나 대학 운동과학부의 에린 하위Erin Howie와 러셀 페이트Russell Pate는 2012년 《스포츠건강과학저널》 논문을 통해 "가장 지속적으로 나타난 긍정적 변화이자 가장 흔하게 관찰된 결과는 실행 능력의 개선, 특히 억제력과 작업 기억력의 개선이었다."라고 강조했다. 연구자들에 의하면 실행 능력은 초기 평가를 통해 향후 학업 성공 여부를 예측했을 때 상당한 일치를 보이는 요소[71]로서, 체계화하고 우선순위를 정하고 계획하고 다른 활동들 사이에서 빠르게 전환하는 능력을 포함한다.

2017년에 질병통제예방센터와 전미 체육교사협회SHAPE America가 발간한 보고서에 의하면 학교에서의 쉬는 시간은 학생들에게 다음과 같은 도움을 준다.[72]

- 기억력, 주의력, 집중력 개선
- 교실에서의 참여를 유도
- 교실에서 수업에 지장을 주는 행동을 줄임
- 사회적 정서적 발달 촉진(예를 들어 공유하고 협상하는 법을 배움)

　보고서는 쉬는 시간이 '학교생활에 필수 불가결한 요소로서 어린 이의 정상적 성장과 발달에 기여'한다고 표현하면서, 쉬는 시간을 통해 학생들은 사회적 기술(협동, 규칙 따르기, 문제 해결, 협상, 공유하기, 의사소통 등)을 연습하고, 수업 활동에 생산적으로 참여하며(적극적으로 수업에 참여하고 수업을 방해하지 않는 등), 주의력, 기억력 등 인지 활동이 개선된다고 기술하였다. 만약 이런 장점들만으로는 부족하다고 느껴진다면 아래의 내용을 기억하라. 쉬는 시간은 학생들이 신체적으로 더 활발하도록 도울 뿐만 아니라 교실에서의 태도와 주의력을 개선하고, 학생들 사이의 괴롭힘, 따돌림을 줄이며, 학생들이 교실에서 더 안전하고 즐거운 기분을 느끼도록 돕고, 학교에 대한 소속감을 높이며, 긍정적인 학교 분위기를 형성하여 결과적으로 출석률, 참여율, 성취율을 높인다.[73] 기존의 과학적 근거들은 대부분 초등학교에 집중되어 있었지만, 이번 보고서는 중고등학교 학생들 역시도 체육 수업과 수업 중 신체 활동, 신체 활동을 할 수 있는 쉬는 시간으로부터 이익을 얻을 수 있음을 지적하였다.

　신체놀이와 활동은 어린이가 잠재적으로 사회적, 정서적, 학업적 성공을 이루기 위한 가장 강력한 기초가 될 것이다.

아이들을 놀게 하라

놀이는 21세기 핵심 역량을 연마하는 궁극의 수단이다

당신의 자녀가 성공적인 삶을 살기 위해서는 무엇이 필요할까?

그건 누구도 확실히 알 수 없다. 세상은 '21세기 핵심 역량'에 대한 온갖 예언들로 가득하지만, 미래에 대해 분명한 것은 단 한 가지뿐이다. 미래가 어떤 모습일지 아무도 모른다는 사실이다.

하지만 자동화, 디지털화, 로봇공학, 인공지능에 의해 빠르게 재구성되고 있는 세계 경제 체제에서 고용자와 연구자들이 점점 더 중요하게 여기는 지식과 역량은 분명히 존재한다. 그런데 그런 능력은, 놀이가 제거되어 버린 정형화된 수업과 표준 시험이 교육을 지배하는 학교에서는 잘 길러지지 않는다. 그럼에도 미국의 학교는 대부분 이런 길을 가고 있다.

다시 말해서 우리는 어쩌면 아이들의 미래를 위해 가장 필요한 것과 완전히 반대되는 교육을 하고 있는지도 모른다는 뜻이다. 그들에게 진정으로 필요한 것은 호기심을 마음껏 펼쳐 볼 기회, 친구들과 함께하는 탐험, 세상에 진정한 가치를 더할 수 있는 새로운 아이디어를 위한 상상력이다.

물론 아이들이 기초적 능력과 지식을 배워야 한다는 데에는 이견의 여지가 없고, 수학, 언어, 과학, 예술 등 기본적인 학과목을 공부하는 것도 중요하다. 하지만 아이들은 이 지식을 새로운 조합에, 패턴에, 관점에, 상황에, 미래상에 따라 어떻게 적용할 것인지, 그 과정에서 리더로서, 팀원으로서, 보조자로서 다양한 사람들과 함께 어떻게 협력해야 하는지도 배워야 한다. 2017년 잉크Inc. 매거진에 게재된 어느 기사는 로봇의 발전을 이렇게 해석했다.

「우리를 인간일 수 있게 하는 가장 중요한 특징은 직장 동료의 어머니가 아프실 때 그를 대신하여 기꺼이 일해 줄 수 있는 마음, 극단적으로 상극인 두 팀원이 함께 일할 수 있도록 돕고 싶은 마음, 우리를 든든하게 받쳐 주는 팀장에게 진심에서 우러나오는 감사의 마음일 것이다. 바로 그것들이 당신을 가장 가치 있게 만든다.[74]」

'4차 산업 혁명' 시대는 이미 시작되었고, 주어진 지식을 암기하는 능력은 우리에게 가장 필요한 능력이 아닐 것이다. 그거라면 이미 구글이 꽤나 잘하고 있기 때문이다. 우리에게 정말로 필요한 것은 비판적 사고, 창의성, 문제 해결 능력, 인간관계 관리, 사회적 기술과 같은 보다 복잡하고 인간적인 능력들로서, 그 모두는 학교 안팎에서 이루어지는 다양한 형태의 심층놀이를 통해 발달한다. 옥스퍼드 대학에서 지구화와 발전 분야를 가르치며, 기술과 경제 변화에 관한 옥스퍼드 마틴 프로그램Oxford Martin Programme on Technological and Economic Change을 이끄는 이안 골딘Ian Goldin 교수는 말한다.

"아이들에게 놀이를 권하는 것은 빠른 변화와 예측 불가능성, 놀라움, 불확실성, 급작스러운 변화, 위기와 충격의 시대에 진짜 세계가 어떻게 작동하는지를 가르치는 것이나 다름없다. 놀이는 회복탄력성, 융통성, 즉흥적인 대처 능력, 손재주, 민첩성, 과정에 잘 적응하고 역경을 만나도 회복하는 능력, 세상을 더 좋은 곳으로 바꿀 수

아이들을 놀게 하라

있다는 용기와 희망을 주고 타인을 격려하는 능력을 길러 준다."[75]

「우리는 아이들을 성능 좋은 컴퓨터로 만들려고 한다. 하지만 아이들은 결코 진짜 컴퓨터보다 더 좋은 컴퓨터가 될 수 없다.」

템플 대학 심리학 교수 캐시 허시-파섹Kathy Hirsh-Pasek 교수가 2018년 〈뉴욕타임스New York Times〉 기고문을 통해 전한 말이다. 그녀는 아이들에게 지식만을 가르쳐서는 안 되며, 미래를 위한 조기 교육으로서 놀이를 통하여 창의, 탐구, 혁신의 기술을 강화시켜야 한다고 주장하였다.

"인간이 컴퓨터보다 잘하는 것은 바로 그런 것들이다. 놀이는 그런 능력을 키울 수 있도록 도와준다."[76]

이에 더하여 허시-파섹 교수는 인터뷰를 통해 이렇게 말했다.

"대부분의 교육 체계나 관련 정부기관은 성공을 잘못 정의합니다. 성공을 편협한 시험 결과로만 정의한다면 그 시험 준비를 위한 학습만이 가장 중요해지겠죠. 하지만 21세기 세계 경제는 그런 지식을 필요로 하지 않습니다. 당신에게 정말 필요한 건 지식을 어떻게 쓸지 알고, 편협한 성공의 정의에서 벗어나 폭넓은 능력을 아우르는 것입니다."

세계적인 경영자들도 동의한다. 세계 경영자들과 정책 결정자들이 모인 비영리기구 세계경제포럼World Economic Forum은 2016년 세계 15대 경제대국 9개 사업 분야에 종사하는 350인의 경영인들을 대상으로 2020년에 가장 필요한 역량이 무엇인지를 묻는 설문조사를 실시했다. 상위 10위까지의 역량으로는 복잡한 문제 해결, 비판적 사고, 창의성, 인간관계 관리, 타인과의 협력, 정서지능, 판단 및 의사결정, 고객 중심적 사고, 협상, 인지적 유연성이 꼽혔다. 가까운 미래에 중요시될 가능성이 큰 또 다른 역량으로는 분쟁 해결, 발산적 사고, 자기변호, 실패 관리, 스트레스 관리, 열정, 공감 능력, 자아성찰 등이 거론되었다.

허시-파섹 교수와 동료인 로버타 미치닉 골린코프Roberta Michnick Golinkof는 이 모든 핵심 역량이 놀이에 의해 발달한다고 본다. 그들은 이렇게 썼다.

> 「유치원부터 고등학교까지 정규 교육과정을 마친 학생들은 직장에서의 문제를 해결할 준비가 거의 되어 있지 않다. 전 세계의 전문경영인들은 의사소통에 능한 사람, 창의적인 혁신가, 문제 해결 전문가를 찾고 있다. 하지만 학교들은 오로지 읽기, 쓰기, 산수에서 좋은 결과를 내는 것만이 성공이라는 편협한 기준에 집중하느라 정작 산업계가 실제로 요구하는 사항들을 거들떠도 보지 않는다.
>
> 미국 교육계는 이제라도 읽기, 쓰기, 수학(덤으로 약간의 사회와 과학 공부)에서 좋은 시험점수를 받는 것이 성공이라는 전통적 정의에서 벗어나 우리 아이들이 경쟁력 있는 경영지도자, 기업가, 과학적 선구자가 될 수 있도록 준비시켜야 한다. 성공은, 협력적이고 창의적이고 유능하며 책임감 있는 시민으로 자라게 될 행복하고 건강하고 사려 깊고 배려가 깊으며 사회적인 어린이를 키워 내는가 여부에 의해 판단되어야 한다.
>
> 시험 성적이 삶의 성공 여부를 제대로 예측하지 못함에도 불구하고, 거의

아이들을 놀게 하라

모든 나라가 시험 성적에만 집중하고 있다. 최근 타이페이의 학자들은 미국이 왜 편협하게 해석된 결과만을 가르치는 교육을 고집하는지 질문을 던지기도 했다. 대만과 중국도 암기만 잘하는 사람이 아닌 창조적인 사람을 키우기 위해 교육 개혁을 하고 있는 작금의 상황에서 말이다!⁷⁷」

***

놀이가 학교 교육에 필수적이라는 주장은 직관에 어긋나는 황당한 생각으로 느껴질 수 있다.

우리 모두는 자녀들이 영리하고 성공적이기를 바란다. 세상은 거칠고 불확실한 곳이기 때문에 어떻게 보면 학교에서 놀이를 최소화하고 공부를 최대한 열심히 하게 해야 아이들을 성공으로 이끌 수 있다고 생각하는 것도 합리적이다. 특히 아이가 가난한 소수자 또는 이민자 출신이거나 다른 구조적 불이익을 가진 집단 출신인 경우라면 더더욱 그렇다.

얼마 전 우리 두 저자는 어느 학술회의에서 놀이를 통한 배움에 관한 강연을 준비하며 아침 식사를 하고 있었다. 식당은 교수와 연구자들로 가득했고, 커피와 의견이 자유롭게 흐르고 있었다. 그때 우리와 같은 테이블에 앉아 우리의 대화를 듣던 한 사람이 스크램블드에 그 쪽으로 손을 뻗으며 갑자기 비평을 하기 시작했다. 그는 교육자가 아니었지만, 규율이 강하고 학교 안팎에서 많은 시간을 공부에 할애하며 대단히 경쟁적으로 학습하는 나라에서 온 저명한 과학자였다.

"아이들은 학교에서 놀면 안 됩니다."

그는 우리에게 선언하듯이 말했다.

"학교는 배우러 가는 곳이고 배움이란 원래 힘든 겁니다."

그의 주장은 이러했다.

"학교에서 노는 건 시간 낭비입니다. 나는 어려서부터 열심히 공부해야 했어요. 저녁이나 주말에도 숙제를 하고 시험을 준비하며 시간을 보냈죠. 그렇게 해서 지금의 지위에 오른 겁니다. 내 친구 중 하나는 아들에게 수학 과외 교사를 붙여서 매일 아침 6시 반부터 공부를 시킵니다. 여섯 살 때부터 시작했다고 하더군요. 이제 대학생이 된 그 아이는 공학 수업에서 1등을 하고 있습니다. 물론 미국이나 핀란드의 학교는 재미있는 곳이지요. 하지만 아시아에서는 학교가 아주 진지한 곳입니다. 그래야만 하고요. 아이들에게는 엄격함과 연습, 숙제가 필요합니다. 놀이가 아니라요."

그는 말을 이어 갔다.

"세상은 거칠고 경쟁이 난무하는 곳입니다. 뭐, 노르웨이나 스웨덴, 핀란드 같은 곳에서라면 경쟁에서 벗어날 수도 있겠지요. 하지만 그건 스칸디나비아 국가들의 문화가 우리와 완전히 다르기 때문에 가능한 겁니다. 내가 드리고 싶은 말씀은, 학교에서 노느라 시간을 낭비해서는 안 된다는 겁니다. 대부분 다른 문화권에 사는 아이들에게는 더 많이 놀아 봐야 절대로 좋을 게 없습니다. 부모들, 특히 아시아권 부모들이 바라는 바는 더더욱 아니지요."

우리는 그를 위해, 그리고 그와 같은 생각을 갖고 있는 다른 사람

아이들을 놀게 하라

들을 위해 이 책을 썼다. 우리도 이해한다. 많은 부모들은 학교가 대단히 진지한 곳이라고 믿으며, 아이들이 성실하게 열심히 공부하고, 많이 배우고, 고난과 역경도 받아들이고, 규율에 따르는 법을 배워서 자신이 가진 최고의 잠재력을 발휘해야 한다고 믿는다. 그 말에 동의한다.

하지만 우리는 학교에서 정기적으로 이루어지는 '자유놀이' 및 '지도에 따른 놀이', 신체놀이 및 지적인 놀이를 통해 그 모든 것들이 이루어질 수 있고, 또 그래야 한다고 믿으며, 세계 곳곳에서 시행한 폭넓은 연구와 실험들도 모두 이런 생각을 뒷받침한다. 이것이 아이들에게 과도한 공부를 시켜 과도한 스트레스에 시달리게 하는 것보다 좋은 방법이며, 즐거움과 행복, 놀이를 통한 배움을 학교의 토대로 활용하는 것이 더 좋은 결과를 이끌어 낸다고 믿는다.

우리는 '문화적 차이' 때문에 특정 국가에서 놀이를 통한 배움을 확대할 수 없다는 생각을 거부한다. 그건 위험하고도 그릇된 생각이다. 어린이는 세계 어디에 있든 어린이고, 배우기 위해서 어린이들은 놀아야 한다. 놀이는 세계 어디에서나 어린이들의 배움을 돕는다.

바로 지금 중국 어느 지역에서는 놀이 기반 유치원에 대한 급진적 실험, 일명 '안지 플레이Anji Play'가 성공적으로 진행되었고, 점차 국가적인 유아 교육 모델이 되어 가고 있다.

전국적으로 높은 성취도를 중시하는 싱가포르에서도 아동기의 스트레스와 등수 매기기, 과도한 시험으로 점철되어 있던 초등교육 모델에서 벗어나 어린 시절의 탐험, 실험, 발견을 중시하는 새로운 미래상을 향해 나아가고 있다.

저소득 및 중간 소득층 아이들에게 매일 날씨에 관계없이 밖에서 자유롭게 노는 시간을 15분씩 네 번 주는, 이른바 링크 프로젝트 LiiNK Project를 진행 중인 텍사스주 북부와 오클라호마 지역에서는 학교 교장 및 지역 지도자들로부터 아이들의 태도와 학업 성취도가 급격히 개선되고 있다는 보고가 이어지고 있다. 뉴욕 롱아일랜드 외곽에서도 비슷한 PEAS 놀이 프로그램이 시행중인데, 대부분이 경제적으로 어려움을 겪는 8,000명 이상의 학생들로부터 놀라운 결과를 이끌어 내고 있다.

핀란드에서는 만 7세 이전 어린이들에게 정식 초등 교육을 시작하지 않으며, 정부도 어린이에게 놀 기회를 줄 것, 어떻게, 무엇을 배울 것인지에 대해 발언권을 줄 것, 체육 수업과 별개로 매일 최소한 시간 이상의 실외 신체놀이 시간을 줄 것을 요구한다.

스코틀랜드에서는 액티브 스코틀랜드 Active Scotland라는 프로그램을 통한 정기 실외놀이가 학교 체제를 개혁하고, 어린이와 교사, 부모의 삶을 완전히 바꿔 놓고 있으며, 영국의 다른 지역과 세계에 영감을 주고 있다.

케냐, 우간다, 탄자니아, 방글라데시에서는 세계 최대 규모의 가장 존경받는 비정부기구 BRAC가 유아기 놀이를 통한 학습 실험에 대한 예비 평가를 거치고 있으며, 개발도상국에서도 놀이가 아동 학습의 열쇠를 제공해 줄 수 있음을 강력하게 시사하는 인상적인 결과

아이들을 놀게 하라

를 내놓고 있다.

학교의 주된 목적이 즐기는 것이라고 주장하거나, 학교가 재미없으면 아이들이 아무것도 배우지 못할 거라고 주장하려는 것은 아니다. 초등학교에서 진행되는 모든 직접적인 수업과 모든 숙제에 반대하지도 않는다. 우리는 근면함과 연습에 반대하지도, 초등학교 및 중학교 학생들에게 주어지는 수학 공부와 연습 문제지에도 반대하지 않는다. 100퍼센트 놀이에만 치중하는 학교를 만들자는 것도 아니다.

우리의 주장은, 역효과를 낳을 정도로 심각한 수준의 아동기 스트레스, 지나치게 많은 표준 시험, 과로 등이 많은 국가들의 아동 교육을 완전히 장악하고 놀이를 통한 배움이 사라지면서, 엄청난 비효율, 시간과 노력의 낭비가 유발되고, 결국 아동 교육을 저해하고 있다는 것이다.

이 책의 주된 주장은 (놀이처럼 즐거운 교습 및 학습, 교사의 지도에 따른 놀이, 아이들이 대부분 주도하는 자유놀이를 포함하여) 놀이가 지구상 모든 어린이들의 학습에서 중요한 부분을 차지해야만 한다는 것이다.

두 아버지가 펼치는
즐거운 모의 토론

우리는 이탈리아 롬바르디아의 산에서 이 부분을 썼다. 그곳은 일을 하고 놀기에 지구상에서 가장 좋은 곳 중 하나다.

우리 두 사람은 아주 다른 문화권과 국가 출신이며, 따라서 이 책의 중심 주제가 각각의 문화권과 나라에서 갖는 의미도 전혀 다르다. 한 권의 책을 함께 쓴다는 것은 배움과 타협이 공존하는 긴 여정일 수밖에 없다.

우리는 수개월 동안 조사, 인터뷰, 방문 조사, 집필, 대화를 하고, 이탈리아 언덕에서 산책과 식사를 하며 수많은 토론을 벌였다. 그리고 어느 날, 잠시 커피를 앞에 두고 앉아 어린이와 놀이에 관해 독자들이 가질 법한 궁금증에 대해 생각해 보기로 했다. 우리는 그날의 오후 쉬는 시간을 놀이에 대한 모의 토론으로 보냈다.

질문 이봐요, 나는 내 아이를 아이비리그 대학에 보낼 겁니다. 최대한 빨리 궤도에 올라서면 설수록 당연히 더 좋겠지요. 대체 그게 무슨 문제라는 겁니까? 아이들이 왜 노느라 시간을 낭비해야 하죠?

답변 최근에 아이비리그의 한 대학에서 강의한 사람으로서 한 가지는 분명히 말씀드릴 수 있습니다. 그 대학들도 변하고 있어요. 속도는 느릴지 몰라도 '똑똑한 학생'에 대한 새로운 기대가 이미 나타나고 있습니다. 고정관념을 깰 줄 모르고, 낯선 사람들이 모인 집단에서 문제를 해결하지 못하고, 목표를 위해 노력하다가 실수하는 것을 심하게 두려워한다면 그런 최고의 대학에서 성공하기는 어렵습니다. 바로 그런 자질들은 학교 안팎

아이들을 놀게 하라

에서의 심층놀이를 통해 세상을 탐험하는 과정에서 발달시킬 수 있어요. 아마 고등학교에 들어갈 때쯤이면 놀이를 통해 배운 것들이 당신의 자녀를 대입 시장은 물론 직업 시장에서도 가장 주목받는 사람으로 만들어 줄 거라고 확신합니다.

놀이를 당신의 자녀가 가질 수 있는 최고의 경쟁력이라고 생각하세요. 협동하고 공감하는 능력에서도 우위를 점할 수 있습니다.

질문 현실적으로 생각해 봅시다. 아직 애들이잖아요. 밖에서 노는 건 위험하다고요! 그러다가 다칠 수도 있는데 왜 자꾸 아이들을 위험한 상황에 몰아넣으려고 하는 겁니까?

답변 아이들을 실내에만 가둬 두는 것이 아이들의 건강과 장기적 발달의 관점에서 훨씬 위험합니다. 물론 부모님들이 자녀의 안전에 대해 걱정하는 마음은 이해합니다. 아이들 혼자 다니게 할 수 없는 안전하지 않은 곳들도 많지요. 하지만 대부분의 도시에는 공원이나 놀이터처럼 안전한 장소들이 있어요. 그런 곳에 아이들을 데리고 가서 함께 놀아도 좋고, 아이들이 모래놀이를 하고 새로운 친구를 만들고 미끄럼틀을 기어오르는 동안 잠시 뒤로 물러서서 신문을 읽어도 됩니다. 아이들에게 자기들끼리 놀 기회를 주세요. 정말 위험한 건 나쁘지만, 위험을 무릅쓸 기회는 좋습니다.

이제는 바깥놀이에 대한 사고방식을 바꿔야 합니다. 먼지, 진흙, 위험, 끊임없이 움직이는 것은 어린이의 삶에서 지극히 자연스럽고 정상적인 특징이에요. 세균이 무서워서, 무릎이 까질까 봐 아이들을 실내에만 가둬 두는 것이 오히려 비정상적입니다. 영국의 놀이 학자 닐 콜먼Neil Coleman은 이렇게 말했습니다.

"많은 학교는 아이들을 작은 공간 안에 가둬 놓습니다. 흙이 묻는다든가 옷이 더러워진다는 말도 안 되는 이유를 붙여 가며 아이들의 건강보다 옷이 더러워지는 것을 더 중요하게 여기죠. 그러면 결국 아이들은 행동 문제를 더 많이 일으키고, 잘 움직이지 않는 습관을 키우게 될 겁니다."[78]

아이들은 달리다가 넘어지거나 나무를 기어오르다가 떨어질 수도 있습니다. 공에 맞을지도 모릅니다. 하지만 아이들은 다른 아이들과 함께 놀면서 실제로 존재하는 위험에 대해 이해하는 법을 배워야 합니다. 물론 필요하다고 여겨지는 모든 안전조치를 취해야겠지만, 완벽하게 안전한 상황만을 만들며 아이들을 과잉보호해서는 안 됩니다. 가끔씩은 조금 다치기도 하면서 실수를 통해 배우는 것 역시 성장의 중요한 부분입니다. 우리도 어린 시절에 나무를 오르다가 다리를 다치는 것처럼 예상치 못한 일이 벌어졌을 때 가장 좋은 교훈을 얻곤 하지 않았습니까?

질문 모든 정치인, 정부 관료, 전문가, 기술 영업자들이 '21세기 핵심 역량'을 키우기 위해 새 학교를 세우고 교육 개혁을 진행한다고 말합니다. 그거면 된 거 아닌가요?

답변 '21세기 핵심 역량'이라는 건 마케팅 슬로건에 가깝습니다. 소위 '개혁'이라는 것들 중 다수가 이윤을 추구하는 기업가나 그들에게 자금 지원을 받는 정치 집단에 의해 시작되었어요. 삶과 직업을 꾸려 나가는 능력, 학습과 혁신의 능력, 정보·미디어·테크놀로지를 활용하는 능력 등 21세기 핵심 역량을 구성하는 많은 능력이 교육에 대한 전통적인 관점으로부터 나왔습니다. 그런데 너무나 복잡한 이런 능력들을 학교에서 직접 키워 주고자 한다면 지금껏 써 온 많은 교습 및 학습 능력은 의미를 잃게 될 겁니다. 사실, 이런 능력을 비롯하여 기타 필수적 지식과 능력을 배우기 위한 최선의 방법은 아이들에게 학교 안팎에서 양질의 놀이를 더 많이 즐기게 하는 것입니다. 많은 교사들은 그걸 알고 있어요.

질문 당신은 100퍼센트 놀이에 기반을 둔 학교를 만들자고 주장하는 겁니까? 엄청난 혼돈이 펼쳐질 일만 남았군요!

답변 아닙니다. 우리가 주장하는 건 놀이와 정식 교습법 사이에서 균형을 유지하는 것입니다. 학교에는 놀이만으로 배우기 힘든 것들이 분명히 존재해요. 아이들이 커 갈수록 점점 더 그렇습니다. 예를 들어 수학과 과학, 언어와 사회 등에는 교사들이 직접적으로 가르치고, 아이들이 학교와 집에서 복습해야 하는 내용들도 아주 많습니다.

다만 우리가 바라는 것은, 아이들이 부분적으로라도 자유로운 놀이와 즐거운 발견, 지도에 따른 놀이, 실험과 탐구, 실패할 자유, 즐거운 분위기로 가득한 밝은 학교 분위기, 배움 및 협동에 대한 열정을 통해 배우고 성장할 수 있도록 ―유치원부터 고등학교까지― 모든 학교가 아이들을 돕는 겁니다. 모든 어린이가 학교에서 시드(체계적인 탐구, 실험, 발견)의 이득을 누리게 해 주세요. 매일 최소 한 시간씩은 밖에서 노는 시간을 주고, 실내에서 보내는 시간의 20퍼센트까지는 지적인 자유 놀이와 자기만의 자발적인 '열정 프로젝트'를 위해 쓸 수 있게 해 주세요.

학교에서의 학습은 많은 경우 교사들에 의해 과도하게 통제되고 있어서, 아이들은 자신이 교육 과정에 대한 아무런 영향력도 갖지 못한 채 수동적인 학습의 대상이 되고 있다고 느낍니다. 너무 많은 아이들이 학교와 괴리감을 느끼고, 결국 배우고자 하는 흥미와 동기를 잃습니다. 만약 아이들이 자신의 교육 과정에 대해 스스로 영향력과 목소리를 갖고 있다고 느낀다면 학교에서 최선을 다하기 위해 더욱 노력할 것입니다.

우리는 노는 모습을 보면서 아이들이 어떻게 배우는가에 대해 많은 것을 배울 수 있습니다. 특히 놀이가 정형화되어 있지 않고 어른의 개입이 최소화되어 있을 때 더욱 그렇습니다. 있는 그대로 내버려 두기만 한다면 어린이들은 놀이와 배움을 포함하여 자신의 행동을 스스로 책임질 것입니다.

질문 이보세요. 핀란드와 싱가포르, 스코틀랜드, 미국은 문화가 전혀 다릅니다. 학교에서 놀이를 시키자고 굳이 입 아프게 말할

아이들을 놀게 하라

필요도 없어요. 어차피 안 될 테니까요. 모르시겠습니까? 당신은 문화를 바꿀 수 없어요!

답변 물론 다릅니다. 하지만 서로에게서 배울 수 있는 것들도 많아요. 어린이는 세계 어디에서나 어린이고, 세계 곳곳의 수많은 부모, 연구자, 의사, 교육자들은 아이들이 놀아야 한다는 사실을 알고 있습니다.

학교가 문화적 현실을 감안해야 하는 건 분명합니다. 핀란드에서 그럴 듯해 보였던 아이디어라고 해서 꼭 미국이나 싱가포르에서 쉽게 또는 제대로 적용되리라는 법은 없지요. 하지만, 제가 교육적 아이디어가 한 나라에서 다른 나라로 넘어가는 과정을 살펴보며 흥미로웠던 점은, 지난 세기 동안 미국의 유아 교육, 교습, 학교에서의 리더십과 관련된 실용적인 모형이 세계 여러 곳의 교육자와 정책 결정자들을 감복시켰고, 미국식 모델의 일부가 그 나라에 적용되는 상황에 이르렀다는 겁니다. 미국의 많은 정책 결정자 및 일부 교육자들이 보다 성공적인 교육 체계를 더 면밀히 들여다보지 못하는 이유는 나라 사이의 문화적 차이가 크기 때문이라기보다 미국의 어른들이 제대로 배우는 법을 모르기 때문일 수도 있습니다.

질문 시험 없이 학교가 잘하고 있는지 여부를 어떻게 판단할 수 있죠?

답변 저희도 양질의 시험은 좋다고 생각합니다. 학교와는 동떨어진, 이윤을 추구하는 시험 출제 기업이 만든 저질의 표준 시험 말고, 아이들을 가르치는 교사가 직접 설계하고 관리하는 시험 말이죠. 교사가 설계한 평가나 시험 말고도 아이들의 학습과 발달 정도를 평가할 수 있는, 교사 주도의 대단히 면밀하고도 정확한 평가 방법들이 존재합니다. 학습 과정 기록하기, 실험, 에세이, 작품집, 표본 평가work sampling system, 수행평가performance-based tasks, 프로젝트 및 조별 과제, 심사위원 앞에서 발표하기, 아이들의 자체 평가 및 동료 평가 등입니다. 잘 훈련된 교사는 아이들의 배움과 놀이에 도움을 주기 위해 이 모든 평가 방법을 활용합니다. 그러므로 교사에 대한 훈련과 전문성 역시 개선되어야 하며 놀이 능력에 대한 평가도 지속적으로 이루어져야 합니다.

학교 시스템 차원에서도, 학생들의 성적에는 반영되지 않지만, 교육의 전반적 추세를 검토하기 위해 소수의 아이들만을 대상으로 실시하는 양질의 시험이 필요합니다. 반대로, 학생들의 성적에 큰 부담을 주는 표준 시험으로, 모든 아이들이 의무적으로 봐야 하는 징벌적인 시험은 필요치 않습니다. 그건 아이들 개인의 진정한 배움에 도움이 되지 않고, 교육의 경험을 왜곡하며, 보다 긴급한 교육적 목적을 위해 쓰일 수 있는 수십억 달러의 자금을 낭비하게 하니까요. 학교 정책은 '점수에서 정보를 얻어서' 마련되어야지, '점수를 위해' 수립되어서는 안 됩니다. 교육자와 부모의 가치와 판단이 다른 무엇보다도 늘 우선해야 하며, 교습 내용을 개선하기 위한 지속적인 '형성 평가'에 철저한 관심이 맞춰져야 합니다.

학교의 성공 여부를 측정하는 건 우리가 스스로 건강을 살피는 것과 비슷한 측면이 있습니다. 내가 건강한지 알기 위해서는 다방면으로 확인을 거쳐야겠죠. 담당 의사와의 상담도 필요할 겁니다. 이때 의사는 무엇이 건강을 구성하는지에 대한 제대로 된 이해와 준비가 되어 있어야 합니다. 마찬가지로 학교도 자신의 성과를 평가하기 위한 다양한 방법을 동원해야 합니다. 학생들이 언어와 수학에서 얼마나 성과를 거두었는가는 그중 단 한 가지 평가 영역에 불과합니다. 건강, 행복, 참여도, 출석, 태도, 그리고 학생, 교사, 부모의 의견도 학교의 성공을 평가하기 위한 중요한 척도가 됩니다.

또한 교사들은 학생들이 얼마나 발전했느냐에 대한 평가를 신중하게 조합해야 합니다. 그런 일을 표준화된 시험을 만드는 사람들이 대신할 수는 없겠지요. 교육에서 가장 중요한 가치는 대부분 측정하기가 대단히 어렵기 때문에 '빅데이터'나 점수표로 환산하기도 어렵습니다. 연민, 호기심, 실패를 이겨 내는 끈기, 배움에 대한 열정, 비판적 사고, 사업 능력, 유연성, 발표 능력, 리더십, 고차원적 사고, 자기규제, 문제 해결 능력, 사회·정서 능력, 상상력, 진취성, 글쓰기, 연극 능력 같은 것들이 바로 그것입니다.

질문 놀이를 옹호하는 이 모든 의견들이 실은 북유럽 나라들 같은 사회주의 국가들의 히피적이고 유토피아적인 생각에 불과한 것 아닙니까?

답변 꼭 저희의 말을 들으실 필요는 없습니다. 대신 미국 소아과 학회 소속 67,000명의 의사들에게 물어보세요. 그들은 빈곤 지역의 학교들을 포함하여 모든 학교에서의 놀이를 강력하게 옹호하고 있으니까요. 미국 국립과학 아카데미와 질병통제예방센터 소속 과학자 및 연구자들에게도 물어보십시오. 두 단체 모두 학교 안팎에서의 놀이를 강력하게 지지하는 입장을 취해 왔습니다. 또한 세계 최대의 아동교육 전문가 단체인 국제아동교육자연합Association of Childhood Educators International에 물어보십시오. 그들도 놀이가 학교의 필수적 기반이라고 봅니다.

놀이는 중국 시골 지역이나 싱가포르나 스코틀랜드, 북유럽 국가 등 일부 문화권에서만 존재하는 특이한 것이 아닙니다. 애플파이와 야구만큼이나 미국적인 것이에요. 또한 숨 쉬는 공기만큼이나 세계적인 것이기도 합니다.

문화는 아주 다양합니다. 핀란드든 중국이든, 미국이든 프랑스든 특정한 나라의 교육적 관행을 '상자에 담아서' 수출할 수는 없습니다. 하지만 우리는 많은 것들을 서로에게서 배울 수 있고, 영감을 얻을 수 있습니다. 잊지 마세요. 문화는 변합니다. 본디 교사를 존경하던 나라 미국이 불과 20여 년 만에 표준 시험이라는 근거 위에서 교사를 악마로 만들고 부끄럽게 하고 처벌하는 나라로 변한 것처럼, 가난과 무지, 분리 때문에 도심 지역의 학교들에서 나타난 끔찍한 현실을 죄 없는 교사들의 탓으로 돌리는 나라로 변한 것처럼 말이죠.

아이들을 놀게 하라

그건 그렇고, 북유럽 국가들은 세계에서 가장 경쟁적인 자유 시장경제 중 하나로 자본주의와 강력한 사회 안전망, 아동 교육을 포함한 훌륭한 공공 서비스 사이에서 성공적으로 균형을 이룬 나라들입니다.

질문 학교와 관련하여 선택과 책임이 중요하다고 생각하지 않으십니까?

답변 당연히 그렇게 생각합니다. 우리는 모든 부모와 자녀들에게 양질의 학교 교육을 제공하는 것이 정치인들의 책임이라고 믿습니다. 물론 좋은 학교란 과도한 스트레스와 두려움으로부터 자유로운 학교, 풍족하고 안전한 학교, 다양한 연구 결과 및 증거들에 기초하여 전문성을 갖춘 교사들이 아이들의 건강, 행복, 학습에 도움이 되는 정기적 놀이와 신체 활동을 포함하는 양질의 교육을 제공하는 학교이지요.

아이들이 놀아야 하는 이유는 그것이 인간 발달의 필수불가결한 요소이기 때문입니다. 놀이는 모든 아이들의 권리입니다. 놀이가 어린이들의 행복에, 신체적·사회적 건강에, 개인적·사회적 발달과 자아 존중감, 공감 능력, 학문적 발전에 핵심적인 역할을 한다는 근거는 이제 탄탄하게 갖추어졌습니다. 세계 곳곳에서 이루어진 훌륭한 놀이 관련 실험들은 놀이가, 그리고 놀이와 관련된 가치, 습관, 원칙 등이 보다 효과적인 학교를 만드는 데 도움이 될 수 있음을 보여 줍니다.

놀이는 학교에도 좋습니다. 놀이가 건강과 행복에 미치는 긍정적인 영향 때문이지요. 아이들이 학교에서 더 많이 논다는 것은 학교에 있는 어른들이 즐거움에 대한 가치와 규범, 기대를 갖고 있다는 뜻이기도 합니다. 즐거움은 많은 경우 위험을 무릅쓰더라도 창의성을 발휘하여 혁신하고자 하는 정신과 관련되어 있으며, 많은 기업의 경영자들은 직원들에게 바로 그런 것들을 더 많이 요구합니다.

놀이는 현재 진행 중인 공교육 개혁 운동에서 핵심적 지위에 서야 합니다. 예를 들어 미국과 영국은 공립학교들에게 상당히 엄격한 기준을 강요하지만, 주어진 자원을 감안했을 때 모든 학생이 그 기준을 충족하기란 사실상 어렵습니다. 이런 기준을 달성하지 못하는 '실패한' 학교는 결국 민영화되거나 문을 닫게 되지요. 그러나 만약 공립학교들을 평가할 때 행복, 건강, 참여 등을 포함하는 기준을 사용했더라면 제 역할을 하지 못한다고 낙인찍힌 많은 공립학교들이 지금쯤 교육의 다른 영역에서 훨씬 좋은 성적을 내고 있을지도 모릅니다. 그러므로 놀이, 신체 활동, 인격 형성은 공공 교육을 강화할 수 있는 효과적인 수단이 될 수 있습니다.

질문 아이들은 놀이터에서 싸우고 서로를 따돌립니다. 그런데도 쉬는 시간이 더 필요하다고요?

답변 아이들이 따돌림을 당하는 건 교실과 식당에서도 마찬가지입니다. 하지만 아무도 점심시간과 수업 시간을 없애야 한다고 말하지는 않지요. 쉬는 시간에도 잘 교육받은 어른이 주변에 상주하며 안전을 책임지고, 필요할 때는 다툼이나 따돌림도 해결해 주면 됩니다.

질문 교육적으로 더 엄격해지는 것에 대해 어떻게 생각합니까?

답변 '엄격함'의 정의가 무엇인지에 따라 다르겠지요. 교사들은 대학에서 석사 수준의 임상 훈련을 통해 전공과목에 대한 전문 지식, 폭넓은 교실 감독 경험, 교육 연구에 대한 탄탄한 이해를 쌓아야 합니다. 다시 말해서 우리는, 과학자나 기술자, 항공 조종사, 의사를 비롯한 다양한 전문가들과 마찬가지로 교사들을 훈련하는 과정에 엄격함이 필요하다고 믿습니다. 싱가포르와 캐나다, 핀란드 등에서는 이미 그런 훈련이 이루어지고 있어요. 또한 학교의 교장은 리더십을 갖춘 경험 있는 교사여야 하고, 교육 체계를 이끄는 사람들은 학교 교습과 리더십에 깊은 조예를 갖춘 사람이어야 한다는 의미에서 '리더십에 대한 엄격함'도 필요하다고 믿습니다. '엄격함'이란 바로 그런 곳에 적용되어야 하는 말이에요.

이런 교육적 '엄격함'은 교사들을 제대로 된 보상과 존경을 받는 전문가로 만들어 줄 겁니다. 그들은 부모나 지역 공동체와 협력하여 학교를 책임져야 하며, 정치인이나 정부 관료, 기술 판매 회사들에게 이리저리 휘둘려서는 안 됩니다. 그러면 교직이 아주 선호되는 직업군으로 경쟁력을 회복하는 데 도움이 될 것이며, 모든 나라가 그렇게 되어야 합니다. 제대로 교육받은 아동 교육 전문가들은 학교에서 놀이가 얼마나 중요한지를 압니다. 학교를 개선하기 위한 모든 노력에는 이 정도의 기준과 엄격함이 반드시 적용되어야 합니다.

질문 아무리 노력해 봐도 아이들이 숙제하고 공부할 시간을 그저 놀면서 보낸다는 생각을 이해할 수가 없습니다. 어떻게 해야 할까요?

답변 그냥 단순한 놀이라고 생각하지 마세요. 체계적인 탐험, 실험, 발견, 그러니까 앞서 말한 '시드'라고 생각하십시오. 당신의 자녀를 위해 두뇌와 몸을 살찌우는 음식이라고 생각하세요.

그리고 놀이는 우리가 아이들에게 줄 수 있는 최고의 선물이자 아이들이 우리에게 줄 수 있는 최고의 선물이기도 합니다.

의사의 명령:
아이들은 놀아야 한다

ㅡ

이제, 미국 소아과 의사들의 말을 들어 보자.

미국 소아과 학회는 약 67,000명의 소아과 의사를 대표하는 전문가 집단이다. 아동의 건강과 관련된 다양한 문제들, 예컨대 면역, 미디어 노출 시간, 자동차 안전, 모유 수유 등에 관하여 소아과적 가이드라인을 제시한다.

다른 의사들과 마찬가지로 소아과 의사들 역시 의사로서의 지위를 처음 얻을 때 히포크라테스 선서를 한다.

「나는 최선의 판단으로 온 능력을 다하여 이 선서를 지킬 것을 맹세한다. 나는 앞서간 선배 의사들이 힘겹게 얻은 과학적 지식을 존중하고, 뒤따르는 후배 의사들에게 그 지식을 기꺼이 나누겠노라.」

미국 소아과 학회는 연구 결과를 기반으로 2007년부터 2018년까지 연속적으로 발행된 임상 보고서를 통해, 아이들이 제대로 배우기 위해서는 학교에서, 가정에서, 지역 공동체에서 많이 놀아야 한다고 강력하게 주장했다. 그들은 가난한 지역의 어린이들에게도 똑같은 기준이 적용되어야 한다고 강조했다. 빈곤 지역의 어린이들은 쉽게 학교와 사회로부터 놀이를 빼앗기는 희생양이 되기 때문이다. 그들의 놀이에 관한 역사적인 임상 보고서의 핵심 사항을 이 책에서 요약해 소개해도 좋다고 허락해 준 미국 소아과 학회 측에 감사드린다. 독자들께는 해당 보고서 전체를 읽어 보고, 교사, 관리자, 정치인, 다른 학부모들과 함께 그 내용에 대해 이야기를 나누어 보라고 권하고 싶다.

이하, 미국 소아과 의사들의 학습과 놀이에 대한 제언을 들어보자.[79]

1. 놀이는 아동 교육의 필수불가결한 일부다. 부모들과 학교, 지역 기관들에게 놀이 시간의 중요성을 아무리 강조해도 지나치지 않다.
2. 모든 형태의 놀이는 아이들에게 이상적인 교육과 발전의 배경이 되어 준다.

3. 놀이가 주는 이익은 광범위하고 충분히 입증되었다. 거기에는 실행 기능, 언어, 초기 수 연산(숫자 세기 및 공간 개념), 사회적 발달, 동료 관계, 신체 발달 및 건강, 자아 통제감 증진 등이 포함된다.

4. 놀이를 통해 어린이들은 점점 더 복잡하고 협력이 중시되는 세상에서 성공하기 위해 꼭 필요한 운동능력, 사회-정서 능력, 언어능력, 실행 기능, 수학, 자기규제능력 등을 발달시킬 기회를 얻는다. 가장놀이를 통해 아이들은 상상 속의 환경과 역할에 맞게 협동하면서 자기 통제 능력을 발달시키고, 가상의 사건을 추론하는 능력을 기른다.

5. 아이들에게서 놀이를 빼앗는다면 그 영향은 상당할 수 있다. 유아기부터 놀이는 아동의 사회적, 정서적, 인지적, 신체적 행복에 필수적이기 때문이다.

6. 부모들이 자녀에게 행복하고 성공적인 성인기를 마련해 줄 가장 효과적인 방법은 아이들을 온갖 학원에 이리저리 데려다주는 것도, 수많은 교외 활동과 학습 활동으로 스케줄을 빽빽하게 채우는 것도 아니며, 그저 조건 없는 사랑을 보여 주고, 함께 행복한 시간을 보내고, 함께 놀고, 아주 어린 나이라고 하더라도 그들의 말을 귀 기울여 듣고, 보살피고 대화하고 책을 읽어 주며, 발달 과정에 적합한 효과적인 훈육을 통해 아이들을 이끄는 것이다.

7. 어린이들의 학업 준비도를 높이기 위해 가장 효과적인 방법은

아이들을 놀게 하라

부모와 함께 책을 읽으면서 보내는, 저비용의 독서 시간일 것이다.

8. 어린이들의 창의성과 상상력은 블록, 공, 양동이, 줄넘기, 인형, 미술 도구 등 가장 기본적이고 저렴한 장난감을 통해 길러진다. 비싼 장난감일수록 놀이를 수동적으로 만들고 몸을 쓰는 경험을 줄어들게 한다.

9. 자유놀이는 아동기의 필수적인 부분이다. 모든 어린이가 창의력을 발휘하고, 반성하고, 회복탄력성을 키우고, 긴장을 풀기 위해서는 미디어에 노출되지 않는 자유놀이 시간이 풍부해야 한다. 또한 놀이는 어른들의 지시보다 아이들 주도로 이루어져야 하며, 텔레비전이나 컴퓨터 게임처럼 수동적인 놀이보다 적극적인 놀이가 필요하다.

10. 부모들은 아이들이 실패하더라도 다시 시도해 볼 용기를 낼 수 있도록 사랑과 이해로 격려해야 한다. 혼자 놀 때나 다른 아이들과 함께 놀 때나 긍정적인 격려는 부정적인 반응보다 효과가 크다.

11. 자연에서 먼지, 나무, 풀, 바위, 꽃, 곤충과 함께하는 정형화되지 않은 놀이는 아이들에게 창의적인 영감과 신체적, 정서적 이익을 가져다준다.

12. 어린이들에게는 자신만의 필요와 능력에 기반을 두어 도전의식을 북돋우는 균형 잡힌 학습 스케줄이 마련되어야지, 외부의 압박과 경쟁적인 공동체의 요구, 대학 입학을 위한 요구사

항이 기준이 되어서는 안 된다. 아동을 보살피고 교육하는 프로그램은 '학업 준비' 이상의 것을 제공해야 하고, 사회적, 정서적 기술도 길러 주어야 한다.

13. 어린 시절의 배움은 시험 점수와 같은 외적 동기부여보다는 놀이를 통한 어린이 내면의 동기에 의해 더 잘 이루어진다.

14. 가장 효과적인 교육 모형은 학생들이 자신의 근접발달영역(심리학자 레프 비고츠키Lev Vygotsky가 창안한 개념으로서, 스스로 문제를 해결하는 능력으로 결정되는 아동의 '실제 발달 수준'과 성인의 지도하에, 또는 자신보다 유능한 또래와의 협동을 통해 문제를 해결하는 능력으로 결정되는 '잠재적 발달 수준' 사이의 차이를 뜻함) 안에서 능력을 발전시킬 수 있도록 돕는 것이며, 이는 쪽지시험이나 수동적인 암기 학습을 통해서가 아니라 자유로운 놀이, 지도에 따른 놀이, 대화, 지도, 활발한 참여, 즐거운 발견을 통해 이루어져야 한다.

15. 쉬는 시간은 아동의 사회적, 정서적, 신체적, 인지적 발달을 최대한 능률적으로 하기 위해 필요하다. 쉬는 시간은 아이의 개인적인 시간이며, 발달과 사회적 상호작용의 기본 요소이므로, 벌로 쉬는 시간을 빼앗는 일은 결코 없어야 한다. 쉬는 시간을 줄이거나 취소하면 학업 성취에 부정적인 영향을 미칠 수 있다.

16. 체육 교육은 쉬는 시간을 보충할 수 있지만, 대체할 수는 없다. 오로지 비정형화된 쉬는 시간만이 놀이의 창의적, 사회적, 정서적 이익을 가져다준다.

17. 쉬는 시간은 학교에서 하는 경험의 근간을 이루며, 평생 동안 쓰게 될 의사소통, 협상, 협동, 공유, 문제 해결의 기술을 발달시켜 준다.

18. 아동과 청소년들은 쉬는 시간을 가진 후에 수업에 더 적극적으로 참여하고 인지 활동 능력도 개선된다.

19. 신체 활동을 줄이면 남자아이들에게 더 큰 영향을 미칠 수 있다. 남자아이들은 정적인 학교 환경에 적응하기가 더욱 어려울 수 있으며, 이는 남녀 간 학업 성취도에 차이를 유발할 수도 있다.

20. 어린이들은 정형화된 체육 수업보다 자유로운 쉬는 시간을 보낸 이후에 학습에 더욱 집중한다.

21. 학업과 인지 능력은 수업 사이사이에 정기적으로 주어지는 쉬는 시간에 달려 있으며, 이는 어린이나 청소년 모두에게 마찬가지다. 쉬는 시간은 학생들이 심적으로 긴장을 풀 수 있을 정도로 자주, 길게 주어져야 한다.

22. 학교와 지역 공동체와 가정에서는 경제적으로 어려운 아이들의 놀이를 보호하고 지지해야 한다.

23. 학교는 아이들에게 안전하고도 즐거운 곳이어야 한다. 학교에서의 실패는 자칫하면 우울증, 청소년 범죄, 지속적인 빈곤으로 이어질 수 있기 때문에 놀이와 창의적 예술 교육, 체육 교육, 사회 정서적 학습을 통해 참여가 적극 장려되어야 한다.

24. 어린 시절의 과도한 압박, 성인으로서 성공하기 위한 강도 높

은 준비는 아동과 청소년들 사이의 불안, 스트레스, 우울 등 정신 건강 문제에 영향을 미치고 있을 가능성이 있다.

25. 학교는 어린이와 청소년들이 있고 싶은 곳이 되어야 한다. 저소득층을 포함하여 모든 아이들은 쉬는 시간과 체육 수업, 예술 교육을 누림으로써 잠재적인 인지, 신체, 사회 발달 능력을 최대한 달성할 수 있어야 한다. 그러면 아이들은 학교를 좋아하게 될 것이다.

26. 다시 말해서, 미국 소아과 의사들은 우리가 지금 아이들에게 주고 있는 것과 완전히 반대되는 학교 및 가정환경을 제공해 주라고 말하고 있다!

우리는 자녀의 건강검진이나 약 처방, 예방접종 등에 관해서라면 소아과 의사의 말을 아주 잘 듣는다.

그런데 왜 학교에서 겪는 자녀들의 학습과 정서, 심리, 신체 건강에 대해서는 그들의 조언을 따르지 않는가?

정치인이나 학교 측은 도대체 무슨 권리로 미국 소아과 의사들의 조언을 무시하는가?

이제는 단지 정치인, 관료, 기술 판매 기업들의 생각에 의존하여 학교의 학습, 정서, 건강 환경을 설계하지 말고, 부모와 교사, 소아과 의사들, 그리고 어린이 자신들의 관점과 비전에 귀를 기울여야 한다.

어린이 학교생활의
놀이 단계

아래의 표는 학교에서 어린이가 보내는 시간 동안 어떻게 하면 효과적으로 놀이를 진행하여 학습을 촉진할 수 있는가를 보여 준다. 하지만 오늘날 많은 학교에서 이 표는 완전히 백지 상태다.

나이	4	5	6	7	8	9	10	11	12	13	14	15	16-17
모래/물놀이	×	×	×	×	×								
변장 놀이	×	×	×	×	×	(연극으로 이행)							
사물 놀이	×	×	×	×	×	×	×	×	(과학, 기술, 공학, 수학 과목으로 이행)				
음악 놀이	×	×	×	×	×	×	×	×	(교습으로 이행)				
자유로운 미술놀이	×	×	×	×	×	×	×	×	×	(특기 교육으로 이행)			
실외 자유놀이	×	×	×	×	×	×	×	×	×	×	×	×	×
지도에 따른 놀이*	×	×	×	×	×	×	×	×	×	×	×	×	×
심층 놀이**	×	×	×	×	×	×	×	×	×	×	×	×	×

*   성인의 지도에 따라 이루어지는 즐거운 교습과 학습, 발견, 실험
** 자기주도성, 내재적 동기, 긍정적 감정, 과정 지향, 상상력의 발현을 불러오는 자유로운 놀이, 선택, 열정 프로젝트에 정기적으로 할애되는 시간

출처: 저자

놀이를 죽이는 세균, GERM

놀이를 통한 배움의 중요성은 아무리 강조해도 지나치지 않다.[80]

- 2018년, 미국 소아과 학회

세계는 놀이에 대한 전쟁을 벌이고 있다.

정부가 표준 시험에서 높은 점수를 얻어야 한다고 강력하게 압박을 가하면서, 많은 학교와 어린이들은 놀이를 —미술, 체육 등 기타 교육의 필수적 기초들 역시도— 쉽게 없애 버려도 되는 불필요한 사치쯤으로 여기고 있다.

오늘날의 어린이 교육에서 놀이는 완전히 뿌리가 뽑히고 있다.

미국과 세계 전역의 학교에서 놀이는 줄어들고, 평가절하되고, 제거되며, 잊힌다. 그 자리를 비생산적이고 잘못된 교육 관행이 차지하면서 전 세계 수백만 명의 어린이들은 과도한 스트레스, 학교 부적응, 실패에 대한 두려움, 배움에 대한 열정의 감퇴, 행복과 삶에 대한 만족도 감소로 고통받는다.

새로운 발견과 대화는 줄어들고, 나이에 맞지 않는 수업과 숙제가 만 4세에서 5세부터 시작된다. 많은 유치원이 손으로 직접 하는 놀이, 블록놀이, 옷장 놀이, 모래놀이 테이블을 없애고 있다. 어린이들은 쉬는 시간을 빼앗기고, 심지어는 용변을 볼 잠깐의 쉬는 시간마저 거부당하곤 한다. 디지털 화면이 능력 있는 교사의 자리를 대신한다. 아동의 특성에 따라 맞춤 교육을 할 수 있는 훈련된 교사의 자리를 미리 준비된 대본대로 가르치는 '임시' 교사들이 대신한다.

아이들을 놀게 하라

학교는 지금 스트레스 공장으로 변하고 있다.

뉴욕 대학 응용심리학과 조교수인 조슈아 애론슨Joshua Aronson은 문화적으로 불리한 지위에 놓인 학생들에게 도움을 줄 방법을 연구하는 과정에서 수백 개의 학교들과 협업했고, 그 과정에서 경악스러운 교실의 실태를 목격했다고 한다. 그는 말했다.

"건강한 발달과 학습을 위해서는 체계적인 놀이와 비체계적인 놀이가 모두 필요합니다. 하지만 많은 학교들은 책상 앞에 앉아서 몸을 전혀 쓰지 않는 학습만을 우선시하고 있어요. 그게 가장 큰 문제라고 생각합니다."

애론슨은 오늘날 학교에서의 놀이가 "대단히 열악한 상태이며, 더 이상 그런 어리석음을 범해서는 안 된다."라고 말했다. 그는 말을 이었다.

"미국 학교의 교실에는 활발히 움직일 기회를 빼앗긴 아이들이 보입니다. 아이들은 수업에 집중하지 못하거나 주어진 공부를 다 하지 못했다는 이유로 꾸지람을 듣거나 위협을 당해야 하고, 잘하면 보상을 주겠다는 유혹을 받습니다. 내가 만난 아이들 중 충격적일 정도로 많은 수가 비만이었고, 그들은 눈에 띄게 자신의 몸을 불편해했습니다. 그 아이들은 지금보다 다섯 배는 더 많이 뛰어놀아야 합니다. 언젠가 우리는 학업 성취라는 미명하에 이 아이들을 얼마나 불행하게 만들었는지 부끄러워하게 될 겁니다.

내가 학교에서의 놀이가 너무나도 부족하다고 생각하게 된 건 수많은 학교들에서 아이들을 관찰한 결과에서 비롯되었습니다. 미국 아이들이 고통받는 것은 '리탈린(집중력 결핍 아동에게 투여하는 약_역주) 부족' 때문이 아니라, 수렵-채집 생활을 하던 우리 조상들이 만끽했던 자연, 놀이, 자유의 부족 때문이라는 것을 알게 됐지요. 놀이와 운동이 학업 성취를 촉진한다는 것은 명백합니다. 교장 선생님들은 이 사실을 기억해야 합니다. 하지만 대부분은 그냥 무시해 버립니다."[81]

많은 학교들은 대놓고 놀이에 대해 적대적 태도를 취해 왔으며, 잘못된 이분법 때문에 어린 시절의 놀이와 공부를 분리된 것으로 이해하였다. 교육 심리학자이자 애리조나 주립대학 국립교육정책센터 교수인 진 글래스Gene Glass는 이렇게 말했다.

"놀이에 대한 청교도적 태도가 학교 교육뿐만 아니라 우리 삶 전반에 해를 끼치고 있습니다. 이건 아주 잘못된 사고방식이고, 교육계의 모든 층위에 스며든 죄악입니다. 놀이는 다양한 인지 발달을 이끌어 낼 수 있지만, 놀이에 대한 편견이 교육계 전반을 사로잡은 결과, 상황은 점점 나빠지고 있습니다."[82]

전미 교육아카데미 회장이자 위스콘신-매디슨 대학 명예교수인 글로리아 래드슨-빌링스는 인터뷰를 통해 이렇게 말했다.

"놀이는 아이들에게 창조, 상상, 역할놀이의 기회를 주며, 본질적으로는 완전한 인간이 되게 해 줍니다. 미국의 학교는 대부분 놀이의 중요성을 이해하지 못하고 있습니다. 학교에서는 몸을 통제하고 규율하는 데 너무 많은 시간을 쓰고 있어요. 이건 그야말로 손해 보는 장사입니다. 지루하기 짝이 없는 것들을 하느라 너무 많은 시간

아이들을 놀게 하라

이 낭비되고 있으니까요."[83]

놀이에 관한 중요한 동물 연구를 도왔던 게티즈버그 대학의 심리학자 스티븐 시비 교수 역시도 학교에서 놀이가 얼마나 부족한지 알고 경악했다.[84] 시비 교수에 따르면 '자유로운 놀이 기회를 충분히 주는 것은 아동 교육 과정의 필수불가결한 요소로 여겨져야' 한다. 하지만 현실은 전혀 그렇지 못했다. 그의 이야기를 들어 보자.

> "오늘날 놀이가 처한 상황은 그야말로 말이 안 되는 지경입니다. 문제는 특히 초등학교에서 심각하고 심지어 유치원에서도 그런 일이 벌어집니다. 시험 점수에 완전히 집착하게 된 교육자와 학교 관리자들은 쉬는 시간을 조직적으로 줄이고 있습니다. 이제 막 초등학교에 들어간 1학년짜리 제 손주 녀석의 쉬는 시간이 하루에 겨우 30분이라는 말을 듣고 얼마나 충격을 받았는지 모릅니다! 더 황당한 건 나쁜 행동에 대한 벌로 쉬는 시간을 빼앗는다는 겁니다. 여덟 살짜리가 교실에서 좀 부산스럽게 굴었다고 해서 —아마도 조금 더 뛰어다니며 놀고 싶은 욕구 때문에 그랬겠지요— 밖에 나가 놀 기회를 박탈해 버리다니요! 그렇게 해 봐야 문제는 더 악화될 뿐입니다."[85]

놀이를 빼앗기면 아이들은, 특히 가난한 아이들은 학교에 대한 소속감을 잃어버릴 수도 있다. 이는 UCLA에서 교육학을 가르치는 페드로 노게라Pedro Noguera 교수의 주장으로, 그는 우리에게 다음과 같이 설명했다.

"많은 학교가 놀이를 통해 배울 기회와 쉬는 시간을 빼앗고 있습니다. 특히 가난한 아이들이 놀이 시간을 많이 빼앗기는데, 성취를 이룰 수 있는 배움의 시간을 놀이가 잡아먹는다고 생각하기 때문이지요. 놀이를 이런 식으로 바라보는 태도는 많은 아이들이 학교에서 경험하는 소외감을 증폭시킬 뿐입니다." [86]

아동 교육에서 놀이는 점차 낯선 개념이 되어 가고 있다. 버몬트 대학의 교육 연구자 잔 골드하버Jeanne Goldhaber 교수도 여기에 동의한다.

"저는 다양한 유아 교육 프로그램과 여러 유치원, 초등학교 저학년 교육 과정을 수년 동안 관찰했습니다. 아동 교육에서 놀이가 천천히 죽어 가는 모습을 지켜봐야 했어요. 하루하루가 임의로 짜인 교과 과정에 따라 잘게 쪼개져 있기 때문에, 아이들은 하루에 여섯 번에서 많게는 열 번의 전이를 거쳐야 합니다. 그러다 보니 탐구하고 발명하고 상호작용할 만한 여유는 좀처럼 찾아보기가 힘듭니다." [87]

뉴욕 대학의 저명한 교육 역사학자이자 연구가인 다이앤 라비치Diane Ravitch 교수는 놀이의 종말을 '정부의 엄청난 실수'라고 표현한다. 그녀는 이렇게 말했다.

"오늘날 미국 교육계를 이끄는 연방법은 엄청난 악법입니다. 아동과 교사, 학교를 평가하는 수단으로서 표준 시험을 강제하고 있기 때문이지요. 아이들은 너무 어린 나이부터 학업 목표를 이루어야 한다는 기대를 받습니다.

아이들을 놀게 하라

오늘날의 정책과 법률은 어린이들에게 대단히 냉담한 태도를 취합니다. 놀 시간을 아예 남겨 놓지 않으니 아이들은 당연히 놀 수가 없지요. 하지만 아이들에게는 스트레스를 풀 시간이 필요합니다. 아이들은 놀이를 하면서 생각하고 탐구하고 창조하고 상상하는 능력을 발달시키니까요. 놀이가 남녀노소 모두에게 얼마나 중요한지 사람들이 깨닫기를 바랍니다."[88]

GERM이 지배하는
암흑기의 서광

—

놀이에 대한 전쟁은 대부분 서투른 정치적 노력이 불러온 의도치 않은 결과로, 어린 아이들에게 지나친 엄격함과 학업 성취를 강조하여 '평균을 끌어올리고', '아동 간 학업 성취도의 차이를 줄이고자' 하는 과정에서 비롯되었다. 이 전쟁을 주도하는 건 정치인, 행정가, 이념가의 연합으로, 그들의 공통적인 약점은 아이들이 어떻게 배우는가에 대한 지식이 전혀 또는 거의 없다는 점이다. 결과적으로 무지, 잘못된 정책, 그릇된 지식 사이에 결탁이 이루어진 셈이다.

우리는 그것을 세계교육개혁운동Global Education Reform Movement, 즉 GERM이라고 부른다. GERM은 가치가 입증된 전 세계의 훌륭한 관행들, 예컨대 교사의 전문성, 교육 연구, 교육체계 전반을 아우르는 협업, 자원의 공평한 배분, 아동에 대한 전인적 접근, 신체 활동, 놀이를 통한 배움을 포기하고, 실패하는 교육 정책들만을 밀어붙이고 있다. 천편일률적 수업과 보편적인 표준 시험을 도입하고, 표준 시험 점수를 높이기 위해 학교들을 다윈Darwin주의 경쟁으로 몰아넣었으며, 시험 점수에 근거하여 학교와 교사를 처벌하였다. 또한 미술, 체육 등 중요한 과목들을 희생시켜 가며 너무 이른 시기부터 아이들에게 학습을 강제하고, 교사들의 자격을 박탈하고, 놀이가 설 자리를 잃게 만들었다. 이 모든 것들이 마치 전염병처럼 미국 전역으로 퍼져 나가고 있다.

다시 말해서 GERM은 세계 곳곳으로 퍼져 나가는 바이러스처럼 학교 체계를 전염시키고 있으며, 학교에서 놀이를 죽이고 있다.

과도한 교육의 표준화는 장기적 관점에서 학생과 교사에게 도움이 되지 않는다. 그 중요한 사례로 영국의 교육을 들 수 있다. 영국은 1988년 교육계 전반에 걸친 개혁을 실시하고, 역사상 처음으로 전국 공립학교에서 교사들이 무엇을 어떻게 가르쳐야 하는가에 대한 외부적 통제를 실시하였다. 이러한 개혁은, 마치 시장에서 상품을 고르듯이 학부모가 '학교를 선택'하면 학교 교육의 질이 높아지고 비용이 낮아져 효율성이 개선될 거라는 가정에 근거하고 있었다. 이는 영국의 교육 서비스가 표준화되는 결과를 낳았다. 자주 치르는 표준 시험 성적은 부모들이 좋은 학교를 선택할 때 필요한 정보를 제공해 줄 것으로 기대되었다. 그러나 연구 결과, 이런 식의 논리는 영국에서 공립 교육의 질을 향상시키지도, 형평성을 높이지도 못했다.[89] 외부에서 지시한 교육 전략 및 표준 시험 점수에 근거하여 학교에 대한 감사가 이루어졌고, 그 결과 학교와 교사들은 학생

아이들을 놀게 하라

들을 잘 성장시키기 위한 최고의 전략과 기법을 선택할 수 있는 자유를 박탈당했다.

강압적이고 표준화된 수업과 부담스러운 표준 시험을 학교 교육의 기반으로 삼는 것은 어린이, 특히 유아들의 배움이 이루어지는 핵심 과정을 파괴한다는 점에서 대단히 위험하다. 모든 아이는 저마다의 개성이 있다. 어린시절보호협회Defending the Early Years가 2014년 〈워싱턴포스트Washington Post〉지 칼럼을 통해 주장한 바에 따르면 '어린이들은 저마다 다른 시기에 다른 속도로 배우고 터득'한다.

「모든 어린이는 독특한 성품과 기질, 가족관계, 문화적 배경을 갖고 태어난다. 관심사도, 경험도, 배움에 대한 접근 방식도 모두 제각각이다. 모든 아이는 세계를 다르게 인식하고 접근하며, 많은 경우 같은 목표를 향해 가더라도 다른 길을 택한다. 그러므로 모든 아이들에게는 개인으로서의 정체성을 고려하고 지지하며 그 기반 위에 세워지는 배움의 경험이 필요하다.[90]」

표준화는 교육에 관한 높은 표준을 설정하는 것과 다르다. 비행기나 병원, 식당들이 모두 엄격한 표준에 따라 움직이듯이 학교에도 표준은 필요하다. 1990년대부터 전 세계 영어권 국가들에서 크게 유행하고 있는 '표준 기반' 교육 운동은 처음에 어떻게 가르치는가(투입)보다 얼마나 배우는가(산출)가 강조되어야 한다는 데 근거를 두었다. 어느 정도 일리 있는 주장이다. 따라서 이 개혁은 단지 학교 교육의 내용과 구조를 감시하는 것이 아니라 학교가 달성하는 성과를 강조하고자 하였다. 학교와 교사, 학생이 분명하고 충분한 성과를 달성하는 것이 교육 개혁의 선결 조건이라는 주장은 오늘날의 교육계 내에서 의심의 여지없이 받아들여지고 있다. 하지만 표준 기반 교육 정책은 그 표준이 얼마나 달성되고 있는가를 평가하기 위해 외부에서 주어지는 표준적 교육과정과 교육 내용, 그에 따른 평가 방침을 강제하는 안타까운 결과를 낳고 말았다.

엄격한 표준화는 학교와 교실에서 새로운 아이디어를 가지고 실험하거나 놀이를 통해 아이들이 스스로 배우게 하는 등 진정으로 의미 있는 활동을 할 자유와 유연성을 제한한다. 또한 교사들이 지역 특성에 맞는 교육 실험을 감행할 수 없게 하고, 대안적 접근법의 사용을 줄이며, 학교와 교실에서 모험적 시도를 제한한다. 결국, 학교 교육이 더욱 표준화될수록 교사와 아이들이 모험적인 시도를 하고 창의적으로 생각할 자유는 줄어들고 만다.

수많은 연구자, 소아과 전문의, 교사들 사이에 놀이를 통한 배움이 유익하다는 합의가 널리 이루어져 있음에도 불구하고, GERM의 최대 희생자인 미국은 세계를 놀이가 사라진 암흑기로 이끌고 있다.

실제로 미국의 평균적인 정치인, 정책 결정자, 행정가와 자칭 교육 개혁가들에게 배움을 위해 아이들에게 무엇이 필요한지 묻는다면 그들의 대답은 아래와 같은 주장으로 귀결될 것이다.

"어린이와 학교에 대한 관리는 컴퓨터로 꾸준히 측정하고 평가한 데이터에 근거하여야 한다."[91]

"교육은 표준화되어야 한다."

"임의의 목표 점수를 달성하지 못한 어린이나 학교는 부끄러움을 알고 벌을 받아야 하며 다시 시험을 치러야 한다. 그러면 모든 어린이들은 적절한 나이에 학교, 대학, 직장에 들어갈 준비를 마칠 것이고, 전 세계적인 경쟁에서 필요한 능력을 습득할 것이다. 그 어떤 아이도 뒤처지지 않고 모든 학생이 성공할 것이고, 미국은 최고를 향한 질주에서 1등을 차지하게 될 것이다."

다시 말해서 이들은, 파워포인트 자료에서나 흔히 볼 수 있는, 근거도 없는 잡다한 문구대로만 하면 아이들이 최고의 배움을 얻게 되리라고 주장하고 있다. GERM은 교육을 바꾸고자 하는 모든 노력을 하나로 묶는 개념으로, 여기에는 표준 시험 결과에 따른 징벌적 책임의 부과가 포함된다. 하지만 수많은 근거를 살펴보면, 교육적으로 성공한 나라 중에는 학교 체계를 대대적으로 개혁하는 데 GERM과 관련된 정책을 사용한 나라가 전혀 없음을 알 수 있다.

세계 각지에서 교육 정책의 초점은 표준 시험 더 자주 치르기, 교육 기술에 투자하기, 수업과 학습을 제대로 평가하고 개선하기 위한 효율적 방법 찾기 등으로 옮겨 갔다. 그리고 이런 개혁은 많은 경우 타국의 해결책을 적용하거나 국제적 발달 전문 기관들의 의견에 따라 설계되는 경우가 많았다. 교육적 해법이 국경을 넘나드는 일은 너무나도 잦아졌고, 이제는 거의 세계적인 움직임이 되었다. 이러한 이동이 늘어나면서 학업 성취도 격차와 불공평에 관심이 집중되는 등 유리한 결과를 일부 낳기도 했지만, 교사나 학생들에게 전혀 이롭지 않은 변화도 일어났다. 예를 들어 편협한 교과과정에 대한 집중, 시험 점수에 대한 과도한 의존, 학교에서의 놀이 감소 등이 그것이었다.

내가 이러한 경향성을 표현하기 위해 '세계교육개혁운동', 즉 GERM이라는 용어를 처음 사용한 건 '경제적 경쟁력을 높이는 교육 개혁'에 관하여 잡지에 기고문을 썼던 2006년이었다.[92] 처음에는 보스턴 대학 연구교수인 앤디 하그리브스Andy Hargreaves로부터 아이디어를 얻었다. 그는 '표준 기반 개혁' 운동이 정책 결정자들 사이에서 세계적인 인기를 끌기 시작한 1990년대에 교사들의 성과가 표준화로부터 어떤 영향을 받았는가를 연구했다. 1990년대 이후로 미국, 영국, 호주 등 GERM에 심각하게 '감염된' 교육 체계에서는 보편적인 표준 시험을 통해 얻은 데이터가 교육의 시작과 끝이 되었고, 학교, 교사, 학생들의 성공과 실패를 판단하는 가장 중요한 척도가 되었다. GERM은 단지 부담이 큰 표준 시험만을 지칭하지 않으며, 교육 정책과 관행에 비뚤어진 영향을 미치는 전 세계적 경쟁의 부산물이자 지적, 정치적 패러다임이다.

GERM은 교육 체계에 따라 다양한 양상으로 나타난다. 아마도 가장 흔하게 나타나는 특징은 학교들 사이에 학생을 유치하기 위한 경쟁이 증대된다는 점일 것이다. 세계 36개국이 모인 정부 간 기구 OECD 소속 국가들은 학교를 같은 지역 내 다른 학교들과 경쟁하게 하는 기제를 발달시켰다. 1980년대 칠레에서 진행된 학교 선택 실험, 1990년 스웨덴의 학교 바우처 시스템, 2000년대 미국의 차터스쿨charter school(자율형 공립학교), 보다 최근에 확립된 영국의 중등교육

아카데미는 시장과 같은 경쟁이 교육 체계 전반을 개선하는 엔진으로 기능하리라는 믿음을 보여 준다. 하지만 이런 체제가 효과적이라는 근거는 찾아보기 힘들다.

GERM의 두 번째 특징은 교습과 학습의 *표준화*다. 1990년대 교육의 초점이 투입에서 산출로 옮겨 가면서 특히 영어권 국가들에서는 '표준에 기반을 둔' 교육 정책이 인기를 얻게 되었다. 이런 개혁의 애초 목표는 학교 교육의 내용과 구조 대신 학습 결과와 학교의 성과를 더 강조하고자 하는 것이었다. 미국의 공통핵심학력기준Common Core State Standards, 영국의 국립교육과정National Curriculum, 스코틀랜드의 우수교육과정Curriculum for Excellence, 독일의 신국립교육기준New National Education Standards, 호주 및 뉴질랜드의 교육과정은 모두 교육 체계 내 모든 학교의 교습과 학습을 표준화하려는 노력의 사례들이다. 하지만 마찬가지로 이런 형태의 표준화가 국가 교육 체제의 성과를 개선한다는 근거는 거의 없다. 반대로, 공공 교육에 대단히 효과적일 수 있는 두 가지 형태의 표준화가 있다. 싱가포르와 같은 양질의 집중적 *교사 훈련 과정 표준화*와 핀란드처럼 자원이 모든 어린이와 모든 학교에 공평하게 분배될 수 있도록 하는 학교 재정 지원의 표준화가 그것이다.

GERM의 세 번째 특징은 교사와 학교 경영자들의 *비전문화*다. 우리는 학교에서 아이들을 가르치는 일을 잘못 이해하고 있다. 효과적인 학습 지도법을 아는 사람이라면 누구든지, 또는 최근에 명문대학을 졸업하고 7주 동안의 훈련 프로그램을 마쳐 '교사'라는 타이

틀을 따낸 사람이라면 누구든지 교사라는 직업을 택할 수 있다고 여긴다. 교사를 양성하는 비학문적인 단기 속성의 방법들이 대학에서 제공하는 전형적인 교육 학위 프로그램을 대체하고 있다. 마찬가지로 미국의 많은 교육구에서는 경영이나 지도자로서 경험이 있는 사람이라면 누구에게나 공립학교의 지도자 직책이 개방되어 왔다.

너무도 기이하게 급변하는 상황 속에서 미국의 많은 학교들은 점점 더 교사가 아닌 사람들, 교육자가 아닌 사람들 —전문적인 교육 자격이 없는 사람들— 에 의해 운영되고 있다. 이건 마치 일국의 의학, 치의학, 법률, 건축, 회계, 비행, 공학, 항공우주산업을 전문적인 자격도 없는 사람들이 이끌고 움직이는 것과 같다.

GERM의 네 번째 특징은 이르면 만 4세에서 5세부터 시작되는 고부담의 대규모 표준 시험이다. 이를 통해 얻는 다량의 데이터를 근거로 교사와 학교는 학생의 성취도에 관한 책임을 진다. 표준 시험 결과로 판단되는 학교의 성과는 교사와 학교에 대한 평가, 감시, 보상과 처벌을 부채질한다. 성과급제도, 교사 휴게실에 걸린 성적 일람표, 신문에 실린 학교별 성적 등이 책임을 묻는 흔한 기제로서 사용되며, 기준이 되는 데이터는 주로 외부에서 주어지는 표준 시험 결과와 교사 평가 결과로부터 얻는다. 그러나 학교에 대단히 중요하고 학생들에게 별로 중요하지 않은 저질의 표준화 시험에 의존하여 학교에 책임을 묻는다면 거기에 진정한 책임이 남을 리 없다. 다시 말해서 학교가 학생의 성과를 책임져야 한다는 것만 강조하다 보면 학생들이 스스로 가져야 하는 배움에 대한 책임감은 사라지고 진

아이들을 놀게 하라

정한 학습, 즐거운 학습을 위한 여유 또한 줄어들고 만다.

GERM의 다섯 번째 특징은 공공 교육의 시장 기반 민영화다. 노벨상 수상자인 경제학자 밀턴 프리드먼Milton Friedman이 1950년대에 개발한 이론에 따르면, 부모들에게는 자녀 교육을 선택할 자유가 주어져야 하고, 그 결과 학교들 간에 유발되는 건강한 경쟁을 통해 학교는 여러 가정의 다양한 요구를 더 잘 수행할 수 있어야 한다. 학부모의 선택권을 강화하는 학교 선택제School choice와 바우처 제도는 사립학교 및 다양한 형태의 차터스쿨(미국), 아카데미(영국), 자유학교(스웨덴) 등 전 세계에서 다양한 형태로 공공 교육의 민영화를 이끌어 냈다. 학교 선택제의 이념은 자녀 교육을 위해 할당된 공공 자금을 부모가 사용하여 —공립이든 사립이든— 자녀에게 가장 잘 맞는 학교를 선택할 수 있어야 한다는 것이다. 하지만 시장 논리에 기반을 둔 민영화가 교육 체계 전반과 학생들에게 이롭다는 객관적 근거는 찾아보기 힘들다.[93] 교육 체계는 많은 점에서 시장과 다르게 움직인다. 어찌 보면 당연한 일이다. 사업체는 소유주와 주주를 위해 경쟁자들을 제치고 판매, 이윤, 시장점유율을 늘림으로써 투자금에 대한 이윤과 수익을 창출하고자 하는 동기에 근거하여 작동한다. 이와 전혀 다르게 공공 교육체계의 구성 원리는 모든 학교의 모든 학생들에게 양질의 교육을 제공하는 것이다. 또한 대부분의 교사들에게는 이윤 추구나 성과급이 아니라 시민의 의무, 전문가로서의 자부심, 아이들의 배움을 돕는 일에 대한 애정이 중요한 동기가 된다.[94]

실제로 GERM이 교육정책의 주된 틀을 이룬 그 어느 교육체계에서도 학생들이 배움이나 행복을 증진하는 데 큰 도움을 받지 못했다는 근거가 폭넓게 존재한다. 대신, 협동, 창의성, 전문성, 신뢰, 공평을 우선시하는 싱가포르, 캐나다, 핀란드 등은 성공적인 교육 체계를 일구어 냈다.

그렇다면 GERM을 지지하는 자들, 놀이를 상대로 싸우는 전사들은 과연 누구인가? 놀랍게도 조지 W. 부시George W. Bush, 버락 오바마Barack Obama, 도널드 트럼프Donald Trump 시대의 미국 정치에서 세 행정부 모두의 지도층, 민주당 및 공화당 상원의원과 하원의원의 상당수, 양당 출신의 중앙정부 및 주정부의 선출직 공무원, 여러 진보 및 보수 성향의 싱크탱크, 최근 몇 년 동안 교육에 대한 논의를 장악한 거대하고 강력한 여러 자선단체들이 모두 여기에 포함된다.

하지만 어린이를 대상으로 하는 대규모 표준 시험을 통해 학교에서 '표준과 책임, 엄격함을 드높이고자' 하는 그들의 노력은 학교 교육을 거의 개선하지 못했고, 아동 교육으로부터 놀이를 억지로 몰아내는 데 성공했을 뿐이다.[95] 그들이 의도적으로 학교에서 놀이를 파괴하려 한 것 같지는 않지만, 결국 결과는 마찬가지였다. 이처럼 놀이에 대한 전쟁은 시험 준비를 위해, 어린 아이들에게 일찍부터 학습에 대한 압박감을 주기 위해, 누구도 모르는 사이에 시작되었다.

2001년 공화당 출신의 조지 W. 부시 대통령과 민주당 상원의원 에드워드 케네디Edward Kennedy를 비롯한 미국 정치인들은 낙제학생 방지법을 통과시켰고, 그 결과 학교는 부담이 큰 대규모 의무 표준 시험에 한층 더 구속되고 말았다. 교사가 아니라 학교와 동떨어진

아이들을 놀게 하라

시험 회사들이 설계하고 운용하는 시험이었다. 그로부터 10년도 채 지나지 않아 낙제학생방지법은 실패한 것으로 널리 인식되기 시작했다. 교육계에 존재하는 문제를 집중 조명하는 데 도움이 되긴 했지만, 문제를 해결하는 데에는 어떤 도움도 주지 못했기 때문이다.

이후 버락 오바마 대통령은 한 술 더 떠서 낙제학생방지법의 실패에도 불구하고 초당적 지지를 받으며 두 가지 정책을 추진하였다. 40억 달러 규모의 연방 보조금을 두고 경쟁을 펼치는 '최고를 향한 경쟁Race to the Top' 정책과 '공통핵심' 표준 교육과정이었다. 결국 대규모 고부담의 표준 시험 역할은 지속되었고, 반대로 가난, 불공평한 자금 지원, 불균등한 교사의 질과 교육 수준 등 교육에 문제를 일으키는 다양한 근본적 원인은 사실상 무시되었다. 하지만 이와 같은 교육 개혁 역시도 그 의도가 얼마나 좋은 것이었든 대단히 실망스러운 결과를 냈다고 평가받고 있다. 이런 노력들 중 어느 것도 미국 어린이들의 학업 성취도 격차를 줄이거나 학습 성과를 높이는 데 의미 있는 영향을 주지 못했으며, 미국의 학교에서 사실상 '놀이에 대한 전쟁'을 심화하였을 뿐이기 때문이다.

놀이에 대한 전쟁에서 희생당하는 건 결국 아이들이다. 아이들은 진정한 배움의 시간을 잃고 있다. 즐거움과 발견, 실험의 기회를 놓치고, 미래에 필요한 능력을 쌓기 위한 탄탄한 기반을 만들 기회를 잃고 있다. 아이들은 어린 시절을 잃고 있다. 이 전쟁은 아동기의 스트레스, 학교의 비효율, 소중한 세금 수십억 달러의 낭비를 부추기는 것 외에 그 어떤 측정 가능한 결과도 달성하지 못하고 있다. 이

전쟁으로 인해 일부 아이들은 학교를 싫어하게 되었고, 배움에 흥미를 잃었으며, 그 결과 우리 사회의 미래마저 위협당하고 있다.

교육에 어떤 문제가 있는지 그 본질을 이해하는 것은 성공적인 해결을 위한 필요조건이다. 지금껏 학교를 개혁하고자 했던 대부분의 노력은 문제의 뿌리가 되는 원인이 아니라 겉으로 드러나는 현상에만 초점을 맞추어 왔다. PBS 방송의 교육 저널리스트 존 메로우 John Merrow는 이렇게 썼다.

「교육과 교육자를 수년 동안 취재하면서 나는 알게 되었다. 미국은 헛된 희망에 빠져, 교육 체계 전반의 뿌리 깊은 문제를 그저 빠르게 해결하려고만 하고 있다.[96]」

우리는 근본적인 문제를 제대로 이해해야 한다. 이 책에서 다루고자 하는 교육 문제는 아이들이 학교에서 놀 시간이 충분치 않다는 것만이 아니다. 그건 우리가 직면한 유일한 문제가 결코 아니며, 전 세계 교육계에 악영향을 주는 심각한 문제의 결과이자 하나의 증상일 뿐이다.

간단히 말해서 미국의 진짜 문제는 수십 년 동안의 무지, 경제력 및 인종에 따른 분리, 빈곤, 정치적 실패 등으로 인하여 학교가, 특히나 가난한 지역과 도심 지역의 학교들이 완전히 무너졌다는 사실이다. 그런데도 잘못된 교육 정책은 이런 문제들을 해결하겠다며 모든 공립학교를 표준화된 시험 공장으로 바꾸고 있다. 놀이와 기타 중요한 학교의 요소가 시험 준비를 위해 제거되고 아동 교육의 필수적 기반이 무너지면서 구조 전체가 붕괴할 위험에 놓였다.

놀이와 싸우는 전사들은 국제 표준 시험에서 더 높은 점수를 달성하는 나라들을 '따라잡고', 성취도 격자를 줄이며, 미래의 노동력에게 요구되는 '21세기형 능력'과 직업적 성공을 아이들에게 안겨 주기 위해서는, 빠르면 만 4세부터 놀이의 기회를 거의 다 박탈하고, 교실에 가만히 앉아서 끝없이 이어지는 수업, 반복학습, 목표점수 달성에 실패했을 때 받는 처벌, 몇 시간씩 걸리는 과도한 숙제, 만성적인 수면 부족 등을 고등학교까지 내내 감내하게 해야 한다고 주장한다. 그리고 이를 '아이들을 대학에 보내고 21세기형 능력을 갖추도록 하기 위해 꼭 필요한 학문적 엄격함'이라고 부른다. 하지만 아동발달전문가들의 평가는 전혀 다르다. 이런 행위는 '발달적으로 부적절'하며, '교육적 과오', 심지어 '아동학대에 가까운 행위'에 지나지 않는다.

텍사스 대학 명예교수이자 놀이 역사학자인 조 프로스트Joe Frost에 따르면 시험에만 집착하는 정부 관리들은 수없이 많은 근거를 무시한 채 놀이, 쉬는 시간, 체육 교육, 예술을 없애 버리고 있으며, 부모들은 방관하고 있다. 그는 이렇게 썼다.

「자녀들이 표준 시험에서 좋은 성적을 거두지 못하고 유급당할까 봐, 대학에 들어가지 못할까 봐 두려운 부모들은 이 불합리한 상황에 동조하고 있다. 이 모든 것들 —어른들의 걱정, 조직화된 스포츠, 미디어로 하는 놀이, 미래를 좌우하는 시험— 은 집합적으로 그리고 개별적으로 어린이들이 창의적이고 흥미진진한 놀이에 자연스럽게 빠져들 기회를 줄이며 아이들의 신체적 · 정서적 건강에 부정적인 영향을 미친다.[97]」

〈토론토 스타Toronto Star〉지의 교육 전문 기자 안드레아 고든 Andrea Gordon은 2014년에 다음과 같이 썼다.

「아이들은 놀면서 언제나 다음과 같은 활동을 하고 싶어 한다: 달리기 경주, 기어오르기, 레슬링, 매달리기, 던지기, 균형 잡기, 막대기 칼싸움, 높은 곳에서 뛰어내리기, 뾰족한 물체를 향해 끌려가기. 이런 것들은 어른들의 눈을 피해 가면서 해야 더 재미있다.

하지만 오늘날 아이들은 이런 행동을 하면서 조금만 키득거려도 이런 말을 듣게 된다: 천천히 해, 내려와, 그거 내려놔, 던지지 마, 막대기는 안 돼, 거기서 뛰어내리지 마. 만지지 마, 너무 위험해. 조심해.[98]」

안타깝게도 미국과 영국을 비롯한 여러 지역에 사는 많은 부모들이 "아이들은 부상의 위험으로부터 어떻게든 완벽하게 보호받아야 한다."라는 잘못된 견해를 갖게 된 것 같다고 프로스트는 말한다. 하지만 우리가 사는 세상에서 삶은 재정적, 신체적, 정서적, 사회적 위험을 비롯하여 온갖 위험으로 가득하며, 합리적인 위험은 어린이의 건강한 발달에 필수적이다.

미국의 어린이들은 놀이, 실외 쉬는 시간, 까다로운 자격 조건을 충족하는 교사와 풍부한 단어를 사용해서 나누는 대화, 정식 수업과 적절한 균형을 이루는 실험과 발견의 기회를 누리는 대신에 하루의 대부분을 실내에 갇힌 채 쉬는 시간이나 자유 시간도 거의 없이, 컴퓨터 화면에서 나오는 객관식 시험과 데이터 수집에 대비하며, 스트레스, 행동교정, 기계적 암기, 학업에 대한 압박의 노예가 되고 있다. 학교가 끝나면 밖에 나가서 놀고, 탐험하고, 자유시간이나 가족과의 시간을 즐겨야 하는 어린 아이들이 몇 시간이나 숙제를 하고, 공부나 재미를 위해 점점 더 많은 시간을 컴퓨터와 텔레비전 화면에 사로잡힌 채 보내고 있다. 최근 진행된 연구에 따르면 미국 어린이가 미디어 기기를 보며 소비하는 시간은 하루 평균 자그마치 여섯 시간에서 아홉 시간이었으며, 미국 10대의 45퍼센트는 자신이 '거의 끊임없이' 온라인에 접속해 있다고 답했다.[99]

2008년 예일 대학의 제롬 싱어Jerome Singer와 도로시 싱어Dorothy Singer가 16개국 2,400명의 어머니들을 대상으로 진행한 비교문화 연구에서는 전체의 72퍼센트가 아이들이 "너무 빨리 커 버린다."라고 답했는데, 미국의 경우 그 비율이 가장 높은 95퍼센트였다.[100] 최근 세계적으로 이루어진 한 설문조사에 따르면 어머니들의 54퍼센트가 '놀이터나 공원에서 바깥놀이를 할 때' 아이들이 가장 행복해한다고 답했으며, 이는 텔레비전이나 기타 영상물을 볼 때(41퍼센트)보다 높았다.[101] 이케아IKEA Corporation의 지원을 받아 진행된 또 다른 세계적인 설문조사에서는 만 7세에서 12세 어린이의 80퍼센트 이상이 텔레비전을 보거나 인터넷을 하는 것보다 친구와 함께 노는 것이 더 좋다고 답했다.[102]

하지만 한때 미국 아동 교육의 주된 기반이던 놀이는 이제 대대적으로 제거되고 있다. 수백만 명의 미국 어린이들이 많은 부모, 교사, 아동발달 전문가들의 조언과는 반대되는, 어린이에게 비우호적이고 심지어 적대적이기까지 한 학교 환경에 놓여 있다.

플로리다에 사는 어느 어머니는 최근 딸아이의 유치원 입학 첫날, 처음으로 유치원을 방문했다가 경악을 금치 못했다고 한다. 즐겁고 새로워야 할 그날이 거의 시험만을 위해 쓰였기 때문이다. 낯선 어른 다섯 명이 아이에게 평가를 위한 과제를 수행해 보라고 요구했다.

"다시 아이를 데리러 갔더니 유치원에서 무슨 일이 있었는지 말하고 싶어 하지도 않았어요. 다만 다시는 유치원에 가고 싶지 않다는 말만은 분명히 했죠. 아이는 선생님의 성함도 모르고 친구도 전혀 만들지 못했어요. 그날 오후 늦게 아이가 방에서 노는데 강아지들에게 숫자와 글자를 반복해서 가르쳐 주는 소리가 들리더군요."[103]

정치인들은 초등학교 및 중학교 학생들, 특히 가난하고 소외된 지역에 있는 학생들을 마치 신병 훈련소처럼 엄격한 훈련과 규율을 강조하는, '핑계가 통하지 않는' 학교로 내몰고 있다. 그곳에서 아이들은 가혹한 학습량과 끝없는 표준 시험 대비, 컴퓨터 화면을 통해 이루어지는 수업과 시험에 시달리며 스트레스와 두려움으로 점철된 '엄격함'을 강제당한다. 뉴저지에서 소아과 의사로 일하는 로런스 로젠Lawrence Rosen 박사는 매년 봄 시험 기간이 찾아오면 연중 그 어느 때보다도 많은 아이들이 두통, 위통 및 기타 스트레스 증상으로 병원을 찾는다고 말한다.

"저도 초등학교 1, 2학년 또래의 아이가 있습니다. 그만한 아이들이 시험 때문에 편두통이나 위궤양에 걸리고 잘 먹지도 못해서 병원에 찾아옵니다. 결국 많은 부모들은 자녀를 며칠 동안 학교에 보내지 말아야 하나 고민하게 되죠. 그러고는 이렇게 말합니다. 더는 못해. 더 이상은 못 참겠어!"[104]

정치인들은 보통 이런 정책을 자신의 자녀가 아닌 타인의 자녀들에게 강요한다. 뉴욕 캐슬브리지 공립 초등학교 학부모회 공동회장이었던 다오 트랜Dao Tran은 이렇게 말했다.

"정부 관료들은 심지어 자기 자녀를 공립학교에 보내지도 않습니다. 아이들을 망치는 건 본인들인데 (표준) 시험 점수를 근거로 선생님들이 그 책임을 지도록 강요하지요. 그러면서 정작 자신의 자녀들은 이런 시험을 보지 않는 학교, 학급 규모도 작고, 각종 프로젝트와 실험, 예술을 강조하는 학교에 보내고 있어요. 그런 것들이 바로 우리가 아이들을 위해 해 주고 싶은 것들인데 말입니다!"[105]

예를 들어 뉴욕시의 엘리트 사립학교들 중 다수는 부유한 아이들을 모집하기 위해 놀이와 연구에 기반을 둔 교육을 철학으로 내세운다. 그런 학교에 들어가기 위해서는 매년 최고 25,000달러 이상의 등록금을 내야 한다.

컨커디아 대학 부교수 이자벨 누네즈Isabel Nunez는 이렇게 썼다.

「비교육자들에게 학교 운영을 맡기면서 나타난 가장 파괴적인 결과는 우리가 인간 발달의 기본 원칙을 완전히 잊어버렸다는 점이다. 어떤 발달 심리학자에게 물어도 어린아이들의 배움은 놀이를 통해 이루어진다고 말할 것이다. 발달심리학에서 이건 논란의 여지가 없는 문제다. (교육자인) 마리아 몬테소리Maria Montessori, 요한 페스탈로치Johann Pestalozzi, 프리드리히 프뢰벨Friedrich Froebel은 모두 과학자였다. 교육에 대한 그들의 비전은 연구에 기반을 둔 것이었지 단순히 아이들이 좋아하니까 아이들을 놀게 하고 싶다는 욕망이 아니었다. 놀이 기반 수업은 어린이에게 발달적으로 적합하다. 놀이가 바로 아이들이 배우는 방식이기 때문이다.[106]」

PBS방송 교육부 기자로 일했던 존 메로우는 "아동 발달에 정통하지 않은 비교육자들이 네다섯 살 아이들의 하루하루를 결정해서는 안 된다. 그리고 그 어떤 상황에서도 아이들의 일상에 시험이 포함되어서는 안 된다."라고 주장했다. 그는 이렇게 덧붙였다.

"유아 교육 프로그램과 유치원은 성장, 탐험, 사회화, 재미를 위해 존재한다. 물론 교사들은 성장을 돕기 위해 아이들을 관찰하고 파악해야 하지만, 이렇게 이른 시기에 기계가 점수를 매기는 표준화된 시험이 끼어들 자리는 없다. 불행하게도 교육에 종사하는 많은 사람들이 어떻게 측정하느냐를 중요하게 여기는데, 그건 어쩌면 우리가 무엇이 중요한지, 진정 가치 있다고 여기는 것이 무엇인지 제대로 표현하지 못했기 때문일지 모른다."[107]

2009년부터 2015년까지 미국 연방정부와 몇몇 자선단체들이 밀어붙이던 공통핵심학력기준은 2015년에 돌연 정치적으로 힘을 얻더니 널리(많은 경우 그저 겉으로만) 이미지 쇄신에 돌입하였다. 그리고 그 과정에는 단 한 명의 유치원 교사나 아동발달 전문가의 의미 있는 조언도 없었던 것으로 보인다. 낸시 칼손-페이지Nancy Carlsson-Paige 교수와 에드워드 밀러Edward Miller 교수는 2013년 〈워싱턴포스트〉지 칼럼을 통해 이렇게 주장했다.

「공통핵심학력기준을 추진하는 자들은 근거가 되는 연구 결과가 있다고 주장한다. 하지만 그렇지 않다. 유치원 시기에 특정한 능력이나 약간의 지식(100까지 숫자를 셀 수 있다거나 글자를 몇 개 읽을 수 있는 것 등)을 습득하면 나중에 성공적인 학교생활을 하게 된다는 설득력 있는 연구 결과는 그 어디에도 없다.[108]」

비영리단체인 '어린 시절 보호협회'에 소속된 아동발달 전문가들의 말을 빌리자면, 공통핵심학력기준을 적용한 결과 생겨난 일련의 교육 표준은 어린이들이 발달하고 생각하고 배우는 기제와 전혀 맞지 않는 단편적인 능력, 사실, 지식들만을 강조하고, 아직 준비되지 않은 어린 아이들에게 지식과 능력을 습득하도록 요구하며, 실험 및 놀이에 기반을 둔 활동과 유아들의 욕구 대신 교사 주도의 교훈적인 지도만을 중시하고, 전인교육이나 사회-정서 발달, 놀이, 미술, 음악, 과학, 신체 발달의 중요성을 평가절하한다.[109] 사실, 보편적 표준을 설정하고 그것을 기준으로 학교 및 교사들에게 불이익을 제공한다는 사고방식 자체가 아이들이 저마다 다른 속도로 발달한다는 사실을 간과한 것이다. 어떤 아이는 여섯 살에 글을 읽을 수 있지만,

다른 아이는 여덟 살에 할 수도 있다는 지극히 자연스럽고도 일반적인 아동기의 현실을 그들은 이해하지 못한다.

바로 지금 미국 전역과 다른 여러 나라의 여러 학교에서 놀이와 전쟁을 벌이고 있는 전사들 덕분에 겨우 예닐곱 살밖에 안 된 어린아이들이 자연스럽게 움직이고 탐구할 시간도 전혀 없이, 제대로 공부에 집중할 수 있는 시간을 훌쩍 넘어서 하루 여섯 시간에서 여덟 시간 동안 '단순 반복 학습'을 하도록 강요당하고 있다. 아이들은 짧은 쉬는 시간도 몇 번 없이, 자기들끼리 몸을 움직이며 놀 수 있는 자유 시간도 없이 그 시간들을 버텨 내고 있다.

이제 잔혹하고도 우울한 통계치가 모습을 드러낸다. 실제 사람이 등장하는 지극히 현실적인 이 슬로모션 영화 속에서 지난 몇 년 동안 희생양이 된 건 수백만 명의 소년과 소녀들이었다. 미국 소아과 학회가 발간한 2018년 놀이에 관한 임상 보고서에 따르면 학업 압박의 증가로 인해 미국 유치원생의 30퍼센트는 더 이상 쉬는 시간을 갖지 못하고 있다.[110] 정말이지 충격적인 수치가 아닐 수 없다. 2016년 〈워싱턴포스트〉지는 워싱턴 D. C.에 있는 공립학교 및 차터스쿨 가운데 오직 5퍼센트만이 어린이들에게 필요한 만큼의 체육 교육을 제공한다고 보도했다.[111] 놀랍게도, 엄청난 규모를 자랑하는 시카고 교육구에서는 안전과 관리상의 문제를 이유로 학교 관리자들이 대부분의 어린이들에게 최소 7년 동안 쉬는 시간을 주지 않았고, 그런 관행은 분노한 학부모와 교사들이 들고 일어나 쉬는 시간을 되찾은 2000년대 중반까지 계속되었다.[112]

아이들을 놀게 하라

2003년 컬럼비아 대학 및 메릴랜드 대학에서 조디 로스Jodie Roth
와 동료 연구자들이 진행한 연구에 따르면 빈곤선 위에 있는 미국
어린이 중에서는 약 83퍼센트가 쉬는 시간을 보장받았으나, 빈곤선
부근이나 아래에 있는 어린이들은 56퍼센트만이 쉬는 시간을 누렸
다.[113] 쉬는 시간에 관해서라면 가난한 소수자 출신 학생들은 두 가
지 저주에 고통받는다. 첫 번째로 그들이 다니는 학교에는 신체 활
동에 부적절한 위험하고 조악한 시설밖에 없을 가능성이 크다는 것
이고, 둘째로는 정치인과 행정가들이 쉬는 시간을 쉽게 제거해 버릴
수 있는 사치쯤으로 생각할 가능성이 크다는 점이다.

2015년 뉴저지주에서는 미국으로서는 대단히 이례적인 '쉬는 시
간 지지 운동'이 초당적으로 이루어졌고, 그 결과 공립학교는 매일
최소한 20분씩 실외 쉬는 시간을 주어야 한다는 법안이 뉴저지주
의회를 통과하였다. 법안은 당시 주지사였던 크리스 크리스티Chris
Christie의 책상까지 무사히 도착했다. 그러나 그는 해당 법안을 '정신
나간 정부가 날뛰는' 전형적 사례라고 부르며 거부권을 행사했다.
그 과정에서 그 어떤 연구 결과나 교육적, 과학적 근거도 언급되지
않았다. 다만 기자를 향해 이렇게 선언했을 뿐이다.

"주지사로서 내가 할 일 중 하나는 멍청한 법안에 대해 거부권을
행사하는 것입니다.[114] 산적한 다른 문제가 얼마나 많은데 입법부는
어린 아이들의 쉬는 시간에 대해서나 걱정하고 있군요."[115]

2018년 크리스티가 주지사직에서 떠나자 뉴저지주 입법부는 마
침내 유치원에서 초등학교 5학년까지의 학생들에게 매일 20분간의

쉬는 시간을 보장하고 그 시간 동안 가능하면 밖에서 시간을 보낼 수 있게 하는 법안을 통과시켰다. 해당 법안은 2019년부터 시행되고 있다.

미국의 많은 학교에서 놀이는 멸종 위기의 상태이거나 이미 멸종해 버렸다. 시카고 공립초등학교 1학년에 다니는 자녀를 둔 캐시 크레스웰Cassie Creswell은 이렇게 말했다.

"좁은 의미의 학습에만 초점을 맞추다 보니 놀이는 점점 더 부족해지고 있습니다. 읽기나 산수 실력을 지나치게 강조하고 다른 것들을 거의 신경 쓰지 않는 관행이 유치원에서, 심지어 만 4세부터 아주 심하게 나타나고 있어요. 제 딸은 올해만 일곱 번의 표준 시험을 남겨 두고 있습니다. 한 해 전체로 따지면 총 스무 번의 시험을 치르는 셈이에요. 정말 미친 거 아닌가요?"[116]

국제연합이 정한 인권 표준에서는 재소자들에게 매일 최소 한 시간의 실외활동 시간을 주도록 권고한다. 하지만 우리는 아이들에게 그만한 권리도 보장하지 못하고 있다. 2016년 미국에서는 50개 주 가운데 단 5개 주만이 아동의 쉬는 시간을 보장하였고, 단 8퍼센트만이 학교 체육 수업에 대한 일반 원칙을 정하고 있다.[117]

한때 미국 초등 교육에 표준적으로 포함되었던 과목들, 예컨대 음악, 미술, 금속 및 나무 다루기, 외국어, 심지어 역사 및 사회까지도 표준 시험 대비 반복학습을 위해 밀려나고 있다. 2007년 미국 소아과 학회가 발간한 놀이에 대한 임상 보고서는 이렇게 쓰고 있다.

「최근의 경향이 야기한 실질적 결과 중 하나는 쉬는 시간, 창의적인 예술 교육 및 체육 교육 시간뿐만 아니라 다른 학습 과목들을 배울 시간마저도 부족해졌다는 점이다. 이런 경향은 어린이와 청소년의 사회적, 정서적 발달에 악영향을 미칠 수 있다. 또한 많은 방과후 학교 프로그램이 체계적인 놀이, 자유놀이, 신체 활동보다는 학습의 연장과 숙제를 우선시한다.[118]」

배움이 표준 시험에 통과하기 위해 지식을 습득하는 일로 한정돼버리면 놀이는 줄어들 것이다. 아이들이 위험 무릅쓰고 도전하기, 창의성, 문제 해결 능력, 협동 등을 배워야 한다고 기대조차 하지 않는다면 교실에서 놀이는 당연히 설 자리를 잃을 것이다.

시험 —아이의 담임교사가 직접 설계하고 운영하는 시험— 은 다른 여러 측정 수단들과 결합되었을 때 아이가 얼마나 성장했는지 확인하는 수단이 된다. 또한 소수의 대표 학생들만 치르는 표준화된 '표본 시험'은 한 학교 또는 특정 지역의 전반적인 추이를 확인하고 감독하는 데 있어 중요하고도 통계적으로 정확한 진단 도구로 기능할 수 있다.

하지만 몇몇 학과목에 대한 필수적이고 보편적이며 부담이 큰 표준 시험을 점점 더 어린 아이들에게까지 치르게 하고, 그 점수에 근거하여 교사와 학교에게 보상이나 불이익을 주는 행위는 불필요하고 무가치하고 시대착오적이며 비생산적인 데다, 미국에서만 매년 수백억 달러에 달하는 비용이 소모되는 엄청나게 값비싼 방식이다.[119] 호주에서는 읽고 쓰는 능력과 수학 등 기본 학습 능력에 초점을 맞추어 매년 전국 학력평가시험 나플란NAPLAN(National Assessment

Program-Literacy and Numeracy)이 시행된다. 몇몇 추정치에 따르면 나플란에 매년 소모되는 비용은 호주 달러로 1억 달러 규모에 이른다고 한다. 많은 교육자와 정치인들이 이 돈이 가치 있게 쓰이고 있는가에 대해 의문을 표한다.

표준 시험은 엄청난 시간 낭비와 에너지 낭비를 유발한다. 또한 표준화는 그 정의상 위험을 무릅쓰고 도전하기, 창의성, 혁신 등 교육이 추구해야 하는 가장 중요한 특징들과 거리가 멀다. 소그룹 학습이나 개별 학습보다는 학급 전체를 대상으로 하는 일방적 수업만을 지나치게 강조하고, 모든 학생들에게 똑같은 방식으로 가르치는 것을 중시하면서 창의성, 자기표현, 다양한 재능, 상상력은 완전히 뭉개진다. 표준화는 표준화된 교습 과정이 낮은 비용으로 똑같이 반복될 수 있다는 가정하에 효율성을 약속하며, 표준 시험에 나오지 않는 내용을 애초에 불필요한 것으로 치부한다. 물론 놀이는 그러한 교과과정에 포함되어 있지 않으며, 한때 미국 학교에서 일반적으로 배우던 과목들, 예컨대 윤리학과 미술 역시 마찬가지다.

2015년에 실시한 어느 분석 결과에 의하면 미국의 대규모 도시 교육구에 사는 학생들은 유치원부터 고등학교를 졸업할 때까지 평균적으로 총 112회의 표준 시험을 치렀고, 그중 다수가 부담이 큰 시험이었다고 한다. 10여 년 전까지만 해도 그런 시험이 겨우 몇 차례에 지나지 않았던 것을 생각하면 엄청난 수치다.[120] 일부 교사들에 따르면 이런 시험에 대비하기 위한 수업이 몇 주씩 이어진다고 한다. 스탠퍼드 교육대학 명예교수 린다 달링-해먼드Linda Darling-

Hammond는 말했다.

"미국 학생들이 시험에서는 세계 최고, 평가에서는 세계 꼴찌라는 말이 있다. 그만큼 시험을 많이 본다는 뜻이다. 우리는 시험이 배움에 큰 도움이 된다는 잘못된 믿음에 빠져 그 어떤 나라보다도 아이들에게 더 많은 시험을 치르게 한다."[121]

어느 설문 조사에 의하면, 그 결과 2007년 무렵에 이미 전체 교육구의 44퍼센트가 사회학, 음악, 체육, 과학, 미술, 쉬는 시간, 점심시간을 줄여 시험 과목에 투자할 시간을 늘렸다. 역사학자 다이앤 라비치 교수는 말했다.

"표준 시험은 종형으로 분포된 결과를 낳는다. 종형 곡선의 왼쪽 절반에 위치하는 학생들은 대부분 빈곤층, 장애인, 유색인종이다. 종형곡선은 그 설계상 결코 모양이 변할 수 없다. 그것이 바로, 부유층에게 가장 유리한 방식으로 학생, 교사, 학교를 평가하여 순위를 매기는 것이 근본적으로 잘못된 이유다."[122]

표준 시험은 학생들이 학교에서 배우는 것들 중 극히 일부분을 반영할 뿐이며, 깊은 이해보다는 그저 판에 박힌 지식이나 기억력을 측정하는 데에만 전적으로 초점을 맞춘다. 또한 귀중한 수업 시간을 진정한 배움이 아닌 시험 준비를 위한 시간으로 바꾸어 놓는다. 표준 시험은 비판적 사고, 협동력, 공감 능력, 연민, 자신감, 리더십, 의사소통, 발표력, 모호성에 대한 관용, 세계 시민으로서의 자질 등 사회나 고용주들이 가장 중요하게 여기는 대부분의 능력과 미래에 필요한 능력을 측정하지 못한다.

학교의 표준화와 과도한 시험은 여러 국가들의 공공 교육 정책과 관행에 영향을 주기에 이르렀다. 국제 학생 평가, 특히 OECD의 PISA, 즉 국제학업 성취도 평가는 세계적으로 교육 개혁에 관한 논의를 이끌어 낸 시험이다. PISA는 일부 교과목들에 대하여 정책 결정자들이 참고할 만한 기준을 제공하고 전체적인 경향을 어느 정도 보여 준다는 점에서 도움이 될 수 있지만, 교육적 성공을 정의함에 있어 지나치게 그 중요성이 강조되어서는 안 된다. 이미 많은 학생들이 패배자로 규정되었고, 그에 대한 처벌로 너무도 지루한 학교 교육을 선고받았다. 정책 결정자들이 국제표준비교평가에서 높은 점수를 획득해야 한다는 압박감을 느끼면서 아동 교육의 가장 필수적인 부분들이 밀려나고 있으며, 자신의 직업에 대해 자부심을 가지던 교사들도 밀려나 버렸다.

미국 국립연구위원회National Research Council가 9년간의 연구를 거쳐 2011년에 출간한 보고서를 보면 아동들에게 대규모의 표준 시험을 치르게 한 미국의 국가적 프로그램은 학습 능력 향상에 거의 효과를 보지 못했다.[123] 특히 어린 아이일수록 이런 시험은 적절하거나 타당하다고 보기 힘들다. 예를 들어 유치원생들이 치른 시험 결과는 신뢰하기가 어려우며, 3학년 이하 어린이들의 점수는 대단히 다양하고 불안정하다. 일주일 중 어느 요일에 시험을 치르느냐에 따라 아이들의 표준 시험 성적은 상위 1퍼센트를 기록할 수도, 상위 35퍼센트를 기록할 수도 있다.[124]

더욱 심각한 문제는, 표준 시험이 각각의 아이들의 능력을 평가하고자 하는 목적에 대체로 부합하지 않으며, 표준 시험 대비 교육을 제외하고는 교육의 질을 반영하지도 못한다는 점이다.

"실제 연구 결과에서도 증명되었지만, 표준 시험은 학생들이 얼마나 배우는지, 교사들이 얼마나 잘 가르치는지, 또는 학교 경영자들이 학교를 얼마나 잘 이끄는지 제대로 측정하지 못한다."

시턴홀 대학 교육정책관리학 부교수 크리스토퍼 티엥컨Christopher Tienken의 말이다. 그는 다음과 같이 덧붙였다.

> "그런 시험은 학교 외부적 요인에 너무 쉽게 영향을 받아서 정확성이 떨어진다. 표준 평가의 일부 지지자들은 시험 점수로 능력 향상 여부를 평가할 수 있다고 주장하지만, 문제는 잡음이 너무 많다는 점이다. 매년 시험 점수가 변하는 것은 해가 가면서 아동이 정상적으로 성장했기 때문일 수도 있지만, 아이가 오늘 하루 일진이 안 좋았는지, 아프거나 피곤했는지, 컴퓨터가 제대로 작동하지 않았는지 등 학습능력과 무관한 다른 요인들에 영향을 받을 수도 있다."

티엥컨 교수에 따르면 그런 시험은 전체적인 교육 체계를 점검하는 도구에 불과할 뿐, 각각의 아이들이 얼마나 배웠는지 진단하기 위해 설계되지 않았으며, 표준 시험보다 교사들이 내리는 평가가 학생들의 성취도를 판단하기에 더 좋은 도구다.

"예를 들어 교실에서의 평가를 기반으로 한 고등학교 내신 성적 평점GPA(grade point average)은 대학입학자격시험SAT(대학 입시에서 널리 쓰이는 표준 시험)보다 대학 첫 해를 성공적으로 보낼 것인지를 더 잘 예측한다."[125]

연방법인 모든 학생 성공법Every Student Succeeds Act에 따라 일부 변화가 일어나긴 했지만, 초등학교 3학년부터 시작되는 표준 시험은 여전히 미 연방정부 및 주정부 교육 정책의 주된 기초를 이루고 있으며, 많은 주에서 교사들에 대한 상벌은 물론이고 정책 및 자금 지원에 관한 결정에 영향을 미친다. 또한 표준 시험은 몇몇 시험 출제 기업들에게 수익성 좋은 대규모 사업이 된다. 교육 저널리스트 존 메로우는 이렇게 말했다.

"시험의 목적은 우리 아이들이 잘하고 있는지를 알아내기 위한 겁니다. 그런데 미국에서는 시험이 교사들이 얼마나 잘하고 있는지를 확인하고 그들에게 불이익을 주기 위해 쓰이고 있어요."[126]

표준 시험은 미국 공립학교 학생들 대부분의 삶에서 중요한 일부가 되어 버렸다. 어리게는 초등학교 3학년생들, 심지어 더 어린 아이들에게까지도 말이다. 교사와 아이들은 매년 시험을 준비하고 치르느라 몇 주씩 소모한다. 교사들은 아이들에게 어떻게 문제에 답할 것인지를 훈련시키고, 다지선다형 문제에서 정답의 숫자를 극대화하기 위한 전략을 연습시킨다. 이건 오늘날 어린이들이 학교에서 배워야 하는 것들과 거의 관련성이 없다. 미국, 호주, 영국의 학교 체계는 세계에서도 가장 시험을 많이 보는 축에 속하지만, 훨씬 시험을 덜 보는 대신 교사들이 직접 설계하고 적용하는 학생 평가 시스템을 보유한 나라의 학생들에 비해 세 나라의 학생들이 조금이라도 더 잘 배우고 있는 것도 아니다.

국제아동교육협회Association for Childhood Education International는 2007년 성명서를 통해 저학년에 대한 표준 시험을 완전히 금지하라고 요구하며 "점차 적용범위가 넓어진 표준 시험은 미국의 수많은 사람들에게 악몽이 되어 버렸다."라고 주장했다. 해당 기관 소속 전문가들의 말을 인용하자면, "권력자들은 표준 시험이 아이들의 배움에 대한 동기를 자극한다는 주장을 설득력 있게 제시하지 못했지만, 연구 결과는 그 둘 간의 상관관계가 기껏해야 약한 정도이며 최악의 경우 전혀 존재하지 않음을 보여 준다. (표준) 시험은 실질적으로 학생들의 배움을 전혀 뒷받침하거나 증진하지 못한다."[127]

당연하게도 다양한 전문가들이 표준 시험의 과용이나 남용에 대해 경고하고 나섰다. 여기에는 미국교육학회American Educational Research Association, 전미유아교육협회National Association for the Education of Young Children, 국제도서학회International Reading Association, 전미영어교육자회의National Council of Teachers of English, 국제아동교육협회Association of Childhood Education International, 전미부모교사협회National Parent Teacher Association, 미국심리학회American Psychological Association, 미국통계학회American Statistical Association 외 다수가 포함되었다.

하지만 교육계의 잘못된 관행은 끈질기게 계속되고 심지어 확대되고 있다. 뉴욕 주립대학 뉴팔츠 캠퍼스State University of New York at New Paltz의 린제이 루소 교육학 교수는, 우리가 언제라도 뉴욕시에 있는 교실에 들어가 보면 거기가 유치원인지 1학년 교실인지 구분하기가 힘들 것이라고 말한다.

"나는 만 5세 아이들이 지내는 유치원 교실에 가 본 적이 있다. 교사가 프로젝터로 글자 쓰는 법을 가르치는 동안 아이들은 나란히 앉아서 연습 문제지를 풀고 있었다. 유치원 교실이라면 당연히 있어야 할 놀이 공간도 전혀 보이지 않았다. 원고 읽는 소리가 울려 퍼지는 현대적 교실에서 아이들은 엄격한 일정에 따라, 파편적 지식과 능력을 얼마나 많이 습득했는지 평가하기 위한 표준 시험 대비 수업을 들어야 했다."[128]

표준 시험이 지배하는 학교 체제 안에서 아이들은 학습 능력을 쌓기 위한 탄탄한 기반이 될 놀이 능력을 전혀 키우지 못한 채 악순환에 빠지고 만다. 덴버 메트로폴리탄 주립대학 심리학 명예교수인 엘레나 보드로바는 말했다.

"아이들이 집중을 잘 못 하기 때문에 반복 학습에 더욱 집착한다. 아이들이 집중하지 못하는 이유가 놀이 능력이 밑바탕이 되지 못했기 때문인데도 반복 학습만을 강조한다. 정말 한심한 일이다."[129]

거의 황당할 정도의 반복 연습과 평가가 이루어지는 경우도 있다. 마이크로소프트사의 창업주인 빌 게이츠Bill Gates는 2015년에 황당하다는 듯 이렇게 말했다.

"예를 들어 중서부의 어느 주에는 교사들을 위한 166쪽짜리 체육 교육 평가 지침이 있습니다. 교사는 주 정부에서 정한 체육 교육 목표치를 달성하도록 학생들을 교육해야 하는데, 그 교육 목표치란 예컨대 '힘을 들이지 않고 부드럽고 정확하게 줄넘기하기'나 '날아오는

아이들을 놀게 하라

공을 좋은 자세를 유지하며 방망이로 쳐서 목표 지점에 정확히 맞히기' 따위의 것들입니다. 제가 지어낸 이야기가 아닙니다!"[130]

미국에는 10만여 개의 학교와 400만 명에 달하는 교사들이 있다. 그들 모두에게는 자신만의 문화와 전통, 행동방식이 있다. 하지만 대부분의 학자들은 배움이 적극적인 과정이며, 교사가 아닌 학습자들(어린이)의 역할이 가장 중요시되어야 한다는 데 동의한다. 또한 학생들 사이의 사회적 상호작용이 생산적인 학습의 이면에 놓인 강력한 힘이며, 감정 역시도 배움에서 대단히 중요한 역할을 한다는 사실을 우리는 알고 있다. 많은 아이들이 감정 때문에 배움에 방해받기도 하지만, 감정 때문에 배움이 촉진되기도 한다. 체육 활동, 적극적 참여, 놀이는 모두 아이들에게 긍정적인 배움의 경험과 결과를 가져다준다.

과도한 표준 시험의 영향 외에도 아이들의 삶에 영향을 미치는 광범위한 사회적 추세가 '놀이에 대한 전쟁'을 강화하였다. 역사학자 하워드 추다코프Howard Chudacof는 북미지역에서 '비체계적인 놀이의 황금기'가 20세기 전반이었다고 말한다. 당시 아이들은 풍성한 놀이를 즐기곤 했으며, 자유 시간을 자신이 선택하고 이끄는 놀이로 채웠다.[131] 집단놀이, 개인놀이, 뒤뜰이나 동네에서 신나게 놀기, 실외에서 하는 게임 등 다양한 놀이를 했다. 반면 오늘날의 어린이들은 자유시간이 조금이라도 있다면 다행인 지경이다.

부모들의 과도한 개입, 과보호, 과도한 일정 관리 문화는 '놀이에 대한 전쟁'을 부추긴다. 소아청소년 의학지Archives of Pediatrics and

Adolescent Medicine에 게재된 어느 연구에서는 1981년부터 1997년 사이 어린이들의 자유놀이 시간이 25퍼센트나 감소했음을 밝혀냈다.

「이런 변화는 어린이들이 체계적인 활동을 하는 데 보내는 시간이 늘어나면서 더욱 촉진된 것으로 보인다.[132]」

콜로라도에 사는 어머니 조엘 위슬러Joelle Wisler는 유명한 육아 사이트 스캐리 마미Scary Mommy에 이런 글을 실었다.

「우리가 아이들을 축구, 음악, 가라테, 스페인어 학원을 비롯한 온갖 터무니없는 학원들에 등록시키는 이유는 정말로 그것들이 중요하다고 생각하기 때문이다. 그러니 이건 나의 탓이다. 우리 모두의 탓이다. 또한 아이들은 우리가 만들어 놓은 일정들에 삶을 낭비할 뿐만 아니라 너무 많은 시간을 전자 기기에 낭비하고 있기도 하다.[133]」

LET THE CHILDREN PLAY

어린이들은 왜 더 이상
학교에서 놀지 않는가?

놀이는 사치가 아니라 남녀노소 모두의
건강한 신체적, 지적, 사회-정서적 발달을 위한 필수 원동력이다.[134]

– 데이비드 엘킨드David Elkind

더 일찍 읽기 시작하면 더 잘 읽을 것이다.

놀 시간이 어디 있나?

어린이는 유치원에서부터 읽는 법을 배워야 한다. 그렇지 않으면 친구들보다 뒤처지고, 절대 따라잡지 못해서 평생 고통받을 것이다.

많은 부모들이 이렇게 생각한다. 유아교육자인 에리카 크리스타키스Erika Christakis는 이렇게 썼다.

「부모들의 스트레스가 온몸으로 느껴질 정도다. '안 좋은' 유치원에 들어가거나 가정에서 글자 공부를 제대로 시키지 못해서 대학에 못 들어가면 어쩌지? 나중에 취업을 못 하면? 좋은 초등학교에는 들어갈 수 있을까?[135]」

많은 어른들은 오늘날 아이들이 성공적인 삶을 살려면 더 많은 교육이 필요하다고 생각한다. 그러므로 읽기, 쓰기, 산수 교육을 우리가 어렸을 때보다 더 일찍 시작해야 한다고 생각한다. 자유로운 놀이와 실외 신체 활동은 이런 교육의 새로운 목표와 잘 맞지 않는 것처럼 보인다. 오늘날 많은 부모들에게 가장 중요한 관심사는 좋은 유치원이나 훌륭한 초등학교 입학을 보장해 줄 훌륭한 유아 교육 프로그램을 어디서 찾을 것인가이다. 어떤 부모들은 경제적으로 여

아이들을 놀게 하라

유만 있다면 자녀들에게 '최고의' 교육 프로그램을 제공해 주기 위해 할 수 있는 모든 일을 하려 하고, 그건 곧 가장 강도 높은 학업 교육을 최대한 빨리 시키는 것으로 변질된다.

이런 생각들이 점점 더 당연하고도 명백한 삶의 진리처럼 여겨지고 있다. 비단 정치인들뿐만 아니라 수많은 부모들이 '면학 분위기 좋은' 유치원, 학습용 어플리케이션, 교육용 태블릿 게임, 자기개발 수업, 가정교사 등을 활용하여 아주 어릴 때부터 자녀들의 언어 해석 능력을 개발하고, 시작점부터 유리한 고지를 점하게 해 주려고 열심이다. 하지만 진실은 훨씬 더 복잡할지 모른다. 아이들에게 어린 시절을 돌려줘야 한다고 주장하는 시민단체 어린시절보호협회는 이렇게 선언했다.

"유치원에 다니는 많은 유아들은 발달적으로 읽는 법을 배울 준비가 되어 있지 않으며, 유치원에서 읽기를 가르쳐야만 한다는 연구 결과도 존재하지 않는다. 만 6세나 7세가 아닌 5세에 읽기를 가르쳐야 장기적으로 유리하다는 연구 결과는 그 어디에도 없다."[136]

낸시 칼손-페이지 교수에 따르면 연구 결과는 명백하다. 유아 교육 분야에서는 더 빠른 것이 반드시 더 좋지만은 않다. 유아들이 진정한 배움을 얻으려면 직접적인 상호작용과 놀이가 필요하다.[137]

한 연구기관에서는 다음과 같은 흥미로운 연구 결과를 내놓기도 했다. '빠를수록 좋다'거나 아동기 학습을 '강제하는' 전략은 많은 어린이들에게 불필요하거나 심지어 비생산적이며, 만 4, 5, 6, 7세 아이들을 학업에 관한 과도한 요구에 맞추기 위해 놀이를 죽이는 행위는 오히려 '역화 효과backfire effect'를 일으킬 수 있다는 것이다. 또한, 읽기를 비롯한 여러 영역에서의 조기 교육이 일부 학생에게 도움이 될 수는 있지만, 그로 인한 학습신장 효과는 일시적이며, 4, 5학년이 되면 서서히 사라져 버리고 만다는 연구 결과도 있다.[138]

2015년에 출간된 한 연구는 학업을 늦게 시작하는 것이 아동의 정신건강에 이로우며 학업 성과에도 도움이 될 가능성이 크다는 사실을 밝혔다. 〈시간의 선물? 학업 시작 나이와 정신 건강The Gift of Time? School Starting Age and Mental Health〉이라는 제목의 보고서는 스탠퍼드 대학원 교육학 교수 토머스 디Thomas Dee와 덴마크 국립 사회연구센터 헨리크 지버르천Henrik Sievertsen이 저술하고 미국 국립경제연구소National Bureau of Economic Research가 출간하였다. 이들은 덴마크를 비롯하여 다양한 국가에 거주하는 수만 명의 학생들에 관한 자료를 기반으로 학업 시작 나이가 만 7세부터 주의력 결핍 및 과잉행동에 대하여 놀라운 영향을 미친다는 사실을 밝혀냈다. 주의력 결핍 및 과잉행동은 학습 성취도에 강력한 부정적 영향을 미치는 자기 규제력의 척도다. 연구 결과에 따르면 '유치원 입학을 1년 늦추면 만 11세에 주의력 결핍과 과잉행동이 평균 73퍼센트 감소하며, 같은 나이의 평균적인 아동이 과잉행동-충동형inattentive-hyperactive 행동척도에서 비정상적이거나 정상보다 높은 수준을 보일 가능성이 실질적으로 사라진다고 한다.[139]

2009년 독일의 교육연구가이자 발달심리학자인 제바스티안 서게이트Sebastian Suggate는 50개국 이상의 만 15세 청소년들을 조사한

아이들을 놀게 하라

결과 학교에 조기입학하는 것이 장기적으로 어떤 이득도 주지 못한다는 사실을 밝혀냈다.[140] 서게이트가 공동저술하고 2013년에 출간한 또 다른 보고서는 수년 동안 300명 이상의 학생 집단을 조사한 결과 우리의 직관에 어긋나는 잠정적 결론에 도달하였다.

"읽기 교육을 거의 2년 가까이 늦게 시작했음에도, 즉 교육 나이가 만 5세에서 7세로 늦춰졌음에도 불구하고 장기적인 읽기 능력은 똑같거나 심지어 더 뛰어날 수 있다."[141]

또한, 영어권 국가 학생을 대상으로 표본 조사를 한 결과, 읽기를 만 7세에 배운 어린이들은 만 10세가 되자 만 5세에 배운 어린이들을 따라잡았다. 게다가 '늦게 시작한 어린이들이 언어 해석과 유창하게 읽기 부문에서 장기적으로 전혀 불리하지 않았고, 이유가 무엇이든 독해 능력에서 약간 더 우수한 모습'을 보였다.[142]

서게이트에 따르면 읽기 조기교육이 독해나 전반적인 학업 성취에 장기적으로 이익을 가져다준다는 분명한 연구 결과는 존재하지 않는다. 그는 국제적인 데이터를 조사하거나, 몬테소리, 슈타이너 등 놀이 기반 유치원과 같은 대안적 접근법에 대해 조사하는 등 주어진 모든 증거들을 고려해 본 결과, 조기 읽기 교육의 이익이 초등학교에 들어가는 첫 해에 서서히 사라져 버린다는 점이 분명하다고 말한다. 물론 평균적으로 유치원 때 읽기를 배운 어린이들이 나중에 약간의 이익을 누릴 수는 있으나, 그것은 타고난 능력의 차이 때문이거나 교육적 성취를 장려하는 가정환경 때문일 가능성이 크다. 이런 요인들은 아동기 내내 남아 있기 때문에 읽기 조기교육이 아니라 그런 조건들이 어린 시절과 이후의 성공에 영향을 미치는 것이다. 서게이트는 정책 결정자들이 "어린이들의 미래를 담보로 위험한 게임을 하고 있다."라고 경고한다.[143] 즐거운 배움이 신체적, 언어적, 사회적, 발달과 인지 및 지적 발달, 운동능력, 탐구심을 키우는 데 필수적인 상황에서 학습 능력만을 지나치게 강조하기 때문이다.

하이스코프High/Scope 교육 연구 재단이 진행한 유치원 교과과정 종적 비교 연구에서는 61명의 저소득층 어린이들을 장기간 관찰한 결과 공식화된 '학업' 교육이 아니라 놀이 기반 유아교육을 받았을 때 눈에 띄게 더 나은 삶을 영위한다는 사실이 밝혀졌다.[144] 노스플로리다 대학 심리학 교수인 레베카 A. 마르콘Rebecca A. Marcon이 진행한 또 다른 분석에서는 '학업 중심' 유치원에 다녔던 어린이 집단, '아이 주도' 학습을 권장했던 어린이 집단, 두 접근법의 중간 지점에 있던 어린이 집단 총 343명을 연구하였다. 그 결과는 다음과 같았다.

"우리가 당시의 연구와 현재 진행 중인 연구를 통해 발견한 것은, (놀이 기반) 유치원 프로그램에 참여한 아이들이 학업 중심 유치원이나 중간적 프로그램을 시행하는 유치원에 다닌 아이들에 비해 모든 과목에서 더 높은 수준의 학업 성과를 보였다는 점이다."[145]

이런 결과는 미국 소아과 학회가 아동과 놀이에 관한 2018년 임상 보고서를 통해 밝힌 입장과 일치한다.

"장난감을 갖고 노는 아이들이 마치 과학자처럼 주변의 모든 상황을 보고 들으며 배운다는 것은 증명된 사실이다."

그들은 이렇게 주장을 이어 갔다.

아이들을 놀게 하라

"하지만 명시적 지시는 어린이의 창의력을 제한한다. 그러므로 우리는 어린이들이 수동적 암기나 직접적인 수업보다 관찰과 적극적 참여를 통해 배우도록 유도해야 한다. 지식을 배우는 것도 유치원생들에게 일부 도움을 주긴 하지만, 오늘날의 유치원 프로그램은 20년 전에 비해 교훈적인 요소가 너무나 많다. 성공적인 교육 프로그램이란, 어린이들이 의미 있는 발견에 적극적으로 참여할 수 있도록 놀이를 통한 배움을 장려하는 프로그램이다."[146]

어린이들이 학교에서 건강과 배움을 위한 지적, 신체적 놀이 시간을 누리지 못하는 이유는 무엇일까?

가장 중요하면서도 서로 밀접하게 연관된 네 가지 원인이 있으며, 이들 모두는 GERM의 결과물이다. 바로, 표준 시험의 오용 및 남용, 천편일률적인 수업, 편협한 교과과정 및 학습 계획, 실패를 악한 것으로 치부하고 성공만을 추구하는 문화다. 놀이가 가진 배움의 힘을 십분 활용하여 우리의 학교를 구하고 어린이들이 행복한 삶을 누리도록 돕기 위해서는 이 모든 문제들을 이해하고 맞서 싸워 해결해야 한다.

첫 번째 문제:
표준 시험의 오용 및 남용

미국을 비롯한 몇몇 국가에서 어린이를 대상으로 이루어지는 표준 시험은 학교를 운영하는 주요 메커니즘이 되었으며, 시험 점수는 학교에 불이익을 주거나, 아예 학교 문을 닫아 버리거나, 교사들에게 상벌을 주기 위한 기준으로 쓰이고 있다. 이는 표준 시험을 오용하는 대표적 행위이며, 그 결과 중요해도 시험을 보지 않는 과목들은 설 자리를 잃고 놀이와 쉬는 시간은 사라져 버리는 파괴적인 결과를 낳는다.

교육에서 표준 시험은 다음의 두 가지 기준을 충족하는 평가를 의미한다. (1)모든 학생들이 같은 문제에 답하거나 공통의 문제은행에서 뽑은 일련의 질문들에 같은 방식으로 답한다. (2)일관적이거나 표준화된 방식으로 점수가 매겨진다. 표준 시험은 학과목별로 학생들의 지식수준을 측정하기 위해 설계되었으며 ―보통 언어 및 수학에 국한됨― 그 점수는 개별 학생 또는 학생 집단의 상대적 성취도를 비교하기 위해 쓰인다. 시험을 출제하는 교육 기업들은 이제 어린이의 초등학교 입학 준비도를 높여 줄 거라며 유치원생들에게도 표준 시험을 마케팅하고 있다.

표준 시험에는 모든 학생의 성적을 측정하는 방식과 무작위로 선발한 표본 학생들의 성적만을 측정하는 방식이 있다. 모든 학생들에게 정기적으로 시험을 치르게 하자는 근거는, 시험 점수가 '교사 및 학교들에게 책임감을 부여하여' 학생들의 성적 향상을 불러온다는 것이다. 그 결과 오늘날 많은 교육 체계에서는 부담이 큰 대규모 표준 시험 점수가 성과 평가의 유일한 기준이 되어 버렸다. 하지만 표준 시험의 과도하고 부적절한 사용은 시험 준비 시간을 늘리고,

아이들을 놀게 하라

학교 및 교사들 사이의 비생산적인 경쟁을 조장하며, 교과과정을 편협하게 만들고, 학교에서의 지도와 배움을 방해한다. 이 모든 결과들이 복합적으로 작용하여 결국 학교에서의 놀이는 심각하게 제한된다. 그들은 말한다.

"시험에 나오지 않는 건 중요하지 않다."

다시 말해서 시험에 나오지 않는 건 가르치지 말라는 뜻이다

표준 시험은 여러 나라에서 큰 논란을 일으키고 있다. 시험 옹호자들은 아이들이 학교에서 배워야 하는 것들을 제대로 배우고 있는지 객관적으로 확인할 수 있는 가장 좋은 방법(유일한 방법이라고 생각하는 사람들도 많다)이 바로 표준 시험이라고 주장한다. 반대자들은 표준 시험으로 측정되는 것이 아이들이 학교에서 배워야 하는 것들 중 일부에 불과하고, 믿기 어려울 정도로 많은 시간과 돈을 낭비하게 하며, 깊은 이해보다 단순한 지식과 암기에만 초점을 맞추고, 무엇보다 확실한 효과도 거의 내지 못하면서 교육계 전체를 왜곡하고 타락시킨다고 주장한다.

표준 시험 논쟁에서 큰 부분을 차지하는 것은 시험 결과 산출된 데이터로 우리가 무엇을 하느냐에 관한 것이다. 정책 결정자와 정치인들이 이런 데이터를 갖추고자 하는 것은, 그것이 공적 자금으로 운영되는 교육 체계의 성과를 관리하기 위한 효과적인 방법이라고 믿기 때문이다.

하지만 표준 시험을 오용하면 어린이와 그들의 배움에 부정적인 영향을 미칠 수 있다. 성취에 대한 스트레스, 교사들이 받는 압박감,

편협한 교과과정, 부정부패의 가능성 증가 등은 가장 일반적으로 나타나는 부정적 결과다. 부담이 큰(중요한 상벌의 가능성과 연결되어 있다는 의미) 보편적 표준 시험이 학습 효과 개선이나 학생들의 행복 및 전반적인 교육의 질을 높이는 데 효과가 있다는 주장에는 강력한 근거가 없다. 1990년대 미국의 학교 체계에 대규모 표준 시험 문화가 등장하기 시작한 이래로 광범위한 교육 연구를 꾸준히 진행한 결과 미국의 학자들 또한 비슷한 결론에 도달하였다.[147]

세계 많은 나라에서 그렇듯 시험에 따라 많은 것이 좌우되면 시험으로 평가되는 학과목들이 강조될 수밖에 없다. 성공에 대한 집착과 실패에 대한 기피는 당연한 일이 되어 버린다. 결국 놀이를 위한 시간과 공간은 모두 줄어들고 만다.

두 번째 문제:
천편일률적인 수업

많은 나라에서는 흔히 교육의 목적을 '세계 경제에 적합한 인재 양성'이라고 본다. 이런 관점은 '세계적 기준에 부합'할 것으로 기대되는 정부 지정 교과과정의 도입으로 이어졌고, 주어진 대본에 의존하는, 대단히 비탄력적인 수업 방식이 심화되었다. 이런 수업은 관료주의적 검토 및 분석을 위한 표준 시험 성적의 산출과 직접적으로 관련되어 있다. 이처럼 수업을 천편일률적인 방식으로 표준화하는 경향은 유치원 수준에서도 분명히 나타나고 있으며, 그 실질적인 효과로서 학교에서 놀이가 사라지게 됐다.

지구화는 교육에 많은 영향을 미쳤다. 한 가지 중요한 경향은 OECD의 PISA 같은 국제 학생 평가가 점점 더 많은 나라들에서 교육의 질을 평가하기 위한 주된 척도로 쓰인다는 점이다. 이런 세계적인 시험은 공무원이나 교육 지도자들이 교육 정책을 결정하고 개혁하기 위한 신호등으로 기능한다. 또한 세계 최정상을 향해 질주하는 여러 교육 체계들 사이에 심화되는 경쟁 속에서 세계적인 측정의 척도로 사용되기도 한다. 많은 국가들이 국제 시험에서 최고의 성적을 거둔 나라들과 유사하게 정책과 관행을 조정하면서, 학교에서 배우는 과목들 사이의 서열은 국경을 초월하여 점점 더 비슷해지고 있다. 물론 그 최상위에는 언어와 수학이 있다. 그다음 순위를 자연과학과 과학기술이 차지하고, 최하위에 놓이는 과목은 사회과학, 미술, 음악, 체육 등이다. 놀이는 '세계적 수준의 교육'을 목표로 하는 교육 프로그램에서 거의 언급조차 되지 않는다.

교육을 표준화하고, 표준 학생 평가 결과를 활용하여 학교의 성과를 소속 교육구 및 국가의 평균적 성과나 다른 학교들과 비교하는 것은 이런 발전을 이루기 위한 일반적 해법이 되었다. 정부 관료들은 모든 학교의 수업과 학습을 비슷한 틀에 맞추면 운영 비용과 감시 비용이 줄어들어 교육에서 경제적 효율성을 추구할 수 있다고 본다. 자동차 제조와 같은 제조업에서라면 이는 틀림없는 진실이다.

구체적으로 정해진 전국적 교과과정, 어떤 교사라도 쓸 수 있는 매뉴얼과 지침, 결과를 통제하기 위한 표준 평가 등은 전 세계의 아동 교육 체계에서 흔히 찾아볼 수 있는 요소가 되고 있다. 미국의 많은 교사들은 학교 교육의 '결과물'이 최대한 비슷해질 수 있도록 미리 결정된 '대본'대로 가르치라는 요구를 받는다. 영리 목적의 서구 교육 회사들은 일부 아프리카 국가의 저비용 사립학교를 대규모 사회 실험 대상으로 선정하고, 누구라도 가르칠 수 있는 태블릿 컴퓨터 기반 수업을 통해 양질의 교육을 약속하였다. 이 경우, 고도로 훈련받은 양질의 교사는 사실상 필요하지 않다. 또한 표준화는 그 정의상 학교에서 위험을 무릅쓰고 도전하기, 창의성, 혁신 등의 개념과 상반된다.[148] 역설적이게도 오늘날에는 자동차 생산처럼 고도로 표준화된 산업들조차 고객의 요구에 맞춘 주문 제작이 이루어지고 있다. 하지만 아동 교육은 구식 산업 관행을 향하여 역방향 행진을 계속하고 있다.

과도한 표준화는 학교와 교실에서 진정으로 의미 있는 것들, 예컨대 새로운 아이디어를 가지고 실험하거나 놀이를 통해 배울 수 있는 자유와 유연성을 제한한다. 또한 교사들이 실험을 하지 못하게 막고, 대안적 접근법의 사용을 줄이며, 학교와 교실에서의 모험을 제한한다. 그 결과 학교에서는 더 많은 수업이 표준화되고, 교사와 아이들이 모험과 창의적 사고, 놀이를 통해 배울 자유가 줄어든다.

세 번째 문제:
편협한 교과과정 및 학습 개념

—

학습 과학은 아이들이 배우는 방식에 대한 우리의 이해를 바꾸어 놓았다. 30여 년에 걸쳐 이루어진 체계적 연구 결과, 생산적인 학습은 많은 경우 구성과 누적, 전후 맥락을 통해 이루어지며, 협조적이고 자기 통제적이며 목표 지향적이라는 사실이 드러났다. 배움의 이러한 특징은 많은 현대 학습 이론에서도 나타난다. 그럼에도 불구하고 대규모 교육 체계를 통해 효율성과 책임감을 증진하는 데 초점을 맞춘 표준화 운동은 이러한 사실들을 무시한 채 배움에 대한 기계적, 도구적 관점만을 수용하여 정보의 직선적 전달과 외부적 동기에 의해 이루어지는 지식의 일방적 흡수만을 중시한다. 이 모든 결과가 한데 모여 결국 학교에서의 진정한 학습과 놀이를 심각하게 방해한다.

미국을 비롯한 여러 나라에서 진행하고 있는 GERM 중심의 비효율적 학교 개혁이 유발한 가장 심각한 영향은 아마도 어린이들이 학습과 주어진 일, 숙제 등에 더 많은 시간을 써야 한다는 믿음일 것이다. 미국의 여러 주와 교육구가 이미 학교 시간표에서 쉬는 시간을 줄이거나 제거하였으며, 많은 학교가 아이들에게 밤늦게까지 몇 시간씩 공부하도록 요구하고 있다. 하지만 이런 믿음과 관행이 실제로 어린이들의 학습과 행복에 이롭다는 증거는 거의 없다.

네 번째 문제:
실패를 악한 것으로 치부하여 성공을 추구

—

'시행착오' 전략은 공학, 혁신, 연구, 과학, 예술, 그리고 실생활의 기본적인 구성요소다. 아주 어렸을 때부터 우리 모두에게 주어지는 선천적인 능력이기도 하다.

하지만 어린이들은 학교에 가자마자, 심지어는 유치원에 가자마자 많은 곳에서 실패를 피하고 성공만을 추구하는 법을 배운다. 또는 그런 가르침을 받는다. 실패는 악한 것으로 치부되고, 어린이들은 일찍부터 학교에서의 실패나 표준 시험에서의 실패가 자신에게 일어날 수 있는 최악의 사건이라고 배운다. 실패와 성공은 서로 양극단에 놓여 있다고 여겨지므로 실패로부터 멀어질수록 성공을 향해 다가가게 된다. 하지만 실제 삶에서 실패는 많은 경우 성공을 예견하거나 동반한다. 다시 말해서 실패와 성공은 서로 가까운 개념이지 반대되는 개념이 아니다. 부담이 큰 표준 시험으로 인해 오늘날 많은 학교 문화에서는 시행착오를 나쁜 것으로 치부하고 새로운 방식의 학습이나 문제 해결을 평가절하하는, 안전하고 결과 중심적인 수업 및 학습 관행이 선호된다. 이 모든 결과들이 더해지면서 아동 교육으로부터 놀이를 배척하는 장벽을 공고히 한다.

어린이들은 학교에서 실패하는 법, 실수하는 법, 그리고 '잘 실패하는 법', 즉 실패와 실수를 배움의 기회로 삼는 법을 배워야 한다. 실패하고 실패로부터 교훈을 얻을 수 있는 용기는 실생활에서, 가정에서, 그리고 일터에서 가치 있는 자산이 된다. 많은 경우 성공은 배움의 기회가 되는 '좋은 실패'와 수없는 도전 등 다양한 경험이 모여서 만들어진다.

종합해 보면, GERM이 이끌어 낸 수업과 배움의 표준화 경향, 그 표준이 달성되었는지 여부를 결정하기 위한 표준화된 시험의 잦은 활용, 배움에 대한 편협한 인식, 실패를 나쁜 것으로 치부하는 문

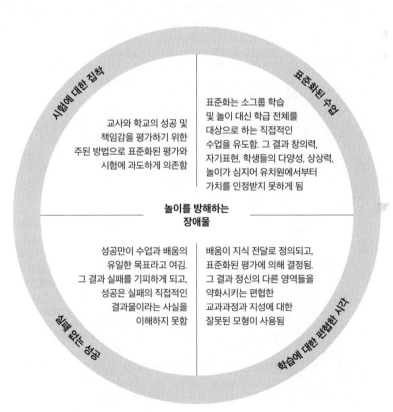

그림 4 ‖ 학교에서 놀이를 방해하는 장애물
출처: 저자

화가 모두 더해져 학교에서 놀이가 갖는 배움의 힘을 파괴하고 있다. (그림 4와 표1을 보라)

	어떤 결과를 낳는가?	그에 대한 근거는?	
부담이 큰 표준 시험의 오남용	표준 시험의 부적절한 사용으로 인해 시험만을 위한 수업, 학교와 교사들 간의 경쟁, 편협한 교과과정, 학교에서 교습과 학습 사이에 괴리가 심화된다.	연구 결과 아이들이 반복학습과 표준 시험 대비에 많은 시간을 쓰고, 시험과 시험 준비 비용이 증가함이 밝혀졌다.	
수업의 표준화	수업의 표준화로 인해 교사들은 외부에서 설계된 '대본'대로 수업을 진행한다. 소그룹 학습과 독립적 학습보다는 학급 전체를 대상으로 하는 직접적인 강의를 선호하게 된다.	교육계가 직접적인 수업과 언어 및 수학에만 집중하고 있으며, 아동 주도 활동이 감소하고 있다는 분명한 증거가 있다.	
편협한 학습	우리는 아동 학습의 주요 원칙에 대해서 잘 알지만, 전 세계의 학교에서 교사들이 어떻게 가르쳐야 하는가에 대해서는 잘 모른다.	교사들이 어느 때보다도 시험 보는 기술을 가르치는 데 많은 시간을 쓰며 빽빽하게 짠 대본과 천편일률적인 수업 계획에 따라 가르치는 일이 늘어났다. 학교에서 학생들을 위해 쓸 수 있는 자유시간이 부족해졌다.	
실패를 나쁜 것으로 치부하여 성공을 추구	실패 없이 성공하는 데 지나치게 집착하면 어떤 일을 다양한 방법으로 시도하지 않게 되므로, 스스로 시도하여 배울 수 없게 된다.	전 세계 학교 체계를 살펴본 결과, 많은 학교들에서 성공만이 가치 있다고 여기고, 시험에서 정답을 찾는 것을 교육의 주된 목적이라고 여겼다.	

표 1 | 학교에서 놀이를 방해하는 장벽들

아이들을 놀게 하라

놀이에 어떤 영향을 미치나?	해법은 무엇인가?
많은 학교가 가장 중요한 과목 수업에 더 많은 시간을 쓰기 위해 쉬는 시간을 줄이거나 없앤다. 그 결과 음악, 미술, 놀이를 위한 시간은 줄어들었다.	각각의 어린이에 대한 평가 권한을 교사에게 주고, 부담이 큰 보편적인 표준 시험을 교육계 전체의 경향성과 품질을 감시하기 위한 표본 기반 시험으로 대체한다. 아이들을 놀게 한다.
표준화는 교사와 학교가 학생들 개개인에게 적합하고 의미 있는 활동을 보장할 자유와 유연성을 줄인다. 새로운 아이디어를 가지고 하는 실험, 창의적인 문제 해결, 즐거운 학습이 어려워진다.	학교에 전문가로서의 유연성과 혁신의 자유를 보장한다. 어린이들을 지나친 스트레스와 압박, 두려움을 통해 가르치지 말고 따뜻함, 격려, 전문가적 식견을 통해 가르친다. 아이들을 놀게 한다.
모든 어린이들이 학교 안팎에서 더 많이 놀기를 바란다면 우선 어린이는 어떻게 배우는가에 대한 근거에 입각하여 수업을 진행해야 한다. 반대로 학습에 대한 인식이 편협해지면 직접적인 수업이 늘어나도 놀이를 평가절하하게 된다.	어린이들에게 예술, 과학, 수학, 언어, 직접 활동, 윤리학, 생활능력, 체육 등 풍부한 교과과정을 제공한다. 아이들을 놀게 한다.
시험 준비와 시험을 잘 보기 위한 반복학습에 많은 시간을 쓰면서 놀이에 쓸 수 있는 시간이 줄어들었다. 학습과 성장에서 놀이가 어떤 역할을 하는지에 대한 잘못된 믿음 때문에 즐거운 놀이의 교육적 활용이 어려워진다.	아이들에게 어떻게 성공하는지뿐만 아니라, 어떻게 실험하고 혁신하고 질문하는지, 성공으로 가는 하나의 과정으로서 어떻게 하면 실패를 통해 배울 수 있는지를 가르친다. 아이들을 놀게 한다.

학교는 어떻게 놀이에 굶주린 스트레스 공장이 되고 있는가?
- 아이들에게 미치는 악영향은 무엇인가

얼마 전까지만 해도 미국의 유치원은 기쁨과 웃음, 노래, 놀이, 발견으로 가득한 곳이었다. 교사들은 대화와 게임, 노래, 아동 친화적인 그룹 활동을 통해 어린 아이들을 교육의 세계로 부드럽게 초대하였으며, 그 모든 것들이 초등학교에서의 정식 학업을 위한 기초가 되어 주었다.

오늘날 많은 유치원은 아이들에게 스트레스 공장이 되어 버렸다. 유아 교육자 에리카 크리스타키스는, 만약 당신이 오늘날 미국의 평균적인 유치원 교실을 몰래 훔쳐본다면 아마도 '알파벳 표, 막대그래프, 단어 카드, 교육용 벽보, 학급 규칙, 달력, 시간표, 진부한 명언들 —그중에는 만 4세짜리도 글자를 읽을 수 있다는 문구가 포함되어 있을 것이다— 로 가득한 벽'을 보게 될 거라고 말한다. 그녀에 따르면 지난 20년 동안 아이들의 하루는 대부분 '앉아서 하는 공부'와 대본에 따른 '일방적 수업', 대체로 고학년들에게만 사용되던 엄격한 교육 방식들로 채워졌다고 한다.[149]

레슬리 대학 교육학부 명예교수이자 유아발달전문가로 아동 학습에 대한 연구 기반 접근법을 선도하는 낸시 칼슨-페이지 교수는 (배우 맷 데이먼Matt Damon의 어머니이기도 하다) 얼마 전 북부 마이애미의 저소득층 거주 지역 유치원을 방문했다. 그곳에서 목격한 광경은

아이들을 놀게 하라

마치 악몽과도 같은 어린이들의 디스토피아였다. 그녀는 이렇게 전했다.

"교실이 열 개 있었다. 정부의 교육 자금 지원 여부가 시험 점수에 따라 결정되므로 당연하게도 교사들은 시험을 위한 수업을 했다. 낮은 점수를 받은 아이들은 읽기와 수학 보충 수업에 참여하기 위해 미술 수업을 빠져야 했다. 너댓 살 된 아이들이 컴퓨터 프로그램을 보고 오지선다형 답안지 채워 넣는 법을 배웠다. 어느 교사는 내게 칸도 제대로 채우지 못하는 아이들이 있다며 불평했다."[150]

칼손-페이지 교수가 방문한 또 다른 유치원 교실은 벽이 텅 비어 있었다. 교실 전체가 황량했다. 게시판에는 조지 오웰의 소설에나 나올 것 같은 명령어가 적혀 있었다. '잡담 금지. 제자리에 앉기. 두 손은 가지런히.' 두렵고도 지루한 표정의 아이들은 책상에 앉아 단어를 쓰고 있었다. 작은 남자아이 하나는 홀로 떨어져 앉아 흐느끼고 있었다. 교실 옆쪽에서 남자아이에게 컴퓨터로 시험을 보게 하던 교사는 이렇게 소리쳤다.

"다들 조용! 잡담하지 않아요!"

칼손-페이지 교수는 '자신의 욕구와 심각하게 어긋나는 환경에서 고통받던' 어린이들의 모습을 결코 잊지 못할 거라고 말했다. 그녀는 이렇게 설명했다.

"어린이들이 교사 주도적인 반복 학습과 시험에 가장 심각하게 노출되는 곳은 바로 이곳처럼 자원이 부족한 저소득층 지역이다."[151]

칼손-페이지는 정상적으로 발달하는 많은 어린이들이 만 7세가 될 때까지 스스로 글 읽는 법을 깨우치지 못할 거라고 덧붙였다.

"모든 어린이들에게 동시에 특정한 기술을 익히도록 요구하는 것은 유아 교육의 가장 기본적인 개념과 배치된다. 유아기에 이루어지는 모든 배움은 아이마다 다양한 시기에 이루어진다는 것이다."[152]

예를 들자면 걷기를 9개월에 습득하는 아이도 있지만, 14개월에 습득하는 아이도 있다. 그러나 대부분의 아이들은 결국 똑같이 잘 걷게 된다.

버지니아 대학 교육공공정책학부 부교수인 다프나 바속Daphna Bassok이 공동집필하고 2016년에 발표한 논문 〈유치원은 또 다른 1학년이 되었는가?Is Kindergarten the New First Grade?〉에 따르면, 만 6세가 끝날 무렵 어린이들이 읽는 법을 깨우치리라고 기대하는 유치원 교사의 비율은 1998년 31퍼센트에서 2010년 80퍼센트로 늘어났다. 정책 결정자와 부모들로부터의 압박이 초래한 결과로 보인다.[153] 그와 동시에 유치원 교과과정은 편협해졌고 놀이는 꾸준히 제거되었다.

바속은 다음과 같이 썼다.

「우리가 검토한 거의 모든 분야가 이 기간 동안 엄청난 변화를 경험했다. 학업, 특히 읽기를 강조하는 경향이 강해졌고, 심지어 과거에 가르쳤던 것보다 훨씬 더 발전된 읽기 능력을 요구하게 되었다.」

바속과 동료들은 미국 유치원 교실에서 읽기에 쓰이는 시간이 늘어났지만, 미술, 음악, 아이들이 선택한 활동에 쓰이는 시간은 크게 감소했음을 발견했다. 교사가 일방적으로 가르치는 수업 역시 늘어났는데, 그와 동시에 '아이들에 대한 평가가 엄청나게 증가'하

였다.[154]

12년 만에 유치원이 이렇게 급격한 변화를 겪었다는 사실에 놀란 연구자들은 다음과 같이 썼다.

「연구 결과를 종합적으로 살펴보면, 오늘날 유치원 교실의 구조와 초점은 1990년대 말의 전형적인 초등학교 1학년 교실과 점차 비슷해졌지만, 동시에 미술, 음악, 과학 교육에서는 멀어지고 평가만을 더욱 강조하게 되었다. 이러한 변화는 곳곳에 만연하였지만, 특히 저소득계층 및 비백인 어린이들의 비중이 높은 지역의 학교에서 두드러졌다.[155]」

논문은 이러한 변화가 아동의 학습에 어떤 영향을 미치는지 알려져 있지 않다고 결론지었다. 일부 전문가들은 그런 변화가 학업 성취도 격차를 줄이는 데 도움이 될 거라고 생각하는 반면, 다른 전문가들은 '해로울 가능성이 크다'고 보기 때문이다.[156]

수십 년 동안 사회와 교육 분야에서 놀이의 박탈을 비롯한 다양한 변화가 나타난 결과 미국 어린이들의 창의력은 놀라울 정도로 하락하고 있다. 유치원부터 고등학교 3학년에 이르는 학생 표본을 대상으로 이루어진 토런스 창의적 사고력 시험Torrance Tests of Creative Thinking 결과가 이를 말해 준다.

윌리엄앤메리 대학에서 창의성 및 혁신 분야를 연구하는 김경희 교수는 2011년에 아동과 성인의 토런스 시험 점수 30만 건을 검토하였고, 그 결과 1980년대까지 꾸준히 상승하던 창의성 점수가 이후로 내내 떨어졌으며, 유치원부터 6학년 어린이들 사이에서 그런 경향이 특히 두드러진다는 사실을 밝혀냈다. 김 교수는 같은 해 11월에 〈창의성 연구 저널Creativity Research Journal〉을 통해 발표한 〈창의성 위기〉라는 제목의 논문에서 이렇게 썼다.

「오늘날 어린이들은 정서 표현력과 활기가 떨어졌고, 덜 수다스러워졌으며, 언어 표현력, 유머감각, 통찰력이 떨어졌고, 겉보기에 무관해 보이는 것들을 서로 연결하고 종합하고 사물을 다른 시각에서 바라보는 능력이 떨어졌다.[157]」

어린이와 청소년의 창의력 감퇴는 대단히 걱정스럽다. 많은 연구자들이 21세기에 가장 중요한 능력으로 창의력과 혁신 능력을 꼽고 있기 때문이다. 전 세계의 고용주들은 창의적으로 생각하고 다른 사람들과 함께 새로운 아이디어를 낼 수 있는 인재를 찾고 있다. 많은 창의성 전문가들에 의하면 창의성 자체를 가르칠 수는 없지만, 아이들이 창의적 사고와 행동에 필요한 사고방식과 능력을 키우도록 환경을 만들어 줄 수는 있다. 놀이는 이를 위한 가장 자연스럽고도 효과적인 방법이다.

오늘날 어린이들이 느끼는 학업에 대한 압박은 일부 부모들에게도 충격적으로 다가온다. 보스턴에서 두 아이를 키우는 어머니 레슬리 매키넌Leslie MacKinnon은 유치원에 다니는 여섯 살 자녀에 대해 이렇게 말했다.

"아이가 너무 무리하고 있어요. 태어나서 최악의 한 해를 보내고 있죠. 매일 저녁 커다란 가방에 숙제거리를 가득 채운 채 집으로 돌아와요. 하지만 저는 숙제를 억지로 시키지 않습니다. 학교에서 아이의 문제행동을 심화시킬 뿐이라고 생각하거든요. 이제 겨우 여섯 살이에요. 아이는 움직이고 싶어 하고, 미술 놀이와 레고 놀이를 하고 싶어 합니다."[158]

역시 보스턴 지역에 사는 또 다른 부모 제니퍼 데빈Jennifer Debin은 아들의 유치원 교실에 비슷한 학업 압박이 가해지는 모습을 직접 목격했다. 수업을 참관한 뒤 데빈은 이렇게 말했다.

"정말 놀랐습니다. 앉아서 연습문제를 풀며 공부하는 시간이 너무 많았고, 전부 교사가 주도하는 수업들뿐이었어요. 이제 막 첫 발을 내디딘 아이들을 유치원 측이 신나는 배움의 여정으로 이끌어 주리라고 기대했지만, 그곳에는 배움의 기쁨도, 웃음도, 흥분도, 시끌벅적한 놀이도 찾아보기 힘들었습니다."[159]

다민족으로 이루어진 대규모 교육구, 캘리포니아 스톡턴의 링컨 통합 교육구는 2012년부터 2014년까지 특별한 유치원 실험을 실시하였다. 오전과 오후에 각각 한 시간씩 아동 주도 '자유놀이' 시간을 줌으로써 교육과정의 중심 요소로 놀이를 통합하기로 결정한 것이다. 다시 말해서 유치원을 또 다른 초등학교 1, 2학년처럼 만드는 대신 수십 년 동안 세계 대부분의 지역에서 해 왔던 대로 놀이를 통해 학업의 기반을 쌓는 방식을 다시 시도하기 시작하였다.

2013년부터 2014년까지 해당 교육구에 속한 학생의 71.4퍼센트는 무료 급식 및 급식비 할인 대상인 아이들이었고, 49퍼센트는 가정에서 영어 외에 다른 언어를 사용했다. 해당 교육구는 캘리포니아뿐만 아니라 미국 전체로 보아도 가장 폭력적인 도심 지역에 위치해 있었으며, 많은 학생들이 이웃에서 폭력 사건들을 직접 목격한 바 있었다. 교사들에 따르면 놀이 개입 실험의 결과는 인상적이었다. 학생들의 행동이 개선된 것이다. 미래의 학업 성취도를 예측할 수 있는 주요 척도인 '자기 규제' 능력이 좋아졌고, 학업 발달과 사회-정서 발달에서도 개선을 보였다. 하지만 2014년 해당 교육구의 재정 지원 우선순위가 바뀌면서 실험은 연구실 한구석으로 사라지고 말았다.[160]

그 무렵 많은 미국 공립학교 교실에서는 대부분의 놀이가 체계적으로 제거되었고, 특히 저소득층이나 유색인종이 많은 피해를 보았다. 결과적으로 미국은 전혀 통제되지 않은 대규모 놀이 제거 실험을 실행하여 수천만 명의 어린이들에게 영향을 주었다.

상관관계가 꼭 인과관계라는 보장은 없지만, 일부 전문가들은 사회적 고립 및 경제적 스트레스 등 여타 요인들과 더불어 지난 수십 년 동안 이어진 놀이의 급격한 감소가 젊은이들 사이에 다양한 정신 건강 문제를 일으키는 하나의 원인이 되었을지 모른다고 본다. 보스턴 대학 연구 교수이자 심리학자이며 놀이에 대한 연구를 주도하고 있는 피터 그레이 교수는 이렇게 썼다.

「지난 50년 동안 미국과 기타 선진국에서는 어린이가 친구들과 함께 놀 수 있는 시간이 급격히 줄어들었다. 같은 기간 동안 아동, 청소년, 청년들이 겪는 불안, 우울, 자살, 무력감, 자기애 성격장애는 급격히 증가하였다.[161]」

아이들을 놀게 하라

에를 들어 1950년대 이래로 만 15세 미만 어린이의 자살률은 네 배로 늘어났고, 범불안장애와 주 우울증으로 진단받을 만한 증상은 다섯 배에서 여덟 배로 늘어났다.[162]

2009년 무렵 아동기보호동맹Alliance for Childhood이 발간한 보고서에 따르면 '스트레스로 지친 유치원생들, 분노조절장애와 공격성 등의 문제 행동, 특히 남자아이들에게서 심각하게 나타나는 어린이의 퇴학 문제'는 우려스러울 정도로 증가했다.[163] 최근 대학 상담 센터 College Counseling Centers가 전국적으로 실시한 설문조사 결과, 상담 전문가의 94퍼센트가 점점 더 많은 학생들이 심각한 심리 장애를 경험하고 있다고 답했다.[164]

2008년에서 2015년 사이에 만 5세부터 17세 어린이 중 자살에 대한 고려 및 시도로 인해 아동 병원이나 응급실을 방문한 어린이의 수는 거의 두 배로 늘어났다.[165] 연구 결과 밝혀진 충격적인 사실은, 해마다 자살을 고려 또는 시도하는 아동의 숫자가 봄과 가을에 정점을 찍었다가 여름이면 가장 낮은 수치를 기록한다는 점이다.

테네시주 내슈빌 밴더빌트 대학에서 연구하는 소아과 전문의 그레고리 플레먼스Gregory Plemmons 박사는 미국공영라디오National Public Radio 방송에서 다음과 같이 말했다.

"자살 시도가 시험 기간과 연관성이 있다는 걸 알고는 있었지만, 결과를 직접 눈으로 보게 되니 정말 놀라웠습니다."

뉴욕 글렌오크스에 위치한 주커 힐사이드 병원에서 아동 및 청소년 심리학 분야의 부책임자를 맡고 있는 로버트 디커Robert Dicker 박사도 말했다.

"아이들이 학교에서 얼마나 스트레스를 받고 부담을 느끼는지를 보여 주는 근거죠."

그는 어린이들이 학업 성취에 대한 압박에 엄청나게 시달리는 것 같다고 덧붙였다.

세인트루이스 의과 대학 교수이자 소아과 전문의인 스튜어트 슬라빈도 같은 의견이다. 비키 애블리스Vicki Abeles의 저서 〈평가를 넘어서Beyond Measure〉에서 인용된 바에 따르면, 슬라빈 박사는 아래와 같이 말했다.

"개인적으로는 우리가 미국 어린이 전체를 대상으로 전례 없는 수준의 거대한 사회 실험을 진행하고 있는 것처럼 느껴집니다. 그것이 청소년기의 정신 건강에 부정적인 영향을 준다는 근거는 압도적으로 많아요."

또한 그는 덧붙였다.

"이것이 특히 문제가 되는 이유는 청소년기에 정신 건강 문제를 겪은 경우 성인이 되어서도 같은 문제를 갖게 될 가능성이 높아지기 때문입니다. 또한 이런 접근법이 실제로 더 나은 교육적 결과물을 낳는다는 근거가 전혀 없다는 점을 생각해 보면 이는 훨씬 더 충격적으로 다가옵니다."[166]

그렇다면 유아 교육에서 지나치게 학업에 집착하는 경향이 널리 퍼지고 그 결과 학교와 가정에서 아이들의 놀이 시간이 줄어들게 된 배경은 무엇일까? 한 가지 분명한 이유는 정식으로 학업을 더 빨리

아이들을 놀게 하라

시작하면 나중에 학교에서 더 큰 성취를 이루어 내고 돈을 잘 버는 직업을 가질 수 있다는 생각이 점점 만연하고 있다는 점이다. 많은 정책 결정자와 부모들이 이런 가정을 사실이라고 믿고 있지만, 사실 이 이론을 지지하는 설득력 있는 근거는 희박하다.

믿기 힘들겠지만, 전 세계의 만 5세 어린이들은 이제 새로운 세계적 시험 경쟁에 참여하게 될 것이다. 만 5세 어린이들이 읽기와 산술 능력에서 얼마나 큰 발전을 이루었는지에 관한 데이터를 얻고자 OECD가 새로운 세계적 시험 도구를 개발하였기 때문이다. 아직 시범적으로 운영되고 있는 이 시험의 공식 명칭은 국제 조기학습 및 아동복지연구International Early Learning and Child Wellbeing Study(IELS)로서, 흔히 '베이비PISA'라고 불린다. OECD는 '베이비PISA'가 '인지, 사회 및 정서 발달을 포함하는 폭넓은 영역에서 아동의 유아기 학습에 대한 탄탄한 경험적 데이터를 제공할 것'이라고 주장한다. 하지만 이 시험은 또 하나의 세계적 표준 학습 평가 기제를 만들어 낼 것이고, 이제 겨우 만 5세인 유아들이 읽기와 산술 능력을 얼마나 잘 갖추고 있는지에 따라 국가들을 줄 세우게 될 것이다.

'베이비PISA'는 높은 점수를 얻기 위한 국가들의 교육 '경쟁'에 불을 붙일 가능성이 크다. 교육과정이 시작되는 첫 시기부터 말이다. 만 15세 아이들이 보는 '어머니' PISA가 그랬듯이 시험 부담이 점점 커지면서 읽기와 수학 분야에서 나이에 맞지 않는 교육을 시작하려는 —그리고 놀이를 몰아내려는— 움직임이 일어나면, 전 세계 수천만 명의 어린 아이들이 영향을 받을 것이다. 국제아동교육협회는 아동 발달과 배움의 중요성을 이해하기 위한 비교 연구가 더 많이 필요하다는 데에 동의하지만, IELS에 대해서는 다음과 같은 우려를 표하였다.

"유아기 교육학자 및 교육 종사자들이 갖는 가장 큰 우려는 '국경을 넘어 이루어지는 유아에 대한 표준 평가가 문화적, 역사적 맥락을 어떻게 고려할 것인가'이다."[167]

이 시험이 아동들에게 미치는 영향은 심각할 수 있다. 유아 교육이 측정될 수 있는 것, 즉 읽기와 산술능력으로 한정될 수 있기 때문이다. 정부가 부모들을 압박하여 자녀를 학교에 더 일찍 보내고 놀이 대신 나이에 맞지 않는 숙제와 읽기 및 수학 연습에만 전념하게 만든다면, 전 세계적으로 미래의 유아들은 가정 및 학교생활에서 심지어 지금보다도 더 놀이를 빼앗길 것이다.

굉장히 도발적인 한 이론에 따르면, 표준 시험 및 학교 스트레스의 증가와 함께 유행병처럼 번진 놀이 부족 현상 때문에 주의력결핍과잉행동장애ADHD, Attention-deficit hyperactivity disorder, 즉 아이들이 과잉행동을 하고 집중이나 행동 조절에 어려움을 보이는 정신 장애의 진단이 증가했을지도 모른다고 한다.

최근 몇 년간 일어난 ADHD 진단 및 치료 아동 숫자의 급격한 증가가 높아진 인식과 검사 과정의 개선에 기인한 것일 수도 있지만, 부분적으로라도 아동기의 과도한 학업 압박과 놀이의 부족으로 인해 과도한 진단이 이루어졌기 때문은 아닌지 의문을 제기하는 것이다. 놀랍게도 600만 명에 달하는 미국 학생들이 ADHD라는 진단을

아이들을 놀게 하라

받았다. 이는 모든 아동의 15퍼센트에 해당하는 수치이며 특히 남자아이들은 전체의 20퍼센트가 이 병을 진단받았다.[168] 이 주제에 관한 대대적인 연구 결과를 책으로 폈던 〈뉴욕타임스〉지 기자 앨런 슈워츠Alan Schwarz는 다음과 같이 썼다.

「ADHD로 잘못 진단받는 어린이들의 숫자가 진짜 의학적 문제를 가진 어린이의 수를 초과한다는 점은 분명하다. 이제는 ADHD라는 진단명 자체가 너무도 불분명해져서 이 병을 과연 어떻게 이해해야 하는지 아무도 알지 못하는 지경에 이르렀다.[169]」

캘리포니아 대학 버클리 캠퍼스의 심리학 교수이자 미국 심리학회지Psychological Bulletin 편집장인 스티븐 힌쇼Stephen Hinshaw는 표준 시험에서 높은 점수를 기록한 주에 보상을 제공하는 2001년 연방 낙제학생방지법의 영향을 연구한 바 있다. ADHD로 진단받은 학생들은 많은 경우 시험 문제를 다 푸는 데 더 많은 시간이 걸렸는데, 일부 학교에서는 ADHD로 진단받은 아이들의 점수를 전체 평균에 포함시키지 않는다.

"다시 말해서 ADHD 진단을 받으면 점수가 낮은 학생들이 해당 교육구 전체의 순위에 영향을 미치지 않게 할 수 있다는 겁니다."[170]

이로 인해 어린이들에 대한 ADHD 진단이 과도하게 이루어졌을 수 있다.

낙제학생방지법 시행 초기였던 2003년에서 2007년 사이에 이루어진 한 연구에서는 만 8세에서 13세 어린이들의 ADHD 진단 비율이 10퍼센트에서 15.3퍼센트로 늘어났음이 밝혀졌다. 단 4년 만에

53퍼센트가 껑충 늘어난 것이다.[171] 2011년 무렵에는 고등학교 남학생 중 자그마치 20퍼센트가 ADHD로 진단받았다. 2015년에 〈정신의학지Psychiatric Services〉를 통해 발표된 한 논문에 따르면, 낙제학생 방지법이 시행된 이후 초등학교 및 중학교에 재학 중인 저소득 계층 어린이들의 ADHD 진단 비율이 특히 급격하게 늘어난 지역은 최근에 표준 시험 점수에 따른 보상과 처벌이 부과된 주였음을 밝혀냈다. 연구자들은 표준 시험 때문에 교사들에게 학업에 어려움을 겪는 아이들을 ADHD로 규정하고 치료받게 할 인센티브가 생겼다고 결론 내렸다.[172]

듀크 의과대학 명예교수이자 정신의학부 학과장을 역임했던 앨런 프랜시스Allen Frances 박사는, ADHD가 심각한 문제인 건 분명하지만, 그 정의가 '적용 과정에서 너무나 느슨해진 나머지 발달적으로 단지 다르거나 미성숙한 많은 아이들마저 ADHD로 진단 내리고 있다'고 했다. 그는 말한다.

"그 병의 이름은 사실 아동기이다."[173]

〈건강경제학지Journal of Health Economics〉에 게재된 2010년 논문에서 일단의 연구자들은 건강 및 치료와 관련된 주요 데이터베이스를 분석하였고, 동급생보다 상대적으로 일찍 태어난 유치원생들이 '상대적으로 어린 아이들, 즉 입소 기준 마감 시기 직전에 태어난 아이들에 비해 ADHD 진단과 치료를 받을 확률이 상당히 낮다'는 사실을 발견했다.[174] ADHD가 출생 일자에 따라 발생률이 급격하게 달라지는 정신 증상은 아니기 때문에, 이는 동급생 사이의 상대적인 나이와 그 결과 나타나는 행동상의 차이점이 ADHD로 진단 및 치료를 받을 가능성에 직접적으로 영향을 준다는 점을 시사한다고 결론 내렸다. 다시 말해서 일부 부정확한 ADHD 진단은 발달상 맞지 않는 학업 압박에 대한 아이들의 자연스러운 반응에 기인한 것일 수 있다.

논란의 여지는 있지만, 행동신경학자 야크 판스키프Jaak Panskeep는 이렇게 추측한다.

"정말 심각한 문제가 있는 극소수의 어린이들도 있긴 하지만, ADHD로 진단받은 대부분의 어린이들에게는 임상적으로 관련된 뇌 장애가 전혀 없다. 다만, 놀고 싶은 욕구가 좌절되었을 때 사회적으로 용인되는 행동을 제대로 해내지 못하는 많은 아이들이 있을 뿐이다."

그는 이렇게 썼다.

「최소한 초등학교 3학년생까지는 매일 첫 교시가 쉬는 시간이 되어야 하며, 그 시간에는 즐거운 신체 활동과 긍정적인 사회화가 이루어지도록 도와야 한다. 오늘날의 포스트모던 사회는 어린이들에게서 자연스러운 놀이를 박탈하고, 그 자리를 놀이 욕구를 줄이는 의약품과 엄격하게 통제된 활동으로 대체하는 경우가 너무 많다. 임상 전 근거에 따르면, 만약 유치원 어린이들의 교육 식단에서 '놀이'의 힘을 회복한다면 ADHD가 급증하는 속도를 현격히 낮출 수 있을 것이다.[175]」

이 이론에 힘을 더하는 근거로 〈계간 학교심리학School Psychology

Quarterly〉지에 발표된 2003년 논문이 있다. 이 논문에서, 부적절한 행동은 쉬는 시간이 주어지지 않은 날에 지속적으로 높게 나타났으며, 쉬는 시간은 해야 할 일을 집중하게 하고 학습 시간을 늘려 학업 성취에 도움을 줄 수 있음을 밝혔다.[176]

저자 역시 ADHD 진단이 얼마나 쉽게 이루어질 수 있고 부정확한 진단일 가능성이 높은지 직접 경험한 바 있다. 저자 파시는 뉴잉글랜드에서 개최된 교육 컨퍼런스에 아내, 아들과 함께 참여한 적이 있었다. 아름다운 8월의 아침이었다. 파시가 회의에 참석하는 동안 아내와 아들은 미국인 심리학자이자 교육 전문가인 파시의 동료와 함께 오래도록 산책을 했다. 그리고 점심 무렵 아내는 조심스럽게 파시에게 다가왔다.

얼굴에 어두운 기색이 가득한 채 그녀는 물었다.

"우리 아이에게 ADHD가 있을지도 모른다는 거, 당신도 알고 있었어?"

파시는 깜짝 놀라서 그게 무슨 소리냐고 물었다.

아내는 아침 내내 아이가 가만히 앉아 있지 못했다고 설명했다.

"한 가지에 집중하지를 못하고 계속 부산스럽게 뛰어다녔어."

'아직 세 살밖에 안 됐으니까 그렇지.'라고 파시는 생각했다. 아이는 원래 그렇다고!

하지만 심리학자는 이렇게 단언했다.

"제 아들이었다면 곧장 전문가를 찾아가서 ADHD 초기 증상이 아닌지 검사를 받았을 겁니다."

파시는 말했다.

"핀란드에도 ADHD는 있어요. 하지만 보통은 다른 말로 부르죠."

심리학자가 물었다.

"어떻게 말입니까?"

파시는 대답했다.

"우리는 그걸 '아동기'라고 부릅니다. 그런 증상은 만 18세 무렵이 되면 서서히 사라져 버리니까요. 물론 어떤 사람들에게는 더 길게 남아 있기도 하지요."

정확히 ADHD로 진단받은 경우라면 전문가의 의학적 주의가 필요한 심각한 문제가 된다. 하지만 2017년 하버드 의과대학 보고서에 따르면 'ADHD는 과잉 진단'되고 있다.[177] 저자들은 "전문가들은 전체 어린이 가운데 ADHD를 가진 어린이가 현실적으로 최대 5퍼센트를 넘을 수 없다고 본다."라고 썼지만, 미국의 여러 지역에서는 남자아이들 중 무려 33퍼센트가 ADHD로 진단받고 있으며 2011년에 ADHD로 진단받은 어린이는 여러 주에서 남녀 어린이 모두 13퍼센트가 넘었다.

일부 어린이들의 경우 ADHD 과잉 진단이 부분적으로라도 조급하고 과도한 학업 압박과 불충분한 놀이 경험, 학교에서의 신체 활동 제한에 기인한 것은 아닌지 의심해 봐야 한다. 만약 미국 어린이들이 더 많이 놀게 된다면 불안과 주의력 결핍 증상이 지금보다는 덜 나타날 가능성이 높다고 믿는다.

***

미국 전역에서 경험과 재능이 풍부한 유치원 교사들이 좌절하며 교직을 포기하고 있다. 성급한 학습 지도, 학업에 대한 조급하고 과도한 압박, 보편적인 표준 시험, 놀이의 부족이 걷잡을 수 없이 심해지고 있기 때문이다. 예일 어린이 연구센터Yale Child Study Center의 칼라 호비츠Carla Horwitz 박사는 말했다.

"그들은 교직을 떠나고 있습니다. 더 이상 아이들에게 넓고 깊은 가르침을 줄 수 없게 되었기 때문입니다."[178]

2015년 〈플레이 저널Journal of Play〉에 실린 교사들 간의 온라인 토론에서 한 교사는 부모들의 잘못된 기대도 하나의 문제라고 지적했다.

"너무 많은 유치원이 학구적인 분위기에 대해 과장된 광고를 하고 있습니다. 많은 아이들을 유치하기 위해서 부모들에게 잘못된 메시지를 주는 것이죠. 이제 많은 부모들은 유치원에서 주방놀이나 블록을 보면 혼란스러워합니다."

그들은 이렇게 결론지었다.

"부모들은 종이와 연필로 하는 일이 아니면 아이들이 아무것도 배우지 않는다고 생각합니다."

유감스럽게도 일부 교사와 교장들이 이처럼 점점 더 어린 아이들에게 더 많이 공부할 것을 요구하는 '압박' 전략을 택하고 있고, 점점 더 많은 사람들이 이제 막 유치원에 들어가는 만 4, 5세 아이들에게서 완벽한 학업 능력, 사회적 능력, 자기 조절 능력을 기대한다. 정치인과 정책 결정자들이 높은 표준 시험 점수를 얻어야 한다고 압박하자, 많은 교사와 관리자들은 유치원에서, 심지어 만 5세 아이들에게서마저 놀이를 빼앗고 있다. 유아 교육을 제대로 받지 않은 유치원 원장들은 더욱 강하게 압박을 가하고, 교사들은 맞서 싸울 힘이 없다는 무력감을 느끼곤 한다.

"수업에 가장 큰 영향력을 가진 사람들이 진정으로 적절하고 우수한 교육이란 무엇인지에 대해 아무런 지식도 갖추지 못한 경우가 너무나도 많습니다."[179]

한 교사는 애석해했다.

많은 경우 유치원 원장들이 문제의 원인이 된다. 한 유치원 교사의 말에 따르면, 미국의 어느 유치원 원장은 유치원에 주방놀이와 블록놀이가 있는 것을 '혐오'했다고 한다.

"아이들이 유치원에 들어온 지 겨우 여섯째 날, 제가 필수 개별 시험을 마무리하느라 아이들에게 20분 동안 수학 퍼즐놀이를 가지고 놀게 했다가 곤란을 겪은 일도 있었어요."

그 교사는 안타까워하며 말했다.

"아이들에게 사회적 발달을 위한 시간이 전혀 주어지지 않는 것 같아요. 저는 아이들과 전혀 친해질 수도 없답니다. 시험에서 어려움을 겪는 아이들도 있지만, 사실 그 아이들에게는 아무 문제가 없어요. 여섯 살 때 읽고 쓰기를 가르치는 건 현실적으로 모든 아이들에게 가능하지 않으니까요. 읽고 쓰기를 못 한다고 해서 부모들에게 '당신 자녀는 문제가 있다.'라고 말하는 것은 아주 잘못된 일입니다."[180]

일부 교사들은 심지어 아이들을 학교에서 놀게 했다는 이유만으로 처벌받고 있다. 2015년 〈플레이 저널〉에 실린 사설에서 교사들은 저학년 교실에서 놀이를 허락했다는 이유로 학교 관리자들에게 지적당했다고 말했다. 예를 들어 어느 학교에서는 아이들이 바닥에 둥글게 둘러 앉아 노래를 부르고 있었는데 마침 교실을 지나가던 관리자가 교사에게 "노래는 그만두고 수업을 시작하셔야 하지 않나요?"라고 말했다고 한다. 교사들은 '관리자 측'으로부터 교실에서의 자유로운 놀이를 없애 버리라는 명령을 받고 있다고 전했다. '모든 놀이 활동에는 숨은 목적이 있어야만 한다'는 이유였다고 한다.[181]

그런 지시를 내리는 사람들은 학교에서 하는 놀이에 수많은 장점이 있다는 사실을 전혀 모르는 게 분명하다. 놀이를 하면 창의력, 자기조절력, 협동심, 언어 및 소통 능력 외에 수많은 능력을 키울 수 있다.

"놀이가 아무런 도움도 되지 않는 미성숙한 행동으로 여겨지곤 하지만, 사실 어린이의 발달에 필수적이다."

케임브리지 대학의 심리학자 데이비드 화이트브레드는 말했다. 화이트브레드의 주장처럼 어린이들은 끈기 있게 노력하는 법, 자신의 감정과 주의력을 조절하는 법을 배워야 하며 이런 능력을 길러 주는 것은 바로 놀이다.[182]

현장 교사들은 일부 초등학교 교장들이 유아 교육 분야에 전혀 경험이 없고 단지 중고등학교에서 청소년만을 가르쳤거나 심지어 교직 경험이 전혀 없는 경우도 있다고 말한다. 어린이들이, 특히나 유아들이 어떻게 배우는지에 대한 지식이 거의 없을 수도 있는 것이다. 어떤 교장은 교사에게 "아이들은 그림이나 그리고 놀기 위해서 유치원에 오는 게 아닙니다."라고 단호하게 말했다고 한다.[183] 또 다른 교사는 벽장 안에 가득했던 놀이 기반 학습 용품들이 전부 교장 선생님의 지시로 쓰레기통에 버려졌을 때 '충격과 극심한 분노'를 느꼈다고 전했다.[184]

심지어 어린이들의 간식 시간마저 공격당하고 있다. 어느 교사는 "간식 먹는 데 최소 10분은 걸려요. 매일 의무적으로 수학 공부를 해야 하는 시간이 70분인데, 간식 먹을 시간이 어디 있나요."[185]라고 말했고, 또 다른 교사는 간식 시간이 자신의 직무 평가에 영향을 미칠까 봐 두렵다고 고백하기도 했다.

"관리자들이 제 수업을 평가하러 왔다가 간식 시간이 불필요하다고 생각하고 제 수업 시간 자체를 낮게 평가할지도 모르니까요."[186]

교사들은 "더 이상 발표할 시간이 없고, 기념일맞이 특별한 만들기 수업을 진행할 시간도, 매일 음악과 신체 활동을 할 시간도 충분하지 않다."[187]라며 슬퍼했다. 또 다른 교사는 이렇게 썼다.

「우리 유치원에는 심지어 주방놀이 공간이나 블록 놀이도 없다. 그런 걸 할 시간이 없으니까! 매분 매초마다 아이들은 '집중'해야 한다는 기대를 받는다.[188]」

코네티컷주에서 30년 이상 교직에 몸담았던 어느 교사는 이렇게 말하며 애석해했다.

"배워야 하는 모든 걸 어린 나이에 가르치고 있습니다. 어린 학생들에 대한 기대가 무서울 정도로 큽니다."[189]

교직 경력이 25년 이상인 수전 슬라이터Susan Sluyter는 2014년에 매사추세츠주 케임브리지 공립학교에서의 유치원 교사 생활을 그만두면서 사직서 내용을 공개했다. 그녀는 사직서를 통해 '유치원생들이 시험, 점수 데이터 수집, 경쟁, 처벌에 시달리고 있는 충격적인 세대'를 폭로하면서 '요즘 유치원생들에게는 유치원이 아니라 초등학교 1, 2학년들에게나 적합한 수준의 학습이 요구되고 있다'고 말했다. 그녀는 '만 4, 5, 6세 아이들에 대한 이런 부적절하고 잘못된 압박'이 떼 부리기, 욕설 내뱉기, 물건 던지기, 미친 듯이 움직이기, 자해, 슬픔, 무관심 등의 극단적인 행동을 부추긴다고 결론지었다. 자신이 교직에 처음 몸담았던 시절, 직접 해 보는 실험과 탐구, 즐거움, 배움에 대한 사랑으로 가득하던 교실을 여전히 기억하는 슬라이터는 이렇게 썼다.

「어른들이 읽고 쓰는 법을 가르치는 데 너무 많은 시간을 투자하고, 너무나 일찍 아이들에게 수많은 도전 과제와 압력을 안겨 주면서 많은 아이들은 자신이 쓸모없다고 느끼고 좌절하기 시작한다. 아이들은 이해하지 못하면 스스로 멍청하다고 느낀다. 그리고 즐거움은 사라진다.[190]」

미국에서 표준 시험이 과용되면서 아이들이 건강에 이상을 호소하고 있다. 매사추세츠주 롱메도우 지역의 초등학교 보건 교사인

아이들을 놀게 하라

케이시 바니니[Kathy Vannini]는 전한다.

"매년 봄 시험 기간이면 양호실은 두통과 복통을 호소하는 아이들로 매일 북적입니다."

바니니에 따르면 시험은 어린이들의 불안감을 크게 높였다.[191] 2013년 뉴욕의 일부 뛰어난 교장들은 학생들의 스트레스 수준이 급증한 데 충격을 받고 부모들에게 공개서한을 썼다.

「우리는 많은 아이들이 시험 전후에 울거나 토하고, 장이나 방광에 문제가 생긴다는 사실을 알고 있습니다. 아예 시험을 포기해 버리는 아이들도 있지요. 어느 교사는 한 학생이 책상에 머리를 찧으며 시험지 전체에 "너무 어려워. 도저히 못 해."라고 쓰는 모습을 목격했다고 합니다.[192]」

2007년 미국의 표준 시험에 대한 광적인 집착은 이미 대단히 심각해졌고, 결국 오하이오주는 표준 필수 읽기 시험을 치르는 초등학교 3학년 학생들에 대해 아래와 같은 공식 지침을 내리는 지경에 이르렀다.

「시험을 치르던 학생이 아파서 시험지에 구토를 했지만 시험을 계속 치를 수는 있을 경우, 학생에게는 새로운 시험지가 배부되어야 한다. 정답과 인적 사항이 새로운 시험지에 적시되어야 하며, 해당 시험지를 기준으로 점수가 매겨져야 한다. 오염된 시험지는 비닐가방에 넣어 기타 미사용 시험지들과 함께 학교 시험 담당자에게 제출되어야 한다. 추후 이런 상황을 시험 담당자에게 보고하여 교육구 및 학교 보안 체크 리스트에 기록하도록 한다.[193]」

다시 말해서 그 어떤 비용을 치르더라도 보호해야 하는 귀중한 대상은 고통을 감내해야만 하는 아이가 아니라 시험 점수라는 것이다. 해당 아동에 대한 의학적, 정서적 도움에 대해서는 그 어떤 지침도 내려져 있지 않다.

플로리다주에서는 어느 열 살짜리 소년이 주에서 주관하는 이해력 평가에서 낙제점을 받았고, 이후 재평가에서도 낙제점을 받았다. 소년의 어머니는 아이가 '완전히 좌절했다'고 말했다. 아들의 방이 갑자기 너무 조용하다는 사실을 알아챈 그녀가 방으로 달려가 문을 두드렸지만 아무런 대답이 없었다. 다음으로 일어난 일은 충격적이었다.

"저는 문을 열어젖혔어요. 얼굴에 귀엽게 주근깨가 난 나의 귀여운 열 살짜리 아들이 벨트로 목을 매 2층 침대에 매달려 있더군요. 아이의 눈은 텅 비어 보였고, 입술은 파랗고 아무 표정도 없었어요. 무슨 정신으로 아이를 들어 올려서 벨트를 풀었는지 모르겠어요. 그러고는 아이와 함께 바닥으로 쓰러져 아이를 최대한 제 심장 가까이로 안아 들었죠."[194]

물론 표준 시험과 학교 스트레스 외에도 많은 것들이 자살의 원인이 되지만, 학업에 대한 압박감이 심한 문화는 때때로 어린 아이들에게 차마 견딜 수 없는 수준까지 압박을 더하고 있다.

2010년 밀워키의 유치원 교사 켈리 맥마흔Kelly McMahon은 주에서 주관하는 평가가 자그마치 100여 가지나 이루어지며, 과도한 시험 때문에 자신이 근무하는 유치원은 물론 많은 유치원들이 '시험 점수

집착에 빠져 허우적대는' 지경에 이르렀다고 전했다. 맥마흔은 "아이들에게 자연 세계에 대한 호기심을 자극하거나 예술적 자질을 꽃피우게 하고, 배움에 대한 사랑을 불어넣고, 타인과 잘 어울리는 것과 같은 필수적인 삶의 기술을 가르쳐 줄 귀중한 시간이 교사들에게 거의 주어지지 않는다."라며 안타까워했다. 또한 그녀는, 많은 학교에서 시험 준비를 위한 시간을 벌기 위해 놀이가 사라지고 있다고 말했다.

"우리 아이들이 건강하게 발달하기를 바란다면 아이들을 이런 식으로 교육해서는 안 됩니다."[195]

특히 저소득층 아이들이 그 충격을 고스란히 느끼고 있다. 시민단체 어린시절보호협회의 2013년 보고에 따르면 가난한 아이들은 공공기금으로 운영되는 학교에 다닐 가능성이 높기 때문에 발달적으로 더욱 부적절한 교육을 받게 된다. 이 아이들은 탐험, 놀이, 적극적 학습의 기회가 더 적고, 직접적인 수업과 부적절한 시험에 더 많은 시간을 쓴다. 간단히 말해서 가장 부적절한 초기 교육을 받는 건 공공기금으로 운영되는 학교에 다니는 가장 가난한 아이들이다.[196] 반대로 사립학교에 다니는 어린이들은 놀이 기반 학습을 중시하는 학교에서 더 즐거운 생활을 하는 경향이 있다.

미국 전역에서 점점 더 많은 교사와 유아 교육자, 부모들이 교육방식에 뭔가 심각한 문제가 있다는 사실을 깨닫고 있다. 예를 들어 아프리카계 미국인들은 평균보다 가난에 더 영향을 받고 있으며, 미국 공공 교육 시스템과 사회에서 흑인 어린이들이 겪는 불리함은 때

때로 불가항력적인 것으로 보일 수 있다. 미국 교육부 시민권국에 따르면 만 4, 5세의 흑인 어린이 중 8,000명 이상이 매년 유치원에서 정학을 당한다.[197] 유치원 등록 인구 가운데 흑인이 차지하는 비중은 18퍼센트이지만, 1회 이상 정학 처분을 받는 유치원 어린이 가운데 48퍼센트가 흑인이다.[198] 만 5세 유치원부터 고등학교까지 흑인 학생들이 1회 이상 정학 처분을 받을 확률은 백인 학생의 네 배에 가깝고[199], 그 결과 아이들은 성적부진과 비행에 빠져 퇴학, 소년법에 의한 처분을 당하거나 '학교에서 감옥으로 가는 통로school-to-prison pipeline(학교에서 쫓겨난 아이들이 이후 범죄에 빠질 가능성이 높아지는 현상_역주)'에 빠질 위험이 커진다.

조지 W. 부시, 버락 오바마 전 대통령 등 정치인을 비롯한 미국의 일부 자선가들은 소수자나 빈곤층 학생들의 학업 성취도를 개선하기 위한 노력의 일환으로 엄격한 교육 정책을 지지하였으나, 이는 가혹하고 비생산적이라고 비판받는 오늘날의 교육 관행으로 이어지고 말았다. 군대 훈련소 같은 분위기와 엄격한 훈육 정책을 갖춘, 이른바 '변명이 통하지 않는' 학교, 엄청난 스트레스를 유발하는 끝도 없는 시험 준비, 오래도록 이어지는 보충 수업, 놀이 시간이나 쉬는 시간이 거의 또는 아예 없는 학교 등이 그것이다. 이런 정책들은 '표준을 끌어올림'으로써 흑인과 백인 사이의 성취도 격차를 줄이고 미국의 국제 시험 성적을 높여 줄 것으로 기대되었지만, 부시, 오바마, 트럼프 행정부를 거치며 거의 15년 동안 끈질기게 이어진 초당적 노력에도 불구하고 미국의 국내 및 국제 시험 성적은 대체

아이들을 놀게 하라

로 변하지 않았고, 성취도 격차 역시도 거의 또는 전혀 개선되지 않았다.[200]

다시 말하면, 공립학교에 다니는 어린이들은 과도한 시험, 과도한 압박, 스트레스에 시달리며 놀이마저 빼앗겨 버린 교육의 암흑기를 살아가고 있으며, 역설적이게도 엄격한 교육정책의 지지자들이 스스로 선택한 편협한 기준, 즉 표준 시험 점수에 따라 판단했을 때조차도 교육성과는 전혀 개선되지 못하였다.

연방정부의 '낙제학생방지법'과 그 후계자격인 '최고를 향한 경쟁' 정책의 시대로 들어선 지 약 8년이 흐르고, 보편적 표준 시험과 점수 수집에 대한 의존도가 급격하게 증가한 2011년에 미국 국립과학아카데미는 의회의 의뢰를 받아 미국의 '시험 기반 교육책임 제도test-based accountability system(학생들의 시험 성적에 근거하여 학교 및 교육구에 교육에 관한 책임을 묻는 제도_역주)'에 대해 검토하였고, 시험은 미국을 좋은 성적을 내는 국가들과 비슷한 수준까지 끌어올릴 정도로 학생들의 성취도를 개선하지 못했다고 결론 내렸다.[201] 해당 보고서의 저자 중 한 명은 이렇게 요약했다.

「이러한 체제가 학생들의 학습이나 교육적 진보에 미친 긍정적 영향은 거의 또는 전혀 없으며, 오로지 시험 점수만을 올리기 위해 수업과 제도의 허점을 파고드는 편법이 횡행하면서 자원이 낭비되고, 학업 성취도가 부정확하거나 과장되게 평가되고 있다.[202]」

전미 교육감협회School Superintendents Association 상임이사인 다니엘 도메네치Daniel Domenech는 이렇게 썼다.

「낙제학생방지법이 법률의 지위를 얻은 지 12년이 지났다. 표준과 책임 운동은 전국을 휩쓸었고 다양한 교육 개혁이 이루어졌다. 그중 다수가 비교육자들에 의해 추진된 것들이었다. 지금도 아프리카계 미국인과 라틴계 미국인 학생의 절반은 고등학교를 졸업하지 못한다. 너무 많은 아이들이 학교에서 쫓겨난다. 대학에 입학하거나 졸업하는 학생의 숫자는 더욱 암울하다.[203]」

펜실베이니아 주립대학의 교육심리학자 엘리서 벨냅Elise Belknap과 리처드 해즐러Richard Hazler는 2014년 6월 〈정신건강과 창의력 저널Journal of Creativity in Mental Health〉에 게재한 논문에서 "놀이의 박탈이 잠재적으로 가장 큰 영향을 미치는 건 이미 차별과 고난, 높은 수준의 스트레스를 겪고 있는 아이들이다."[204]라고 언급하면서 소수자 집단에 속했거나 사회경제적으로 지위가 낮은 어린이들, 장애아들이 특히 위험에 노출되었다고 주장하였다.

약 15년 동안 표준 시험에 근거한 교육 개혁을 진행한 결과 학교에서 놀이를 없애는 데에는 성공했지만, 본래의 주요 목표는 이루지 못했다. 즉, 아프리카계, 라틴계 학생과 백인 학생들 사이의, 부유층과 빈곤층 사이의 심각한 학업 성취도 격차는 줄어들지 않았다. 이는 미국의 학교 체계를 감시하기 위해 전국적으로 진행되는 표본 기반 학생 평가 프로그램, 전미 교육평가National Assessment for Educational Progress가 측정한 결과다. 또한 미국 회계감사원Government Accountability Office의 2016년 보고서에 의하면 미국의 학교에서는 인종에 따른 분리가 오히려 더욱 심각해졌다.[205] 미국의 아동 빈곤율은 선진국 가

아이들을 놀게 하라

운데 가장 높은 수준인 22퍼센트에 도달하였다. 교사들은 집단적으로 교직을 떠나고 있다. (처음 교사가 되고 5년 후에도 교직에 남아 있는 숫자는 겨우 절반 수준에 불과하다)

이러한 우울한 현실을 접하면 흥미로운 질문이 떠오른다. 만약, 미국 부유층 부모들이 사립학교를 통해 자녀들에게 제공하는 것, 그러니까 놀이가 풍부한 유아 교육 같은 것들이 실은 가장 가난한 학생들에게 가장 필요한 것이라면? 빈곤층 학생들이 그런 것들을 조금이라도 적게 누려야만 하는 이유는 무엇일까? 경험 많은 교육자이자 도심지역 학교 전문가 중에도 위와 같은 인식에 강력하게 동의하는 사람이 있다. 바버라 다리고Barbara Darrigo는 전문성을 갖춘 특수교사이자 뉴욕 할렘가에 위치한 공립학교 소저너 진리학교 Sojourner Truth School의 은퇴한 교장이다. 이 학교는 유치원부터 중학교 2학년까지의 학생을 가르치는 대규모 교육 시설로서 경제적 어려움을 겪는 무료 급식 및 급식비 할인 대상자, 흑인, 특수교육대상자 등의 비중이 매우 높다.

다리고는 아주 가난한 어린이들 역시도 학교에서 다른 아이들이 하는 것들을 해야 한다고 말한다. 물론 거기에는 놀이가 포함된다.

"모든 어린이에게는 어린이로서 살아갈 기회가 주어져야 합니다. 놀이는 아동 발달의 필수적인 부분이니까요. 학교에서 어린이들은 다른 친구들과 함께 놀이에 참여하는 시간을 반드시 가져야 합니다. 쉬는 시간은 물론이고 창의적인 자유놀이와 신체 활동 시간도 필요하지요."

다리고는 모든 학생들에게 따뜻한 교사-학생 관계가 대단히 중요하지만, 특별한 도움이 필요한 아이들에게는 특히 더 그렇다고 말한다.

"어린이들은 자신이 안전하고 지지받는 환경에 있다고 느껴야만 합니다."

그녀는 다음과 같이 덧붙였다.

> "단지 신변이 안전하다는 의미가 아닙니다. 교육계에 종사하는 어른들은 아동들 간 초기 발달의 편차를 제대로 인식하고 받아들여야 합니다. 이는 아동의 사회적 능력과 학업 준비도를 평가할 때 가장 중요하게 고려해야 할 요소입니다. 어린이들은 '실수'를 해도 괜찮다는 의미에서의 '안전감'을 느껴야 합니다. 학교에서 신뢰받는 교사들이 아이의 '실수'를 어떻게 받아들이느냐는 아이의 발달과 자존감에 막대한 영향을 미칩니다."[206]

자말 보우먼Jamaal Bowman 교장은 2009년에 뉴욕시 사우스브롱크스에 '사회적 행동을 위한 코너스톤아카데미'라는 공립 중학교를 설립하고, 대부분이 흑인, 라틴계, 저소득층으로 이루어진 학생들을 교육하고 있다. 그는 표준 시험이 '사회의 불평등을 지속적으로 확산시키는 일종의 현대판 노예제도'[207]라고 말한다. 논설문을 통해 그는 아래와 같이 주장하였다.

> 「주에서 시행하는 [표준] 시험은 창의성, 의사소통 능력, 실제적인 문제 해

아이들을 놀게 하라

결 능력, 공간지각 능력, 협동력, 동기부여 능력, 적응력을 비롯한 다양한 능력을 측정하지 못한다. 그런 능력을 측정할 수 있는 건 오로지 학교뿐이다. 표준 시험은 학생들의 직관적인 우수성을 무시하지만, 바로 이 직관적 우수성이야말로 불평등과 절망을 확산시키는 낡은 사고방식과 정책의 상흔으로부터 경제와 인간성을 구하기 위해 널리 필요한 자질이다.[208]」

보우먼은 놀이라는 필수요소가 미국의 공립 교육에서 사라져 버렸다고 말한다. 그는 이렇게 글을 이었다.

「우리는 놀이가 어떻게 즐거움을 불러오며 또한 즐거움이 어떻게 삶에 대한 사랑을 불러일으키는지를 잊어버렸는가? 더 많이 놀수록 스트레스는 줄어들고, 불안감이 옅어지며, 분노가 누그러지고, 결국 범죄율도 낮아진다. 놀이와 스포츠가 중심을 이루는 학교를 상상해 보라. 아니, 최소한 공공 교육에 대한 총체적 접근 방식의 일부라도 기능한다면 어떻겠는가? 아마 ADHD와 우울증 진단은 물론이고 특수교육 위탁 건수도 줄어들 것이다. 만약 운동과 놀이가 교과과정의 중심적 기둥이 된다면 '학교에서 감옥으로 가는 통로'도, 비정상적으로 많은 남자아이들이 ADHD로 진단받고 특수교육을 받아야 하는 상황도 해소될 것이다. 도대체 왜 공립학교의 학생들은 뒤처져야만 하는가?[209]」

미국의 비극
- 쉬는 시간의 종말

신체 활동을 통해 어린이의 자연스러운 욕구가
놀이로 승화될 수 있을 때
학교는 즐거운 장소가 되고, 통제의 부담은 줄어들며, 배움은 쉬워진다.[210]

- 존 듀이John Dewey, <민주주의와 교육Democracy and Education>(1916)

당신이 어린이라고 상상해 보라.

당신은 지금 스물다섯 명의 다른 사람들과 함께 딱딱한 의자에 앉아 있다. 상자처럼 생긴 방은 형광등 불빛으로 가득하고 창문은 닫혀 있는 데다 환기시설도 제대로 작동하지 않는다.

그 방에서 당신은 동시다발적으로 터져 나오는 온갖 방해물들과 꼭 필요한 정보를 바쁘게 구별해 내야만 한다. 교사의 말에 귀를 기울이고 교실의 정해진 절차에 따르며 특정한 일에 집중해야 한다. 정보를 습득하고 기억해 내고 조작할 수 있어야 하며, 새로운 정보와 이전의 경험 사이에 적절한 연결고리를 만들어야 한다.

당신은 아직 어린 아이일 뿐이다. 하지만 수업이 이루어지는 7시간 동안 거의 내내 가만히 앉아 있으라는 명령을 받는다. 그사이에는 음식과 음료를 섭취하기 위한 짧은 쉬는 시간이 주어진다. 온종일 당신의 몸은 씰룩씰룩하고 배배 꼬고 쭉 펼 수 있기를 간절히 바라지만, 돌아오는 것은 이런 말들뿐이다.

"조용히 해. 가만히 앉아 있어."

수업 하나가 끝날 때마다 당신은 동료들과 함께 일렬로 줄 지어서 지난번 교실과 완전히 똑같이 생긴 다른 교실로 이동해야 한다. 하지만 전이를 위한 시간은 아주 짧으므로 만약 화장실에 가고 싶다면 감독자에게 허락을 구해야 한다. 운이 좋다면 허겁지겁 점심 식사를 마친 후 밖에서 15분에서 20분 동안의 휴식을 누릴 수 있지만, 감독자의 눈에 당신이 제대로 임무를 수행하지 못한다거나 빈둥거리며 논다고 여겨지면 쉬는 시간은 취소된다.

만약 당신이 오늘날 미국을 비롯한 여러 나라 수백만 명의 어린이들 중 하나라면, 당신은 앞으로 12년 동안 바로 이와 같은 삶을 매일같이 살게 될 것이다.

쉬는 시간은 아동 교육의 기본이자 토대임에도 불구하고 미국의 수백만 명 어린이들은 쉬는 시간을 서서히 빼앗겨 왔다. 뉴욕 맨해튼빌 대학의 교육학 교수인 론다 클레먼츠Rhonda Clements에 따르면 1980년대까지 미국 초등학생들은 매일 10분에서 20분의 쉬는 시간을 세 번씩 가졌지만,[211] 오늘날에는 쉬는 시간이 거의 사라져 버렸다. 몇몇 연구에서는 미국 전체 교육구의 40퍼센트가량이 쉬는 시간을 줄이거나 아예 없애 버렸다는 사실이 밝혀졌다.[212] 질병통제예방센터의 보고서에 의하면 유치원생의 약 95퍼센트가 어떤 형태로든 쉬는 시간을 누리지만, 초등학교 6학년에게 쉬는 시간을 제공하는 학교의 비율은 35퍼센트에 지나지 않았다.[213]

일부 미국 교육 관료들은 휴식이라는 단어 자체에 대해 직접적인 적대감을 표하기도 했다. 1998년에 〈뉴욕타임스〉지의 보도에 따르면 애틀랜타, 뉴욕, 시카고, 뉴저지, 코네티컷의 교육구들이 쉬는 시간을 없애다 못해 '운동장이 없는 새 학교를 건설하는 지경'에 이르렀다.[214] 애틀랜타 공립학교의 교육감이었던 벤저민 오 캐나다

Benjamin O. Canada(그의 후임인 베벌리 홀Beverly Hall은 표준 시험 결과를 조작하고 금품을 수수한 혐의로 재판을 기다리던 중 사망했다)는 "우리는 학업 성적을 증진시키는 데 열중하고 있습니다. 철봉에 매달려 놀기나 하면서는 그런 목표를 이루기가 힘들죠."[215]라는 말을 한 것으로 유명한데, 그는 클리블랜드 애비뉴 그래머스쿨을 새로 건설하면서 운동장을 만들지 않았다. 그 학교 유치원에 다니는 토야라는 여섯 살 아이는 기자에게 물었다.

"쉬는 시간이 뭐예요?"[216]

미국의 운동장에서는 서서히 아이들이 사라지고 있다. 인디애나 대학의 교육학 조교수 재클린 블랙웰Jacqueline Blackwell은 안타까워하며 말했다.

"미국 어느 지역의 초등학교와 중학교 근처를 가든, 차를 타고 지나가든 걸어서 지나가든, 그게 몇 시쯤이든 운동장에서 노는 어린이와 청소년들을 보기는 더 이상 힘들다. 어린이들의 목소리, 웃음소리, 고함 소리, 뛰어다니는 소리는 운동장 너머로 서서히 사라져 버렸다."[217]

펜실베이니아의 교육자 마이클 패트는 이렇게 말했다.

"운동장에서 쉬는 시간 동안 정형화되지 않은 자기들만의 놀이를 즐기는 어린이들의 깔깔거리는 소리, 환하게 빛나는 얼굴, 신나는 눈동자와 순수한 즐거움을 나는 언제까지나 기억할 것이다. 요즘 너무 자주 마주하는 텅 빈 운동장의 무거운 침묵은 그때 느낀 감동만큼이나 충격적이다."[218]

아이들을 놀게 하라

이런 추세는 학교 안으로 깊숙이 파고들었고, 쉬는 시간은 크게 줄어들었다. 과장된 안전상의 우려 때문에 또는 수업 시간을 더 늘리기 위해서였다. 특히 연방 낙제학생 방지법 및 최고를 향한 경쟁 정책의 시행으로 미국의 학교들이 표준 시험의 물결에 완전히 사로잡혀 버린 2000년대부터는 점수로 측정 가능한 학과목들만이 강조되기 시작했다. 국립스포츠 및 체육 교육 협회National Association for Sport and Physical Education의 기획이사인 프란체스카 자바키Francesca Zavacky는 체육 교육이 쉬는 시간과 비슷한 운명을 마주하고 있다고 말한다.

"시험에서 높은 점수를 얻기 위해 학교가 특정 과목들만을 중요하게 여기면서 모든 종류의 체육 활동은 줄어들고 말았다. 그들에게 중요한 건 학생들의 균형 잡힌 삶이 아니다. 결국 모든 것은 돈 문제로 귀결된다."[219]

당신이 15분에서 20분간의 실외 쉬는 시간을 허락받은 운 좋은 어린이라고 하더라도 당신의 움직임은 주의 깊게 통제되고 제한될 것이다. 엎드려서 그네를 타거나 빙글빙글 도는 것은 허용되지 않는다. 어지러울 수 있기 때문이다. 뉴욕 퍼처스에 있는 맨해튼빌 대학의 교육학 교수이자 미국 어린이의 놀 권리 장려 협회American Association for the Child's Right to Play의 전 회장인 론다 클레먼츠는 이렇게 썼다.

「어린이가 쉬는 시간의 장점을 활용하기에 15분은 부족한 시간이다. 아이들은 둔해진 두뇌에 신선한 산소를 공급하고 신체 활동의 이점을 누릴 기회를 빼앗기고 있다.[220]」

많은 사람들이 휴식 없는 삶의 불합리함을 인식하고 있다. 캔자스에서 체육 교사로 일하는 릭 파파스Rick Pappas는 이렇게 주장했다.

"어른들은 일을 하다가도 틈틈이 커피를 마시며 쉬는 시간을 갖습니다. 그러면서 아이들은 몇 시간이고 교실에서 가만히 앉아 있기를 기대하지요. 정말 말도 안 되는 일입니다."[221]

조지아주 디캘브 카운티에서 열세 살짜리 아들을 키우는 베스 와이더Beth Wieder는 이렇게 비판했다.

"에너지가 넘치는 아이들에게 하루 종일 앉아 있으라고 하다니 정말 답답한 노릇입니다. 결국 아이들은 배움이 아니라 움직이지 않으려고 노력하는 데 모든 에너지를 다 써 버리고 말아요. 정말 비생산적이지요."

그녀의 아들은 지난 해 중학교에 다니기 시작한 뒤로 계속 초등학교 때가 그립다고 말했다고 한다. 무엇이 그렇게 그리운지 묻자 아이는 아쉬움 가득한 표정으로 대답했다.

"쉬는 시간요."[222]

코네티컷주 뉴헤이븐에 사는 타니 무함마드Tahnee Muhammad의 아들은 어느 날 "난 학교가 진짜 싫어!"라고 말하며 엉엉 울었다고 한다. 무함마드는 아이에게 물었다.

"왜 우니? 뭐가 그렇게 싫어?"

아이는 이렇게 대답했다.

"쉬는 시간이 없단 말이야!"[223]

플로리다주 윈터파크에 사는 헤더 멜렛Heather Mellet은 자녀들이 학교에서 쉬는 시간을 하루 10분밖에 갖지 못한다는 말을 듣고 학교에 항의했지만, 쉬는 시간을 늘리면 음악과 미술 수업 시간이 줄어들게 될 거라는 답을 들었다. 학교 측은 심지어 일부 아이들이 괴롭힘을 당할 수 있기 때문에 쉬는 시간을 더 많이 줄 수 없다는 설명도 덧붙였다. 멜렛은 말한다.

"아이들은 점심시간에도 괴롭힘을 당합니다. 그렇다고 아이들에게 점심을 못 먹게 할 건가요?[224] 이 모든 일들이 [표준] 시험의 엄청난 유행과 함께 일어났습니다. 이제는 걷잡을 수 없는 지경이에요."[225]

멜렛을 비롯한 몇몇 부모들은 플로리다의 모든 초등학생들에게 매일 20분 이상의 자유로운 쉬는 시간을 요구하는 페이스북 모임을 만들었고 5,500명 이상이 참여하였다.

"직장 상사가 점심시간을 줄이고 남는 시간을 정해진 대로 쓰라고 강요한다면 어른들은 과연 어떤 반응을 보일까요?"[226]

교사인 애나 먼로-스토버Anna Monroe-Stover는 말했다. 그녀를 비롯한 미국의 많은 교사들이 스콜라틱Scholastic이라는 웹사이트를 통해 쉬는 시간의 급박한 필요성에 깊은 공감을 표하고 있다. 교사인 브렌다 존슨Brenda Johnson은 "학생들의 공부 효율을 높이고 싶다면 운동을 하고 신선한 공기를 마실 시간을 더 줘야 합니다."라고 말했다. 초등학교 3학년 교사인 레베카 웹스터Rebecca Webster 역시 생각이 같다.

"자유로운 놀이는 문제 해결 능력과 비판적 사고 능력을 키우는 데 도움이 됩니다. 그 시간마저 교사들의 명령에 따라야 한다면 아이들은 언제 스스로 생각하고 행동하는 법을 배우겠습니까? 아이들은 자신에게 어느 정도의 자율성이 있다고 느껴야 합니다. 그러지 않으면 교육은 배움의 기회가 아니라 감옥처럼 느껴질 뿐이에요."[227]

뉴저지주 에머슨의 교육감 브라이언 가이틴스[Brian Gatens]는 말했다.

"우리는 움직이는 것이 아이들의 본성이라는 점을 이해해야 합니다. 아이들에게 계속 가만히 앉아 있으라고, 조용히 하라고 강요하는 건 인간의 본성에 어긋나는 일입니다. 우리는 책상에 앉아 고개를 숙인 채 조용히 글자를 쓰고 있는 모습을 보면 아이가 뭔가를 배우고 있다고 착각하기 쉽습니다. 하지만 실제로는 두뇌에 활력을 줄 수 있는 활기찬 시간을 보내야만 그 조용한 순간들이 훨씬 더 가치 있는 시간이 됩니다."[228]

시카고 지역은 수십 년 동안 공공기반시설의 붕괴, 안전 및 보안 문제, 인력의 부족, 학교의 자원 부족에 시달렸고, 결국 1991년에 충격적인 대규모 아동 방치 사건을 경험하였다. 그 후 시카고의 공립학교들은 7년 동안이나 대부분의 학생들에게 쉬는 시간을 금지하였고, 1998년에 해당 조치가 완화되고 그로부터 7년이 지난 2005년까지도 시카고의 전체 공립학교 중 단 6퍼센트만이 학생들에게 하루 최소 20분의 쉬는 시간을 부여하였다고 한다. 시카고에 거주하는 수만 명의 소년소녀들, 그중에서도 빈곤 지역에 거주하여 하교 후 안전하게 놀 기회가 거의 없는 다수의 아이들은 어린 시절의 상당

아이들을 놀게 하라

부분을 쉬는 시간도 없이 보내야 했다.[229] 부모, 교사 연합, 지역 지도자들이 수년 동안 이의를 제기한 뒤인 2012년에야 시카고의 모든 유치원생부터 중학교 2학년 학생들에게 매일 최소 20분 동안의 쉬는 시간이 다시 주어지게 되었다.

시카고 체사르 차베스 중학교 2학년생인 알론드라 니뇨^{Alondra Nino}는 이런 변화를 반겼다.

"저는 공부에 집중하기가 늘 어려웠어요. 매일 공부, 공부, 공부만 하다 보니 집중력이 떨어지더라고요. 이제 쉬는 시간이 늘어나니까 조금은 더 쉬워질 것 같아요."

에밀리아노 사파타 아카데미에 다니는 4학년 학생 호제이^{Jose}는 이렇게 말했다.

"저는 쉬는 시간이 좋아요. 재미있게 놀고 움직일 시간이 하나도 없거든요. 그렇게 할 수 있는 유일한 시간은 체육관에서뿐인데 그것도 일주일에 한 번뿐이에요. 이제는 운동도 많이 하고 잡기 놀이나 숨바꼭질 같은 재미있는 놀이도 더 많이 할 거예요."

스티븐슨 아카데미의 4학년 학생인 훌리오 메드라노도 같은 생각이다.

"어린이들은 건강하게 뛰어다녀야 해요. 학교에서도 뭔가 활동적인 일들이 필요하고요."[230]

오늘날 학교에서 쉬는 시간이 얼마나 주어지는가에 대한 정확한 자료를 얻기는 힘들다. 또한 쉬는 시간을 언제 얼마나 가질 것이며 어떤 활동을 할 것인가에 대한 구체적인 결정을 보통 각 학교 수준에서 내리기 때문에 무엇이 공통된 관행이라고 규정하기도 힘들다. 하지만 질병통제예방센터의 분석에 따르면 2011년부터 2012년 사이에 미국의 전체 교육구 가운데 쉬는 시간을 매일 주도록 의무화한 교육구는 22퍼센트에 불과하였고, 해당 지역 학교들 중 절반 이하만이 최소 20분의 쉬는 시간을 보장하였다.[231]

추가적인 연구 결과 가난한 도시 지역의 어린이들은 낮 동안 신체 활동이나 자유로운 놀이를 할 기회가 더 적고 학교에서도 쉬는 시간을 가장 적게 누리는 것으로 드러났다. 체육 시간 역시 부족하다. 2013년에 뉴욕시공공감찰사무소New York City Public Advocate가 진행한 연구에 의하면 뉴욕주에는 저학년 학생들이 매일 체육 교육을 받아야 한다는 규칙이 있음에도 불구하고, 조사 대상 초등학교의 약 57퍼센트가 일주일에 단 한 번만 체육 수업을 제공하였다고 한다.[232] 흑인일수록, 소득수준이 빈곤선 이하일수록, 학업 성적이 나쁠수록 쉬는 시간을 누릴 가능성은 줄어든다. 비공식적으로 진행된 어느 설문조사에 의하면 극빈층 지역의 학교 가운데 약 절반에서는 본래 쉬는 시간이 있음에도 불구하고 일부 어린이들이 쉬는 시간을 빼앗기는 것으로 드러났다. 특히 흑인 또는 라틴계 남자아이들이 대상이 되었다. 복도에서 소리를 지르거나 말대꾸를 하고 떼쓰는 행동, 숙제를 하지 않는 등의 다양한 문제 행동에 대한 벌로 내려진 조치였다.[233]

로버트우드존슨 재단Robert Wood Johnson Foundation의 의뢰를 받아 갤럽에서 진행한 2009년 여론 조사 결과 역시 매우 충격적이었다. 교장들 가운데 77퍼센트가 말썽을 부리거나 성적이 부진하다는 이유로 쉬는 시간을 빼앗는 벌을 내리고 있다고 답변했기 때문이다. 하지만 같은 보고서에 따르면 10명 중 8명의 교장이 놀이 시간은 '어린이들의 성취에 긍정적인 영향을 준다'는 사실을 인지하고 있었으며, 3분의 2는 '학생들은 쉬는 시간을 가진 후에 더 수업을 잘 듣고 집중력도 좋아진다'고 답하였다.[234]

논쟁의 여지는 있지만, 처벌 수단으로서 쉬는 시간을 빼앗는 관행은 교육적으로 옳지 못하다. 질병통제예방센터는 "체육 활동을 못하게 하는 것은 어린이들의 건강과 행복을 저해한다."라고 경고하였고[235], 미국 소아과 학회 역시도 쉬는 시간을 빼앗는 것에 반대하며 "쉬는 시간은 어린이의 사회, 정서, 신체, 인지 발달을 최적화하기 위해 꼭 필요한 시간이다. 쉬는 시간은 기본적으로 어린이 개인의 시간으로 여겨져야 하며, 학업상의 이유나 처벌의 목적으로 제한되어서는 안 된다."[236]라고 경고하였다. 뉴욕시 교육부는 이와 같은 관행을 금지하고 있지만, 뉴욕시 공립학교에 자녀를 보내는 여러 부모들과 대화를 나눈 결과 많은 학교들이 여전히 이 금지 조치를 무시하거나 존재 자체를 모르고 있다는 사실을 알 수 있었다.[237] 쉬는 시간을 처벌의 수단으로 활용하는 것은 미국 아동 교육의 주류적 관행이 되어 버렸다.

미국 전역에서 교사, 부모, 어린이들이 전한 바에 의하면 학습이나 훈육의 목적으로 쉬는 시간을 취소하거나 줄이는 일은 주기적으로 일어나고 있다. 세 자녀를 공립학교에 보내는 어머니이자 '쉬는 시간을 위한 애리조나인 모임Arizonans for Recess'이라는 풀뿌리 단체를 이끄는 크리스틴 데이비스Christine Davis는 2018년 애리조나주에서 유치원부터 초등학생까지의 어린이들에게 하루 최소 2회의 쉬는 시간을 부여하도록 하는 법안을 통과시키는 데 일조하였다. 데이비스는 이 법안이 통과된 이후에도 '쉬는 시간 제한하기'가 애리조나주 전역에서 만연하고 있다고 말했다.

"쉬는 시간을 빼앗는 건 현대판 엉덩이 때리기, 종아리 때리기, 벽 보고 서 있게 하기와 같습니다. 그래서는 안 된다는 합의가 다양한 부문에서 이루어져 있음에도 그런 수준 낮은 교육 방침을 아무 생각 없이 쓰고 있는 것이죠. 애리조나주는 2009년부터 교실에서의 품행을 바로잡기 위해, 학습 효과를 높이기 위해 쉬는 시간을 제한하는 관행에 관하여 명확한 기준을 제시하고 있습니다. 전문적인 의견에 근거를 둔 조치이지만, 거의 무시되는 실정입니다."

데이비스는 쉬는 시간 제한하기의 문제가 아래 세 가지 조건에서 가장 심각해진다고 말하며, 애리조나의 경우 그 세 가지 조건이 모두 심각한 수준이라고 주장한다.

⑴교사 1인당 담당 학생 수가 너무 많아서 각각의 학생에게 관심을 기울이기 어려우며 교사-학생 간 관계가 취약하고 교사의 스트레스도 크다.

⑵쉬는 시간과 체육 수업이 한심할 정도로 부족해서 아이들에게 심각한 스트레스를 유발한다.

⑶데이비스의 말을 빌리자면, '발달적으로 부적절하며 상업적 시

험 출제 기업이 만든, 표준 시험 준비에만 최적화된 교과과정으로 인해 교사와 학생에게 불가능한 일을 강제하는 최악의 상황'이다.

데이비스를 비롯하여 쉬는 시간을 지지하는 많은 활동가들은 에너지가 넘치는 아이들에게서 쉬는 시간을 빼앗는 것이 병자에게서 약을 빼앗는 것과 마찬가지라고 믿는다.

데이비스가 이 문제를 처음으로 인지한 건 2016년의 어느 날이었다고 한다. 어느 학교 운동장 근처를 지나가는데 저학년으로 보이는 아이들이 거의 중세 시대에나 받았을 법한 벌을 받고 있는 모습을 보고 충격을 받은 것이다. 점심시간 직후에 15분에서 20분 동안 짧게 주어지는 야외 쉬는 시간이었다. 여섯 명의 아이가 담장을 따라 나란히 솟은 금속 기둥에 앉아 놀이를 금지당한 채 못다 한 과제를 하고 있었다. 데이비스는 자기 눈을 의심했다. 반 친구들이 겨우 몇 미터 떨어진 곳에서 신선한 공기와 햇살을 받으며 즐겁게 뛰놀고 있는데, 그 아이들은 고개를 푹 숙인 채 과제를 끝내야만 했다. 아이들에게 공개적으로 망신과 모욕감을 주는, 정말이지 가학적인 방식의 훈육이었다. 데이비스는 기둥에 앉아 있는 아이들이 '마치 물에 빠진 강아지처럼 영혼이 빠져나간 듯한 우울한 표정으로 친구들이 노는 모습을 바라보던' 장면이 기억난다고 말했다.

이후 해당 학교 교장에게 이 일에 대해 항의하자 교장은 그것이 '학습 지도 차원'의 정당한 조치였다고 답했다. 데이비스는 교육감에게 문제를 제기하였고, 교육감은 그런 일이 보통은 일어나지 않는다고 말했다. 쉬는 시간 제한은 금지하고 있으며 거의 사용되는 경우도 없다는 것이다. 데이비스는 말했다.

"우리 지역 신문 1면에 '벽 앞에 앉아 있는' 아이들의 사진이 대문짝만하게 실린 뒤에야 인정하더군요. 그 사진을 보고 꼭 교도소 같다고 하거나 심지어는 관타나모 수용소처럼 보인다는 사람도 있었어요. 이제는 해당 교육구에 그런 관행을 금지하는 정책이 성문화되어 있습니다. 하지만 여전히 많은 학교들이 정책을 무시합니다. 일부 학교에서는 쉬는 시간 제한이 '밖에서 벽 앞에 앉아 있기' 대신, 부모들의 눈에 덜 띄는 '실내에서 점심시간 동안 격리되기'로 바뀌었을 뿐입니다."

우리가 이 책을 쓰기 위해 조사하는 동안 미국 전역의 많은 부모와 교육자들이 '쉬는 시간을 활용한 처벌' 사례들에 대해 들려주었고, 그들 대부분은 익명을 요구하였다. 지금도 공립 교육 체계 내에 본인이나 자녀들이 소속되어 있기 때문이었다. 플로리다주에 거주하는 한 대체 교사는 말했다.

"저는 세 개의 주, 여러 교육구에서 오랫동안 일했어요. 저에게 쉬는 시간 동안 '벽 앞에' 앉아 있어야 하는 학생들 목록을 남겨 놓고 휴직하는 담임교사들이 많았죠. 아이들이 벽 앞에 앉거나 서서 친구들이 뛰어노는 모습을 지켜봐야만 한다는 게 저로서는 도무지 납득이 되지 않았어요. 아이들은 쉬는 시간 동안 '꿈틀거리고 싶은 욕구'를 조금이라도 떨쳐 내야만 해요. 그래야 집중도 할 수 있으니까요."

플로리다의 또 다른 교사도 말했다.

"제가 가르친 모든 초등학교에서는 쉬는 시간이 늘 처벌의 도구로 쓰였습니다. 개인적으로 저는 한 번도 그런 적이 없어요. 벌을 받는 아이들이야말로 쉬는 시간이 가장 필요한 아이들이니까요!"

플로리다의 또 다른 교사는 자신이 근무하는 극빈층 학교에서 학생들에게 쉬는 시간이 허락되지 않는 이유가 주에서 그 학교를 '실패한' 학교라고 낙인찍었기 때문이라고 말했다.

> "'A' 등급을 받은 학교들만이 학생들에게 쉬는 시간을 줄 수 있습니다. 놀이가 어린이의 발달에 엄청나게 중요하다고 배워 온 내게는 너무나도 충격적이었습니다. 동료와 나는 점심식사 직후 학교 건물 뒤에서 아이들에게 몰래 15분 동안 쉬는 시간을 주곤 했습니다. 새로운 법안이 시행되면서 이제 학생들에게 15분 동안 쉬는 시간을 줘야 한다는 의무가 생겼지만, 많은 동료 교사들은 여전히 아이들이 놀게 허락해 주지 않고 있습니다. 실내에 가둬 놓고 계속 공부를 시키거나 조용하고 통제된 활동만을 하게 하지요. 저는 놀이의 힘을 지금도 믿고 있습니다."

플로리다의 한 어머니는 이렇게 덧붙였다.

"파스코 카운티 공립학교에서는 이런 방법이 자주 동원됩니다. 교실에서 너무 떠들면 반 전체가 점심 쉬는 시간이나 바깥 복도에서의 쉬는 시간을 취소당한다는 말을 저의 두 아이 모두가 하더군요."

자녀가 플로리다주 오렌지카운티의 초등학교에서 마지막 해를 보내고 있는 또 다른 어머니는, "5학년인 제 아이의 학급은 몇몇 아이들이 복도를 걸어가면서 바보 같은 짓을 했다는 이유로 쉬는 시간을 취소당했다고 합니다. 모두가 놀이를 하는 대신 운동장에서 줄을 맞춰 걷는 연습을 해야 했다고 해요."라고 말했다. 역시 플로리다에 사는 한 어머니는, "주법은 차터스쿨에만큼은 예외를 인정하고 있습니다. 차터스쿨에 다니는 아이들은 쉬는 시간을 받을 자격이 없다는 건가요? 어리석음이 도를 넘었어요. 제 아이들은 레이크 카운티에 있는 공립 차터스쿨에 다닙니다. 3학년 이상은 일주일에 단 하루 쉬는 시간이 주어지는데 그것만으로도 감사해야 하는 걸까요?"라고 말했다.

조지아주에 사는 또 다른 어머니는 이렇게 말했다.

"아이들에게 들어 보면 쉬는 시간이 취소되는 이유도 참 다양합니다. 점심시간에 너무 시끄럽게 떠들었다는 이유로, 너무 추워서 [춥다니요, 여기 조지아주거든요!(조지아주는 기후가 온난함_역주)], 너무 더워서, 아니면 꽃가루가 너무 많이 날려서 등등 온갖 이유로 쉬는 시간을 취소한다고 해요. 선생님들께 문제를 제기했더니 공부 시간이 너무 부족해서 어쩔 수 없이 (교실 안에서, 짧게) '두뇌가 쉬는 시간'만을 갖는다고 하시더군요."

오하이오주의 경험 많은 한 초등학교 교사는, "15년간의 경험상 아이들의 쉬는 시간을 뺏는 것에 관해 문제의식을 갖지 않는 교사는 한 번도 본 적이 없습니다. 태도가 불량할 때도, 숙제를 안 해 왔어도, 전날 결석으로 수업에 뒤처졌을 때도 쉬는 시간을 취소해야 합니다."라고 말했다.

버지니아주 북부에 거주하는 한 어머니는 우리에게 전했다.

"새 학기가 시작된 지 2주밖에 되지 않았지만, 벌써부터 저의 6학년 된 딸은 선생님이 벌로 쉬는 시간을 빼앗았다며 불평하더군요. 아이들은 쉬는 시간을 즐기는 대신 5분 동안 책상에 머리를 박고 앉아 있어야 했다는군요."

뉴욕 롱아일랜드에서 5학년과 중학교 3학년 아이를 키우는 아빠, 팀 맥도월Tim Macdowall에 따르면, 그 지역 교육구는 '일상적으로 아이들의 쉬는 시간을 빼앗는다'고 한다.

"점심식사 보조 교사들도 아이들에게 집단적인 처벌을 부과할 권한이 있어서, 몇몇 아이들이 불량한 행동을 했다는 이유로 모든 아이들에게서 점심 이후의 쉬는 시간을 빼앗을 수 있습니다."

롱아일랜드의 또 다른 부모는, '상류층이 거주하는 쾌적하고 평균 이상으로 진보적일 거라고 여겨지는 지역에서조차도' 이런 일이 비일비재하다고 말한다.

"몇몇 아이들의 '품행'이 단정하지 못하다는 이유로 전체 학급에게 벌을 주기 위해 쉬는 시간이 이용됩니다. 저는 당시 교장 선생님께, 쉬는 시간을 제한하는 것이 아이들에게, 특히 나쁜 행동을 보이는 아이들에게 더더욱 하지 말아야 할 행위라며 강력하게 항의했습니다. 나쁜 행동을 하는 건 아이들의 자라나는 신체가 더 많은 쉬는 시간을 필요로 하기 때문이라고요. 그러자 엄청나게 반발하시더군요."

마찬가지로 롱아일랜드에서 열한 살 딸을 키우는 한 어머니는 우리에게, 아이가 같은 반 아이들의 학습 수준을 따라가지 못했다는 이유로 쉬는 시간을 빼앗기는 벌을 받았다고 말했다.

"아이는 친구들이 함께 어울리며 노는 동안 운동장 바닥에서 나머지 공부를 해야 했어요. 놀 시간이라고 해 봐야 9분밖에 되지 않았지만요. 저는 너무 충격을 받았습니다. 평소 상냥하고 친구들과도 잘 어울리는 아이였어요. 생활기록부에도 그렇게 쓰여 있었고요. 그저 선생님을 기쁘게 하고 싶어서 애쓰는 아이였습니다. 하지만 혼자서만 쉬는 시간을 거부당한 경험은 아이에게 엄청난 영향을 미쳤고, 학년을 마칠 때쯤이 되자 우울증과 불안감에 시달렸어요. 열심히 공부했지만, 성적도 떨어졌고요. 아이는 자신에게 일어난 일에 대해 지금도 화가 나 있습니다. 우리는 변호사를 고용했고 지금 제 딸은 쉬는 시간과 바깥놀이가 자주 주어지는 학교에 다닙니다. 아이도 훨씬 더 행복해해요."

미시간주에 사는 한 부모는 우리에게 말했다.

"초등학교에 다니는 제 아들은 품행이 단정하지 못하다는 이유로 쉬는 시간을 빼앗겼습니다. 아이에게는 ADHD가 있어요. 정책적으로 쉬는 시간을 빼앗을 수 없게 되어 있음에도 교사 중 한 명이 그 정책을 무시한 겁니다. 제가 해당 교사와 교장에게 문제를 제기하자 그들은 그런 일이 있었다는 사실 자체를 부인했어요. 하지만 다른 부모들이 나서서 제 아들에게 그런 일이 있었다는 증언을 해 주었습니다. 저는 아이들이 무슨 일이 있든 자유로운 놀이를 보장받아야 한다고 주장했지만, 마치 벽을 보고 이야기하는 기분이었어요. 겨울에는 쉬는 시간을 거의 밖에서 보내지 못했습니다. 나머지 아이들도 마찬가지였고요. 내내 교실에만 앉아 있으면서 살도 많이 쪘습니다. 에너지를 분출하지 못하는 건 제 아이에게 정말로 힘든 일이에요."

노동자 계층 및 중산층이 주로 거주하는 뉴욕시 브루클린의 케너지 지역에서는 학생들에 대한 처벌로써 쉬는 시간을 빼앗는 일이 12년 동안 빈번히 일어났다고 한다. 해당 지역 공립학교 교사는 2016년에 어느 유치원 학급이 두 달 내내 쉬는 시간을 취소당하는 일도 있었다고 고백했다. 점심식사 보조원이 아이들의 태도가 바르지 못하다고 말했기 때문이었는데, 교장도 이런 조치를 허락했다고 한다. 그 교사는 안타까워하며 말했다.

"유치원생들에게 쉬는 시간을 주지 않다니, 너무 잔인하지 않나요? 학교에서 미술이나 음악을 가르치지 않는 것만큼이나 안 좋다고 생각해요."

퀸스에 있는 또 다른 학교의 교사는 "아이들이 매일같이 점심 식사 보조원들로부터 밖에 나가서 놀지 못하게 한다는 위협을 당하며, 덥고 냄새나고 시끄러운 방에서 3~40분을 버티다가, 겨우 밖에 나간다고 해도 쉴 수 있는 시간은 겨우 5~10분에 불과하다."라고 말했다.

뉴욕주 북부 페넬빌의 어느 시골 학교 소속 유치원에 다니는 6세 아이의 어머니는 우리에게 이렇게 말했다.

"제 아들은 15분에서 30분이라는 정해진 시간 안에 연습문제나 주어진 과제를 다 해내지 못하는 일이 많았어요. 게으름을 부리지도 않았고 열심히 노력했지만, 제 시간 안에 해내지 못하면 마칠 때까지 쉬는 시간을 빼앗겨야 했고요. 아이는 당연하게도, 최선을 다했는데도 벌을 받는다고 느낄 수밖에 없었죠. 또 숙제를 해 오지 않은 아이들은 쉬는 시간을 빼앗기고 그 시간에 숙제를 해야 했어요. 그런 대우를 당한 후에 아이는 불안 증세를 진단받았습니다."

펜실베이니아의 어느 교사에 따르면 피츠버그에서는 유치원부터 초등학교 5학년 아이들에게 벌을 주기 위해 쉬는 시간을 없애는 일이 "2009년부터 2018년 사이에 빈번하게 벌어졌다."라고 한다. 코네티컷주 벌링턴에 거주하는 한 어머니는 이렇게 전했다.

"제 아들은 시험 문제를 주어진 시간 안에 풀지 못했다는 이유로 쉬는 시간이 끝날 때까지 줄을 맞춰 서 있어야 했어요. 이런 일이 몇 번이나 반복됐습니다. 제 딸은 6학년 때 사회 숙제를 다 해 놓고도 실수로 사물함에 놓고 가져가지 않았다가 '숙제 점수'를 10점 잃었을 뿐만 아니라 그날 하루 종일 쉬는 시간을 가질 수 없었다고 합니다. 다시 한번 말하지만, 숙제를 안 한 게 아니라, 실수로 다른 폴더에 넣어 두었던 것뿐이었어요."

콜로라도주 캐니언시티의 극빈층 지역에 있는 어느 초등학교의 교사는 말했다.
"아이들은 점심식사 전 단 10분의 쉬는 시간을 허락받습니다. 그마저도 청소라든가 줄맞춰 서기 등을 하느라 줄어들기 일쑤이고요. 모든 일이 마무리될 때쯤이면 놀 수 있는 시간은 매일 5분에 지나지 않습니다."

33년 동안 교직에 몸담아 온 그 교사에 따르면, 학교 전체의 표준 시험 성적을 끌어올리라는 주 정부의 요구 때문에 동료 교사들이 '추가 계획을 세우고 준비하고 평가하고 회의하느라 엄청난 스트레스에 시달린다'고 한다.

애리조나주 투손의 어느 학교에서는 쉬는 시간을 빼앗는 식의 잘못된 처벌이 너무나 자주 이루어진 나머지 학부모에게 다음과 같은 안내문을 보낼 정도였다고 한다.

「알려 드립니다. 학부모님의 자녀는 오늘 주어진 과제를 다 하기 위해 아침 쉬는 시간을 교실에서 보냈습니다. 아이가 숙제와 기타 수업 과제물을 제시간 안에 제대로 제출하는 것이 얼마나 중요한지 깨달을 수 있도록 학부모님의 협조를 부탁드립니다.[238]」

펜실베이니아주의 경험 많은 한 교사는 우리에게 말했다.

"저는 공립 초등학교에서 21년 동안 교사로 일했습니다. 그 21년 동안 저는 세 개의 주, 네 개의 교육구를 돌며 차터스쿨 한 곳과 여러 극빈층 지역 학교, 중산층 학교 한 곳, 부유한 지역의 학교 한 곳에서 일했습니다. 그렇게 다양한 경험을 하면서 저는 교육에 관하여 많은 것들을 알게 되었습니다. 초등학교에서 일할 때는 많은 교사와 교장, 교감 선생님이 태도가 나쁘다거나 공부를 다 못 했다는 이유로 학생들에게서(개인이든 집단이든) 쉬는 시간을 뺏는 모습을 수없이 목격했습니다. 슬프게도 저 역시 때로는 그런 일을 했지만, 그것이 효과적이라고 생각해서는 아니었습니다. 보통 이런 일들은 엄청난 좌절감 때문에 벌어집니다. 오늘날의 학교에서 좌절감은 과거에 비해 훨씬 흔한 감정이 되어 버렸습니다.

이것만은 분명합니다. 학교에서 놀이를 없애 버린 결과 미국의 학교에는 심각한 문제들이 생겨났습니다. 단지 쉬는 시간만이 문제가 아닙니다. 어린 학생들에게서 놀이를 빼앗고 '엄격한 표준'을 요구하면서 문제는 눈덩이처럼 불어났습니다. 아이들은 앞으로 학업의 길을 이어 나가는 과정에서 꼭 필요한 능력들을 전혀 키우지 못하고 있는데도, 우리는 여전히 편협하고 유연하지 못한 교과과정을 아이들에게 강요하고 있습니다. 제가 근무했던 학교 부설 유치원의 교사들은 아이들에게 오후에 15분간의 쉬는 시간을 더 주자고 건의해 보기도 했지만, 학교 관리자 측에서 돌아온 답변은 "절대로 안 된다."였습니다.

저는 오늘날 많은 어린이와 청소년들에게서 목격되는 정신건강상의 문제들 ―불안, 우울, 자살 등― 에 공공 교육 정책의 책임이 있다고 믿습니다. 방송에서는 보통 기술과 소셜 미디어에 관심을 집중하지만, 그것들만이 문제는 아니라고 생각합니다. 저의 많은 동료 교사들 또한 과거 수십 년 동안에 비해 학생들의 문제 행동 강도가 심각해졌다고 말하곤 합니다. 제가 처음 교직에 들어선 1997년에는 극빈층 지역 학교에 갓 부임한 신출내기 교사였음에도 학생들의 문제 행동 때문에 학교 관리자 측에 도움을 요청하는 일이 거의 없었습니다. 요즘 제가 근무하는 학교(마찬가지로 극빈층 지역)에서는 저나 다른 교사들이 관리자 측에 도움을 요청하는 일이 주기적으로 벌어집니다. 학생들은 교실에서 훨씬 더 폭력적인 행동을 하고 있고 위험한 행동을 합니다. 하루에도 몇 명씩 교실에서 도망치기도 하고요.

어떤 대가를 치르더라도 성과를 내야 한다는 엄청난 압박이 학생과 교사들에게 가해지면서 점점 더 많은 교육자들이 감정적으로 격분한 상태에서 쉬는 시간을 빼앗게 되었습니다. 달리 무엇을 해야 좋을지 모르기 때문이지요. 표준 시험만을 강조하면서 만들어진, 발달적으로 부적절한 교과과정으로 인해 아이들의 행동 문제가 심각해진 것도 교사 부족 문제를 유발한 큰 원인 중 하나라고 생각합니다. 많은 교사들이 더 이상은 못 하겠다며 교직을 떠나는 모습을 저도 여러 번 목격했거든요. 대체 교사들이 화장실에 다녀온다고 교실을 나서고는 다시는 돌아오지 않은 경우도 있었습니다.(농담이 아니라 실제 있었던 일입니다) 이제는 목소리를 낼 사람이 별로 없습니다. 학교 측은 학생들이 로봇이 되기를 바라기 때문에 교사들이 목소리를 내려면 본보기로 처벌받을 각오를 해야 합니다. 아이들에게나 어른들에게나 참으로 진이 빠지는, 건강하지 못한 상황이지요."

교장, 교사, 심지어 부모들 중에는 태도나 학업상의 이유로 쉬는 시간을 취소하거나 줄이는 조치에 대해 찬성하는 사람들도 있다. 하지만 이런 관행은 완전히 시대에 역행하는 논리에 근거하고 있으며, 미국 소아과 학회나 질병통제예방센터 등 의학적으로 권위 있는 단체들의 권고사항에 정면으로 위배된다는 점을 반드시 기억해야 한다. 조지아 주립대학 유아교육 조교수로 쉬는 시간에 대한 연구를 선도하는 올가 재럿Olga Jarret은 이렇게 썼다.

「그 누구보다도 쉬는 시간이 필요한 건 집중하는 데 어려움을 겪는 아이들이다. 하지만, 쉬는 시간을 빼앗기는 것도 주로 이런 아이들이다.[239]」

전미부모교사협회가 진행한 설문조사에서는 부모 4명 중 3명이 쉬는 시간이 필수적이어야 한다고 답했다.[240] 그들의 말이 옳다. 의학적 근거나 과학적 근거 모두가 양질의 체육 교육과 매일 정기적으로 안전한 감독하에 실외에서 주어지는 쉬는 시간이 학생들의 태도, 학업 성적, 참여도, 건강, 행복을 모두 개선시킨다고 말한다. 쉬는 시간 동안 아이들의 행동이나 안전과 관련한 문제가 발생한다면 해결책은 쉬는 시간을 취소하는 것이 아니라 충분한 감독자를 배치하고 아이들의 행동 개선과 관리에 더 많이 투자하는 것이다.

어린이들의 쉬는 시간을 빼앗으면서 미국은 세계적으로도 특이한 나라가 되었다. 많은 다른 나라들은 일과 시간 내내 어린이들에게 쉬는 시간을 주어 아이들이 에너지를 보충하고 더욱 날카로운 집중력으로 공부할 수 있게 한다. 일본 어린이들은 시간마다 10분에서 15분간의 쉬는 시간을 갖고, 다른 동아시아 국가의 초등학교들 역시도 보통 약 40분마다 10분씩 쉬는 시간을 갖는다. 핀란드에서는 학교에서의 정기적인 쉬는 시간이 모든 어린이의 권리로 여겨지며, 핀란드 어린이들은 수십 년 동안 한 시간마다 평균 15분의 실외 쉬는 시간을 가져 왔다. 아무리 춥고 비가 오고 눈이 와도 아이들의 수업 참여도를 높이고 에너지를 북돋워 주기 위해 쉬는 시간은 지켜졌다. 그밖에도 유럽 전역의 어린이들은 수업이 한 시간 끝날 때마다 5분에서 10분의 쉬는 시간을 갖는다. 재럿은 주장한다.

"모든 사람에게는 쉬는 시간이 필요하며, 연구 결과 어린이와 성인 모두 오랜 시간 동안 강한 집중력을 유지할 수는 없다는 사실이 드러났다."[241]

교실에서 대부분의 아이들이 효과적으로 집중력을 발휘하는 최대한의 시간은 60분이 아니라 30분 내지 45분에 가까울지 모른다.

미국의 많은 학교에서는 어린이들에게 쉬는 시간을 주는 경우에도 시간 배정을 잘못하고 있다. 2001년 전국적으로 진행된 어느 연구에 따르면 점심시간 이전에 쉬는 시간을 제공하는 초등학교는 5퍼센트 미만에 불과했지만,[242] 사실 점심시간 이후보다는 이전이 쉬는 시간을 주기에 가장 좋은 때다. 점심시간 이전에 쉬는 시간을 주면 버려지는 음식이 줄어들고 과일과 채소 섭취량이 늘며 식당 및 교실 모두에서 아이들의 태도가 좋아진다.[243] 어린이 영양 프로그램에 관하여 코넬 행동경제학센터가 진행한 연구에서는 점심시간 전에 쉬는 시간이 주어졌을 때 어린이들의 과일과 채소 섭취량이 54퍼센트 증가하였으며, 제공된 과일이나 채소 중 최소 하나 이상을 먹는 어린이의 숫자가 45퍼센트 증가했음이 밝혀졌다.[244] 코네티컷 주 윈덤의 학내 복지센터 상담가인 숀 그런월드Shawn Grunwald는 "쉬는 시간 이후에 아이들은 잔뜩 배가 고픈 채 식당에 들어옵니다."라고 말했다.

"식욕도 한껏 올라 있고 사회적 욕구도 어느 정도 충족시킨 상태이기 때문에 이제 아이들의 관심사는 먹는 데 집중됩니다. 어느 정도 에너지를 발산했기 때문에 행동 조절도 더 잘되고요."[245]

이건 사실 그리 어려운 문제가 아니다. 대부분의 부모들은 놀이나 여타 활동적인 바깥 활동이 식욕을 돋운다는 사실을 이미 알고 있다. 한 소아과 의사가 말했듯이 어린이의 쉬는 시간에 대한 갈증은 배고픔보다 크다.[246]

최근에는 미국에서도 쉬는 시간이 아주 조금씩 되살아나고 있다. 부모와 교사들이 어린이들의 움직일 권리를 대변해서 싸운 결과다. 2015년 9월 시애틀 지역의 공립학교와 교사 연합은 초등학교 학생들에게 매일 30분 이상의 쉬는 시간을 보장하는 데 동의하였고, 루이지애나, 로드아일랜드, 텍사스, 플로리다주의 교육구들은 매일 쉬는 시간을 필수화하였다. 쉬는 시간을 옹호하는 사람들은 최근 버지니아, 플로리다, 로드아일랜드, 애리조나, 알칸사스, 뉴저지주 등에서 최소한 부분적으로나마 승리를 거두었다.

하지만 전미체육교사협회의 2016년 보고서에 따르면 미국의 모든 주 가운데 단 16퍼센트만이 초등학교 어린이들에게 매일 쉬는 시간을 주도록 강제하고 있다.[247] 결국 수백만 명의 미국 어린이들은 오늘도 쉬는 시간 없이 또는 쉬는 시간이 부족한 상태로 지내고 있으며, 이는 어린이의 건강과 학업 차원에서 볼 때 국가적 비상사태나 다름없다.

***

아이들을 놀게 하라

2017년의 어느 날 이 책의 저자 윌리엄 도일은 뉴욕시의 어느 공립학교 운동장 앞을 지나가고 있었다. 운동장은 체육 활동을 하는 여덟 살에서 열두 살까지의 어린이들로 가득했다.

가까이 가서 들여다보니 '코치'라고 새겨진 운동복을 입은 성인 여섯 명이 아스팔트 여기저기에 서서 다양한 구기 운동을 하는 아이들을 면밀히 관찰하고 있었다. 마치 강도 높은 정식 실외 체육 교실처럼 보였다.

윌리엄은 코치 중 한 사람에게 물었다.

"체육 수업을 늘 밖에서 하나요?"

그러자 코치는 대답했다.

"체육 수업이 아니라 쉬는 시간입니다."

"정말로요?"

윌리엄은 혼란스러웠다.

"쉬는 시간은 아이들이 친구들과 함께 하고 싶은 일을 하면서 보내는 시간 아닌가요?"

코치의 답은 이랬다.

"요즘 애들은 노는 법을 몰라요. 그래서 모여서 팀을 짜고 규칙을 따르고 공을 함께 가지고 놀고 공정하게 점수 매기는 법을 저희가 알려 주는 겁니다. 이렇게 해야 아무도 혼자 남지 않고 괴롭힘도 당하지 않습니다. 대신 어떤 활동을 할지는 아이들이 정할 수 있어요."

근처 다른 구역에서는 아이들과 단 몇 미터 간격을 두고 선 코치가 주기적으로 아이들에게 개입하고 정정하고 지도하고 스포츠 기술을 가르쳐 주고 있었다. 운동장에서 어린이들 주변을 끊임없이 뱅글뱅글 도는 모습이 마치 '헬리콥터 부모'의 교사 버전 같아 보였다.

윌리엄은 자신이 미국 교육에 등장한 새로운 개념을 눈앞에서 목격하고 있음을 깨달았다. 바로 '쉬는 시간 코치'였다. 그리고 곧 그는 특정한 비영리단체가 미국 전역의 공립학교에 이런 서비스를 제공하고 있으며, 그 비용을 부모들의 모금과 학교, 외부 재단에서 부담한다는 사실을 알게 되었다. 일부 학교 경영자들은 이런 프로그램을 대단히 좋아하는 것 같지만, 윌리엄의 눈에는 쉬는 시간이 아니라 체육 수업처럼 보일 뿐이었다. 실제로 해당 비영리집단의 웹사이트에서는 '멋진 코치들'이 '놀이와 신체 활동을 조화롭게 조직함으로써 쉬는 시간과 놀이를 얼마나 개선할 수 있는지'를 자랑스럽게 광고하고 있다.

다시 말해서 일부 미국 학교들은 쉬는 시간을 외주 기관에 맡기고 '쉬는 시간 코치'들을 고용하기 위해 추가 비용을 부담하기로 결정하였고, 쉬는 시간을 정형화된 체육 수업과 비슷하게 바꿔 놓음으로써 아이들에게서 또다시 쉬는 시간을 빼앗고 있다. 이와 비슷한 방침을 택한 많은 학교의 학생들은 진정한 자유와 선택의 기회가 주어진 가운데 놀이를 주도할 수 있는 쉬는 시간을 더 이상 갖지 못하며, 어른들의 직접적인 개입으로부터 분리되어 순수한 상상으로 가득한 자신만의 모험을 창조해 내거나 아니면 그저 운동장 한편에 앉아 조용히 휴식을 취할 수 없게 되었다. 아이들은 어린 시절에 학교에서 할 수 있는 가장 아름답고도 보람 있는 경험을, 다시 말해서 스스로 다른 아이들과 협상하고 협력하며 자기만의 규칙과 게임을 만들어 낼 자유와 소박하고 느긋하게 머리에 휴식을 줄 자유를 박탈당했다. 어린이들은 그 가운데 무엇 하나라도 해낼 수 있으리라는 신뢰를 받지 못하고 있다.

대신에 아이들은 매일 20분 동안 쉬는 시간 대신 실질적인 체육 수업을 받아야 했다. 아이들이 20분이라는 시간 동안 그나마 이리저리 움직일 수 있고, 많은 다른 어린이들에 비해 더 많은 신체 활동 시간을 누리게 됐다는 점은 상당히 고무적이다. 하지만 아이들은 성인들의 직접적인 개입 없이 실질적으로 자유롭게 놀 수 있는 안전한 쉬는 시간을 매일 누려야 한다. 물론 양질의 체육 수업 역시도 매일 필요하다.[248]

여름방학이 시작되던 어느 평일에 윌리엄은 뉴욕 센트럴파크의 벤치에 앉아 있었다. 그는 가장 좋아하는 놀이에 빠져 있는 열 살 아들의 모습을 바라보고 있었다. 놀이터에서 자유롭게 놀기, 정글짐에 매달리기, 막대기로 흙장난하기, 처음 만난 친구들과 팀을 짜서 잡기놀이와 숨바꼭질, 경찰과 도둑놀이 하기, 새로운 게임을 만들어 내고 서로를 쫓아다니기, 온몸을 더럽히며 행복해지기 등이 아들이 가장 좋아하는 놀이였다.

다른 부모들 몇몇이 오후 내내 아이들을 응원하고 행동을 바로잡으며, 끊임없이 "조심해!", "잘했어!", "위험해!", "미끄럼틀 거꾸로 올라가지 마!"라고 소리쳐 댔다.

하지만 핀란드에서 시간을 보내는 동안 그곳 부모들의 충격적이리만큼 느긋하고 방임적인 태도를 좋아하게 된 윌리엄은 "조용히 해, 윌리엄. 북유럽 사람이 되자. 아이들을 놀게 하자."라고 주문을 외며 개입을 자제했다.

윌리엄의 가족은 8월에 다시 핀란드로 갈 예정이었고, 그곳에서 아들은 주중 통합수업(핀란드는 학기가 8월에 시작한다)과 어린이를 위한 오후 놀이-운동 클럽에 참가할 예정이었다. 하지만 뉴욕에서 보내는 7월에는 특별한 일정이 거의 없었고 윌리엄과 아내는 직업상 일정 조정이 비교적 자유로워서 돌아가면서 아이를 운동장이나 미술관에 데려가곤 했다.

윌리엄은 곧 주변 부모들과 여름 일정에 대한 대화에 참여하게 되었다. 주제는 자녀들의 여름 일정이 얼마나 정신없이 바쁜가였다. 한 아빠는('제프'라고 하자) 불쑥 휴대전화를 꺼내더니 화면을 두드리며 시간별, 주별로 정리해 놓은 아들의 여름 일정표를 보여 주었다.

어찌나 세세하게 잘 정리되어 있는지 믿기지가 않을 정도였다. 거의 매일이 빽빽한 활동과 이동 계획으로 가득했고, 시간표는 분 단위까지 나뉘어 있었다.

제프는 단호한 목소리로 말했다.

"이것 좀 보세요. 중국어 수업, 컴퓨터 코딩 캠프, 영화제작학교, 로봇공학, 체스, 태권도, 이공계 캠프, 작문 캠프, 요리 수업, 영어와 수학능력 강화 수업, 펜싱 수업, 프랑스어 수업, 당장 다음 주 월요일에는 하키와 야구 연습이 있네요."

당신이 어떤 관점을 취하느냐에 따라 이 시간표는 열 살짜리가 세상을 최대한 빨리 통달하게 해 줄 훌륭한 종합 계획표로 보일 수도, 절망적이리만큼 과도한 일정표로 보일 수도 있다. 뉴욕에 사는 많은 어린이들이 이런 일정표를 갖고 있는데, 놀랍게도 많은 부모들역시 자신의 자녀가 얼마나 과도한 일정에 시달리는지에 대해 경쟁적으로 불평을 늘어놓고 있었다.

제프의 아들에게 여름은 매 순간이 체계적으로 짜여 있고, 모든 움직임이 감시와 연출하에 이루어지는 중요한 시간이다. 어린 시절의 가장 중요한 경험이라고 할 수 있는 '지루해하기'를 위해서는 단한 순간도 할애할 수 없다. 그 아이에게 어린 시절의 여름은 점수표로 기억된다.

제프의 여름 시간표에 대해 곰곰이 생각하면서 윌리엄은 마음속으로 되뇌었다.

"혹시 우리 아들도 수업을 몇 개 들어야 하나. 여름 방학 동안 보충수업이라도 들어야 도움이 될까."

하지만 결국 이렇게 생각했다.

"아니, 흥분하지 말자. 어린 시절은 단 한 번뿐이니까."

세계,
놀이와의 전쟁을 벌이다

풍부하고 다양한 놀이는 언어, 문화, 기술과 더불어
인간이 이룩한 최대의 성과물이다.[249]

- 데이비드 화이트브레드 교수, 케임브리지 대학

놀이의 박탈은 비단 미국만의 문제가 아니다. 전 세계 여러 나라의 어린이들이 영향을 받고 있다. 불행하게도 놀이가 박탈되고, 과도하고 부담이 큰 표준 시험이 강제되며, 어린 아동에 대해 학업 압박이 이루어지는 등 GERM의 영향력은 다른 여러 나라에서도 번지고 있다.

전통적으로 아동의 학업 성취에 대한 문화적 기대가 컸던 여러 아시아 국가에서는 최근 들어 그러한 기대가 한층 더 강화되고 있으며, 그 결과 일부 학생과 부모들은 스트레스 수준이 비생산적일 뿐 아니라 견딜 수 없는 지경에 이르렀다고까지 느끼고 있다.

중국에서 나고 자라 캔자스 대학에서 미국과 중국의 학교 체계에 대한 비교 연구를 진행하고 있는 용 자오^{Yong Zhao} 교수는 중국에서 대졸자들이 흔히 '고분저능^{高分低能}', 즉 시험 점수는 높지만, 실제 능력은 떨어지는 사람으로 묘사된다고 말한다. 그는 우리에게 이렇게 말했다.

"놀이가 아동 교육에서 꼭 필요한 이유는 놀이, 특히 자기주도형 놀이가 주변 세계를 탐험하고 실험하기 위한 자연스럽고 필수적인 수단이기 때문입니다. 놀이는 어린이들이 세상과 사회적 규범, 자연 법칙에 대한 자기만의

아이들을 놀게 하라

가설을 형성하고 시험하는 대단히 효과적인 방식이기도 합니다. 또한 어린이들이 자신의 힘에 대해 이해하고 자신의 행동이 타인 및 주변 환경에 미치는 영향을 이해하는 데에는 직접적인 교습보다 놀이가 훨씬 더 강력한 힘을 발휘합니다. 물론, 놀이가 아동 교육의 중요 요소인 행복을 불러온다는 사실도 잊지 말아야 합니다."

그는 안타깝다는 듯이 이렇게 말을 이었다.

"지금까지 중국의 공식 교육에서는 놀이가 중요한 의미를 갖지 못했습니다. 여기서 제가 말하는 놀이란 스스로 결정하고 자발적으로 진행하는 놀이를 뜻합니다. 전통적으로 중국의 공식 교육은 놀이보다 학습에 훨씬 더 큰 주안점을 두었습니다. 심지어 놀이를 할 때조차도 어느 정도의 학습 목표를 가지고 교사가 놀이를 구성하는 것이 일반적입니다. 그냥, 아무런 실용적 목적 없이 놀 기회는 거의 주어지지 않습니다."[250]

많은 중국 어린이들에게 학교는 심한 스트레스, 경쟁의 압박, 과도한 공부의 장이 되어 버렸다. 중국 아동청소년 연구센터China Youth and Children Research Center가 진행한 설문조사 결과 중국 학생 가운데 자그마치 5분의 4가 주말을 포함하여 매일 평균 2시간 50분씩 숙제를 했다고 한다.[251] 중국 전역에서는 높은 점수를 받게 해 주겠다고 광고하는 민간 과외 기업들이 붐을 일으키고 있다. 〈차이나데일리 China Daily〉에 따르면 허베이 중부에 있는 샤오강 제1고등학교에서는 교사들이 대입 시험에 대비하여 밤늦게까지 공부하는 학생들에게 힘을 보충해 주겠다며 교실에서 정맥으로 아미노산 주사를 놓는 일까지 벌어졌다.[252] 어느 〈뉴욕타임스〉 기자는 안후이성의 외딴 마을 마오탄창에 있는 학생 기숙사를 방문하였는데, 학생들이 창문에서 뛰어내려 자살하는 것을 막기 위해 창문마다 철망이 설치된 모습을 목격했다고 한다.[253]

2016년 12월 〈사우스차이나 모닝포스트South China Morning Post〉는 오로지 자식 걱정뿐인 학부모들이 정부의 경고를 무시하고, 자녀들을 경쟁의 우위에 올려놓겠다는 일념으로 과도한 학업과 교외활동을 시키고 있다고 보도했다.

「상하이의 평범한 주말, 아홉 살 에이미는 수업과 수업을 옮겨 다니느라 바쁘다. 토요일 오후에는 피아노를 배운다. 일요일 아침에는 영어 수업을, 오후에는 중국어 수업을 들으며 시간을 보낸다. 상하이 쉬후이 지역 공립학교에 다니는 초등학교 3학년생 에이미는 이런 주말 교습 외에도, 화요일과 금요일 저녁에는 세 시간짜리 올림피아드 수학 학원에 다닌다. 이 수업은 4학년 학생들을 위한 수업이다.」

에이미를 이 모든 수업에 데리고 다니는 어머니의 생각은 이렇다.

"저도 딸이 공부에만 매달리는 걸 바라지 않지만, 다른 방법이 없답니다. 우리의 목표는 아이가 좋은 중학교에 입학하는 거예요. 좋은 중학교에서 공부하지 못한다는 건 좋은 고등학교에 들어갈 수가 없다는 뜻이거든요. 좋은 고등학교에서 공부를 못 하면 최고의 대

아이들을 놀게 하라

학에 들어갈 수가 없고, 최우수 대학 졸업장은 말할 필요도 없이 좋은 직장으로 이어지죠."

에이미는 매주 두 군데의 수학 학원에 다니고 있지만, 주변 친구들에 비하면 결코 많은 것이 아니라고 한다.

"제가 알기로 아이의 친구들 중에는 일주일에 수학 학원만 대여섯 군데에 다니는 아이들도 있어요. 그러니 단 1분도 아이를 쉬게 해 줄 수가 없지요. 날씨가 좋아도 밖에 나가서 뛰어놀 수가 없어요."

또 다른 중국 어머니는 이렇게 설명했다.

"제 친구와 친척들 모두 아이들을 과외수업에 보냅니다. 저만 빠질 수는 없잖아요. 그랬다가는 제 아들만 뒤처질 텐데요."[254]

북경 대학 사회학자인 정예푸 교수에 의하면 중국의 부모와 학습기관들은 서로 '결탁'하여 아이들을 너무 많은 학원과 과외에 보내고, 아주 어린 나이부터 엄청난 수준의 숙제를 시켜 가며 아이들을 '괴롭히고' 있다. 정예푸 교수는, "어린 나이부터 그렇게 오랫동안 공부를 시키는 건 어리석은 짓이다. 아이들은 점점 공부에 대한 흥미와 추진력을 잃을 가능성이 크다."라고 단언했다.[255] 그가 2013년에 출간한 책 〈중국 교육의 병리학The Pathology of Chinese Education〉에서는 중국에서 노벨상 수상자가 많이 나오지 않았다는 것 자체가 아이들의 창의력이 중국의 교육체계에 의해 말살되고 있다는 증거라고 지적했다.[256]

2010년 12월 북경 대학 부속 고등학교 국제학부의 이사장이자 교육자인 장 쉐친Jiang Xueqin은 〈월스트리트저널Wall Street Journal〉에

게재된 '중국의 학교는 어떤 시험에서 낙제점을 받고 있는가'라는 제목의 논설문을 통하여 이러한 교육 체계의 위험성을 경고했다. 중국 내에서도 이미 많은 사람들이 이 문제를 인식하고 있다.

"기계적 암기의 문제점은 잘 알려져 있다. 바로, 사회적, 실용적 능력의 부족, 자기 규제력 및 상상력의 부재, 호기심과 배움에 대한 열정의 상실이다."

그는 이렇게 덧붙였다.

"중국의 학교가 성공적인 변화를 이끌어 내고 있는지 확인하고 싶다면 (표준 시험) 점수가 얼마나 떨어졌는지를 확인해 보면 된다."

세계가 중국 교육 체계의 장점을 칭송하고 있지만, 역설적으로 정작 중국인들은 그 약점을 깨닫고 있다고 지적하면서 장 교수는 이렇게 설명했다.

"중국의 학교는 학생들을 표준 시험에 대비시키는 데에 대단히 유능하다. 하지만 바로 그 이유 때문에 더 고차원적인 교육과 지식 경제에 대한 대비는 제대로 해내지 못한다. 교육에 관한 다양한 연구 결과에 따르면 시험을 기반으로 하여 학교 교육 체계를 구성해서는 안 된다. 학생들은 타고난 탐구정신과 상상력을 잃게 되며, 높은 점수만을 쫓는 과정에서 자신감과 도덕관념이 떨어진다."257

보스턴 대학 심리학 연구교수 피터 그레이는, 많은 중국 학생들이 깨어 있는 시간의 대부분을 공부하는 데 쓰기 때문에 "창의성, 주도성을 발휘하거나 신체적, 사회적 능력을 발달시킬 기회, 다시 말해서 놀 기회가 거의 없다."라고 주장했다. 일부 서구 정치인들은 아시아 학교의 높은 시험 점수를 미화하고 싶어 하지만, 그레이 교수는 이렇게 비판하였다.

"안타깝게도 교과과정이 점점 더 표준화되고 아이들의 시간이 학교 공부로 가득 채워지면서 우리의 교육적 결과물은 이미 아시아 국가들과 비슷해지고 있다."[258]

요즘 중국에서는 개인 과외가 크게 유행하고 있다. 런던에 본사를 둔 시장 연구기업 테크나비오Technavio의 예측에 의하면 중국의 개인 과외 시장은 2017년부터 2021년 사이에 매년 11퍼센트씩 성장할 것으로 보인다.[259]

2015년 홍콩 어느 과외 센터의 광고에서는 울고 있는 작은 소녀의 모습을 보여 주며 놀리기라도 하는 듯 이런 말을 던졌다. '경쟁이 싫다고? 하지만 절대로 피할 수 없어!' 이 광고는 유아들을 위한 면접 연습 교실 광고로 18개월부터 수강할 수 있다.[260]

「점점 더 많은 스트레스로 불행해진 어린이들 때문에 홍콩의 많은 심리상담소가 과중한 업무 부담에 시달리고 있다.」

〈사우스차이나 모닝포스트〉지의 4월 22일자 보도 내용이다. 홍콩 정부가 발표한 2017년 보고서에 따르면 정신건강 문제를 겪는 어린이 환자의 숫자는 매년 5퍼센트씩 상승하고 있으며, 그 주요 원인으로 학교와 가정에 가해진 과중한 학업 압박이 꼽힌다. 해당 기사는 이렇게 끝을 맺는다.

「이번 위기는 홍콩의 어린이들이 폭발 직전의 심리 문제를 해결하기 위해 얼마나 고투하고 있는지를 단적으로 보여 준다.」

2016년 홍콩 대학의 연구 결과에 의하면 미국, 영국의 어린이들과 마찬가지로 홍콩의 어린이들이 누리는 실외 운동 시간은 죄수들보다도 적다.[261]

싱가포르의 저명한 아동교육전문가 크리스틴 첸Christine Chen은 우리와의 인터뷰를 통해 놀이가 지리적, 문화적 장벽에 의해 위협받고 있으며, 이런 현상은 아시아를 비롯한 여러 지역의 인구 밀도가 높은 도심에서 흔하게 나타난다고 주장했다.

> "도심에서는 전체 가정의 약 80퍼센트가 고층 건물에서 살기 때문에 바깥놀이가 제한적일 수밖에 없습니다. 유치원에서조차도 실외놀이는 겨우 일주일에 두어 번만 허락되지요. 실내놀이의 경우 유치원은 '목적이 있는' 놀이에 집중합니다. 유치원 교사들은 놀이를 목적에 따라 활용하기 위해 직접 놀이용 카드를 제작하기도 하지요. 하원 후에는 보통 보충 수업에 참여하기 때문에 놀 시간이 거의 남지 않습니다. 이렇게 실외놀이가 부족하고 자연과 동떨어진 삶을 살아야 하는 아이들이 걱정스럽습니다."[262]

한국 어린이들에게 학교생활은 대단한 스트레스로 다가올 수 있다. 엄청난 수준의 압박감과 시험 준비 문화, 과도한 공부량 때문이다. 40세의 홍보 컨설턴트이자 일곱 살 자녀를 키우는 권희선 씨는 이렇게 설명했다.

"숙제는 부모들에게도 스트레스입니다. 특히 워킹맘들에게는 엄청난 부담이지요. 너무 경쟁이 심하다 보니 초등학교 학생들이

아이들을 놀게 하라

코딩이나 파워포인트처럼 나이에도 맞지 않는 것들을 배우기도 합니다."[263]

한국 어린이들의 학업 스트레스, 과로, 수면 부족, 극심한 경쟁은 우려스러운 수준에 이르렀으며, 놀이는 교육 체계 내에서 찾아보기 힘든 요소가 되었다. 한국의 6세 어린이 가운데 80퍼센트 이상이 유치원 하원 후 학원으로 이동하여 최대 네 시간을 보낸다.[264] 한 해 네 명의 학생이 연달아 자살하는 사건이 벌어지자 한국과학기술원 KAIST 학생회는 다음과 같은 성명서를 발표하는 것으로 애통한 마음을 표현했다.

「우리는 하루하루 목을 조여 오는 끝없는 경쟁에 내몰린다. 우리는 고통스러워하던 학우들을 위해 단 30분조차도 쓸 수가 없었다. 과제가 너무 많았기 때문이다. 우리에게는 더 이상 자유롭게 웃을 힘이 남아 있지 않다.[265]」

한국의 어느 고등학생은 평범한 하루 일과를 이렇게 설명한다. 하루 열 시간 정도의 수업, 짧은 저녁 식사, 그 후 밤 10시까지 이어지는 자습. 일부 학생들은 그 후에도 집에서 또는 입시 준비 학원에서 공부를 계속한다.

어느 학원 교사의 묘사에 의하면 학원은 이런 곳이다.

"얇은 벽으로 나뉜 교실이 칸칸이 늘어선 이곳은 영혼이 사라져 버린 공간이다. 기다란 형광등 불빛이 비추는 교실을 가득 채운 학생들은 저마다 영어 단어나 국어 문법, 수학 공식을 암기하느라 여념이 없다."[266]

12년 동안 끝도 없이 이어지는 학업의 압박은 여덟 시간 동안 치르는 단 한 번의 운명적인 대학수학능력시험, 즉 '수능'을 마지막으로 끝난다. 수능을 잘 보면 보상으로 서울대학교나 연세대, 고려대와 같은 엘리트 대학에 입학하게 된다. 스물여섯 살 김시나 씨는 이렇게 말했다.

"대부분의 선생님들이 수능에서 실패하면 인생이 실패할 거라고 강조합니다. 수능이 성공적인 삶을 살기 위한 첫걸음이자 마지막 걸음이기 때문이에요."

그녀는 수능을 '우리 삶의 마지막 목표이자 최후의 결정요소'라고 묘사한다.

"우리는 수능을 잘 보면 밝은 미래가 자동적으로 뒤따를 거라고 생각해요."[267]

한국청소년정책연구원에 의하면 한국의 학생 네 명 중 한 명이 자살을 생각한다고 한다. 실제로 한국의 청소년 자살률은 선진국 가운데 두 번째로 높다. 수년 동안 한국은 만 15세 학생의 읽기, 수학, 과학 능력을 평가하는 OECD의 PISA에서 높은 성적을 기록했지만, 오늘날 한국의 교육체계는 실생활에 거의 적용할 수 없는 암기와 시험 준비만을 강조한다는 비판을 받고 있다. 한국 학생의 75퍼센트가 입시 준비 학원에 다니며, 그곳에서는 표준 평가 대비 외에 다른 것을 거의 하지 않는다.

시험에만 집착하며 엄청난 스트레스를 유발하는 학교 체계의 심각한 문제 때문에 동아시아의 교육자들은 점점 더 우려스러워하고 있다. 거의 모든 시간을 공부만 하면서 보내는 학생들은 창의성을 발휘할 기회도, 자신의 열정을 발견하고 추구하거나 신체적, 사회적 능력을 키울 기회도 거의 갖지 못한다. 최근 이루어진 대규모 연구 결과 많은 중국 학생들이 엄청난 수준의 불안감, 우울, 심리 스트레스 장애로 고통받고 있으며, 이는 학업 부담과 관련이 있는 것으로 드러났다. 해당 보고서의 저자들은 말한다.

"처벌 위주의 경쟁적인 환경은 중국 초등학생들에게서 높은 수준의 스트레스와 정서 문제를 야기한다. 학교에서의 불필요한 스트레스를 줄이기 위한 방안이 시급히 마련되어야 한다."[268]

만 15세 미만 아동 인구가 3억 5천만 명에 달하는 인도의 학교에서도 놀이는 거의 찾아보기가 힘들다. 인도 교육 체계의 심각한 분열과 재정 문제, 낙후된 시스템 때문이다. 제임스매디슨 대학 조교수 스미타 마투르Smita Mathur에 따르면 인도는 세계에서 가장 인구가 많은 국가지만, 교원 양성 체계는 '걸음마 단계'에 불과하다고 한다.

"유치원까지는 아이들의 할 일이 놀이라고 여겨지지만, 조금만 나이가 들어도 많은 부모들이 놀이에 대한 전통적인 관점을 받아들입니다. 놀이가 배움, 특히 학교에서의 배움과 동떨어져 있는 단순한 오락이며, 남는 에너지를 발산하는 한 가지 방법에 불과하다고 보는 관점이지요. 심지어는 교육의 방해요소 또는 학업으로부터의 휴식 정도로 여겨지는 경우도 많습니다. 그러므로 인도에서 놀이 시간은 학교에서 열심히 공부한 대가로서 주어집니다. 놀이, 예술, 음악 등의 활동은 초등학교부터 내내 대단히 제한적으로 이루어집니다."[269]

오늘날 영국에서는 어린이가 혼자 밖에서 놀다가 붙잡히면 수사 대상이 될 수도 있다고 한다. 2015년 영국 중부 벨퍼라는 도시에서는 길에서 킥보드와 장난감을 가지고 놀던 다섯 살 남자아이와 일곱 살 누나가, 너무 시끄럽다는 신고를 받고 출동한 제복 입은 경찰들에게 45분 동안 현장 조사를 받은 일이 있었다. 그 모습에 경악한 두 아이의 어머니는 "햇살 좋은 날 아이들이 거리에서 놀다가 경찰 조사를 받는 나라가 세상 천지에 어디 있나요?"라며 강하게 항의했다.[270] 근처의 노팅엄셔에서는 스나이톤 지역의 에나 애비뉴에서 축구를 하던 아이들의 부모에게 경찰관들이 경고장을 발부하기도 했다. 공이 잘못 날아가면 이웃의 재산이 잠재적 피해를 입을 가능성이 대단히 커진다는 이유에서였다. 해당 경찰은 부모들에게 그와 같은 '반사회적 행위' 또는 '반항적으로 고집 부리는 행동'을 하면 100유로의 범칙금을 물거나 2014년 '반사회행위 및 범죄 단속법' 제 12조에 의한 금지명령을 받을 수 있다고 경고했다. 한 신문 보도에 따르면, '노팅엄셔 경찰은 명령을 위반할 경우 징역형을 선고받을 수 있는 범죄행위가 성립된다고 강조'하기까지 했다.[271]

미국과 마찬가지로 영국 전역에서도, 교통사고를 당하거나 낯선 사람에게 납치당해서 아이들이 생명을 잃을 수도 있다는 두려움 때문에, 아이들은 바깥놀이 대신 집 안에 가만히 앉아서 컴퓨터 화면을 보며 논다. 또한 학교에서도 놀이는 점점 사라지고, 그 빈자리를 표준 시험, 스트레스, 불안감이 차지하고 있다. 2015년 영국의 건강

아이들을 놀게 하라

한 아동기를 위한 교섭단체Parliamentary Group on a Fit and Healthy Childhood 가 조사한 보고서에 따르면 다음과 같다.

「지난 10~15년 동안 영국의 초등학교 1학년이 받던 놀이 중심의 전통적 교과 과정은 보다 형식적인 교사 중심의 강의로 변모하였다. 영국의 어린이들은 빠르면 만 4세부터 틀에 박힌 수업을 들어야 한다. 하지만 만 4세에서 5세 어린이들은 아직 형식적인 교습 방식을 받아들일 준비가 되어 있지 않으며, 어린 나이부터 그런 식의 학습에 참여하도록 강제당하다 보면 스트레스와 발달상의 문제를 일으킬 수 있다는 목소리가 점차 커지고 있다.[272]」

2012년 〈내셔널 트러스트National Trust 보고서〉에 의하면 영국의 어린이들은 점점 더 자연으로부터 멀어지고 있다.[273] 한 세대 전까지만 해도 주기적으로 자연 환경에서 뛰어노는 어린이가 절반에 달하였으나, 오늘날에는 열 명 중 한 명도 채 되지 않는다는 것이다. 집 주변에서 어른들의 감독을 받지 않고 마음껏 돌아다녀도 되는 장소는 1970년대 이후로 90퍼센트가 사라져 버렸다.[274] 국제연합이 정한 '재소자 대우에 관한 최소 표준 규칙'에서는 "실외 업무에 동원되지 않는 모든 재소자는 날씨가 허락하는 한 매일 개방된 공간에서 최소 한 시간 동안의 적절한 운동을 하여야 한다."라고 규정한다. 하지만 통계에 의하면 영국의 만 5세에서 12세 어린이 가운데 4분의 3 가까이가 감옥 재소자들보다도 더 적은 시간을 실외에서 보낸다.[275] 또한 런던 대학 교육학부의 조사 결과, 영국과 웨일스 지역에 거주하는 만 7세에서 11세 어린이들의 점심시간은 줄어들고 있으며, 오후 쉬는 시간은 실질적으로 사라져 버렸다.[276]

학교에서 보편적인 표준 시험이 널리 남용되고 놀이가 과도한 스트레스와 압박으로 변해 가는 현상을 지켜보던 영국의 부모와 교사들은 전국적으로 반발하기 시작했다. 2016년 5월 영국 전역 44,000명 이상의 학부모들은 정부가 강제하는 시험을 보이콧하자는 청원에 서명하였다. 등교 거부 시위에 참가한 율리케 셰라트Ulrike Sherrat 라는 어머니는 이렇게 설명했다.

"제가 오늘 아이들을 학교에 보내지 않은 건 교육을 사랑하기 때문입니다. 저는 제 아이들이 읽고 쓰는 법을 배우며 즐거워하는 모습을 너무도 사랑합니다. 하지만 (정부가 강제하는) SAT Standard Attainment Tests(표준성과시험)는 주제나 놀이에 기반을 두기보다 그저 시험에만 적합한 수업을 하도록 교사들을 압박합니다."

그녀는 이렇게 덧붙였다.

"어린이들이 자신들의 삶과 동떨어진 추상적인 강의가 아니라 놀이를 통해서 더 잘 배운다는 사실은 많은 근거를 통해 밝혀졌습니다. 결국 정부가 주도하는 국가 차원의 시험은 초등학생들에게 필요하지 않으며, 배움에 대한 재미를 잃게 만들 뿐입니다."[277]

시위에 참여한 또 다른 어머니 니콜라 잭슨Nicola Jackson은 이렇게 단언했다.

"저는 아이들의 수준을 끌어올리기 위해 교과과정을 더욱 어렵게

아이들을 놀게 하라

만들어야 한다는 정부의 생각에 동의하지 않습니다. 아이들은 지식을 억지로 반복하여 외우게 할 때가 아니라 스스로 동기와 흥미를 찾을 때 진정한 배움을 얻기 때문입니다."[278]

2017년 전국교사연합 연례회의에서는 만 7세부터 11세를 대상으로 치를 예정이던 SAT를 보이콧하자는 의견이 논의되었다. 많은 교사들은 이 시험이 어린이의 정신건강과 미래에 해롭고, 교과과정을 편협하게 만들며, 수업을 '시험만을 위한 것'으로 만들게 될 거라고 비판하였다. 한 교사는 SAT를 '학교를 괴롭히는 괴물'이라고 표현했고, 또 다른 교사는 SAT가 완전히 사라져 버려야 한다고 주장했다. 심지어는 "컴퓨터를 통해 이루어지는 표준 평가 체계 자체를 교사들이 파괴해 버려야 한다."라고 선언한 교사도 있었다.[279]

아이들이 제대로 이해하지도 못하고 치르는 시험을 없애고 아이들의 정신을 '해방시키자'는 맨체스터 출신 교사 크리스 에이턴Chris Ayton의 연설에는 기립박수가 터져 나왔다. 교사연합의 임원인 케빈 코트니Kevin Courtney는 '초등학교 시절은 아이들이 실패에 대한 두려움이 아닌 배움에 대한 사랑을 키워야 하는 시기'라고 말했다. 덧붙여서 그는, "편협한 원칙과 기대 안에서 이루어지는 반복학습은 배움의 즐거움을 빼앗고 있으며, 그 교육적 가치에 대해서도 미심쩍은 부분이 많습니다."[280]라고 말했다.

런던에 위치한 첼시 오픈에어 유치원Chelsea Open Air Nursery School의 캐스린 솔리Kathryn Solly 교장은 〈너서리월드Nursery World〉지와의 인터뷰를 통해 말했다.

"어린 시절에 대한 권리가 증발해 버리는 현실을 접하면 '학대'라는 단어가 떠오릅니다. 읽기 시험에 통과하지 못하는 아이는 나올 수밖에 없습니다. 그 아이들은 실패자로 여겨지겠지요. 일곱 살에 실패자로 규정된다면 어떤 일이 벌어질까요? 부모들 사이에는 편집 증적 불안이 만연할 것이고, 아이들은 스트레스와 트라우마에 시달릴 겁니다."

그리고 이렇게 덧붙였다.

"우리 유치원에 오는 아이들 중에 알파벳과 숫자는 읽을 줄 알지만, 소변을 보고 뒤처리를 하거나 콧물을 닦을 줄은 모르고, 사회적 놀이도 할 줄 모르는 아이들이 있습니다. 부모들은 좋은 의도를 갖고 최선을 다해 아이들을 이끌고 있지만, 그들의 미래가 어디를 향할지는 모릅니다. 위험한 일이지요."[281]

케임브리지 대학의 데이비드 화이트브레드 교수는 이렇게 썼다.
「영국의 아이들은 유치원에 처음 들어오는 순간부터 읽고 쓰고 계산하는 법을 배워야 한다는 압박을 받기 시작한다. 다른 나라에서라면 애초에 시작조차 하지 않았을 나이에 영국의 많은 아이들은 읽기 능력이 '떨어지는' 아이로 분류된다. 이제 영국 정부는 유치원에 다니기 시작하는 만 4세를 대상으로 시험 도입을 준비하고 있다. 하지만 정부의 '빠를수록 좋다'는 주장을 뒷받침하는 연구 결과는 그 어디에도 없다.[282]」

아이들을 놀게 하라

2018년 영국의 전문가 패널은 만 4세 아동에 대한 '기초 시험'을 도입하려는 정부의 제안을 맹렬히 비난하는 보고서를 발간하였다. 집필에 참여한 교육자 낸시 스튜어트[Nancy Stewart]는 지적했다.

"2020년에 4세 아동의 99퍼센트에게 시험을 보게 하겠다는 정부의 계획은 4세 아동의 지식과 능력을 정확하게 측정할 수 있다는 잘못된 전제에 기반을 두고 있다. 그러나 이를 신뢰하는 통계학자는 드물고, 그 어떤 연구 결과도 4세에 측정된 성취도와 향후 발전의 정도 사이에 강력한 연관성이 있다고 증명해 내지 못했다."[283]

"아이들을 하루 여덟 시간씩 감금한다면, 교사들에게 창의적으로 가르칠 자유를 전혀 주지 않는다면, 교사와 학생들을 데이터 값 정도로만 여기고 있다면 교사와 아이들이 그 모든 과정을 그다지 좋아하지 않더라도 놀라지 말라. 아마 누구라도 그럴 테니까."

세계적으로 저명한 교육 연구자이자 놀이 옹호자인 켄 로빈슨 경의 말이다.

"만약 우리가 학생들을 인간으로 대우하고 학교를 상상력과 창의력의 살아 있는 보고로 취급한다면 결과는 완전히 달라질 것이다."[284]

몇십 년 전만 해도 영국에서 놀이는 아동기와 학교 교육의 근본으로 여겨졌다. 1926년 영국 정치가 데이비드 로이드 조지[David Lloyd George]는 주장했다.

"놀이의 권리는 공동체에 대한 아동의 가장 중요한 권리다. 놀이는 삶을 연습하기 위한 자연의 섭리다. 어떤 공동체라도 그 권리를 침해한다면 시민의 신체와 정신에 지속적인 위해를 가하는 것과 다름없다."[285]

1967년 플라우든 위원회Plowden Committee의 기념비적 교육 보고서에 따르면, 놀이는 유아기의 주요 학습 도구다. 놀이를 통해 어린이들은 자기 내면의 삶과 외부의 현실을 조화시킨다. 놀이를 통해 어린이들은 인과 관계의 개념을 서서히 발달시키며, 구별하고, 판단하고, 분석하고, 종합하며, 상상하고, 표현하는 힘을 기른다. 어린이는 놀이에 완전히 빠져들어 결론을 이끌어 내는 만족감을 얻으면서 집중하는 습관을 키우며, 이는 또 다른 배움으로 이어진다.[286]

또한 케임브리지 프라이머리 리뷰Cambridge Primary Review가 2009년에 발간한 보고서는 영국에서 40년 만에 최대 규모로 진행된 초등 교육 관련 연구로서 놀이에 기반을 둔 아동 교육에 다양한 장점이 있다고 기술하였다.[287]

그럼에도 불구하고 GERM의 힘 —학교들 사이의 '적자생존' 경쟁, 수업과 학습의 표준화, 표준 시험과 처벌에 기반을 둔 책임제도, 공공 교육의 민영화— 은 미국뿐 아니라 중동, 아프리카 사하라 남부지역, 영국, 호주 등 세계 곳곳에서 아동 교육 체계 전반을 뒤흔들고 있다. 호주의 많은 학교에서는 미술, 음악, 놀이를 비롯한 필수적 교육 기반을 훼손하더라도 기초 지식만을 강조하라는 국가적 압박이 심해지면서 놀이가 급격히 축소되었다.

호주 전역의 학교에서는 학습에 대한 엄격한 요구가 점점 더 어린 아이들에게까지 미치고 있고, 놀이는 아동 교육의 현장으로부터

아이들을 놀게 하라

점점 밀려나고 있다. 국가적 정책의 목표는 전국적으로 시행되는 나플란NAPLAN이라는 시험의 점수를 높이는 것이다. 학생들에게 큰 부담이 되고 있는 나플란은 모든 3, 5, 7, 9학년 학생들의 읽기, 쓰기, 언어(맞춤법, 문법, 구두법) 능력과 산술 능력을 평가하는 표준 시험으로, 시험을 치르는 데만 매년 1억 호주 달러(미화 7,500만 달러)가 든다. 2008년 도입된 이래로 나플란 시험을 위해 많은 시간이 소모됐음에도 결과는 기대했던 것과 정반대였다. 산술 및 언어 점수가 그대로이거나 오히려 낮아진 것이다.[288] 최근 뉴사우스웨일스주 등 호주의 일부 주는 나플란이 어린이와 학교에 미친 의도치 않은 영향들을 이유로 나플란에 대한 전면적인 검토와 재고를 요구하고 있다.

멜버른 대학에서 진행한 2012년 연구에 의하면 호주 교사의 90퍼센트는 어린이들이 부담이 큰 나플란 시험을 앞두고 스트레스로 인한 울음, 구토, 불면 등의 증상을 경험한다고 답했다.[289] 해당 보고서는 시험만을 위한 수업, 다른 과목들에 할당되는 수업 시간의 감소, 학생들의 건강과 교사들의 사기에 미치는 부정적인 영향 등 나플란의 '의도치 않은 부작용'에 대해 큰 우려를 표하였다. 수석 연구자 니키 둘퍼Nicky Dulfer는 다음과 같이 썼다.

「우리는 어린이들을 평가하겠다는 명목으로 교과과정을 편협하게 만들고 있다. 어린이들이 음악, 외국어, 미술 등 다양한 과목에 접할 기회를 제한하지 않고도 산술 및 언어 능력을 높일 방법은 얼마든지 있다.」[290]

2017~2018년부터 스코틀랜드의 어린이들은 빠르면 만 4세부터

스코틀랜드 전국표준평가Scottish National Standardised Assessments(SNSAs)라는 온라인 언어 및 수학 능력 평가 시험을 치른다. 어느 교사는 "저는 15년 동안 아이들을 가르쳤지만, 평생 이렇게 잔인하고 말도 안 되는 짓은 처음 봅니다!"라고 말했다. 교사들은 이 표준 시험을 '난장판', '완전히 쓸모없는 짓'이라고 묘사했다. 아이들은 "심한 정신적 고통 때문에 싫어요.", "못 하겠어요.", "이걸 왜 시키는 거예요?"[291]라고 소리치며 울음을 터뜨리거나 몸을 떨고, 바지에 소변을 보기도 했다. 이 시험은 영국이나 미국의 시험처럼 징벌적인 성격의 표준 평가가 아니고, 오히려 교사들에게 분석적 정보와 즉각적인 피드백을 제공하여 아이들을 돕는 것이 목적이다.[292] 하지만 스코틀랜드의 많은 교사와 부모들은 이 시험 역시도 초등학교 저학년에게 너무 심한 스트레스를 줄 수 있다고 우려하며 시험 폐지를 촉구하고 있다.

아일랜드 코르크 기술대학의 교육 전문가 주디스 버틀러Judith Butler는 제대로 훈련되지 않은 교사들이 놀이의 중요성을 이해하지 못하고 있다고 지적했다.

"교사들은 수업을 마친 후에야 놀이를 허락해 줍니다. 가장 효과적인 배움이 놀이를 통해 이루어질 수 있다는 사실을 깨닫지 못하는 것이죠. 너무 많은 학교가 연습문제 풀이에만 집중하고 있습니다. 이런 식으로 '공장에서 제품을 찍어 내는 듯한' 교육법은 아동의 발달에 전혀 적합하지 않습니다."[293]

역사적으로 놀이와 친숙했던 일부 북유럽 국가들에서조차도 학교에서의 놀이는 위협받고 있다. 노르웨이의 유아교육학 교수 엘런 비아트 한센 산드제터Ellen Beate Hansen Sandseter는 '많은 노르웨이의 정치가들이 유치원에서 더욱 학구적이고 형식적인 수업을 진행해야 한다'고 주장한다. 그런 압박은 2000년대 초반, PISA에서 노르웨이 학생들이 중간 정도의 성적을 거둔 뒤부터 시작되었다고 한다. 노르웨이의 유아기 연구자들과 교사들은 이런 압박에 대항하기 위해 '놀이 되살리기 운동'을 펼치고 있다.[294] 아이슬란드 교육대학 소속 연구원 콜브런 팔스도터Kolbrún Pálsdóttir에 따르면 아이슬란드의 경우, 유치원(만 1세부터 5세까지)에서는 놀이가 강조되지만, 의무교육과정(만 6세부터 16세까지)에서는 그렇지 않다고 한다.

또한 덴마크 오르후스 대학(엔드렙 캠퍼스)의 명예교수 스티그 브로스트룀Stig Broström은, 덴마크의 어린이집이나 유치원에서는 놀이가 중요시되지만, 1학년부터 9학년까지의 교육과정에서는 놀이가 부수적인 역할밖에 하지 못한다고 전했다. 다만 2015년부터 더 많은 놀이와 신체 활동을 요구하는 학교 개혁이 진행되고 있다.[295]

***

이제,
좋은 소식을 들어 보자!

⎯⎯⎯

상황이 나쁘기만 한 건 아니다.

이 모든 어두운 현실에도 불구하고 희망의 불빛은 깜빡인다. 많은 지역의 학교에서 놀이가 부활의 조짐을 보이고 있다. 우리는 세계 곳곳의 학교와 교실을 조사하는 과정에서, 어린이들의 자연스러운 호기심과 상상력, 창의력, 배움을 장려하기 위해 선구적으로 이루어지고 있는 놀라운 놀이 중심의 교육 관행들을 찾을 수 있었다.

텍사스, 뉴욕, 스코틀랜드, 싱가포르, 일본, 중국, 뉴질랜드, 호주 등 세계 여러 곳에서 '놀이의 전도사'들이 목격되었다.

용감한 교사와 부모들이 놀이를 되찾기 위해 특정 학교를 상대로 싸우는 경우도 있었고, 세상 모든 어린이들에게 놀이의 권리를 되찾아 주기 위해 노력하는 분들도 있었다.

우리는 이런 노력들을 '위대한 놀이 실험'이라고 부르기로 했다.

LET THE CHILDREN PLAY

08

핀란드식
놀이 실험

학교는 어린이가 가장 좋아하는 장소가 되어야 한다.296

- 동부 핀란드 교원양성대학 총장 헤이키 하포넨Heikki Happonen

윌리엄 도일의
이야기

—

2015년 여름, 나는 우리 가족을 대상으로 핀란드식 교육체계를 시험해 보기 위해 핀란드로 떠났다.

여덟 살인 아들을 핀란드 요엔수에 있는 공립학교 2학년에 등록시켰다. 요엔수는 북부 카렐리아의 호수와 울창한 삼림 근처에 자리한 전원풍의 외딴 대학도시로, 유럽연합의 최북단에서 러시아와 국경을 마주하고 있었다. 미국 국무부의 풀브라이트 장학금 지원과 방송 및 출판계에서의 경력을 바탕으로 나는 동부핀란드 대학에서 대학원생들에게 미디어와 교육에 대해 가르쳤다. 그리고 그곳에 머무르는 도중에 내 아들은 집에서 더 가까운, 대학 내 교원 양성 대학 부속 실험학교로 전학을 했다.

머지않아 나는 우리가 새로운 교육의 행성에 착륙했다는 사실을 알게 되었다.

뉴욕에서는 다른 부모들과 함께 학교 운동장에 앉아, 엘리트 '영재' 유치원이나 초등학교에 입학하기 위한 경쟁이 사립이든 공립이든 얼마나 치열한지에 대해 이야기를 나누곤 했다. 어떤 부모들은

아이들을 놀게 하라

중요한 유치원 입학시험 및 면접을 준비시키기 위해 다섯 살짜리 자녀에게 과외 교사와 코치를 붙여 주었고, 자녀들이 기대하는 곳에 가지 못하면 크게 실망했다.

겨우 예닐곱 살 된 많은 미국 유치원생들이 매일 몇 시간씩 걸리는 숙제를 해야 했고, 그 과정에서 아이와 부모들은 고통스럽게 다투며 절망했다. 많은 어린이들이 철저하게 안전한 실내에서 철저하게 짜인 '보충' 활동에 시간을 쏟아부으며, 깨어 있는 모든 시간을 어른들에 의해 조종당했다. 미국 도심지역 극빈층 지역의 학교는 인종에 따른 분리와 자원 부족에 시달렸으며, 여러 세대 동안 정치 지도자들에 의해 무시당해 왔다. 몇몇 대안적인 '차터' 스쿨은 어린이들이 표준 시험에서 좋은 성적을 얻으려면 학업 압박과 스트레스, 과도한 공부가 필수적이라는 가정하에 신병 훈련소나 교도소 같은 분위기를 풍겼다. 놀랍게도 몇몇 차터스쿨(대안적인 공공 재정 지원을 받는 학교로서 때로는 민간에서 이윤을 얻기 위해 운영하기도 함)에서는 대학을 졸업하고 겨우 7주 동안의 교원 양성 훈련을 받은 사람을 '교사'로 고용했다.

하지만 핀란드에서 나는, 대부분의 어린이들이 집 근처 학교를 다니고, 그 학교들 모두가 동등한 재정 지원을 받으며, 대체로 훌륭하다거나 아주 좋은 학교로 평가받는 모습을 마주하였다. 과학자처럼 잘 훈련된 교육자들은 존중받았고, 놀이가 어린 시절의 목표 그 자체이며 효과적인 아동 교육의 근간이라는 인식이 널리 통용되었다. 학교에서 보내는 시간은 짧았고, 숙제도 비교적 적었다. 교사 자격을 얻기 위해서는 연구에 기반을 두어 석사 학위를 획득해야 했고, 어린이를 가르치는 것에 대해서도 철저한 감독하에 광범위한 임상 경험을 쌓았다. 그들은 대중으로부터 깊은 존경을 받았으며, 전문가로서의 자율성을 인정받았다. 언젠가 한번은 핀란드 사람들에게 미국의 많은 학생과 교사들이 겪는 스트레스와 압박감에 대해 말했는데, 어찌나 경악하고 안타까워하는지 대화의 주제를 급히 바꿀 수밖에 없었다.

핀란드의 부모와 교사들 사이에서 주문처럼 반복되는 문구들이 있었다. "아이는 아이답게", "아이들은 놀아야 한다.", "아이들이 할 일은 노는 것이다."와 같은 것들이었다. 핀란드의 어느 어머니는 내게 말했다. "이곳에서는 자녀에게 밖에서 놀 기회를 많이 주지 않으면 좋은 부모라고 하지 않아요." 핀란드의 많은 어린이들에게는 위험한 놀이가 허락되고, 심지어 장려되었다. 어느 날 학교 주변 산책로를 걷던 중 나는 일곱 살 딸이 아주 높은 나무 꼭대기까지 재빠르게 기어오르는 모습을 보고 기뻐서 박수까지 치는 핀란드 아빠의 모습을 보았다. 전 세계의 많은 부모들이 봤다면 분명히 경악했을 만한 높이의 나무였다. 그 아빠는 태연하게 말했다.

"나무에서 떨어져서 팔이 부러진다 해도 그 자체로 가치가 있어요. 아이가 뭐라도 배울 테니까요."

핀란드의 전통에 따라 내 아이는 여덟 살에 완벽히 혼자서 안전하게 등교하는 법을 배웠다. 걸어서 8개의 횡단보도와 2개의 혼잡한 거리를 지나야 했는데, 미국 대부분의 지역 어린이들에 비해 5, 6

아이들을 놀게 하라

년은 빠른 나이에 그 일을 해낸 것이다. 핀란드는 보행자, 특히 어린이들이 길을 건널 수 있도록 자동차가 무조건 완전히 멈추는 곳이기 때문에, 이런 일은 아주 일상적이다. 어느 날 아들에게 학교까지 걸어가는 것을 왜 그렇게 좋아하는지 묻자, 아이는 자랑스러운 듯 "어른처럼 느껴져서요."라고 말했다. 뉴욕에서 여덟 살 아이를 혼자 학교에 보내고 길을 건너게 한다면 아마 부모는 곧장 감옥에 잡혀 들어갈 것이다. 위험한 교통 상황으로 봤을 때 그건 옳은 처사이기도 하다.

어린 시절 나는 어머니의 고향 마을에서 자유로운 바깥놀이에 푹 빠져 지내던 긴 여름을 무척 좋아했다. 그곳은 미시간주 북부 반도의 숲에 위치한 핀란드계 미국인 마을로 어니스트 헤밍웨이가 어린 시절 뛰놀던 곳에서 그리 멀지 않았다. 하지만 나는 그때 이후로 수십 년 동안 핀란드에 대해 생각해 본 일이 거의 없었다. 어린 시절의 대부분을 맨해튼의 운동장과 콘크리트 숲에서 보냈기 때문이다. 나의 부모님은 뉴욕 최초의 현대식 몬테소리 초등학교인 캐드먼 스쿨을 공동으로 창립하셨다. 처음으로 유치원에 갔던 날, 자랑스럽게 내 책상에 앉아 새로운 발견과 탐험, 실험, 어린이가 주도하는 창의적 놀이가 풍부했던 유아 교육의 장으로 첫 걸음을 내딛던 순간이 희미하게 기억난다.

그러다가 어떻게 핀란드에 자리를 잡게 되었느냐고? 2012년 미국의 영웅적인 인권운동가 제임스 메러디스James Meredith의 자서전 집필을 돕던 중 우리는 미국의 선도적 교육 전문가들을 만나 인터뷰를 진행했다. 그들에게 메러디스의 특별한 염원이었던 미국 공립교육 개선 방안에 대해 묻자, 하버드 교육학 대학원의 저명한 교수인 하워드 가드너Howard Gardner가 이렇게 대답했다.

"핀란드에서 배우면 됩니다. 핀란드의 학교는 세계에서 가장 효과적이며, 미국에서 하는 것과 정반대로 아이들을 교육하고 있어요."[297]

가드너는 또한 미국인들이 파시 살베리의 〈핀란드의 끝없는 도전Finnish Lessons〉[298]이라는 책을 읽었으면 좋겠다고 말했고, 나는 곧 그 책을 읽었다. 너무나 놀라우면서도 도발적인 내용에 감명을 받은 나는, 파시가 뉴욕을 방문하던 날 그를 찾아갔다. 파시는 내게 말했다.

"핀란드로 오세요. 미국의 교육자와 학자들을 잘 이용하기만 하면 미국의 학교들도 얼마든지 훌륭하게 변할 수 있습니다."

비법은 간단하다고 했다. 핀란드는 학교 체제의 대부분을 미국에서 개척된 개념들, 예컨대 교사의 전문성, 교육 연구와 혁신, 협동학습, 전인 교육, 놀이를 통한 배움에 의거하여 설립하고, 꾸준히 고수했다고 한다. 또한 핀란드는 정치인을 비롯한 비교육자들이 아니라 교육자들이 학교를 운영한다. 핀란드의 교사들은 세계적으로도 훌륭한 훈련을 받으며, 부분적으로는 바로 이런 이유 때문에 보편적인 표준 시험을 전국적으로 치를 필요성이 없어졌다. 교육체계의 최전방이라고 할 수 있는 교사 인력 자체에 엄청나게 수준 높은 양질의 표준이 이미 구비되어 있기 때문이다. 어린이가 어떻게 하면

아이들을 놀게 하라

잘 배울 것인가를 결정할 때, 핀란드의 부모와 정치인들은 시험 출제 회사가 아닌 교사들의 집단적이고 전문가적인 지혜와 판단력에 의존한다. 따라서 실제로 핀란드의 어린이들은 만 18세가 되어 고등학교를 마칠 때까지 부담이 큰 표준 시험을 단 한 번도 치르지 않는다. 대신 매일, 하루 종일 높은 전문성을 갖춘 교육자들에 의해 평가받고 있다.

그 결과는 어떨까? 핀란드의 아동 교육 체제는 세계 최고 수준으로 여겨지며, 세계경제포럼의 글로벌 경쟁력 평가 보고서World Economic Forum Global Competitiveness Report, 유니세프의 지속가능한 발전 목표 연차보고서Sustainable Development Goals Report Card, OECD의 더 나은 삶 지수Better Life Index 등 최근에 선정한 정성 평가 순위에서 1위를 차지하였다. 또한 가장 효율적인 교육 체제, 교육 분야에서 가장 지속 가능한 경제 발전, 가장 안정된 국가, 가장 문맹률이 낮은 국가, 가장 환경 친화적인 국가, 가장 행복한 국가, 가장 깨끗한 공기, 여성의 정치력이 가장 강한 국가, 언론이 가장 자유로운 국가, 가장 부패하지 않은 국가, 가장 혁신적인 경제, 가장 강력한 정부 기구, 인적 자원이 가장 발달한 국가, 가장 살기 좋은 국가 등 수많은 분야에서도 최상위를 차지하였다. 인구가 560만 명에 불과하고, 세워진 지 한 세기밖에 안 되었으며, 1970년대 초 경제 상황이 OECD국가 중 가장 안 좋은 편에 속했던 국가치고는 나쁘지 않은 성적이다.

핀란드 교육철학 가운데 가장 놀라운 점은 학교 안에서든 밖에서든 아이들의 삶에서 놀이가 중심적 역할을 차지한다는 사실일 것이다. 유아기의 아이들은 다양한 놀이, 신체 활동, 음악, 연극 등을 통해 읽고 계산하는 법을 배운다. 아이들이 만 7세가 되는 초등학교 1학년 이전에는 정식 학습이 시작되지 않으며, 그 전에는 독립심과 책임감을 키우고 자기 자신 및 타인에 대해 배우기 위해 자유놀이 및 교사의 지도에 따르는 놀이를 하면서 시간을 보낸다.

핀란드의 교사들은 적극적인 참여를 통해 호기심을 충족시켜야만 양질의 배움이 이루어질 수 있고, 그 모든 것들이 놀이에 의해 강화된다고 믿는다. 요컨대 양질의 놀이는 학생들이 이미 가지고 있는 지식과 배워야 하는 내용 사이에 적극적으로 연결고리를 만들 때에 가능하며, 그러한 연결고리는 놀이를 통해 활성화되고 함양된다는 것이다. 스위스의 저명한 정신과 의사이자 철학자인 칼 융Carl Jung은 주장하였다.

"새로운 것의 창조는 지적 능력이 아니라 내적 필요에 의한 놀이 본능에 의해 달성된다. 창의적인 사람은 자신이 사랑하는 대상과 놀이를 한다."[299]

핀란드에서 나는, 즐거우면서도 집중적인 지적 발견에 신나는 바깥놀이가 지속적으로 더해지는 아동교육체계 내부로 들어갔다. 하루는 아들의 학교를 지나가다가 로봇 만들기에 푹 빠져 있는 4학년 학급을 보았다. 몇몇 아이들이 컴퓨터 화면 속 조립 안내문을 열심히 살펴보더니 바닥에 주저앉아서, 말할 수 있고 움직일 수 있고 음악도 재생할 수 있으며 바퀴까지 달린 복잡한 마이크로 로봇을 함께 조립했다. 교사인 유시 헤타바Jussi Hietava는 아이들이 이 과정에서 과학과 기술에 관한 필수적 지식뿐만 아니라 팀워크, 리더십, 협상력, 시행착오를 통해 배우는 능력까지도 키우고 있다고 설명했다.

미국 도심 지역의 일부 '변명이 통하지 않는' 학교들에서 저소득층 학생들이 마치 감옥에서처럼 행동을 통제당하고, 늘 줄맞춰 걸어야 하며, 허락받지 않고서는 이야기를 할 수도, 심지어 교사의 얼굴에서 눈을 뗄 수도 없는 것과는 전혀 다르게, 이곳의 아이들은 키득거리고 꼼지락대고 몸을 배배 꼬아도 괜찮았다. 핀란드를 비롯한 세상 모든 지역의 아이들은(특히 남자아이들은) 생물학적으로 그렇게 만들어져 있기 때문이었다. 웃음 가득한 얼굴로 즐거운 시간을 보내는 이 아이들은 '몰입', 즉 창의적이고 생산적으로 몰두하는 상태에 완전히 빠져 있는 듯했다.

"이 아이들은 배우면서 즐깁니다."

헤타바 선생은 말했다.

"아이들이라면 그래야 하는 것 아닌가요?"[300]

그 교실의 분위기는 따뜻하고 안전하고 존중과 지지가 넘쳤다. 대학에서 공부하고 있는 중국 출신의 어느 교생 선생은 감탄하며 말했다.

"중국의 학교에 가면 꼭 군대에 있는 기분이 들어요. 반면 여기는 마치 화목한 집처럼 느껴지네요."[301]

그녀는 핀란드에서 평생 살아갈 방법을 찾고 있었다.

과학 수업이 이루어지는 교실 한쪽에 서 있던 헤타바 선생은 지금이 교사로서 최고의 순간이라고 말했다. 아이들이 교육의 주된 목적을 거의 스스로 실현하고 있었기 때문이다.

"아이들은 배우는 법을 배우고 있습니다. 스스로 말이죠. 지금 이 순간 아이들에게는 제가 필요하지 않아요!"[302]

로봇 조립 시간은 사실상 '교사의 지도를 통해 즐거운 발견을 이루는' 시간이었다. 교사는 스스로 작업하는 학생들의 모습을 부드러운 눈으로 지켜볼 뿐이었다. 그 시간이 끝나자 아이들은 매 시간마다 반드시 지켜져야 하는 바깥 자유놀이 시간을 즐기기 위해 꽁꽁 얼어붙은 얼음과 눈이 가득한 운동장으로 쏟아져 나갔다. 핀란드의 교육자들은 이처럼 신체 활동을 할 수 있는 쉬는 시간이 아이들의 정서적, 신체적 건강은 물론이고 학습, 집중력, 실행 능력, 태도에도 도움을 준다고 믿는다. 많은 학교들이 쉬는 시간을 대폭 줄이고 있는 미국과 달리, 핀란드의 학생들은 매일 매시간 15분씩 자유로운 놀이 시간을 갖는다. 날씨가 아무리 추워도, 비가 와도, 심지어 기온이 영하 15도까지 떨어져도 밖에 나가서 논다. 기온이 그보다 더 떨어질 경우에는 실외놀이가 실내놀이로 대체되기도 한다.

실외 자유놀이 시간이 끝나면 아이들은 기쁘고 활기차고 재충전된 상태로 다음 활동을 위해 학교 건물로 앞다투어 들어온다. 이처럼 핀란드는 신체 활동, 자연, 신선한 공기를 쐬며 하는 놀이, 따뜻하고 협조적인 교사-학생 관계가 아동기의 배움과 건강을 위한 가장 기본적인 기반이라는 사실을 이해한다. 이런 나라는 핀란드를 비롯하여 지구상에 채 몇 개가 되지 않는다.

하버드 대학의 하워드 가드너 교수의 말처럼 핀란드는 교육적으

아이들을 놀게 하라

로 미국과 완전히 반대되는 특별한 땅이었고, 많은 다른 나라들과 반대되는 교육을 통해 훨씬 효율적인 결과를(그리고 아마도 훨씬 행복하고 건강한 아이들을) 만들어 내고 있었다. 그곳에서는 신선한 공기, 자연, 규칙적인 신체 활동 시간이 배움을 위한 엔진이 되어, 어린이들에게 가장 중요한 여러 가치들, 예컨대 인지적 집중력, 태도, 행복감, 참여도, 신체적 건강 등을 증진한다고 여겨졌다.

핀란드에는 "안 좋은 날씨는 없다. 옷차림이 맞지 않을 뿐이다."라는 말이 있다. 어느 날 밤, 나는 아들에게 오늘 체육시간에는 무엇을 했느냐고 물었다. 아이는 아무렇지 않다는 듯 대답했다.

"지도와 나침반을 가지고 숲에 갔다가, 우리끼리 알아서 숲을 빠져나왔어요."

물론 안전을 위해 밝은 색 작업복을 입은 교사가 멀리서 아이들을 지켜보았겠지만, 아이들은 겨우 7, 8세의 나이에 자기들끼리 '오리엔티어링orienteering(지도와 나침반만으로 주어진 장소를 찾아가는 경기_역주)이라는 스포츠이자 과학을 배우고 있었다.

놀이와 즐거움으로 가득한 분위기는 점심시간까지도 이어졌다.(모든 어린이에게 무료로 따뜻하고 영양가 높은 점심식사가 제공된다) 아이들은 양말만 신은 채로 웃고 껴안고 춤 연습을 하며 식당으로 신나게 뛰어갔다. 한 여자아이는 복도에서 물구나무서기를 하기도 했다. 기품 있는 모습의 교수가 아이들의 행렬을 바라보며 환한 웃음을 던지고 아이들과 하이파이브를 했다. 그는 그 학교의 교장이자 경력 있는 아동 교육자인 헤이키 하포넨Heikki Happonen이었다. 핀란드의 8개 국립교원양성대학 연합의 회장을 맡고 있는 그는 말 그대로 핀란드 교사계의 대부였다.

뛰어가는 아이들을 바라보며 환하게 웃던 하포넨 교장은 이것이 바로 핀란드가 아동 교육에서 역사적 성공을 이룬 비법이라고 설명했다.

"어른에게나 아이에게나 놀이는 굉장히 중요합니다. 어린이들이 학교에서 놀아야만 하는 이유는 다양해요. 아이들의 뇌는 움직일 때 더 잘 작동하며, 실컷 움직이고 나면 수업 시간에도 더 잘 집중합니다. 사회적으로도 마찬가지입니다. 아이들은 놀이를 통해 친구를 사귀고 협상하고 팀을 만들고 우정을 쌓아 갑니다."

하포넨 교장은 말을 이었다.

"학교는 아이들이 가장 좋아하는 곳이 되어야 합니다. 집처럼 편안한 곳, 자신의 자리라고 느껴져야 해요. 아이들은 아주 영리해서 신뢰로 가득한 분위기를 분명히 느끼고 이해하거든요. 그러니 우리는 아이들이 '여기는 내가 존중받는 곳이야. 여기에 있으면 안전하고 편안한 기분이 들어. 나는 아주 중요한 사람이야.'라고 느낄 수 있도록 적절한 환경을 만들어 줘야 합니다. 어린이들에게 적합한 환경을 보전하는 것, 그것이 제 할 일입니다. 제가 매일 출근하는 이유도 바로 그것이고요."

하포넨 교장은 현대 북유럽 스타일의 학교 건물 설계에도 상당부분 참여했다. 넓은 복도로 연결된 전통적인 교실, 마치 영화 속 같은 부드러운 조명과 따뜻한 색감, (미국의 기준에서 보면) 으리으리한 교사

휴게실(커피를 마시며 동료들과 협업할 수 있고, 근처에는 교사들을 위한 사우나 시설까지 갖추었다), 아이들이 친구와 함께 또는 책 한 권을 가지고 앉아서 편안하게 쉴 수 있는 안락의자, 구멍, 구석진 공간들까지……이 모든 것들은 도서관으로 연결되었고, 넓게 개방된 모듈식 도서관의 측면에는 최신식 과학실과 난로, 안락한 소파, 그리고 아이들을 위한 책과 잡지가 갖추어져 있었다. 도서관이야말로 이 학교의 핵심적인 공간이었다. 최근 학교를 방문한 스페인의 한 교사는 학교 내부를 잠시 살펴보더니 울음을 터뜨릴 것 같은 표정으로 한동안 말을 잃었다고 한다.

"정말 아름다워요. 스페인의 학교는 마치 감옥 같은데, 여긴……여긴 꼭 꿈만 같군요."

이 이야기를 듣고 한 핀란드 교사는 짓궂게 말했다.

"아무래도 우리의 모토를 '핀란드로 와서 눈물을 흘리세요.'라고 바꿔야겠는걸요."

교장실에서 하포넨 교장은 선반 위에 놓인 알록달록한 수공예 배 모형들을 가리켰다. 각각의 배마다 모양도 색깔도 크기도 제각각이었다.

"가게에서 이 배를 봤어요. 너무 아름답더군요. 왠지 모르게 꼭 사고 싶었죠. 그리고 이렇게 하루 종일 바라볼 수 있도록 사무실에 가져다 놓았답니다."

그는 말을 이었다.

"그러다 어느 날 문득 이 배가 무엇을 의미하는지 깨달았어요. 바로 아이들이에요. 아이들은 모두 서로 다르고, 목표도, 가는 길도 다릅니다. 교사로서 우리가 할 일은 모든 아이들이 폭풍이 휘몰아치는 모험의 여정을 잘 이겨 내고 안전하게, 성공적으로 세상과 사회를 향해 나아가도록 길을 안내해 주는 것입니다. 제가 할 일은 아이들을 위한 그런 환경을 지켜 주는 것이고요. 제가 매일 학교에 오는 이유도 바로 그 때문입니다."[303]

나는 놀이가 핀란드의 어린이 교육 과정 전체에, 그리고 문화 전반에 '깊이 새겨져' 있다는 사실을 알게 됐다. 다른 북유럽 국가들 역시 마찬가지였다. 놀이를 중시하는 유치원에서 아이들은 게임, 노래, 바깥놀이, 대화, 실험을 통해 배운다. 수학과 언어에 대한 정식 교육은 만 7세가 될 때까지 시작되지 않는다. 그 정도 나이가 되어야 비로소 대부분의 어린이가 자연스럽게 언어와 숫자를 해독하고 다양한 과목들을 탐험하며 습득할 준비가 되기 때문이다.

많은 다른 국가들과 달리 핀란드의 부모들은 정식 학습을 일찍 시작하기보다 어린 시절을 즐겁고 풍부하게 누리는 것을 더 선호한다. 그들은, 어린 시절이 친구들과 잘 지내는 법을 배우면서 내면을 통해 세상을 발견해야 하는 때라고 말한다.[304]

2016년 8월에 도입된 핀란드의 '유아 교육 및 보육을 위한 국가 핵심 교과과정'과 '기본 교육을 위한 국가 핵심 교과과정'은 모든 어린이의 개성을 강조하면서 "어린이는 놀이를 통해 배우고, 배움을 통한 즐거움을 경험할 권리가 있다."라고 선언하였다. 또한, 어린이들은 자신의 의견을 표현하고, 자신을 믿고, 새로운 해법에 대해 열

아이들을 놀게 하라

린 자세를 갖고, 불분명하거나 상충하는 정보를 다루는 법을 배우고, 다양한 관점으로 사물을 살피고, 새로운 정보를 찾고, 생각하는 법을 반성하도록 장려되어야 함을 강조하였다. 교사들은 학생들에게 다른 학생들과의 비교가 아닌 학생 자신의 시작점과의 비교를 통해 피드백을 제시하도록 하였다. 이 새로운 국가 핵심 교과과정은 각지의 교사들에게 학생 지도 계획과 관련된 조언을 주기 위한 뼈대로서 다양한 연구 결과와 근거에 기반을 두었으며, 부모 및 어린이들로부터 많은 조언을 얻어 교육자들이 직접 개발하였다.

핀란드의 교육적 비전은 미국, 영국 등지의 정치인들이 공립학교에 강제하는 비전과 전혀 다르다. 다른 나라의 학교 체계에서 널리 받아들여지는 상식과 달리, 핀란드의 교사들에게는 다른 학생과의 비교를 통해 학생들의 성취도를 평가하는 일이 명시적으로 금지된다. 대신, 교사들은 각각의 어린이들이 얼마나 성장했는지를 평가해야 한다. 1학년부터 7학년까지 적용되는 새로운 가이드라인에서는 숫자나 등급의 형태로 주어지던 점수를 폐기하고 말을 통한 피드백과 형성적 평가를 활용함으로써 '점수'에 대한 의존도를 지금보다도 더 낮출 수 있게 되었다. 물론 일부 학생들은 여전히 '낙제점'을 받으며, 최후의 수단으로서 유급을 당할 수도 있다.

아이를 공립학교에 보내는 아버지이자 대학에서 강의를 하는 사람으로서, 핀란드의 교육 체계 안에서 살아가면서 또한 그런 체계 안에서 자라난 수십 명의 핀란드 대학원생들과 대화를 나누면서, 나는 핀란드 학교가 왜 성공할 수밖에 없었는지 깨닫게 되었다. 물론 핀란드가 비교적 단일한 문화를 갖고 있다는 점도 도움이 되었겠지만, 성공을 이끌어 낸 주된 이유는 핀란드의 민족성이나 문화가 아니라 올바른 교육 체계와 사회적인 지지였다. 어린이 중심적인 교육 체계, 고도의 전문성을 갖춘 교사, 아동과 교사의 복지를 위해 헌신하고 놀이를 중시하는 교장, 분명한 근거에 기반을 둔 가치 중심의 학교 체계는 오로지 핀란드에만 적용될 수 있는 문화적인 특별성이 아니라 세계 각국의 교육에 적용될 수 있는 우수한 관행이다.

결정적으로 뉴욕 공립학교의 학급당 아동 수가 보통 서른 명 이상인 것과는 달리 핀란드 초등학교의 학급당 아동 수는 스무 명 정도다. 금속가공이나 목재가공, 바느질, 요리(모든 7학년 학생의 필수 과목)처럼 실험이나 기계 다루는 일이 포함된 수업의 경우에는 학생수가 열여섯 명을 넘을 수 없다. 그렇게 학급 규모가 작은 데다, 교육 초기부터 강력하고 특별한 교육적 개입이 이루어지다 보니 핀란드에서는 성적에 대한 '추적 관찰'이 10학년이 될 때까지 불필요하다고 여겨진다.

핀란드의 교육 체계는 우리에게 많은 영감을 주고 세계적으로도 가장 양질의 효과적인 아동 교육 체계로 평가받지만, 그럼에도 불구하고 완벽과는 거리가 멀다. 핀란드의 학교 역시 예산 삭감, 이민자와 다양성의 증대, 최근 몇 년간 남자아이들의 읽기 능력이 급격히 감퇴되는 현상, 사회적 압박, 학생들의 학교 이탈 문제, 사회의 급격한 디지털화 등 다양한 주요 문제와 도전 과제들을 직면하고 있다.[305] 또한 핀란드의 교육적 강점 중 일부는 실제로 문화적으로 특수한 것이어서, 다른 나라들이 따라 하기는 어려울 수도 있다. 하지만 핀란드의 크기와 인구는 미국의 전체 주 가운데 약 3분의 2, 즉 30여 개 주들과 유사하고, 미국의 교육 정책은 대체로 주와 지방 수준에서 관리된다. 핀란드의 학교는 특별한 문화의 산물이지만, 그건 다른 모든 국가의 공립학교들 역시 마찬가지다.

나의 아들은 굉장히 이른 시간에, 보통 오후 1시 반이나 2시쯤 학교 수업을 마쳤고, 그러고 나면 많은 핀란드 아이들이 그러듯 시내를 가로질러 방과 후 클럽으로 이동했다. 그곳에서 아이들은 간식을 먹고 숙제를 하고 운동을 하거나 함께 도서관에 가기도 했지만, 대부분은 뒤뜰에서 자유롭게 뛰어놀면서 오후 시간을 보냈다. 어느 캄캄한 겨울 오후, 아이들은 옹기종기 모여 얼음장처럼 차가운 비를 맞으며 진흙으로 요리를 하고 눈사람을 만들고 막대기로 흙을 파며 놀았다. 그날 저녁 아들을 데리러 갔을 때, 한껏 기분이 들떠 보이는 녀석의 온몸은 꽁꽁 얼어붙은 진흙으로 두껍게 코팅되어 있었다. 문득, '뉴욕에서라면 이 정도 나이의 수많은 아이들이 매일 매일을 책상 앞에 앉아서 보내고, 방과 후에도 중국어 수업, 컴퓨터 수업, 하키 연습, 바이올린 수업 등 정신없는 일과 속에서 압박감에 시달리겠지.'라는 생각이 들었다. 하지만 아홉 살 아이에게는 꽁꽁 얼어붙은 진흙 놀이가 그 어떤 '보강 수업'만큼이나 좋을 것 같았다. 그리고 조금은 더 재미있지 않겠는가.

핀란드의 유치원을 방문했을 때도 나는 미국이나 다른 나라에서처럼 형식적인 학습을 중시하는 교사가 전혀 없다는 사실에 놀랐다. 그보다는 하루 일과를 독립적으로 보내는 법을 배우고, 친구들과 사이좋게 지내며, 동료의 가치를 이해하고, 음악, 미술, 놀이를 즐기는 아이들만이 눈에 띄었다. 아이들은 반복학습이나 연습문제지가 아니라 교사와 함께하는 노래와 게임, 대화, 그리고 놀이를 통해서 언어와 기본적인 수학 개념을 배우고 있었다. 핀란드의 유아교육법에서는 유아 교육의 주된 목적을 '놀이와 신체 활동, 예술 및 문화유산에 기반을 두어 다양한 교육적 활동을 수행하고 긍정적인 학습 경험을 가능케 하는 것'으로 규정한다. 다시 말해서 놀이는 핀란드에서 아동의 필수적인 권리다. 핀란드 교육 당국은 전국의 학교와 유치원에서 이런 권리가 존중되는지 확인할 책임을 진다.

핀란드는 어떻게 이처럼 아동 친화적이고 가족 친화적인 나라가 되었을까? 최근 미국 방문 사절단으로부터 이런 질문을 받고, 핀란드 의회의 두 여성 의원은 서로를 바라보더니 동시에 이렇게 말했다고 한다.

"우리 덕분이지요!"[306]

그녀들에 따르면, 핀란드에서 특히 가족, 어린이, 어머니들에게 더 좋은 해법이 나올 수 있었던 건 여성들의 강력한 정치적 입지 덕분이었다. 그들은 1980년대 이후로 여성 국회의원들이 얼마나 많은 주요 법안을 발의했는지 설명했다. 예를 들어, 1986년 핀란드 양성평등법은 모든 위원회, 자문위원회, 대책위원회 및 기타 공공부문 단체의 남성과 여성 비율이 각각 최소 40퍼센트 이상이어야 한다고 규정한다. 모든 북유럽 국가들은 이와 유사한 양성평등규정을 비롯

아이들을 놀게 하라

하여, 보편적인 양육 휴가 및 아동 보육 체계, 양질의 유아 교육에 대한 동등한 권리, 대학 교육까지 완벽히 국가가 재정을 지원하는 공립교육 시스템을 갖추고 있다. 2017년 선진국들이 어린이들의 욕구를 얼마나 충족하고 있는가에 관한 유니세프 연차 보고서[307]에서는 북유럽 국가들이 상위 5위까지의 모든 순위를 차지하였던 반면, 미국은 41개국 가운데 37위, 뉴질랜드는 33위, 캐나다는 25위, 호주는 21위, 영국은 13위를 차지하였다.

또한 여성의 경제 참여도와 참여 기회, 교육적 성과, 건강, 정치 참여도를 비교 평가한 세계경제포럼의 세계 성 격차 보고서Gender Gap Report(2018년)[308]에서도 북유럽 국가들이 전 세계 149개국 가운데 상위 5개를 독점한 반면(단, 덴마크는 13위를 차지), 미국은 51위, 호주 39위, 캐나다 16위, 영국 15위, 뉴질랜드 7위를 기록하였다. 여성 건강, 아동 건강, 교육적 성취도, 경제적 복지 및 행복지수 등을 평가하는 2015년 세이브더칠드런의 연례 '어머니 보고서State of the World's Mothers'에서도 핀란드를 비롯한 북유럽 국가들이 179개 국가 중 최상위권을 독식하였고, 미국은 33위, 영국 24위, 캐나다 20위, 뉴질랜드 17위, 호주 9위를 기록하였다. 이런 결과들은 가족과 아동의 행복 및 교육에 우선순위를 부여하는 국가들이 성별 간 격차도 적을 가능성이 크다는 점을 시사한다.

세계에서 어머니와 아이가 가장 살기 좋은 나라들 ─핀란드, 노르웨이, 스웨덴, 아이슬란드, 네덜란드, 덴마크─ 에는 최소 두 가지 공통점이 있다. 먼저, 입법부 구성원 가운데 여성의 비율이 최소 40

퍼센트를 넘어야 하고, 둘째, 교육 체계 내에 놀이를 통한 배움을 비롯한 공통의 가치가 공유된다는 점이다. (그림 5) 어쩌면 여성의 정치 권력이 높은 국가일수록 어린이에게 놀이가 얼마나 필요한지를 더 잘 이해하는지도 모르겠다. 흥미롭게도 2018년 핀란드 의회 구성원의 10퍼센트는 교직 경력이 있는 사람이었다.

또한 핀란드는 세계에서 가장 높은 수준의 교육적 공평성을 달성하였다. 즉, 학생들의 사회경제적 지위가 학교에서 받는 교육의 질에 거의 영향을 주지 않는다. 모든 성공적인 학교 체계에서는 공평성이 중요한 목표로 여겨진다. 공평성에 집중하는 학교 체계에서

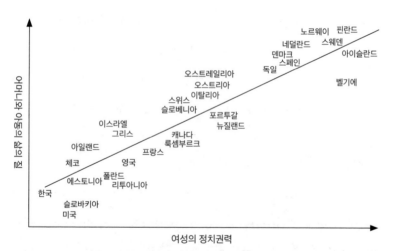

그림 5 ‖ 어머니와 아동의 삶의 질은 여성의 정치권력 수준과 함께 상승한다. 핀란드는 다른 북유럽 국가들과 함께 어머니와 아동이 살기에 가장 좋은 나라이자 여성의 정치권력 수준이 높은 나라로 이름을 올렸다. 북유럽 국가들은 다른 많은 나라들에 비해 아동기와 학교생활에서 놀이의 힘을 잘 이해하는 국가이기도 하다

자료: 세이브더칠드런(2016), 세계경제포럼(2016)
출처: 저자

아이들을 놀게 하라

는 보편적인 유아 교육 프로그램을 운영하고, 모든 학교에서 종합적인 건강 및 특수교육 서비스를 제공하며, 미술·음악·신체 활동 및 기타 교과목을 똑같이 중시하는 균형 잡힌 교과 과정에 우선순위를 둔다. 자원 배분의 공정성은 교육적 공평성을 달성하기 위한 열쇠다. 수많은 어린이들의 다양한 교육적 욕구에 부응해야 하는 학교에게는 학생 1인당 더 많은 자금이 필요하기 때문이다.

놀이를 통한 배움 및 교사의 전문성이라는 근간 위에 아동 교육의 기초를 세운 핀란드는 캐나다, 일본, 에스토니아, 한국 등의 국가와 더불어 교육적 공정성과 OECD의 국제 기준 시험 점수 모두에서

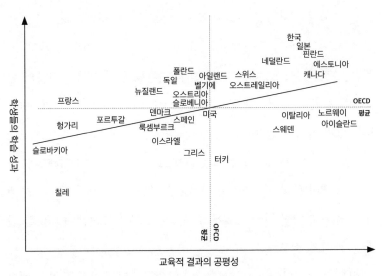

그림 6 ∥ OECD 국가들의 교육적 공평성과 학습 성과. 핀란드의 교육 체계는 캐나다, 에스토니아, 일본과 더불어 학습 성과 및 성과의 공평성 측면에서 모두 성공적인 것으로 평가된다.

출처: OECD, 저자

좋은 성과를 달성하였다. OECD 평가는, 불완전하지만 평가의 지표로서 유용한 정보를 제공한다. (그림 6) 공평과 탁월성 측면에서 세계적으로 가장 높은 수준에 오른다는 것은 이론적으로 '교육적 천국으로 가는 계단'이라고 볼 수 있다.[309]

핀란드는 한 세기 전 독립하여 건국되던 시점부터 엄청난 이점을 가지고 있었다. 여성과 아동의 권리와 요구가 문화 전반에 '새겨져' 있었다는 점이다. 핀란드의 여성은 세계에서 가장 처음으로 투표권과 출마권을 모두 포함하는 참정권을 부여받았으며, 오늘날에도 다양한 직업군의 핀란드 여성들이 정치에 참여한다. 여성들은 사회의 많은 분야에서 사실상 거의 동등한 파트너로서 권력을 행사하고 있으며, 이는 북유럽 국가에서 흔히 찾아볼 수 있는 가족 친화적, 아동 친화적 정책으로 이어진다. 현대 '핀란드 실험'의 초창기부터 핀란드는 모든 어린이에게 좋은 출발을 보장해 주는 것이 결국은 모든 이들에게 이익이 된다는 사실을 깨달았다. 1949년부터 출산을 앞둔 핀란드의 모든 가정은 모성 방문을 받고 아기를 돌보기 위해 필요한 모든 물품이 들어 있는 '베이비 박스'를 선물 받고 있다. 이 프로그램의 성공에 힘입어 미국의 일부 주에서도 일부 산모들에게 비슷한 선물 꾸러미를 제공한다.

아이가 태어나고 나면 핀란드의 가정은 강력한 양육 휴가 정책의 수혜를 받는다. 부모 중 한 명이 아이와 함께 가정에서 지낼 경우 아이가 만 3세가 될 때까지 아동 가정 양육 수당이 지급된다. 이런 정

아이들을 놀게 하라

책 덕분에 핀란드 아이들의 어린 시절은 부모와 함께하는 시간과 놀이 —자녀들과 함께 놀 수 있는 경제적 여건과 시간을 갖춘 부모와의 안전하고 편안하며 행복한 탐험, 발견, 대화— 의 기억들로 채워지게 된다.

유치원 입학 전까지 어린이와 가족들이 어떤 생활을 하는가는 이후 아동의 교육에 중대한 영향을 미친다. 그러므로 미국의 경제학자이자 노벨상 수상자인 제임스 헤크먼James Heckman이 2011년에 단언하였듯이, '우리는 한시라도 빨리 교육에 대한 시각을 바꾸어야 한다. 생후부터 만 5세까지는 학교생활 준비를 위한 기반에 투자'해야 한다.[310] 2012년 〈이코노미스트Economist〉의 보고서에서 핀란드는 유치원 교육의 우수성 분야에서 1위를 차지하였다.[311] 핀란드를 방문한 미국의 유아교육자 에리카 크리스타키스는 이렇게 썼다.

「아이들을 평가하는 것이 아니라 학습 환경을 평가하는 유치원을 보자 감동이 밀려들었다. 핀란드의 유치원 교사들에게는 성적표에만 맞춰진 수많은 가짜 학업 기준을 거부하고 핵심적인 것에 집중할 자유가 있다. 바로, 자라나는 아이들과 자신들 사이의 관계다.[312]」

북유럽 국가들이 널리 공유하는 문화적 전통 속에서 많은 핀란드 부모들은 정식 초등 교육을 시작하기에 적합한 나이가 만 7세라는 데에 동의한다.[313] 그 전까지 아이들은 어린이집이나 유치원에서 삶을 즐기는 법을 배우고, 다른 사람과 함께 지내는 법을 배우며, 자기 자신에 대해서, 날씨가 극도로 안 좋은 경우를 빼고는 거의 항상 실내외에서 놀이하는 법에 대해서 배워야 한다. 그 과정을 통해 아이들은 읽기, 말하기, 수학적 개념의 기본을 편안하고 자연스러우며 효과적인 방식으로 배운다.

최근 몇 년간 핀란드의 PISA 순위는 다소 떨어졌다. 아마 다른 나라의 정치인과 관료들이었다면 완전히 패닉에 빠져 비상사태를 선포했을 것이다. 표준 시험 점수가 나빠졌다는 이유로 교사들에게 벌칙을 주거나 아이들에게 공부 압박을 가하는 경우도 많았을 것이다. 하지만 핀란드는 그러지 않았다. 대신 교육자와 정부 관료들은 세계 교육 개혁의 역사상 거의 전무후무한 일을 했다. 그들은 아이들과 대화를 나누었다. 그리고 한 가지 중요한 문제가 있음을 깨달았다. 학교에서 학생의 참여도가 부족하며, 아이들은 학습이나 학교생활에 관한 자신들의 의견이 무시된다고 느껴 왔다는 점이다.

핀란드 정부는 교사 및 부모들과 협력하여 초등학교에서 더 많은 실외놀이와 신체 활동을 하도록 했고, 학문 간의 경계를 아우르는 학습과 더욱 흥미로운 수업, 실생활과 더 많이 연관된 활동을 장려함으로써 학생들이 학교생활에 더 흥미롭게 참여할 수 있도록 했다. 핀란드의 '유아 교육 및 보육을 위한 새로운 국가 핵심 교과과정'은 향후 아이들의 사고방식을 발전시켜 실용적인 생활 능력을 기르고, 어른이 되어서도 더 잘 배울 수 있는 사람이 될 수 있도록 하는 데 명확하게 초점을 맞추고 있다. 많은 국가에서 강조하는 언어 및 수학 능력에 대한 조기 교육 방안은 포함되어 있지 않다. 수십 년 동안 놀이의 힘에 대해 국가적 실험을 실시해 온 핀란드는 좋은 성과에 힘입어 더욱 끈질기게 놀이 중심 교육을 추진하고 있다.

아이들을 놀게 하라

핀란드에서 내가 거주하던 지역에 첫눈이 오던 11월 말의 어느 날, 교수실 창밖에서 시끄러운 소리가 들려왔다. 뭔가 소동이 일어난 듯했다. 교원양성학교의 실외놀이터 근처에서 들리는 소리 같았지만, 나무에 가려 보이지는 않았다. 아이들이 소리를 질러 대고 있었다. 뭔가 끔찍한 일이 일어났다고 생각하며 나는 밖으로 뛰쳐나왔다.

정각으로부터 45분이 지난 시각이었다. 핀란드 전역의 모든 어린이들이 바깥놀이를 할 수 있는 15분간의 쉬는 시간으로, 아이들은 하루에도 서너 번씩 이런 '짧은 쉬는 시간'을 보장받았다. 운동장은 소나무와 가문비나무 아래서 겨울의 첫 맛을 만끽하는 아이들로 가득했다. 하나같이 눈이 쌓이는 모습을 보며 기쁨에 차 소리를 지르고 있었다. 내 아들도 저기 어딘가에 있을 테지만, 전부 겨울옷 속에 깊이 파묻힌 데다 너무 빠르게 움직이는 통에 도무지 찾을 수 없었다.

아이들이 신선한 얼음과 눈 위를 미끄러지고 구르며 웃고 소리치고 노래 부르는 소리에 귀가 멍멍할 정도였다.

그 모습을 노란 안전복을 입은 특별교육교사가 지켜보고 있었다. 핀란드의 모든 초등 교사가 그렇듯 그녀 역시도 교육학 분야의 임상 전문가로 훈련받았으며, 아동교육 연구와 교실 운영에 대해 연구한 석사학위 소지자였다. 말하자면, 임상 훈련을 완료한 교육 연구가이자 교육 전문가였다. 핀란드의 모든 교사가 그랬고, 어쩌면 세계 모든 교사들이 그래야만 했다.

"들리시죠?"

교사가 소음을 뚫고 물었다. 그리고 자랑스러운 듯 말했다.

"저건 행복의 목소리예요."

며칠 후 나는 아들과 함께 어둡고 추운 숲을 지나 학교로 향했다. 학교의 불빛이 보이기 시작하자 아이가 말했다.

"모든 어린이는 이런 학교에 다녀야 해요."

나는 대답했다.

"그래, 네 말이 맞는 것 같구나."

텍사스 북부의
쉬는 시간 실험

—

핀란드에서 5,000마일 떨어진 텍사스주 포트워스라는 도시에서는 데비 레아Debbie Rhea라는 여성이 자신만의 바깥놀이 실험을 시작하고 있었다.

레아는 텍사스 크리스천 대학교의 해리스 간호건강학부 교수이자 부학장이다. 그녀의 핵심 연구 분야는 신체운동학, 즉 인간의 움직임을 연구하는 학문이다. 수년 동안 레아는 신체 활동이 어린이의 학업 성과를 향상시킬 수 있다는 연구 결과들에 매료되어 있었다.

어느 날 레아 교수는 핀란드가 고등학교 교육을 마칠 때까지 모든 학생들에게 시간마다 15분간의 쉬는 시간을 보장하여 분명한 교

아이들을 놀게 하라

육적 성과를 이루었다는 글을 읽게 된다. 흥미를 느낀 그녀는 2012 년 헬싱키와 이위베스퀼레로 6주간의 순례 여행을 떠난다. 그곳에 서 그녀는 학교와 놀이터를 돌아다니며 시간마다 45분이 되면 수천 명의 학생들이 교실을 뛰쳐나와 바깥놀이 공간을 뛰어다니거나 휴 식을 취하다가, 얼마 후 다음 수업을 듣기 위해 다시 교실로 뛰어 들 어가는, 기묘하고도 아름다운 교향곡을 목격하였다. 쉬는 시간이 끝난 후 아이들은 행복하고 상쾌하고 기운이 넘쳐 보였다. 많은 아 이들이 공부에 열정적으로 집중하기 힘들어하는 오후 시간에도 마 찬가지였다.

텍사스주의 학교에서는 보통 하루 15분에서 20분의 쉬는 시간이 단 한 번 주어지고, 여기에 수업 도중에 갖는 잠깐의 쉬는 시간, 소 위 '두뇌 휴식 시간brain breaks'이 몇 번 더해진다.

"그 정도로는 부족해. 아이들은 그렇게 만들어지지 않았어."

레아 교수는 생각했다. 그녀는, 쉬는 시간을 통해 두뇌가 '재부팅' 되기 때문에 다시 교실로 돌아갔을 때 아이들은 배울 준비가 되어 있고 집중도 더 잘한다고 믿었다. 15분간의 쉬는 시간을 하루 네다 섯 번씩 갖는 핀란드의 어린이들은 많은 미국 어린이보다 최소 세 배의 휴식을 누리는 셈이었다.[314] 정규 쉬는 시간 외에도 핀란드 아 이들은 매일 한 시간의 신체 활동 시간을 갖는다. '핀란드 학교를 움 직이자Finnish Schools on the Move'[315]라는 전국적 운동 프로그램은 핀란 드 초등학생들의 신체 활동 문화를 강화하고자 만들어졌다. 2010 년에 시작된 이래로 지금은 1학년부터 9학년까지의 학생들을 가르치는 2,000개 이상의 기초학교 중 80퍼센트 이상과 지방자치단체의 90퍼센트 이상이 이 프로그램에 참여하고 있다.

레아 교수는 미국으로 돌아온 뒤 핀란드의 제도를 본떠 실험을 시작하기로 마음먹었다. 논리는 간단했다. 미국 어린이들은 지난 20여 년 동안 읽기, 수학, 과학 점수가 거의 개선되지 않았고, 그 결과 수업 시간은 더욱 늘어났으며, 아이들은 비정형화된 놀이와 쉬는 시간, 신체 활동을 빼앗겨야만 했다. 국제아동교육협회는 다음과 같이 언급했다.

"안타깝게도, 아동들의 학업 성과를 높이려는 우리의 열정은 어린이들의 건강 악화와 아동 비만율의 심각한 증가를 불러왔다. 역설적으로, 시험 점수를 높이기 위해 채택한 일부 정책 때문에 아이들의 건강이 악화되면서 오히려 성적을 높일 기회가 줄어들기도 한다."[316]

2016년, 24인의 세계적인 연구자 패널이 작성하여 〈영국스포츠의약저널British Journal of Sports Medicine〉에 게재한 한 보고서는 쉬는 시간처럼 아이들을 움직이게 하는 활동이 학업에 긍정적 영향을 준다고 지적했다.

"등교 전후와 학교에서 하는 신체 활동은 어린이와 청소년의 학업 성과를 증진한다. 중간 강도의 운동을 할 수 있는 쉬는 시간이 단한 번만 주어져도 두뇌 기능과 인지 능력, 학업 성과를 끌어올릴 수 있다."

그들은 이렇게 덧붙였다.

"신체 활동을 위해 공부 시간을 줄여도 학업 성적이 떨어지지는 않는 것으로 나타났다."[317]

많은 연구자와 보건 당국에 이와 같은 분명한 공감대가 형성되어 있음에도 불구하고, 미국과 세계 각국의 어린이 수백만 명은 쉬는 시간이 계속해서 줄어들거나 아예 없어지고 있으며, 하루 종일을 우울한 실내에 갇힌 채로 어른들의 간섭 없이 즐겨야 하는 아동기의 가장 필수적인 요소들 —신선한 공기, 탁 트인 하늘, 움직임의 즐거움, 비정형화된 실외 자유놀이, 다른 아이들과의 사회화— 을 박탈당하고 있었다.

레아 교수와 동료들은 연구 논문에 다음과 같이 썼다.

「학생들이 학교에서 보내는 일곱 시간을 대부분 앉아서 보내야만 하는 상황에서는 많은 부정적인 행동이 나타나게 마련이다. 하지만 교사들은 그것을 신체 활동과 인지적 쉬는 시간의 부족 때문이 아니라 나쁜 아이의 탓으로 돌린다.」[318]

또한 나쁜 행동을 했다는 이유로 쉬는 시간을 제한하고 더 많은 시간을 앉아서 보내도록 처벌하는 것은 악순환의 고리를 만들어 낸다. 레아 교수는 자유놀이에 기반을 둔 쉬는 시간이 어린이들의 중대한 권리라고 믿는다. 어린이들에게 재충전하고 상상하고 생각하고 움직이고 사회화할 기회를 주며, 인지, 사회, 정서 건강에도 긍정적인 영향을 주기 때문이다.

레아 교수는 핀란드의 쉬는 시간 모델을 미국 학교에 어떻게 적용할 것인가를 고민하던 중 한 가지 문제를 발견했다. 핀란드의 초등학교는 미국 공립학교가 따라 하기 어려운 한 가지 활동을 병행하고 있었다. 즉, 모든 공립학교 학생을 대상으로 실시하는 종교 또는 윤리 교육이었다. 신체 활동과 더불어, 공감, 연민, 도덕성에 대한 교육이 쉬는 시간이나 수업 시간 동안의 좋은 태도 및 학업 성취도에 기여하고 있을 수도 있었다. 그래서 레아 교수는 실험의 일부로서 '긍정적 행동'이라는 이름의 인성발달 프로그램을 도입하였다. 특정 종교적 가르침은 피하되 연민, 존중, 공감, '황금률', 다툼 해결, 협동을 강조하는 짧은 수업을 일주일에 네 번씩 진행하는 프로그램이었다.

레아는 텍사스의 여러 교장들과 교육감들에게 도발적이면서도, 일견 직관에 어긋나 보이는 의견 ―쉬는 시간이 더 많으면 더 잘 배운다― 을 피력하기 시작했다. 많은 학교가 수업 시간을 확보하기 위해 쉬는 시간을 없애거나 줄이고 있지만, 사실은 그 반대로 해야 한다는 주장이었다. 그녀는, 학업 성취도를 높이기 위해서는 매일 20분밖에 안 되는 쉬는 시간을 세 배로 늘려서 핀란드처럼 시간당 15분씩 총 네 번을 쉬게 하고, 쉬는 시간은 (따로 제공되는 정형화된 스포츠나 체육 수업이 아니라) 비정형화된 바깥 자유놀이로 이루어지도록 보장하며, 핀란드식 윤리 및 인성 발달 수업을 통해 효과를 극대화해야 한다고 주장했다.

레아 교수는 이렇게 설명했다.

"제가 이 프로그램을 시작한 건, 초등학교 3학년만 되어도 지쳐 나가떨어져 버리는 학생들, 교사가 된 지 5년 만에 지쳐 버리는 교

아이들을 놀게 하라

사들, 유치원부터 고등학교까지 내내 시험 점수에만 집중하는 학교들을 더 이상 두고 보기가 힘들었기 때문입니다. 오늘날 우리는 시험 결과에만 집중할 뿐, 아이들의 건강과 행복에 대해서는 크게 신경 쓰지 않는 지경에 이르렀습니다. 이제는 이런 상황을 바꾸어야 합니다."

레아는 덧붙였다.

"우리는 어른으로서 아이들의 행동방식을 통제해야 한다고 생각합니다. 이제는 그런 생각에서 벗어나야 합니다. 아이들은 노는 법을 알고, 자기만의 놀이를 구성하는 법도 알고 있으며, 책임감 있는 사람으로 자라기 위한 시간이 필요합니다. 그 과정에서 자신감이 쌓이고 자존감이 형성되고 회복 탄력성이 발달합니다."

레아 교수는 정기적으로 주어지는 쉬는 시간이 전형적으로 아이들이 느끼는 움직임에 대한 욕구를 충족시켜 주고, '집중력 시계'를 다시 처음으로 돌려주며, 학습에 집중하고 적극적으로 참여하기 위해 꼭 필요한 정신적 휴식을 제공해 준다고 믿었다.[319]

레아의 발표에 감명받은 두 명의 텍사스 사립학교 교장이 프로그램에 참여하기로 했다. 그렇게 링크 프로젝트LiiNK Project('아이들 내면의 혁신을 깨우자Let's Inspire Innovation in Kids')는 2013년부터 2014년 사이에 텍사스 지역의 4개 학교와 함께 시범적으로 시작되었다. 그중 절반은 링크 프로젝트에 참여하였고, 나머지 절반은 비교를 위한 대조군으로서 선발되었다.

프로그램의 초기 결과가 대단히 고무적이었으므로 2017년 가을

경 실험은 텍사스와 오클라호마 지역 6개의 독립 교육구 소속 20개의 공립 및 사립학교로 확대되었다. 2017년부터 2018년 사이에는 약 8,000개의 초등학교가 링크 프로젝트에 참여하였고, 그 외 8,000개 초등학교는 링크 프로젝트를 적용하지 않는 대조군으로 참여하였다. 시간이 흐를수록 학교들은 적용 범위를 넓혀서 유치원생부터 점차 8학년 학생까지 프로그램의 혜택을 받게 되었다. 프로젝트는 다양한 인종의 어린이들에게 빈부와 상관없이 적용되었으며, 포트워스, 어빙, 알링턴, 텍사스의 도시 지역, 시골 지역, 교외 지역 등 다양한 지역으로 확대되었다. 오늘날 인종적으로 다양한, 이 학교들의 중산층 및 저소득층 학생 수천 명은 미국의 그 어떤 학생들보다도 더 많은 쉬는 시간을 누리고 있다.

지금까지 레아 교수가 진행한 링크 프로젝트의 실험 결과는 대단히 인상적이고 대단히 빠르게 나타났으므로, 어쩌면 미국 교육 전체에 기적에 가까운 일 ―아이들에게 더 많은 쉬는 시간이 주어지는 것― 을 촉발할 가능성도 지니고 있다. 프로그램이 시작된 지 겨우 몇 년 만에 많은 교육자들이 비정형화된 바깥 자유놀이의 놀라운 효과들을 보고하고 있다.

레아 교수에 따르면 링크 프로젝트에 참여한 모든 학교에서 학생들의 학습 태도가 30퍼센트 이상 개선되었다. 쓰기를 배우는 속도는 단 1년 만에 최소 6개월 이상이 빨라졌고, 공감 능력 및 사회적 행동(행동하기 전에 생각하는 능력 등)도 급격히 개선되었다. 교실에서의 태도 불량은 줄어들었고, 학생들의 의사 결정, 문제 해결, 듣기 능력

아이들을 놀게 하라

도 개선되고 있다. 교사들의 보고에 의하면 학생들의 생산성은 향상되었으며, 지루해서 가만히 있지 못하는 행동은 줄어들고, 집중력은 좋아졌다고 한다. 교사들의 말을 더 집중해서 잘 들으며, 지시사항에 잘 따르고, 교사에게 모든 것을 의존하는 대신 스스로 문제를 해결하려고 노력하게 됐다. 훈육 문제나 왕따 문제 또한 줄어들었다고 한다. 교실에서의 태도와 집중력은 두 자리 수가 향상되었다. 교사들은 이 프로그램으로 인해 아이들의 학습 속도가 수개월 앞당겨졌다고 추정한다.

레아 교수와 동료들이 어느 사립학교에 4개월이 넘는 기간 동안 링크 프로젝트를 시범 적용(매일 45분이 아니라 60분의 쉬는 시간을 적용하였다)하면서 작성한 논문에 의하면, 교실에서 어린이들의 집중력과 태도가 개선되었고, 교사의 명령에 더욱 잘 따랐으며, '읽기와 수학 능력도 상당히 향상되었다'고 한다.

이 실험의 최종 결론은 세상 어떤 아이라도 당신에게 말해 줄 수 있는 아주 간단한 진리다.

"쉬는 시간이 더 많으면 어린이들은 더욱 행복하고 건강해지며 더 잘 배운다."

단, 쉬는 시간은 철저히 어린이들이 주체가 되어 구성하고 즐기는, 비정형화된 바깥 자유놀이로 정의되어야 하고, 어른들은 방관자의 입장에서 꼭 필요할 때만 아이들의 안전을 보장해 주어야 한다. 운동능력이 뛰어난 아이들에게만 보상이 되고 나머지 아이들 대부분이 그저 서서 기다릴 뿐인 정형화된 체육 수업은 쉬는 시간과 전혀 다르다.

어린이들에게 갑자기 밖에서 자유놀이를 할 수 있는 시간을 많이 주면 운동장에서 끔찍한 사고가 벌어지고 부모로부터 고소를 당하지 않을까 하는 걱정이 들 수도 있다. 하지만 실제 결과는 그 반대였다. 이제 텍사스와 오클라호마 지역의 초등학교 학생들은 인종, 나이, 소득 수준을 불문하고 학교 운동장에서 뛰어노는 시간이 훨씬 길어졌지만, 부상, 찰과상, 타박상의 빈도는 오히려 줄고 있다. 자신의 움직임을 안전하게 통제하는 능력이 좋아진 덕분이다. 링크 프로그램에 참여하는 유치원 중 저소득층 어린이의 비율이 높고 인종적으로 다양한 어느 유치원에 근무하는 교사는 이렇게 전했다.

"올해 저희 유치원의 아이들이 작년에 비해 훨씬 더 튼튼해졌습니다. 저는 18년 동안 유치원 교사로 일했어요. 아이들은 자기 발에 걸려서도 곧잘 넘어지곤 하잖아요? 그런 모습이 더 이상 보이지 않습니다. 유연성도 훨씬 좋아지고 힘도 강해졌어요. 또 한 가지, 얼마 전까지만 해도 제가 수업을 시작하려고만 하면 아이들이, '아, 지금은 쓰기 싫어요.'라든가 '벌써 읽기 시간이에요? 하기 싫은데.'라고 말하곤 했었거든요. 이제는 그런 말을 듣기가 힘들어요. 아이들이 글쓰기를 정말로 좋아합니다."

새기노 초등학교는 텍사스주 포트워스 근처의 이글마운틴-새기노라는 교육구에 위치한 저소득층 학교다. 이곳의 교장 앰버 빈 Amber Beene은 2016년부터 2017년에 링크 실험에 참여하기로 결정했다. 학교 운영위원회와 함께 '학생들 사이의 성적 격차를 줄일 수 있

아이들을 놀게 하라

는 방안으로 객관적인 연구에 근거를 둔 방법을 지속적으로 찾고 있었기 때문'이다. 빈 교장은 우리에게 이렇게 설명했다.

"성적과 태도 개선에 도움이 된다는 점도 물론 흥미로웠지만, 심리적인 장점이 특히 눈에 띄었어요. 정서적인 회복 탄력성을 높이고 상상력과 창의력을 증진하며 자신감을 높여 준다는 점이 가장 설득력 있게 다가왔죠. 우리 학교 학생들 중 다수는 가족 때문에 또는 사회적, 경제적 환경 때문에 학교에서도 제대로 배우지 못합니다. 학생들 간 성과의 격차를 줄이면서도 사회적, 정서적 능력을 함양하고 창의력을 높이며 집중력 문제를 해결할 수 있는 프로그램이 있는데 그냥 지나칠 수는 없었습니다."

빈 교장이 이 프로그램에 특별한 관심을 가졌던 건 자신의 딸이 2016년부터 2017년 사이에 같은 학교 부속 유치원에 다니고 있었고, 첫 해부터 링크 프로그램에 직접 참여할 수 있었기 때문이기도 했다.

그리고 해당 학교에서 링크 프로그램의 효과는 급격하면서도 상당했다. 빈 교장은 이렇게 전했다.

"2016년 이전에는 학교 부속 유치원과 1학년 교사들이 아이들에게 '두뇌 쉬는 시간'을 주느라 빈번히 수업을 중단해야 했습니다. 수업에 집중하지 못하는 학생들이 너무 많아서 다시 주의를 끌기 위해 어쩔 수가 없었죠. 게다가 오후가 되면 두뇌 쉬는 시간만으로는 학생들의 참여를 다시 끌어내기가 어려웠습니다. 반 아이들 대부분이 수업에 집중하거나 정해진 시간 동안 일을 처리하기를 힘들어했습니다. 링크 프로젝트가 시작된 이후로는 제가 어떤 시간대에 교실을 방문하든 집중하지 못하는(주어진 과제와 무관한 행동을 보이는) 학생의 숫자가 최소한으로 줄어들었습니다. 이제는 정말로 집중력이나 행동, 정서 문제를 겪는 학생들에게만 신경 쓰면 됩니다."

어느 1학년 여학생의 이야기는 링크 프로젝트에 얼마나 강력한 이점이 있는지를 잘 보여 준다. 빈 교장의 설명을 더 들어 보자.

"우리 학교 1학년 교사 중 한 분이 학기가 시작되던 가을쯤 어느 학생의 부모를 만났다고 합니다. 딸에 대해 걱정이 정말 많으셨죠. 유치원에서 심각한 행동 문제를 보였고, 이런 행동이 학업상 어려움으로까지 이어졌던 것이죠. 그리고 11월에 교사를 다시 한번 만난 부모는 이렇게 말했다고 합니다. '완전히 다른 아이가 된 것 같아요.' 학업에 집중하지 못하던 모습과 행동 문제가 사라진 겁니다. 아이는 주어진 학습 기회에 집중하고 적극적으로 참여할 수 있게 됐습니다. 또한 한 학기가 끝날 때쯤이 되자 학업 능력도 정상적인 수준까지 개선되었습니다. 하루에도 몇 번씩 나이에 맞는 비정형화된 쉬는 시간을 제공하자 문제 행동이 줄어들었고, 학습을 방해하던 행동 또한 완화되었습니다."

처음에 빈 교장은 학교 운동장에 놀이 시설이 부족하다는 점이 걱정스러웠고, 때로는 넓은 공터가 필요하다는 점도 염려되었다고 한다.

아이들을 놀게 하라

"쓸 만한 스포츠 시설이 없다면 학생들은 무엇을 할까요? 학생들에게서 창의력이 샘솟는 모습을 보고 있자니 흐뭇한 마음이 들었습니다. 놀랍게도 학생들은 새로운 게임을 만들어 내고, 나비를 쫓고, 땅을 파고, 죽은 나무의 속을 파내서 돌멩이와 벌레, 나뭇잎을 찾더군요. 학교 운동장은 바깥 세상에 대한 호기심을 자극하고 새로운, 아니 어쩌면 아주 오래되고도 자연스러운 놀이를 만들어 내게 했습니다. 비정형화된 쉬는 시간을 통해 창의력과 놀이가 증진될 거라는 말씀은 레아 박사에게서 익히 들어왔지만, 그 모습이 학생들에게서 나타나는 모습을 직접 보게 되자 정말 놀라웠어요."

빈 교장은 유치원에 다니는 자신의 딸에게서도 극적인 효과를 목격했다. 그녀는 이러한 변화가 인성교육과 더불어 여러 번의 쉬는 시간을 제공한 링크 프로그램의 덕분이라고 말했다. 정기적으로 실외놀이를 즐기면서 빈 교장의 딸은 바깥세상과 사랑에 빠졌고, 호기심과 창의력을 발전시켰다.

"매일 저녁 저는 딸의 주머니를 비워야 했습니다. 주머니가 늘 나뭇잎, 돌멩이, 도토리, 깃털 같은 것들로 가득했거든요."

그녀는 감탄하듯 말했다.

"딸아이의 수집품은 매일 늘어났습니다. 결국은 딸아이가 쉬는 시간 동안 찾은 '보물'들을 전부 보관하기 위해 차고에 상자를 따로 마련해 줘야 했어요. 둘째로, 제 딸은 전에 없던 용기를 키웠습니다. 쉬는 시간은 본래 정형화되어 있지 않기 때문에, 학생들은 서로가 위험을 무릅쓰고 모험하는 모습을 봅니다. 구름사다리 건너기, 막대 타고 기어오르기, 높은 곳에서 뛰어내리기 같은 것들 말이죠. 이런 모습을 보면서 아이들은 자신도 도전해 보고 싶다는 마음을 갖습니다. 최근 콜로라도로 가족 여행을 다녀왔는데 딸아이가 주저 없이 로프 코스와 짚라인 체험에 도전하더군요. 학교 밖에서 취미로 하는 축구, 체조, 수영에서도 체력과 힘이 상당히 좋아졌습니다. 다른 아이들은 경기가 끝날 때쯤이면 무척 피곤해 보이는데, 제 딸은 이전 시즌에 비해 눈에 띌 정도로 활빌하고 싱공적인 모습을 보어 주었습니다."

텍사스주 새기노 근처에 위치한 또 다른 공립학교 엘킨스 초등학교 역시도 저소득층과 다민족 학생이 많은 곳이다. 이 학교의 1학년 담당 교사 켄드라 나이번Kendra Niven은 링크 프로젝트의 예기치 못한 이점에 대해 말해 주었다. 바로 '헬리콥터 교사'가 사라졌다는 점이다. 그녀의 설명은 이렇다.

"링크 이전에는 쉬는 시간 동안 끊임없이 잔소리를 해야 했어요. 학생들 사이의 다툼을 해결하고, 아이들이 그네라든가 다른 높은 곳에서 뛰어 내리지 못하게 하고, 이런 저런 행동을 하면 다칠 수도 있다고 말해 줘야 했거든요. 우리는 아이들에게 무슨 일이 일어날지도 모른다는 경고를 수시로 하며 자아 발견의 기회를 막는, 그야말로 '헬리콥터 교사'였습니다. 이제 학생들은 위험을 무릅써 가며 자신들이 정말로 할 수 있는 일이 무엇인지를 찾습니다! 교사들은 더 이상 작은 문제들을 해결해 주고 아이들을 편안하게 해 주기 위해 헐레벌떡 달려가지 않아요. 학생들 스스로 자신의 욕구를 해결하는

아이들을 놀게 하라

법을 배우고 있으니까요."

그녀는 덧붙였다.

"제가 링크 프로젝트에서 가장 좋아하는 점은 아이들을 아이답게 해 준다는 겁니다!"

나이번에 따르면 쉬는 시간의 장점은 교실과 학업에까지 직접적으로 영향을 준다고 한다.

"쉬는 시간 동안 아이들이 흙과 막대, 벌레, 풀, 그림자, 돌멩이를 탐구하는 모습을 봤습니다. 이런 것들을 이용한 새로운 게임을 만들어 내기도 했죠. 곤충들을 위한 서식지를 만들어 주거나, 풍화작용을 직접 재현해 보거나, 그림자를 구경하는 아이들도 있었습니다. 그리고 자기가 발견한 것들을 모두 친구들과 공유했지요. 쉬는 시간 동안 아이들이 친구에게 풍화작용에 대해서, 그림자, 곤충 서식지, 힘과 운동, 측량법 등에 대해서 가르치는 모습도 볼 수 있었습니다. 또한 학생들의 글쓰기 실력에도 엄청난 변화가 나타났어요. 창의력을 발휘하여, 상상 속에서 만들어 낸 인물들이 멋진 모험을 떠나는 이야기를 써 내더군요. 많은 아이들이 땀에 흠뻑 젖고, 머리카락에는 풀꽃을 잔뜩 묻히고, 손톱 밑에는 자랑스럽게 까만 흙을 묻힌 채로, 심지어는 신발에 진흙을 잔뜩 묻힌 채 교실로 돌아옵니다. 학교에 있는 동안 약간 지저분하게 있는 것이 우리 학생들에게는 물론이고 교사들에게도 전혀 문제가 되지 않습니다. 아이들은 이제 교실에서 전반적으로 더 행복하고 더 창의적입니다. 다른 반 학생들과도 자유롭게 교류하고, 짧은 쉬는 시간이 끝나면 더욱 집중할 수 있는 기민한 상태로 교실에 돌아옵니다. 아이들은 최

적의 배움을 위해 몸과 머리를 쉬게 해 주는 그 시간을 정말로 좋아하기 시
작했습니다. 링크 프로젝트가 가져다준 대단히 인상적인 결과 중 하나는 어
린이들이 수업 시간에 배운 것을 쉬는 시간 동안 적용해 본다는 점입니다.
링크 이후로 교실 생활도 달라졌습니다. 저는 학생들의 행동을 고쳐 주고
관리하는 데 시간을 덜 쓰게 됐고, 결국 가르칠 시간은 늘어났습니다. 쉬는
시간을 마치고 교실로 돌아온 아이들은 전에 하던 활동으로 다시 뛰어들 만
반의 준비가 된 상태입니다."

포트워스 근처에 있는 또 다른 학교, 이글마운틴 초등학교의 교
장 브라이언 맥클레인Bryan McLain은 아이들에게 더 많은 쉬는 시간
을 준다는 발상이 대단히 합리적이라고 생각했다고 한다.
　"아이들은 하루 종일 가만히 앉아 있도록 설계되어 있지 않으니
까요."
　그리고 결과는 '인상적'이었다. 그는 "적절한 쉬는 시간을 줌으로
써 우리는 아이들에게 어린 시절을 돌려줬습니다."라고 말했다. 우
선, 수업 시간 동안 공부의 질이 높아졌다고 한다.
　"아이들은 머지않아 또 다른 쉬는 시간이 주어진다는 걸 알고 있
기 때문에 교실에 돌아와서도 안정된 상태로 공부하게 됐습니다."
　그는 이렇게 덧붙였다.
　"교사와 부모님들도 이 프로젝트를 완전히 받아들입니다. 단 한
명의 학부모님도 불평하지 않으셨어요. 눈앞에 펼쳐지는 결과들이
얼마나 기쁜지, 말로 다 표현할 수가 없을 정도입니다."

　　　　　　　　　　　　　　　　　　　　　아이들을 놀게 하라

리틀엘름에 있는 오크포인트 공립 초등학교 교장 데비 클라크에게 링크 프로젝트는 일종의 '접착제'다. 학교의 모든 학습 전략을 연결하여 성공적으로 전인 교육을 실시하고 아이들의 학업 성과를 극대화해 주기 때문이다. 클라크 교장은 "학생들에게 쉬는 시간을 자주 주어 뇌가 '다시 집중'할 수 있게 해 주면 머릿속에 오래도록 남는 의미 있는 학습을 할 수 있습니다."라고 말했다.

"신체 활동은 아이들의 집중 시간과 연결됩니다. 집중하는 시간이 늘면 교사들은 학생들을 최대한 수업에 참여시킬 수 있지요. 비정형화된 쉬는 시간 동안 학생들은 생각하고 창조하고 문제를 해결하며, 사회적 능력과 자신감을 키웁니다. 스트레스에 대한 저항력 또한 강해지고요. 결국, 전체적으로 우리 학생들은 하루 종일 더욱 학업에 집중하고, 덜 지루해합니다. 학업 성과도 좋아지고 신체적으로도 더욱 건강해지고요."

그녀는 이렇게 결론지었다.

"쉬는 시간을 늘리면 건강에 도움이 될 뿐만 아니라 사회화와 동료 관계에도 긍정적인 영향을 미친다고 생각합니다. 그리고 결과적으로는 학교의 분위기 자체를 개선하며, 학생들은 의사소통 능력과 문제 해결 능력을 발전시키고 있습니다. 이런 것들은 가정에서나 학교에서, 미래의 직장에서도 일상적으로 꼭 필요한 능력이에요."

'쉬는 시간을 늘리고 교실에서 더 적은 시간을 보내면 학습의 질이 높아진다.'

언뜻 보기에는 역설처럼 들린다. 리틀엘름 독립교육구의 차베스 초등학교 교장인 더그 서비어^{Doug Sevier}에 따르면 처음에는 이런 변화에 대해 우려를 표하는 교사들이 있었다고 한다. 그는 말했다.

"교실에서 더 적은 시간을 보내면서 아이들에게서 더 많은 걸 이끌어 내려고 한다는 건 상식에 맞지 않는 것 같았지요. 하지만 그런 교사들도 이제는 아이들이 교실로 돌아온 뒤 훨씬 열심히 공부한다는 걸 깨닫기 시작했어요. 집중력이 향상된 상태로 아이들이 교실에 돌아오니, 실제로는 시간을 뺏기는 것이 아니라 오히려 늘어나는 겁니다."

'텍사스 북부 실험'은 이제 초기단계에 있지만, 실험을 창안한 데비 레아 교수에게는 원대한 포부가 있다.

"저는 이것이 바로 미래의 물결이라고 진심으로 믿습니다."

그녀는 향후 30년 이내에 미국 전역의 학교에서 하루 네 번의 쉬는 시간이 규범으로 자리 잡을 거라고 예언했다.

"우리는 아무것도 달라졌다고 느끼지 못할 겁니다. 아이들은 다시 행복해질 테고, 잘 자랄 겁니다. 더 이상 불안해하지도 않겠지요. 교사들도 행복해질 것이고, 교직에 들어설 때 가졌던 포부를 지켜내지 못했다는 이유로 신경쇠약을 겪을 일도 없을 겁니다."

그녀는 이렇게 강조했다.

"이건 아주 바람직한 변화이지만, 쉽게 달성되지는 않습니다. 여전히 최우선 순위를 차지하고 있는 시험 점수 때문에 교사들은 변화의 첫해부터 심각한 스트레스를 느낍니다. 이 프로젝트를 시행하는 데 필요한 새로운 정책과 절차에 대하여 충분한 훈련이 이루어지지 않은 채로 변화를 도모한다면 이 프로젝트는 성공할 수 없습니다."

단지 쉬는 시간을 늘리는 것만으로는 충분하지 않다. 그녀는 이렇게 결론지었다.

"우리가 장기적으로 이끌어 주지 않는다면 늘어난 쉬는 시간도 긍정적인 행동도 유지될 수 없을 겁니다."

이건 가장 효과적인 형태의 놀이다. 어린이들의 배움과 건강한 발달을 급격히 개선할 수 있으며, 실질적으로 아무 비용도 들지 않고 특별한 기술도 필요 없는 개입이 바로 이것이다.

"아이들에게는 엄청난 변화가 일어났습니다. 더 행복하고, 집중력도 향상되었으며, 더욱 활발해졌으니까요."[320]

오클라호마주의 시골 마을 채터누가에서 링크 프로젝트를 진행 중인 학교의 6학년 담당 교사 제시카 커셀Jessica Cassel의 말이다.

"너무 좋아서 비현실적으로 들리지요? 하지만 사실이에요. 정말 대단합니다!"

롱아일랜드의
놀이 혁명

—

2015년 뉴욕주의 어느 교육구는 교육 혁명을 선포하였다.

교사와 부모들이 들고 일어나 학교와 어린이들을 해방하기로 결심한 것이다. 방법은 아이들을 더 많이 놀게 하는 것이었다.

혁명이 터져 나온 곳은 롱아일랜드의 패초그-메드퍼드 교육구로, 유치원부터 고등학교 3학년까지 총 8,700명의 학생이 소속되어 있으며, 그중 절반 이상이 경제적으로 어려움을 겪고 있었다. 혁명을 이끈 사람은 열정적인 젊은 교육감 마이클 하인즈Michael Hynes였다. 그는 낙제학생방지법이나 '최고를 향한 경쟁' 정책처럼 어린이들에게 대규모 표준 시험을 강제하는 연방 정부의 교육 방침이 실패했다는 것을 깨닫고, 이제는 뭔가 새로운 것, 급진적인 것을 시도할 때가 됐다고 직감했다.

하인즈는 학생들을 쫓아다니며 평범한 하루를 관찰하기 시작했고, 쉬는 시간, 놀이, 자율적 시간이 얼마나 부족한가를 절감했다. 그는 말했다.

"아이들은 아주 성공적으로 어린 시절을 빼앗기고 있더군요. 우리는 아이들이 아침에 잠에서 깨는 순간부터 잠자리에 드는 순간까지 무엇을 어떻게 하라고 지시합니다. 아이들에게는 자기만의 시간을 가지거나 그저 아이답게 존재할 능력도, 자기 스스로 어떤 결정을 내릴 능력도 없다고 생각하는 것이죠."

그는 자신의 어린 시절과 1990년대에 처음 초등학교 교사로 부임하던 때에만 해도 상황이 얼마나 달랐는지를 기억했다.

"제 학생들은 자주 자유롭게 놀 수 있었어요. 저는 아이들이 놀면서 신체적으로, 정서적으로, 사회적으로 자라나는 모습을 보는 걸 정말 좋아했지요. 하루 세 번씩은 교실 밖으로 나갔습니다."

그러자 한 가지 생각이 머릿속을 지배하기 시작했다.

"아이들은 학교에서 자유롭게 놀아야만 한다. 아이들의 어린 시절이 위험하다. 나는 아이들을 보호하겠다고 맹세했고, 이제는 그 약속을 지켜야 한다."

몇 년 동안 하인즈는 핀란드 교육 체제의 놀라운 성공과 핀란드 아동교육에서 놀이가 차지하는 중요한 위상에 대해 많은 자료를 탐독했다. 그는 여기서 영감을 얻어 자신의 교육구에 혁신을 제안했다. 그리고 학교 이사회와 지역 학부모들의 강력한 지지 덕분에 하인즈의 팀은 오늘날의 미국 공공 교육에서 거의 전례가 없는 일련의 조치를 취하기 시작했다. 일부 정치인과 관료들에게는 충격적이고 위험하며 거의 신성모독에 가깝다고 할 만한 조치들이었다. 그들은 쉬는 시간을 20분에서 40분으로 늘리고 비가 오든 눈이 오든 아이들을 밖에서 놀게 했다. 교실에는 블록놀이, 집짓기놀이, 장난감, 주방놀이 세트 등을 다시 갖추었다. 모든 아이들에게 40분간의 점심 식사 시간을 보장하였다. 유치원부터 중학교 2학년 학생까지는 요가나 명상 수업을 선택할 수 있게 했다. 유치원부터 5학년 학생들을 대상으로 매주 금요일 아침 8시부터 9시 15분까지 비정형화된 '놀이 클럽'을 열었다.

또한, 커다란 폼블록으로 가득한 '발산적 사고의 방'을 만들어서 아이들이 어른의 간섭 없이 자유롭게 협상하고 계획하고 혁신하고 협동하며 새로운 설계와 건축의 세계를 만들어 나가도록 했다. 교실에서는 자유로운 아침 식사 프로그램을 시작하여 아이들과 교사가 매일 함께 아침 식사를 하게 되었다. 숙제는 분량을 크게 줄였다.

하인즈는 신체 발달, 정서 발달, 학업 발달, 사회적 발달Physical growth, Emotional growth, Academic growth, and Social growth의 앞 글자를 따서 이 프로그램을 '피스PEAS'라고 명명하였다. 여기서 최신 과학기술은 아무런 역할도 하지 못했다. 놀이 시간 동안 태블릿 컴퓨터를 비롯한 그 어떤 컴퓨터도 사용되지 않았다.

2018년 하인즈는 자신의 교육구에 속한 교사와 학생들에게 편지를 보냈다. 정부가 강제하는 표준 시험 점수보다 교사와 학생들이 훨씬 중요한 존재이며, 시험 점수 따위는 마음껏 휴지통에 처박아도 된다는 내용이었다. 그는 주장했다.

"우리는 모든 학교에 일률적으로 적용되는 수업 계획을 폐기하고, 연말 표준 시험에서 높은 점수를 얻기 위한 반복학습을 중단해야 합니다. 대신 어린이들은 놀이, 프로젝트를 통한 학습, 협동, 협력, 정답이 정해지지 않은 탐구 활동에 참여해야 합니다."

또한 하인즈는 다양한 연구 결과에 근거하여, 어린 학생들이 가정에서 밤늦게까지 해야 하는 숙제에도 반대했다.

"초등학생들의 경우 학업 성취도와 숙제 사이에 조금이라도 연관성이 있다는 근거는 없습니다. 전혀 말입니다."[321]

하인즈가 어느 기자에게 한 말이다. 이제 그의 교육구에서 어린이들에게 추천하는 저녁 활동은 밖에 나가서 놀기, 가족이나 친구와 함께 시간 보내기, 잠자리에 들기 전 30분 동안 책 읽기 등이다.

그가 처음 쉬는 시간을 두 배로 늘리자고 제안했을 때 일부 초등학교 교장들은 대단히 우려스러워하거나 심지어 두려워했다고 한

아이들을 놀게 하라

다. 하인즈는 말했다.

"제게 머리가 어떻게 된 게 아니냐고 물으시더군요."

몇몇 교사들은 "줄어든 수업 시간은 어떻게 보충하나요? 애들을 언제 가르치라는 거죠?"라고 묻기도 했다. "이 많은 수업 진도를 언제 다 나가야 하나요? 게다가 쉬는 시간을 그렇게나 늘리면 아이들은 완전히 땀에 젖어 녹초가 된 채로 교실에 돌아올 거예요!"라거나 "말이 됩니까! 그냥 혼란스러운 정도가 아니라 완전히 엉망진창이 되어 버릴 겁니다!"라고 말하는 교사도 있었다.

하지만 실제로 일어난 일은 정반대였다. 텍사스와 핀란드의 사례를 비롯한 여러 훌륭한 놀이 실험들에서처럼 학생들은 훌륭하게 성장해 나갔다. 어른들이 뒤로 물러서서 노는 모습을 지켜보자 아이들은 멋지게 스스로를 통제했다. 쉬는 시간이 끝나면 어린이들은 배울 준비가 된 채로 더욱 집중력을 발휘했고, 실제로도 더 많은 것을 배웠다. 해당 교육구의 훈육 관련 문제는 50퍼센트 이상 줄어들었다. 출석률이 높아졌고 학교 안팎에서 학생들의 스트레스 및 불안 증세에 대한 보고도 줄어들었다. 교실은 즐겁고도 훨씬 생산적인 배움의 장소가 되었다.

"저는 20년간의 교직 생활 동안 이렇게 행복하고 정서적으로 안정된 아이들의 모습을 본적이 없었습니다."

하인즈는 말했다. 그는 일부 학부모들이 이런 급진적인 놀이 프로그램에 반대할지도 모른다고 생각했지만, 그 어떤 불만도 접수되지 않았다.

교육구 내 7개 초등학교에서 실시되는 매주 75분간의 '놀이 클럽'은 지금도 진행 중인 혁명의 일면을 생생하게 보여 준다. 그 시간 동안에는 학교 운동장과 지정된 일부 놀이 교실이 개방된다. 아이들은 무엇을 하고 싶은지 스스로 결정한다. 운동장에는 스포츠 기구와 공이 주어지고, 실내에는 아이들이 선택할 수 있는 다양한 재료와 활동이 준비된다. 처음에 하인즈는 학교당 스무 명 정도, 운이 좋으면 스물다섯 명 성도의 아이들이 찾아올 것이고, 그나마도 대부분은 유치원에 다니는 어린 아이들일 거라고 생각했다. 그의 예상은 보기 좋게 빗나갔다. 매주 금요일 아침이면 클럽이 열리자마자 다양한 나이대의 어린이들이 평균 100여 명씩 들어와서 자기주도적인 놀이를 즐겼다. 놀이클럽이 수용할 수 있는 인원이 총 100명이었으므로 대기하는 아이들도 줄을 이었다.

각각의 놀이 클럽에는 네 명의 어른이 상주하면서 누군가가 다치는 사고가 발생하지 않게 지켜보았지만, 그런 일이 없는 한 어린이들의 놀이에 절대 간섭하지 말라는 엄격한 명령을 받았다. 하인즈는 이렇게 털어놓았다.

"사실 그분들이 거기에 있었던 주된 이유는 학부모님들에게 누군가가 지켜보고 있다고 말씀드리기 위해서였어요."

요즘에는 놀이 클럽에서 온갖 다양한 놀이를 하는 아이들의 모습을 볼 수 있다. 새로운 놀이를 만들고, 요새를 쌓고, 블록으로 고층 건물을 건설하고, 술래잡기와 발야구를 하고, 새로운 게임을 만들어 내고, 그저 사방을 뛰어다니기도 한다. 이 모든 놀이가 자발적

아이들을 놀게 하라

으로 이루어진다. 책임자는 바로 아이들이다. 하인즈는 "아이들이 그동안 제지당했던 수많은 일들을 이제는 하고 있습니다."라고 설명했다.

놀이 클럽의 놀라운 모습을 지켜보는 많은 어른들에게 가장 감동적이었던 순간은 다양한 나이대의 아이들이 함께 놀고 있다는 사실을 깨달았던 때였다. 원래 학내에서 아이들은 협소한 나이 기준에 따라 엄격하게 분리되어 있었으므로, 보통 때는 보기 어렵던 작은 기적이었다. 놀이 클럽에서는 유치원생과 1학년 아이들이 4, 5학년 학생들과 협동하여 놀이를 했고, 형, 누나들은 동생들의 멘토가 되어 주기도 했다. 또한 특별한 도움이 필요한 학생들도 배제되지 않고 다른 아이들과 잘 어울려 놀았다.

이 교육구 소속 트리몬트 초등학교의 교장인 로리 코너Lori Koerner 는 감탄하며 말했다.

"아마 제 28년 교직 인생 중 가장 놀라운 경험일 겁니다. 나이나 학년과 상관없이 모든 아이들이 어울려 노는 모습을 보게 되다니요! 놀이 클럽은 어른들의 개입이 최소한으로 제한된, 아이들이 주도하는 공간입니다. 아이들은 함께 의사소통하고 협동하며 배우고 있습니다."

바튼 초등학교 교장 주디스 솔트너도 같은 의견이다.

"고학년 아이들이 어린 동생들과 놀아 주고, 나서서 이끌어 줄 거라고는 전혀 예상하지 못했습니다. 정말 놀라운 광경이었어요."

캐넌 스쿨의 교장 로버트 엡스타인Robert Epstein이 덧붙여 말했다.

"놀이 클럽은 자발적으로 놀이에 참여하고 창의력을 발휘할 훌륭한 기회가 되어 줍니다. 학생들은 스스로 다툼을 해결해 보도록 격려를 받습니다. 어른들의 개입 없이 다툼을 해결하는 능력은 사회적인 능력을 갖추기 위한 필수 요소이니까요. 놀이 클럽은 성인의 개입이 최소화한 상태에서 학생들이 상호작용하고 의사소통하는 연습을 할 기회가 됩니다."[322]

하인즈 교육감에 따르면, 뉴욕주의 놀이 해방 구역에서 일어난 기적을 두 눈으로 직접 확인하기 위해 다른 교육구의 많은 학부모와 교사들이 찾아오고 있다고 한다. 집으로 돌아간 그들은 자신의 자녀들에게도 똑같은 혜택을 주고 싶다며 그 지역 정치인과 학교 관리자들을 설득한다. 하지만 돌아오는 답변은 한결같다.

"절대 안 됩니다."

하인즈는 우리에게 이렇게 말했다.

"우리 교육구와 같은 변화를 꾀하고자 하는 많은 지역 공동체들이 있지만, 온갖 말도 안 되는 이유들로 그러지 못하고 있습니다."

그는 이런 상황을 유일하게 설명해 줄 수 있는 것은 바로 관료주의적 타성, 즉 현 상황에 대한 비이성적이고 관성적인 집착이라고 본다.

"어른들이 아이들을 감독하는 데 드는 추가적인 비용은 얼마 안 됩니다. 대신 투자에 대한 수익이 상당해서, 마치 100달러만 투자하면 무조건 1만 달러를 돌려받는 거래나 다름없어요. 그런데도 왜 변하지 않으려는 겁니까? 돈은 변명 거리가 되지 않습니다. 도무지 말

아이들을 놀게 하라

이 안 되는 일이에요. 이런 시도를 해도 잃을 것이 아무것도 없는데 말이죠."

롱아일랜드의 놀이 혁명은 이제 막 시작하는 단계이고, 이전으로 돌아갈 가능성은 없어 보인다. 오히려 이 교육구는 학생들이 더 깊고 좋은 놀이 경험을 할 수 있도록 최신식 운동장을 7개나 개설하고 있다. 하인즈는, 이곳의 학생들이 여러 모로 너무 좋아지고 있어서 "만약 제가 이걸 빼앗으려고 한다면 아마 지역 주민들이 저를 꽁꽁 묶어서 감옥에 가둬 버릴지도 모릅니다."라고 말했다.

이곳의 학부모들은 이 훌륭한 놀이 실험에 대해 어떻게 생각할까? 하인즈가 가장 자주 들은 평가는 이런 것들이었다.

"이렇게 해 주셔서 감사합니다!"

"제 아이는 이제 학교 가기를 너무 좋아하고 전혀 스트레스를 받지 않아요."

"제 아이는 학교에 가고 싶어서 못 참겠다고 하네요!"

하인즈 교육감은 우리에게 말했다.

"제 마음대로 할 수만 있었다면 아마 아이들은 매일 한 시간도 넘는 쉬는 시간을 누렸을 겁니다. 제가 가장 중요하게 생각하는 '데이터'는 아이들이 얼마나 행복한가입니다."[323]

위대한 글로벌
놀이 실험

진정으로 어린이의 입장에 서서 바라보아야만
놀이의 의미를 제대로 이해할 수 있다.[324]

– 중국 국립유아교육협회 회장, 유용핑 박사

중국의
진정한 놀이 실험

—

세계의 또 다른 지역에서도 14,000명 이상의 유아들이 혁신적인 공립학교 프로그램의 적용을 받으며 놀이를 통한 배움을 대체로 스스로 실현하고 있다.

바로, 중국 시골 지역의 유아 학교 130곳에 다니는 만 3세에서 6세까지의 어린이들이다. 그들은 넓고 개방된 학교 놀이터에서 나무를 타고, 타이어에 매달리고, 통나무와 대나무 조각을 쌓아 올리고, 도랑을 파고, 망치로 손톱을 때리고, 빠르게 달리고, 엄청 시끄러운 소리를 내고, 넘어지기도 하며 많은 시간을 보낸다.

아이들은 학교에서 보내는 시간 중 상당수를, 심지어 비 내리는 날에도 밖에서 신선한 공기를 들이마셨고, 실내에 있는 책상에서가 아니라 야외에서, 정답이 정해져 있지 않고 제멋대로이며 위험하기까지 한 놀이를 통해 배우면서 매일 시간을 보냈다. 건축 프로젝트, 조별 활동, 개인 활동을 통해서, 뛰어다니기, 기어오르기, 높은 곳에서 뛰어내리기를 통해서 배움을 얻었으며, 학교 정원에서 친구들과 협동하여 직접 식재료를 키우고, 서로에게 따뜻한 점심 식사를 대

접하면서 배웠다. 교사들은 재료를 안전하게 사용하는 법을 가르쳐 주었지만, 대부분은 한 발짝 물러나서 아이들이 스스로 배울 수 있도록 내버려 두었다.

핀란드 아이들처럼 이곳의 아이들은 두려움과 강압, 강제적인 신체 통제, 어른들의 "가만히 앉아 있어!"라는 고함 소리 대신 사랑과 따뜻함, 격려, 자유가 가득한 분위기 속에서 배웠다. 표준 시험에 의한 성적 평가 대신 매일 하루가 끝날 때마다 서로의 발표를 들으며 자신의 프로젝트를 반성하고 친구들의 프로젝트를 평가했다. 오후 하교 시간, 아이들을 데려가려고 찾아온 부모들은 창문 너머에서 6세 자녀가 컴퓨터 화면을 보며 초롱초롱한 눈빛의 동료들에게 자신의 식물재배 프로젝트에 대해, 과학 실험에 대해, 수학블록 설계에 대해 자신감 있게 설명하는 모습을 경탄하며 바라보았다.

이 학교 네트워크가 달성한 결과는 놀라웠다. 이 시스템을 거쳐 간 수천 명의 어린이들 가운데 상당수가 저소득층 아이들이었는데, 이들 모두가 다른 지역 아이들에 비해 눈에 띌 정도로 창의력, 자신감, 표현력, 협동력, 태도, 근면성이 뛰어났다. 프로그램 초창기에 일부에서 보낸 회의적인 시각에도 불구하고 대부분의 학부모들은 이 프로그램에 대단히 만족하며 완전한 지지를 보내고 있다. 정치가들 역시 큰 감명을 받아 해당 지역 내 모든 유치원에 새로운 접근법을 적용하기 시작했을 뿐만 아니라 전국적으로도 시급히 이런 접근법을 채택할 것을 제안하고 있다.

이 프로그램의 놀라운 점은 모든 지역에서, 심지어는 상하이에서 세 시간 거리에 있는 깊숙한 시골, 대나무가 무성하게 자란 산악 지역에서도 효과를 보인다는 사실이다. 전문가들은 물론이고 교육 당국 자체도 지나치게 정형화되어 있고 시험에만 집중하며 창의력, 혁신과 거리가 멀다고 비판하곤 하는 중국 교육 문화의 한가운데에서 이런 놀라운 일이 벌어지고 있다. 중국의 교육 전문가인 용자오Yong Zhao 교수는 말했다.

"중국의 정식 교육에서 자발적인 놀이는 좀처럼 찾아볼 수 없었습니다."[325]

하지만 세계에서 가장 거대한 공립교육체계의 한가운데서 시작된 놀이 실험은 이제 전국의 유아 교육을 위한 표준이자 어린이들의 미래를 준비하는 방침으로서 빠르게 확산되고 있다.

이 프로그램에는 실험이 처음 시작된 곳, 중국 저장성 안지시의 이름을 본떠 '안지 플레이'라는 명칭이 붙었다. 개발에만 15년 이상이 걸린 안지 플레이 접근법은 2018년 무렵까지 중국 130개 유치원의 교과과정에 완전히 적용되었고, 앞으로 더 많은 유치원에 확대될 계획이다. 중국 공립유치원 안지 플레이 네트워크의 창립자이자 책임자인 청쉐친Cheng Xueqin은 안지시 교육부 유아교육과의 과장이다. 1999년 현재의 직책에 오른 그녀는, 학생들의 놀이를 엄격하게 통제하려 애쓰는 교사들의 모습과 학생들의 슬픈 얼굴을 본 뒤부터 안지 플레이에 대한 아이디어를 조금씩 구상했다고 한다. 그녀는 아이들이 놀이 때문에 슬퍼져서는 안 된다고 생각했다. 다행스럽게도 중국 정부는 유아교육에서 놀이를 '기초적'이며 '모든 교육 활동에

아이들을 놀게 하라

포함되어야 하는' 활동으로 장려하기 위해 노력하고 있었지만, 교사들은 그 방법에 대한 지도를 거의 받을 수가 없었다.

여러 해 동안 실험을 거친 끝에 청쉐친은 최소한의 형식만을 갖추고 정답은 정해져 있지 않은 유아 학습 환경을 설계하였고, 어린이들에게 놀고, 발견하고, 탐구하고, 상상하고, 창조하기 위한 단순한 재료들을 제공해 주었다. 이 프로그램의 기반은 사랑, 모험, 기쁨, 참여, 깊은 사고, 그리고 청 씨가 '진정한 놀이'라고 부르는 자발적인 놀이다. 창징Chang Jing이라는 기자는 어느 안지 플레이 학교의 모습을 이렇게 묘사하였다.

"아침 9시만 되면 어린이들이 학교 건물 밖으로 뛰어나와, 크고 작은 사다리, 나무 판과 블록, 타이어, 큐브를 비롯한 다양한 놀잇감 중 원하는 것을 찾아다니는 모습을 누가 상상이나 했을까? 놀이의 규칙을 설명하는 교사도 없고, 교사가 구성해 주는 활동도 없으며, 아이들은 그저 스스로 그룹을 만들어 다양한 놀이의 맥락 속으로 빠져든다. 놀이를 하는 동안 그 어떤 교사도 아이들에게 이래라 저래라 지시하지 않는다."[326]

안지 플레이에 크게 감명받은 미국의 젊은 아버지 제시 코피노Jesse Coffino는 그 효과를 직접 확인하고자 중국으로 여행을 떠났다. 그리고 이제는 이 프로그램을 전 세계적으로 홍보하는 데 많은 시간을 쏟는다. 그는 이렇게 썼다.

「언제든 안지시를 찾아가면, 어린이들이 사다리와 널빤지로 다리를 건설하는 모습을 볼 수 있다. 그들은 기름통을 뛰어넘으며 달리고, 벽돌과 통나무, 밧줄로 건축을 한다. 교사들은 이 위험하고 자발적인 놀이를 그저 지켜보다가 스마트폰으로 아이들의 모습을 담는다. 점심식사가 끝나면 아이들은 옹기종기 모여 자신들이 놀이하는 영상을 직접 보고, 무슨 놀이를 하고 있었는지 이야기를 나눈다. 늦은 오후에는 그날 자신들이 한 놀이를 그림으로 그리는데, 아주 복잡한 줄거리와 도식, 직접 개발한 상징적 문자가 등장한다. 자신들의 경험을 묘사하기 위해 아이들 스스로 선택한 방식이다.」

코피노는 말한다.

"안지 플레이 교과과정 뒤에는 놀라우리만큼 단순한 아이디어가 숨어 있다. 그리고 그건 '보통 사람'의 수준에서 15년 동안 개발과 실험을 거친 결과다. 그러므로 미국에서도, 그리고 세계 각지에서도 나와 같은 부모들이 교육과 양육에 대한 열띤 논의 과정에 직접 참여한다면, 이런 결과는 충분히 가능하다. 하지만 우리는 아이들이 21세기의 준비된 인재가 되기를 바라면서도 여전히 지난 세기의 사고방식에서 벗어나지 못하고 있다."[327]

우리와의 심도 있는 인터뷰 과정에서 안지 플레이의 창립자인 청쉐친은 어린 시절 하던 놀이에 대한 기억을 떠올렸다. 당시에 했던 사랑, 기쁨, 모험, 자유에 대한 생각들이 이 새로운 학교 모델의 철학을 어떻게 형성했는지에 대해서도 말해 주었다. 그녀의 이야기를 들어 보자.

"저는 어렸을 때 놀기를 무척이나 좋아했고, 그때의 기억은 지금도 생생하게 남아 있습니다. 당시 우리 동네에는 아이들이 정말 많았어요. 한 가정당 자녀를 평균 다섯 명에서 여덟 명 정도 낳았으니까요. 1960년대에 중국의 어머니들은 아이를 많이 낳는 것을 명예롭게 생각했거든요. 집 근처에 사는 같은 또래 아이들이 모이면 최소 대여섯 명에서 많게는 열 명 이상이 되었죠. 하지만 저희 집에는 아이가 별로 없었어요. 제가 열 살이 되기 전까지는 저보다 세 살 어린 남동생이 하나 있을 뿐이었어요. 저의 부모님은 우리를 정말로 사랑해 주셨고 자유롭게 놀 공간을 마련해 주셨답니다. 그때의 기억을 떠올려 보면 동생을 데리고 동네 친구들과 함께 놀거나 혼자서 놀던 기억이 납니다. 친구들과 숨바꼭질도 즐겨 했는데, 숨는 장소는 갈수록 다양해졌고 이 집 저 집 옮겨 다녔어요. 정말 재미있었죠. 술래가 찾기 힘든 곳에 숨으려다 보니 숨는 장소는 갈수록 창의적이 되어 갔어요. 한 번은 이웃에 사는 할머니 댁 다락에 보관되어 있던 관에 숨기까지 했다니까요!"

"온갖 숨을 곳을 찾아다니다가 마침내 좋은 곳을 발견했을 때의 기쁨은 이루 말할 수가 없었고, 바로 그 기분 때문에 놀이는 끝도 없이 계속되었어요. 우리는 보물찾기도 정말 좋아했어요. 친구들 일고여덟 명이 모여 할아버지가 들려주신 옛날이야기의 한 장면을 따라 하기도 했고요. 집 근처에 묻혀 있는 보물을 찾으려고 산을 오르기도 했지요. 우리 모두는 저마다 멋진 장비를 갖춘 보물 사냥꾼 역할을 맡았어요. 누군가는 막대를 가져갔고, 다른 아이는 갈고리와 삽을 가져가서 배수로나 구멍이 있는 곳, 뭔가 특이한 곳들을 파내며 보물을 찾았어요. 특히 산비탈을 탐험할 때 얼마나 꼼꼼히 살펴봤는지 몰라요. 낡아 빠진 도자기 하나를 발견하고는 잔뜩 신이 나서 진짜 보물을 찾았다며 모두에게 소리쳤던 기억이 생생합니다. 그 소리를 들은 친구들이 모두 모여들었고, 저는 삽을 이용해서 조심스럽게 도자기 안쪽을 살펴보았어요. 안쪽에서 뭔가 닿았다는 느낌이 들었을 때는 빨리 흙을 파내고 정체를 알아내고 싶어 안달이 나더군요. 알고 보니 그 안에 있던 건 뼈다귀였고, 모두가 겁에 질려 정신없이 도망쳐야 했지요. 하지만 오늘도 저는 그때의 경이로움과 열의에 찬 긴장감을 느낄 수 있습니다."

"놀이에 대한 기억 중에서도 가장 따뜻했던 건 몇몇 언니오빠들이 우리를 강둑으로 데려갔던 때의 일입니다. 우리는 돌멩이와 버드나무 가지를 이용해서 집을 만들고 놀았어요. 오빠들은 버드나무에 기어 올라가서 가지를 꺾었고 나머지 아이들은 돌멩이를 옮기거나 벽을 쌓았지요. 우리가 돌멩이를 아주 많이 모아서 높은 벽을 쌓고, 오빠들이 모아 온 버드나무 가지로 지붕을 엮자 멋진 집이 완성되었어요. 우리 모두는 너무나 기뻐하며 우르르 몰려 들어가 직접 만든 집의 따뜻함을 함께 느꼈답니다. 다음으로는 그릇으로 쓸 평평한 돌을 찾아서 풀잎과 야생화로 음식을 만들었지요. 우리는 그 집에서의 행복한 삶에 완전히 빠져든 채 시간을 보냈습니다. 그 기쁨의 감정은 지금까지도 결코 잊을 수가 없습니다."

"되돌아보면 혼자 했던 놀이의 기억 역시도 풍부하고 의미 있었습니다. 저의 어머니가 종종 밀가루와 개여뀌라는 풀을 이용해서 효모를 만들고, 그걸로 술을 담그시곤 했어요. 저는 그 모든 과정이 너무 멋지고 재미있어 보여서 몰래 어머니를 따라 하기로 결심했지요. 저는 어머니가 기르신 참깨 꽃을 꺾고, 밀가루 대신 진흙을 섞었어요. 두 가지를 골고루 섞은 다음 그걸 작은 공 모양으로 빚었지요. 그러고는 앞마당에 작은 구멍을 여러 개 파서 나뭇잎으로 가지런히 자리를 마련한 다음 구멍마다 작은 공들을 하나씩 넣었어요. 다시 나뭇잎으로 위를 덮고 진흙으로 마무리를 했고요. 며칠 후 저는 작은 공이 실제로 발효되기 시작했으며, 아주 향기롭고 자극적인 향을 뿜어낸다는 사실을 알게 됐습니다. 그때의 성취감과 기쁨은 저를 자부심으로 가득 채우는 듯했어요. 비록 어머니의 참깨 꽃은 절반 가까이 희생됐지만요. 다행히도 저의 부모님은 저나 동생이 놀면서 어떤 일을 했다는 이유로 우리를 결코 비난하지 않으셨습니다."

"어린 시절의 놀이에 대한 기억은 제가 안지 플레이 접근법을 개발하는 동안 많은 영감을 주었습니다. 놀이에 대한 이 깊숙한 기억들 덕분에 우리는 '진정한 놀이'가 무엇인지, 어린이들이 진정한 놀이를 하기 위해서는 어떤 재료와 환경이 가장 적합한지를 이해했고, 어떻게 하면 어른들을 설득해서 어린이의 진정한 놀이를 이해하고 지지하게 만들지 알 수 있었습니다."

"놀이는 어린이의 발달과 전인적인 성장의 관점에서 중요한 의미를 갖습니다. 만약 제게 놀이의 가장 큰 장점을 하나만 꼽으라고 한다면, 생각으로부터 지식의 형성을 촉발하고 개개인의 발달을 위한 초기 기반을 마련해 주는 것이라고 말하겠습니다."

"어린 시절은 앞으로의 삶을 준비하는 시기이고, 인류의 미래를 준비하는 시기입니다. 오늘날의 아이들은 세계적인 지식의 미래, 빅데이터, 인공지능, 가상현실, 끊임없이 등장하는 새로운 기술과 현실을 창조하고 거기에 적절히 대응해야만 합니다. 진정한 놀이는 어린이가 기쁨을 느끼는 경험을 통해 자신만의 가설을 상상하고 창조하고 검증하게 해 줍니다. 그런 생각을 통해 지식을 얻으면 아이는 기민함, 창의성, 융통성을 갖게 되고, 빠르게 변화하는 미래에 적응하기 위한 능력을 얻게 됩니다."

"어린이에게 놀이는 자신을 표현하는 중요한 형식으로 자신이 속한 영적, 문화적 세계를 반영합니다. 자발적이고 자기주도적인 놀이를 하면서 다른 아이들과 상호작용하고, 실패와 성공, 규칙과 자유, 방법과 결과에 대해 배우며, 자기주도적인 배움을 누구의 방해도 받지 않고 실현하지요. 타인과의 관계를 통해 아이는 계속해서 자기 자신을 확인하며, 놀이 상태와의 상호작용 속에서 자신의 존재를 확인받고자 합니다. 이는 어린이들이 신체적, 정서적 발달과정에서 자연스럽게 느끼는 욕구일 뿐만 아니라 그러한 발달이 실현되기 위한 기초를 마련해 줍니다. 어린이는 놀이를 통해 자기 자신의 의미를 풍부하고 완벽하게 만들어 갑니다."

"현대 문명은 인간의 진보를 한 단계 앞당기고 전 세계 인구의 물질적 욕구를 상당 부분 만족시키게 되었지만, 동시에 영적 인식을 약화시킴으로써 인간 발달에 부정적인 영향을 주기도 했습니다. 근래에는 정신 건강의 악화나 행동 문제, 학습 문제에 대한 이야기를 쉽게 접할 수 있고, 과잉행동장애, 감각통합장애와 같은 단어들이 그 어느 때보다도 대화에 자주 등장합니다. 이런 현상들은 이미 아동의 자아가 건강하게 발달하는 데 악영향을 주고 있어요. 심화되는 도시화는 아이가 자연스럽게 놀 수 있는 공간을 축소시켰습니다. 기술이 어린이의 삶에 점점 더 개입하면서 창조의 과정은 단순화되었고 '스마트' 기기에 대한 의존으로 신체 활동 경험은 약화되었습니다. 우리는 이런 현실을 엄중하게 받아들이고 오늘날 어린이의 삶과 성장에 있어 '진정한 놀이'의 중요성을 분명히 인식해야 합니다."

"사랑은 모든 관계의 기반이 됩니다. 자유와 자기표현을 지지해 주는 환경이 주어져야만 어린이들은 신체적, 정서적, 사회적, 지적 모험에 가담할 수

아이들을 놀게 하라

있고, 계속해서 질문하고 발견하며 더 높은 한계를 향해 도전할 수 있습니다. 안지 플레이 학교에서는 교사가 어린이를 마치 자신의 자녀처럼 사랑하며, 아동들 간의 관계, 교사들 간의 관계, 학교와 가족 간의 관계, 학교와 지역공동체 간의 관계 역시 사랑으로 규정됩니다. 사랑은 안지 플레이만의 생태를 확립하는 데 필수적인 역할을 하며, 안지 플레이 학교와 지역 공동체의 삶에 영향을 미칩니다."

"위험을 무릅쓰지 않는다면 문제를 해결할 수 없습니다. 문제를 해결하지 못하면 배움도 없지요. 어린이들은 자신의 능력, 시간, 장소에 맞게 도전 과제를 선택합니다. 자기 능력의 한계를 탐험하면서 어려움을 발견하고 어려움을 해결합니다. 교사는 관찰하고 기록하고 응원하기 위해서 존재할 뿐 개입하고 방해하고 지시하지 않으며(어린이에게 어떤 위험이 닥쳤거나 자신의 능력 범위 안에 있는 접근법을 이미 전부 시도해 본 경우를 제외하고는), 최대한 아이가 신체적, 사회적, 지적 위험의 즐거움에 접근할 수 있도록 보장해 줍니다."

"기쁨이 없으면 놀이는 결코 진정한 놀이가 될 수 없습니다. 기쁨은 놀이에 자발적으로 참여했을 때, 놀이의 어려움에 스스로 적응하고 계속해서 반성할 때 생겨납니다. 안지 플레이의 교육자들이 그날그날의 배움을 평가하기 위해 사용하는 척도는 어린이가 활동을 통해 기쁨의 상태를 달성했는지 여부입니다. 기쁨의 경험 속에서 어린이는 조용히 집중할 수 있고, 요란하게 자신을 표현할 수도 있습니다. 즐거움은 어린이의 삶을 풍요롭게 하는 마음의 상태입니다.

진정한 참여는 아이가 신체적, 사회적 세계를 열정적으로 탐구하고 발견하는 과정에서 이루어집니다. 안지 플레이는 어린이가 개방적인 공간에서 마음껏 움직이고 주변 환경을 충분히 탐험하고 경험하며, 그 결과 몸과 마음을 완전히 쓸 수 있도록 함으로써 어린이에게 최대한의 자유를 부여합니다."

"반성은 어린이의 경험을 지식으로 바꾸어 주는 아주 중요한 과정입니다. 안지 플레이에서 어린이는 일상적인 경험을 다양한 방법을 통해 반성하고 표현하며, 경험이라는 토대 위에서 세상에 대한 자기만의 지식을 끊임없이 석용합니다. 교사와 부모는 재료나 환경을 제공하여 어린이가 자신의 경험을 자발적으로 반성할 수 있도록 돕고, 아이를 관찰한 결과나 어린 시절 놀이 경험을 활용하여 그 과정에 참여합니다."[328]

청쉐친이 처음 프로그램을 시작했을 때 안지시에 거주하는 일부 부모들은 자녀가 다니는 학교에 놀이를 도입한다는 계획을 대단히 싫어했다. 아이들이 지저분해지고 위험한 모험에 뛰어들게 된다는 것에 단호하게 반대했으며 '공부해야 할 시기'에 놀기만 하는 것을 시간낭비처럼 느꼈다. 그들은 등교를 거부하고 항의 편지를 보내고 당국에 청 씨를 신고하기까지 했다.

그러자 청쉐친은 안지시 내 모든 가정에 중국 정부가 제시한 놀이 친화적 교육 안내문을 발송하였고 학교에 직접 방문하여 아이들이 노는 모습을 지켜봐 달라고 요청했다. 제시 코피노의 글에 의하면 다음과 같다.

"다섯 살 자녀들의 용기, 공감 능력, 지적 능력이 그렇게나 뛰어나다는 사실을 알게 된 많은 부모들이 눈물을 흘렸다. 한때 안지 플

아이들을 놀게 하라

레이에 반대하던 부모들이 하룻밤 사이에 확고한 지지자로 변했고, 안지 플레이를 새로 접하는 부모들에게 관찰과 기록의 기술을 가르쳐 주는 역할을 도맡았다."

오늘날 중국 전역과 세계 곳곳의 교육자들은 교육적 영감을 얻기 위해 안지 플레이 학교로 몰려들고 있다. 2017년 개최된 안지 플레이 관련 회의에는 세계의 교육자 850여 명이 참석하였다. 2018년에는 안지 플레이의 적용을 받는 어린이의 수가 8만 명으로 늘어났다. 중국 교육부는 안지 플레이를 유치원 놀이 학습을 위한 국가적 가이드라인으로 활용하고 있고, 미국 캘리포니아와 위스콘신주에서도 5개의 안지 플레이 시범 프로그램이 시작되었다.

어린이 수천만 명의 삶에 영향을 미치는 대단히 긍정적인 또 하나의 발전으로 중국 교육부는 2017년 '놀이-어린 시절의 즐거움에 불을 붙이다'를 모토로 만 3세부터 6세 어린이들에게 초점을 맞춘 전국적 교육 계획을 선포하였다. 이 프로그램은 '어린이의 삶에서 놀이가 차지하는 중요한 가치'를 널리 전하고, 부모와 유아 교육자들 모두에게 '놀이는 어린이들이 세상을 만나고 배우는 특유의 방식이라는 사실'을 완전히 이해시키는 데 목적을 두었다. 또한 어린이들이 자발적이고 즐거운 놀이에 참여하기 위한 충분한 기회와 조건, 격려와 지지를 제공하고자 하였고, 지식과 능력 습득만을 강조하고 놀이는 무시하거나 방해하는 경향, 어른들의 '지시'에만 따르는 놀이, 놀이를 전자게임이 대체하는 상황 등 어린이들의 놀 권리를 빼앗는 여러 요인들을 제거하고자 하였으며, 어린이의 신체, 정서 건

강에 영향을 미치는 유아 교육의 '초등교육화'와 '성인 주도 경향'을 뒤집고자 하였다.[329]

중국 교육 당국은 2018년에 실시된 광범위한 조치를 통해 안지 플레이가 중국 동부, 인구 6천만 명 규모의 저장성 전역의 공립 유아교육 교과과정에 채택되었다고 밝혔다. 이제 250만 명 이상의 어린이들이 안지 플레이 유치원에 다니게 될 것이다.

안지 플레이의 창설자이자 자유로운 놀이를 통해 배울 권리를 되찾아 주기 위해 싸우고 있는 투사, 청쉐친은 얼마 전에 유아 교육에 대한 공로를 인정받아 중국에서 가장 명예로운 상을 받았다.

중국 국가주석으로부터 훈장을 받은 것이다.

뉴질랜드의
위험한 놀이 실험

—

2014년의 어느 날, 로이 웨이트Roy Waite라는 이름의 한 아버지가 브루스 맥라클란Bruce McLachlan의 사무실로 성큼성큼 걸어 들어왔다. 맥라클란은 뉴질랜드 오클랜드에 위치한 스완슨 초등학교의 교장으로, 이 학교에는 만 5세부터 13세까지의 어린이 500여 명이 재학 중이었다. 그가 '벼락을 내릴 것 같은 얼굴'로 문을 열고 들어오던 모습을 맥라클란 교장은 아직도 기억했다.

교장은 마음을 다잡았다. 이 학교에서는 최근 전교생에게 쉬는 시간 동안 아무런 규칙 없이 나무, 타이어, 고물 더미, 널빤지 가지고 놀기, 킥보드나 스케이트보드 타기, 화덕에서 놀기, 헬멧 없이 담장 넘기 등 '위험한 놀이'를 하도록 부추기는 실험을 시작했기 때문이었다. 게다가 이 학부모의 아들인 커티스는 학교 운동장에서 킥보드를 타다가 넘어져서 팔이 부러졌다고 했다. 교장은 분노한 아버지가 자신을 질책할 거라고 생각하며, 아이를 그런 위험에 노출시킨 데 대하여 공개적으로 비난받을 만반의 준비를 하고 있었다.

그런데 정반대의 일이 일어났다. 그 아버지는 교장에게 불같이 화를 내는 대신에 이렇게 말했다.

"부모로서 할 소리는 아닐지 모르지만, 아이가 넘어져서 팔이 부러졌다는 게 저는 기쁩니다."[330]

아버지가 학교를 방문한 목적은 교장이 '규칙 없는' 위험한 놀이 정책을 중단하지 않도록 하기 위해서였다. 그는 "교장 선생님께서 아이 팔이 부러졌다는 이유로 놀이 환경을 바꾸실까 봐 찾아왔습니다."라고 말했다. 그의 아들인 커티스도 자신의 사고로 인해 실험이 실패하지 않기를 간절히 바란다고 했다. 아이는 "위험한 놀이 실험 전에는 학교 가기가 정말 싫었어요. 이제는 진짜 좋아요."[331]라고 말했다.

수개월 전 맥라클란 교장이 규칙을 없애고, 바깥 쉬는 시간 —한 번에 40분씩 하루 2회— 을 위한 넓은 공간을 확보해 준 뒤로 학생들의 비행은 급격히 줄어들었다. 심각한 부상도 실질적으로 줄었다. 또한 어린이들의 독립성, 집중력, 문제 해결 능력, 창의성, 건강

한 모험심, 협동심, 교실에서의 참여도가 좋아졌고, 낙상과 괴롭힘은 오히려 줄어들었다.[332]

간단히 말하자면, 맥라클란 교장은 어린이들이 쉬는 시간 동안 자신의 놀이에 대해 책임을 져야 한다고 판단했다.

"성인의 통제가 없는 곳에서 자신만의 시간을 보내게 되면 어린이들은 늘 같은 일을 합니다. 바로 놀이입니다. 의도는 좋았지만 성인에 의해 아이들의 놀이 경험이 점점 더 제한되면서, 놀이를 통해 배울 수 있는 기회는 줄어들었습니다. 놀이를 통해 어린이들은 위험, 문제 해결, 일의 결과, 타인과의 교류에 대해 배웁니다. 이런 경험은 학교가 전통적으로 제공해 온 학습 경험 못지않게 중요합니다."[333]

스완슨 스쿨뿐만이 아니다. 역사적으로 어린이들의 바깥놀이를 중요시해 온 나라답게, 뉴질랜드에는 자유로운 놀이를 중시하는 기관들이 더 있다. 1940년대에 설립된 '플레이센터Playcentres'라는 전국적인 비영리 네트워크는 놀이가 풍부한 창의적 환경에서 아이들을 키울 수 있도록 뉴질랜드 전역의 부모와 아이들을 위해 봉사해 왔다. 플레이센터의 설립 목적은 어린이 주도형 놀이를 장려하고, 최초이자 최고의 교육자로서 부모의 역할을 강조하는 데 있다. 현재 뉴질랜드 전역에는 400개 이상의 플레이센터 지부가 있으며, 그곳에서 부모들은 두 시간 반에서 네 시간 동안 놀이 수업에 참여하고, 놀이가 배움과 성장에 있어 얼마나 중요한지를 배운다. 오늘날 놀이를 통한 배움은 뉴질랜드 유아 교육의 기반으로서 지위를 유지하

아이들을 놀게 하라

고 있다.

또한 뉴질랜드 오타고 대학 의학부의 레이첼 W. 테일러^{Rachael W.} Taylor 교수는 학교에서의 '위험한' 쉬는 시간에 관하여 2년 동안 놀라운 연구를 수행하였다.[334] 기존 놀이 환경을 그대로 유지하도록 요청받은 대조군 학교 여덟 곳을 포함하여 무작위 대조실험이 이루어졌고, 실험군 학교 여덟 곳에는 마구 뒹굴며 놀기, 규칙 줄이기, 타이어처럼 보다 자유로운 재료를 활용하여 놀기 등 쉬는 시간 동안 위험과 모험의 기회를 늘리도록 주문했다. 연구 대상이 된 학생들은 초등학생 840여 명이었다. 과연 결과는 어땠을까? 실험군 학교 학생들 사이에는 당연하게도 과격하게 밀치는 일이 더 빈번하게 벌어졌지만, 그럼에도 아이들은 더 행복해했다. 학부모들의 생각도 같았다. 자녀들이 학교를 더 즐거워한다는 것이었다. 교사들 역시 아이들끼리 서로 괴롭히는 일이 줄어들었다고 보고했다.

교사들은 이런 결과를 어떻게 설명했을까?

그들은 아이들의 회복탄력성이 더욱 강해지고 있음을 깨달았다!

스코틀랜드의
액티브 플레이 실험

스코틀랜드의 교육 관료들은 청쉐친이나 데비 레아, 브루스 맥라클란 등과 비슷한 철학을 갖고 있다. 이웃 나라 영국의 정치인과 정부 관료들이 최근 몇 년간 대부분 놀이를 포기한 것과는 달리, 스코틀랜드의 지도자들은 놀이에 대한 지지 의사가 확고하다. 스코틀랜드 어린이들의 건강 악화와 활동성 약화에 큰 충격을 받은 그들은 아이들이 학교 안팎에서 실외놀이를 할 수 있도록 대대적인 교육 캠페인을 시작하고 있다.

스코틀랜드 글래스고의 교육 국장 모린 맥케나Maureen McKenna도 놀이를 지지하는 관료 중 하나다. 글래스고는 스코틀랜드에서 인구가 가장 많은 중심지로서 만성적인 건강 악화와 불평등으로 신음하고 있다. 맥케나는 여러 학교, 대학 연구자, 벤처 자선단체인 인스파이어링 스코틀랜드Inspiring Scotland 등과의 제휴를 통해 스코틀랜드 어린이들의 신체 건강과 행복을 위한 실외놀이 기반 학습 프로그램, '액티브 플레이Active Play'를 야심차게 기획하였다. 액티브 플레이는 두 가지 줄기로 이루어지는데 첫째, 만 8, 9세의 초등학생들에게 액티브 플레이 실외놀이 수업을 제공하는 것과 둘째, 만 10, 11세의 선발된 초등학생 그룹에 '플레이 챔피언' 프로그램을 제공하는 것이다. 2016년 글래스고에 있는 30개 초등학교에서 시작된 이 프로그램은 큰 성공을 거두었으며, 곧 100여 개의 학교가 참여를 앞두고 있다.

어느 스코틀랜드 초등학교 교사는 액티브 플레이 시간 덕분에 아이들이 '더 활발해지고, 자신감을 얻었으며, 친구 관계가 돈독해지고, 교실에서의 성과도 개선되는 등' 대단히 긍정적인 영향을 받고 있다고 전했다. 학생들은 바깥놀이 수업을 마치고 난 직후에 평소

보다 학업에 더 잘 집중한다고 한다.

"액티브 플레이 시간 동안 다양한 새로운 일을 시도하다 보니, 아이들은 이제 자신이 할 수 있는 일과 교실에서 시도해 볼 수 있는 것들에 대해 더 큰 자신감을 갖게 되었어요."

또 다른 교사는 '아이들의 자신감이 상당히 향상되었다'면서, 액티브 플레이 시간으로 아이들의 창의성이 개선된 덕분이라고 말했다. 흥미롭게도 해당 교사의 학생들은 액티브 플레이 시간을 회복탄력성 발달의 기회이자 '새로운 생각을 시도할 수 있는, 실패해도 괜찮은 시간'으로 본다.

2017년 봄 학기부터 액티브 플레이 프로그램에 참여한 또 다른 학교, 밀러 초등학교에는 만 5세부터 12세까지의 아동들이 재학 중이다. 이 프로그램을 통해 체육시간, 쉬는 시간과 별도로 일주일에 한 번씩 액티브 플레이 시간이 마련되었다. 교사인 재키 처치Jacqui Church는 액티브 플레이가 특히 대인관계와 관련된 문제 해결 능력을 발달시키는 데 큰 가치를 갖는다는 사실을 금세 알게 됐다. 어린이 주도의 액티브 플레이 수업에서 자유로운 놀이와 게임을 통해 다양한 경험을 하면서 아이들은 운동장에서 다툼이 일어났을 때에도 어른들에게 달려오기보다 자기들끼리 문제를 해결하기 시작했다. 또한 액티브 플레이 수업 동안 체육시간이나 기타 수업 시간에 전형적으로 듣던 지시사항에서 벗어나 자유롭게 자기들만의 게임을 설계하고 진행하면서 창의성이 향상된 덕분에 학생들의 자신감 또한 상당히 높아졌다고 한다. 아이들에게 액티브 플레이 시간은 실패해도 괜찮은 시간, 새로운 아이디어를 마음껏 펼칠 수 있는 시간으로 인식되고 있다. 처치는 이렇게 설명했다.

"아이들은 실패에 대한 걱정 없이 새로운 시도를 훨씬 더 많이 합니다. 이제는 '할 수 있어요.'라고 말하는 아이들이 많아졌어요. 전에는 아이들의 회복탄력성이 많이 부족했거든요."

이런 태도는 교실로도 이어져서, 아이들은 틀릴 수도 있다는 두려움 없이 수업에 더 자신감 있게 참여한다. 또한 평소보다 큰 사회적 집단을 이루며 놀이를 하고 서로 다른 반이나 학년들끼리도 어울릴 수 있게 되면서 사회적 기술도 발달하고 있다. 처치는 말한다.

"액티브 플레이는 아이들을 하나로 묶어 주고 있습니다."

이 학교의 여러 교사들은 학생들이 어떻게 액티브 플레이에 참여하는지, 거기서 배운 기술을 어떻게 교실로 가져오고, 글쓰기와 산술능력을 활용하여 실외 게임을 만들어 내는지를 목격하였다.

부모들은 액티브 플레이 프로그램이 시작된 이후로 방과 후 아이들의 바깥놀이가 더 늘어났다고 전했으며, 한 부모는 아이가 액티브 플레이를 어찌나 좋아하는지 액티브 플레이 수업이 있는 날이면 아침 일찍부터 학교에 가겠다며 부모를 재촉한다고 말했다.

스코틀랜드 정부는 무료 아동보육 시간을 현재의 거의 2배 가까이 늘리겠다고 약속했다. 그러면 바깥놀이 및 학습의 이점을 더욱 확대할 기회가 주어질 것이다.

인스파이어링 스코틀랜드는 자원봉사 부문에 전략적이고 직접적이며 장기적인 재정 지원을 하기 위한 전국적 프로젝트로, 스코틀랜드의 자연 자산과 녹지를 현존하는 보육시설 및 개발 중인 실외 보육시설에 연계해 주는 방안을 마련하였다. 자연에서 하는 놀이가 어린이들의 건강과 행복을 증진한다는 연구 결과는 많지만, 도심 지역 저소득층 아이들은 자연 환경이나 탁 트인 신체 활동 공간을 누릴 기회가 많지 않았다. 다른 몇몇 국가들에도 실외 유치원 및 '숲 유치원'의 사례는 이미 잘 확립되어 있으나, 스코틀랜드처럼 사회경제적으로 어려움을 겪는 지역에 집중하여 자연 환경을 교육 프로그램과 연결하려는 정책은 새로운 시도다.

인스파이어링 스코틀랜드는 유아기에 자연과 함께하는 바깥놀이를 장려하기 위해 정부 정책팀, 지역 당국, 기부자들과 협력하고 있다. 2017년 8월에는 글래스고 시의회와의 협력을 통해 저소득층 지역 세 곳의 보육 시설에 대한 실험이 시작되었다. 인스파이어링 스코틀랜드는 바깥놀이의 긍정적 영향력이 분명히 입증되기만 한다면 이런 실험을 전국적으로 확대할 계획이다.

인스파이어링 스코틀랜드의 놀이 기금은 스코틀랜드의 어린이들을 신체적, 정신적으로 세계에서 가장 건강한 어린이로 만들겠다는 포부를 갖고 있다. 놀이 혁신과 국내외에서의 협력적 제휴 관계를 통해 어린이의 건강, 행복, 학습을 강조하고, 그들이 미래의 환경 보호자가 될 수 있도록 돕는다.

이것이 바로 스코틀랜드가 아이들을 놀게 하는 법이다.[335]

싱가포르의 실험:
스트레스는 적게, 목표 지향적 놀이는 많이

—

최고의 교육 성과를 자랑하는 아시아 교육계의 슈퍼스타 싱가포르는 스트레스로 점철되었던 지난 수십 년간의 학교 교육에서 탈피하고 있다. 강력한 압박감을 주는 교육 체계에 대한 대담하고도 철저한 점검을 통해 어린이들이 미래를 더 잘 준비할 수 있게 하고자 한다. 그 일환으로서 학교에서는 '목표 지향적 놀이'가 사용된다.

섬나라인 싱가포르는 각종 교육 순위에서 세계 최고 순위를 차지하곤 했지만, 어린이들의 행복지수나 노동인구의 기업가적 능력에서는 부진한 국가로 인식되었다. 미국 상공회의소가 싱가포르에서 운영되는 미국 사업체 100여 곳을 대상으로 설문조사를 실시한 결과 싱가포르 인력의 기술적 능력은 높은 점수를 기록했지만, 혁신이나 창의성 분야에서는 동남아시아 국가들 중 최하위를 기록하였다.[336]

오늘날 싱가포르의 학교에서는 어린 학생들을 위한 야외 학습과 '목표 지향적 놀이'가 점점 강조되고 있고, 어린이들은 자신의 흥미와 재능, 다양한 삶의 기술을 개발하도록 장려되고 있다. 이런 새로운 접근 방식은 유치원에만 국한되지 않는다. 싱가포르는 전국적으로 실시되는 정기 평가에 더 이상 집착하지 않고, 호기심과 배움에 대한 사랑을 기반으로 한 전인적 교육체계를 향해 나아가고 있다.

21세기 싱가포르 청소년들을 이끌어 가야 할 지도자 중 한 사람,

응치멩Chee Meng Ng에 따르면 개혁의 핵심적 기반은 학교에서의 '목표지향적인 놀이'다. 그는 전투기 조종사이자 싱가포르 공군 중장으로서 복무하다가 2015년까지 싱가포르의 국방부 장관을 역임하였다. 현재는 싱가포르 총리실 장관 및 국영노동연맹 부총장을 맡고 있으며, 2015년부터 2018년까지 전국의 초등학교, 중고등학교, 2년제 대학, 유치원을 감독하는 교육부 장관을 역임하였다. 그는 싱가포르의 학교들이 학생들의 혁신 능력, 행복, 창의성을 키워 주지 못하고 전국 평가에서 좋은 성적을 내는 데에만 집착하는 모습을 우려했다.

2016년 응치멩 장관과 싱가포르 교육부는 대대적인 구조 개혁이 실시될 것임을 발표하였다. 여기에는 과학, 언어, 수학 시험을 치르는 전국 초등졸업시험 PSLEPrimary School Leaving Exams의 채점 방식 개혁안도 포함되었다. 2021년부터는 극단적인 순위 매기기와 지나친 경쟁을 줄이기 위해 시험 결과가 점수가 아닌 등급으로 표기될 예정이다. 학교들은 체육 수업을 활용한 바깥놀이를 강조하고, 초등학교에서의 '능력별 학급편성'을 줄이며, 숙제의 양도 줄일 계획이다. 응 장관은 개혁 계획을 발표하면서 이렇게 말했다.

"우리는 성장에 중요한 다양한 영역을 발달시키기 위해 시간과 공간을 확보해야 합니다. 아이들이 그저 꽃에 대한 지식을 공부하는 것이 아니라, 잠시 멈춰서 꽃향기도 맡을 수 있게 해 줍시다."[337]

우리와의 인터뷰에서 응 장관은 세계를 선도하는 싱가포르의 교육 체계에서 놀이를 되살리겠다는 포부를 밝혔다.

"싱가포르는 이제 교육에서 '놀이'가 얼마나 중요한지를 인식하고 있습니다. 놀이는 의도적이고 목표 지향적인 단어입니다. 우리는 학생들이 자신의 관심사를 발견하고 열정을 키우며, 그것을 일상의 경험, 공동체, 기술과 연결함으로써 배움에 대한 사랑을 키워 가도록 돕기 위해 교육자들을 독려하고 있습니다. 우리는 교육을 통해 건실한 학업의 기초와 건전한 가치관, 필수적인 삶의 기술들을 발달시켜야 하며, 배움에서 즐거움을 찾고, 배움에 대한 평생의 열정을 개발해야 하기 때문입니다. 배움에 대한 내재적 동기가 있어야만 아이들은 지식을 습득하고, 폐기하고, 다시 습득하는 평생의 여정을 받아들일 수 있습니다. 바로 이 점 때문에 점수를 지나치게 강조하는 대신, 아이들에게 학점을 넘어선 진정한 열정과 목적을 찾게 하려는 것입니다."

"'나무를 기르는 데는 10년이 걸리지만, 사람을 키우는 데는 100년이 걸린다.'라는 중국 속담이 있습니다. 교육은 나무를 기르는 일보다 훨씬 복잡하고 어려운 일이지요. 하지만 나무 기르기에서 유용한 통찰을 얻을 수는 있습니다. 나무를 기르려면 우선 어린 나무를 기술과 정성, 사랑을 다해 돌봐야 합니다. 지나치게 뜨거운 햇빛을 주면 안 되고 흙의 성질에 따라 물을 주는 양도 달라져야 합니다. 그리고 무엇보다도 나무가 뿌리를 내리고 마음껏 자랄 수 있도록 충분한 공간과 자유를 주어야 합니다. 나무를 과보호해서도, 너무 많은 물과 비료로 숨 막히게 해서도 안 되며, 나무가 곧고 단단하게, 그 어떤 폭풍도 이겨 낼 수 있을 만큼 강하게 자라도록 해야 합니다. 저는 우리가 자라나는 아이들을 학업에 대한 편협한 목적만으로 가득 채우고 있는 것은 아닌지 두렵습니다."

아이들을 놀게 하라

"제가 정원사는 아니지만, 어린 시절 학교 프로젝트로 콩을 키워 본 적은 있습니다. 매일 아침 눈을 뜨면 유리병 안에 넣어 둔 콩을 초조하게 관찰하며 언제 싹을 틔울지 기다리던 기억이 납니다. 그리고 머지않아, 물을 많이 준다고 해서 더 빨리 자라지는 않는다는 사실을 깨달았지요. 오히려 물을 너무 많이 줘서 콩을 숨 막히게 하고 있었다는 것을요. 저는 어린이들에게도 마치 어린 나무처럼 숨 쉬고 배우고 꿈꿀 수 있는 시간과 공간이 있어야 한다고 믿습니다."

"측정할 수 있는 것에만 집착하기는 쉽습니다. 점수를 매기면 서로 비교하기가 쉬워지지요. 하지만 측정할 수 있는 것이 장기적으로 가장 중요한 것은 아닐 수 있습니다. 시험에서 단 1점이라도 더 얻는 데만 집착하다가는 전반적 발달의 다른 측면들을 놓쳐 버릴 수 있습니다. 너무 많은 밤을 불안해하며 보내고, (사설 학원에) 과도한 비용을 쓰고, 가족이나 친구들과의 시간, 놀이와 탐험을 위한 시간이 너무 부족해지는 겁니다."

"우리는 아이들에게 배움의 기쁨을 가르쳐 줘야 합니다. 그 내재적 동기를 통해 아이들은 자신의 관심사와 열정을 탐험하고 발견하게 될 것입니다. 학교가 단지 시험만을 위한 곳이어서는 안 됩니다. 지식과 능력을 습득하는 흥미로운 곳, 즐거운 배움을 얻는 곳, 그리고 꼭 필요한 곳에서만 엄격할 수 있는 곳이 되어야 합니다."

"이를 위해서 우리는, 아이들이 유치원에서부터 배움에 대한 사랑을 발전시키고, 배움과 놀이를 통해 상상력, 창의력, 사회-정서적 능력을 키울 수 있도록 최선을 다하고 있습니다. 싱가포르 교육부 소속 유치원에 다니는 어린이들은 이 세상에 대해 흥미를 느끼고 타인과 상호작용하며 관계를 만들어 갈 수 있도록 다양한 경험에 노출됩니다. 예를 들어 다양한 소품과 부품들을 이용하여 슈퍼마켓이나 도로의 모습을 재현해 놓으면 아이들은 즐거운 역할놀이를 통해 숫자와 글자를 배우고, 동시에 상호작용 활동을 통해 삶의 중요한 기술 또한 배우는 것이죠!"

"교육부 소속 유치원의 교사들은 어린이들의 참여를 유도하기 위해 두 가지 핵심적인 교수법을 사용합니다. 바로, 목표 지향적 놀이와 양질의 상호작용입니다. '목표 지향적 놀이'는 어린이들이 사전에 계획된 놀이에 참여하면서 자신의 지식과 능력을 적극적으로 탐험하고 발전시키고 적용하는 즐거운 활동입니다. '양질의 상호작용'을 통해서는 교사와 어린이들이 함께 특정 주제에 대해 탐구하고, 문제를 해결하고, 개념을 확인하고, 이야기를 들려주기 위해 함께 협력하면서 지속적으로 공통의 대화를 이어 나갑니다. 아이들은 철자법 목록을 공부할 필요도, 구구단을 외울 필요도 없지만, 대신 아이들이 얼마나 잘 배우고 있는지가 일목요연하게 정리되어 부모에게 전달됩니다. 또한 아이들이 자신의 상상력과 관심사를 자극하는 프로젝트를 더 깊이 연구할 수 있도록 따로 시간을 주기도 합니다!"

"이런 '놀이'의 개념은 자연스럽게 초등학교, 중고등학교, 2년제 대학으로까지 확장되며, 교육자들은 학생들이 탐험하고, 창의성을 뽐내고, 지식과 자신감을 함께 쌓아 나갈 수 있는 환경을 만들어 냅니다. 학생들은 교실 안에서의 학생 중심 교수법을 통해 자기만의 배움을 구성해 낼 뿐 아니라, 수학여행, 캠핑, 지역공동체 봉사 프로젝트 등을 통해서 교실 밖에서의 배움에도 주기적으로 노출됩니다. 예를 들어 아이들은 일주일 동안 실외에서 캠핑을 하거나 '메이커 스페이스maker space'(다양한 재료를 활용하여 개개인이 원

아이들을 놀게 하라

하는 물품을 만들 수 있는 작업 공간_역주)를 활용하여 노인들에게 도움이 되는 물건을 설계할 수도 있습니다. 또한 지역 공동체의 어려움을 해결할 수 있는 방법을 설계하고 실행해 보기도 합니다."

"실제로 싱가포르의 교과과정과 학교 프로그램은 로봇공학부터 식품학, 미디어 커뮤니케이션, 미술, 음악에 이르는 다양한 분야에서 응용학습 접근법을 활용합니다. 직접 체험을 통한 수업과 경험적 프로그램을 통해 학생들이 배움의 재미를 느끼고, 지식과 능력이 실제 세계에서 갖는 의미를 확인하도록 하는 것이 우리의 목표입니다. 이것이 바로 학생들의 욕구에 부합하는 '목표 지향적 놀이'이며, 그 과정에서 아이들은 웃고, 배우고, 자기 자신과 타인에게 긍정적인 영향을 줄 수 있습니다."

"이 모든 효과를 활용하여 우리는 싱가포르의 모든 학생들이 배움에 대한 평생의 열정을 키우게 할 것입니다. 배움에 대한 내재적 동기는 저마다 아이들의 내면에 엔진을 달아 주어, 그들이 개인적인 열망을 실현시키고 싱가포르에, 그리고 나아가 전 세계에 의미 있는 기여를 할 수 있도록 도울 것입니다."[338]

2018년 7월 신임 교육부장관 옹예쿵Ye Kung Ong은 싱가포르의 기업 지도자들이 지켜보는 가운데 싱가포르의 전통적인 교육 문화를 비판했다. 시험에만 지나치게 의존하며 학생들에게 과도한 스트레스를 주고, 배움의 기쁨을 말살한다는 측면에서 너무 큰 비용을 치르고 있다는 것이다. 그는 주장했다.

"배움에는 꾸준한 호기심과 기쁨이 있어야 합니다. 그것이 없다면 우리는 배움에 대한 동기를 얻을 수도, 변화에 발맞추어 나가거나 변화를 이끌어 낼 수도 없습니다."

그는 이렇게 덧붙였다.

"우리 사회는 적절한 위험을 기꺼이 받아들이고 실패와 좌절을 용인할 줄 알아야 합니다."

또한 어린이가 친구들과 재미있게 놀고, 자신의 꿈과 장점을 발견할 수 있도록 학교와 사회가 합심하여야 한다고 주장했다. 엄격한 교육도 좋지만, '학생들은 앞으로도 배울 수 있는 날이 많으므로 이른 나이부터 너무 많은 부담을 질 필요는 없다'는 것이다.

옹 장관은 싱가포르의 학부모 및 어린이들과 했던 면담에 대해 언급했다. 한 부모가 그에게 학교가 '좋은 학교'인지 확신할 수 있는 방법에 대해 물었다고 한다. 장관은 그 부모의 자녀에게 물었다.

"너는 학교가 좋니?"

"네."

"선생님들은 너희가 잘 배울 수 있도록 도와주시고?"

"네."

그리고 친구들과도 잘 지내는지, 방과 후 활동에는 만족하는지도 물었다. 소년은 그렇다고 대답했다.

또한 그는, 무엇보다도 중요한 한 가지 질문, 전 세계 모든 교사와 부모, 정책 결정자들이 아이들에게 꼭 해야 할 질문을 던졌다.

"아침에 학교에 갈 때 행복하니?"

"네."

아이들을 놀게 하라

그러자 장관은, "그럼 너는 좋은 학교에 다니고 있구나."라고 결론지었다. 그는 설명했다.

"우리는 좋은 학교를 어린이의 입장에서 정의해야 합니다. 만약 학교가 어린이의 욕구를 충족시켜 준다면 그건 좋은 학교입니다. 인기가 많든 적든, 어떤 꼬리표가 붙어 있든 상관할 필요가 없어요."[339]

2018년 7월에는 싱가포르의 교육부 차관 인드라니 라자Indranee Rajah가 이렇게 언급했다.

"학교에서 보내는 시간이 오로지 숙제, 시험, 평가, 점수로만 채워져서는 안 됩니다. 아이들에게는 배움과 탐험, 놀이에 대한 사랑을 중심으로 이루어진 즐거운 교육의 경험이 필요합니다."[340]

또 다른 싱가포르의 교육 지도자 역시도 새로운 교육 철학에 전적으로 동의한다. 중학교 교장인 샤르마 푸남 쿠마리Sharma Poonam Kumari는 이렇게 말했다.

"교육이 그저 자리에 앉아 시험 치르는 것만을 중시하는 편협한 접근법을 넘어서, 배움에 대한 사랑을 불어넣는 쪽으로 변모하고 있습니다. 어린이들이 마주하게 될 미래는 대단히 복잡할 것이고, 교과서에 쓰인 지식만으로는 그런 세상을 살아가기에 부족할 것이기 때문입니다."[341]

초등학교 교장인 메이 웡May Wong은, "미래의 기업가들이 시험 성적이 가장 높은 사람만을 찾지는 않을 겁니다."[342]라고 말했다. 대신 그들은 공감 능력, 회복탄력성, 창의력, 팀워크 등의 능력과 재능을 갖춘 인재를 선호할 것이다.

싱가포르 난양기술대학교 국립교육학부의 부교수인 응팍티[Pak Tee Ng]는 인터뷰를 통해 "우리는 가치에 대한 공부, 평생 학습, 전인적 교육, 21세기형 능력을 강조하기 위해 많은 노력을 기울이고 있습니다. 즐거운 배움을 장려하고, 우리 학생들이 회복탄력성과 기업가 정신을 발달시킬 수 있도록 돕고자 하는 것입니다."[343]라고 말했다.

2018년 말 응예쿵 교육부 장관은 초등학교 1, 2학년 학생들에 대한 표준 시험과 초등 및 중학교에서 학급 석차를 폐지하겠다고 밝혔다. 그는 '어린 나이부터 배움이란, 경쟁이 아닌 평생 습득해야 할 자기 규제력'이라는 사실을 배워야 한다고 강조했다.[344]

교육에 대한 기대가 큰 싱가포르의 문화가 이런 개혁을 받아들일지 여부는 아직 판가름 나지 않았다. 싱가포르의 한 국회의원은 "부모들, 그리고 심지어 일부 교사 및 학생들의 사고방식을 바꾸기 위해서는 더욱 심도 있는 노력이 필요하다."[345]라고 밝혔다. 하지만 밝은 미래를 향한 싱가포르의 여정은 최소한 첫 발을 내디뎠다.

싱가포르 외에도 교육 현장에서 놀이가 힘을 얻고 있는 아시아 국가들은 또 있다. 2013년과 2014년에 싱가포르 잡지 〈투데이 TODAY〉의 기자들은 홍콩, 상하이, 서울, 타이베이, 도쿄 등 아시아의 5개 대도시에서 놀라운 발견을 했다. 유아기부터 조기 교육을 받아야 한다는 아시아권의 고정관념이 이미 변화하기 시작했고, 놀이가 최소한 유아기 교육에서만큼은 중요하다는 생각이 자리 잡기 시

아이들을 놀게 하라

작했다는 것이다. 기자들의 보도에 의하면 이들 도시는 모두 '어린이들이 결국에는 엄청난 압박감에 시달리는 교육 체제 속으로 뛰어들어야 하겠지만, 적어도 유치원에 다니는 동안만큼은 놀이가 교육 전반에 스며들어 있는 환경'을 만들어 냈다.

유아기 어린이에게 놀이가 얼마나 긍정적인 영향을 주는지에 대한 대중의 인식을 고취하기 위한 노력은 이미 시작되었다. 한국의 유치원에서는 매일 어린이들이 자유롭게 놀 수 있는 시간이 다섯 시간 보장되었다. 수학, 읽기, 쓰기 수업은 그 시간 동안 금지된다. 중앙대학교 사범대학 유아교육과의 조형숙 교수에 의하면, 한국 육아정책연구소의 발족을 포함하여 유아기 연구에 대한 광범위한 정부 투자가 이루어졌고, 그 결과 한국 학부모들이 놀이를 통한 배움을 점점 더 수용하고 있다고 한다.

일본 유치원생들의 경우, 미국 공립학교 유치원생들과 달리 반복 학습과 학업을 강요받지 않았다. 대신 오전 네 시간 동안 교사는 아이들과 그네, 미끄럼틀을 타며 놀고 가정에서 가져온 물건을 활용하여 장난감을 만들었다. 〈투데이〉 기자들은 오차노미즈 대학 부속 유치원에 다니는 어린이들이 '마음껏 즐기는 모습'을 목도했다. 어떤 아이들은 바깥놀이터에서 낙엽을 가지고 놀았고, 다른 아이들은 오렌지를 따려고 이리저리 뛰어다녔다. 유치원 건물 안에서는 아이들이 옹기종기 모여서 춤을 추거나 이야기를 듣거나 복도를 뛰어다녔다.

물론 일본의 고학년 학생들은 심한 학업 압박을 느끼고 있지만,

적어도 유치원에서만큼은 활기 넘치는 아이들이 따뜻한 분위기 속에서 오로지 놀이하고 서로 사귀는 데에만 집중했다. 도쿄 가쿠게이 대학의 연구자 교코 이와타테는 말했다.

"이건 일본의 문화입니다. 많은 학부모들도 유치원에서는 큰 공동체의 일부가 되는 법을 배우고 놀이를 해야 한다고 생각합니다."

일본의 어느 학부모는 말했다.

"다른 아이들과 잘 놀고 상호작용만 잘한다면 나머지 문제에 대해서는 크게 걱정하지 않습니다."[346]

도쿄
꿈의 학교

시계를 돌려 보자. 앞으로, 앞으로.

그리고 다시 어린이가 되어 보자.

우리가 다닐 유치원을 함께 골라 보자.

전용 제트기를 타고 전 세계를 돌며 모든 유치원 교실과 건물을 살펴보자.

믿기지 않을지 모르지만, 우리가 꼭 다니고 싶을, 그리고 절대 떠나기 싫을 만한 너무나도 놀랍고 너무나도 아동 친화적이며 따뜻함과 아름다움으로 가득한 유치원이 하나 있다.

바로 도쿄 서쪽 타치가와 지역에 위치한 후지 유치원이다. 만 3

세부터 6세까지의 어린이 600명 이상이 운 좋게도 이곳 유치원에 다니고 있다. 2011년 OECD는 이곳을 세계에서 가장 훌륭한 학습 환경으로 꼽았다. '꿈의 유치원'이라고 불러도 좋을 법한 곳이다.

후지 유치원은 도쿄의 건축가 부부인 타카하루 테즈카와 유이 테즈카Takaharu and Yui Tezuka의 작품으로, 둘은 사업 파트너이자 두 아이의 부모다. 그들은 테키치 카토Sekiichi Kato 원장, 디자이너이자 예술감독인 가시와 사토Kashiwa Sato와 함께 이 몬테소리식 유치원을 설립하였다. 이들이 세운 것은 단순한 유치원 건물이 아니라, 어린 시절의 즐거움과 배움의 힘에 대한 찬가이자, 놀이에 대한 아름다운 서사시였다.

어떻게 하면 세계 최고의 유치원을 만들 수 있을까? 사회적 상호 작용과 즐거운 학습, 물리적 탐험에 최적화된 완벽한 장소를 어떻게 만들 수 있을까? 설계자들은 명쾌하고도 단순한 공식을 떠올렸다. 어린이의 관점으로 설계하라. 그리고 생각할 수 있는 모든 규칙은 깨 버려라!

오늘날 대부분의 학교는 정사각형과 직사각형이 조합된 상자 모양으로 만들어진다. 하지만 후지 유치원은 중앙에 둥근 뜰을 갖춘 타원 모양으로 지어졌다. 보통 학교의 옥상은 텅 빈 채 사용되지 않는다. 그러나 후지 유치원의 건축가들은 급진적이고도 놀라운 아이디어를 떠올렸다. 지붕을 아이들이 햇살과 신선한 공기를 맞으며 마음껏 달릴 수 있는 놀이 공간으로 만들자는 것이었다.

오늘날 대부분의 학교는 자연으로부터 멀어져 있다. 후지 유치원에는 키가 25미터에 달하는 느티나무가 1층짜리 유치원 건물 안에서 자라고 있다. 천장을 뚫고 나온 나무 주변으로는 최대 100명의 어린이들이 기어오를 수 있도록 안전그물을 설치하였다. 건축가 타카하루 테즈카는 이렇게 설명했다.

"건물을 너무 안전하게만 만들면 아이들이 위험에 대해 배울 기회를 잃게 됩니다. 저는 위험의 소지를 일정 부분 남겨 두는 게 중요하다고 생각합니다.[347] 어린이들은 생각보다 강합니다. 충분히 밖에서 지낼 수 있어요. 물론 날씨가 아주 안 좋을 때는 보호가 필요하지만, 그렇지 않을 때도 많습니다."[348]

아이들이 필요로 하는 만큼 아이들을 보호해 주면 놀이가 더욱 활발해지지만, 최대한 아이들을 보호하려고만 들면 놀이는 위축된다.

후지 유치원의 교실 사이에는 벽이 없고, 연중 대부분의 기간 동안 안뜰을 향해 난 문은 열려 있다. 천장에는 채광창이 있어서 옥상에 있는 아이들은 아래 교실에서 친구들이 무엇을 하는지 확인할 수도 있다.

다른 놀이 시설은 필요하지 않다. 건물이 그 자체로 하나의 거대한 놀이터다. 어린이들은 자유롭게 돌아다니고 넘어지고 굴러 떨어지고 때때로 흠뻑 젖으며 논다. 아이들을 과보호하지 말라. 과하게 통제하려 들지 말라. 아이들은 많이 움직여야 하고, 때로는 흠뻑 젖거나 지저분해져야 한다. 이것이 그들의 철학이다.

만약 아이들이 물에 흠뻑 젖으면 어쩌지? 교장인 세키치 카토는 유치원을 방문하는 많은 사람들에게서 이런 질문을 받는다고 한다.

아이들을 놀게 하라

그의 답은 간단하다.

"아이들은 물에 젖으면 옷을 갈아입습니다. 아이들에게는 피부가 있고 완벽히 방수가 되니까요! 휴대전화와 달리 아이들은 젖어도 고장 나지 않습니다."[349]

타원형의 학교 구조는 어린이들에게 오랜 시간 동안 조용히, 가만히 있으라고 강요하지 않으며 협동과 독립성을 동시에 장려한다. 다른 유치원들은 아주 긴 시간 동안 모든 소음을 차단하려고 하지만, 후지 유치원에서는 다양한 곳에서 들려오는 일상적인 수준의 소음이 어린이의 놀이와 학습에 오히려 도움을 주는 안정 효과를 갖는다고 여긴다. 그래서 이곳에는 멀리서 들려오는 피아노 소리, 흐르는 물소리, 아이들이 놀고 뛰어다니고 잡담하고 웃는 소리처럼 마음에 안정을 주는 자연스럽고 잔잔한 '백색소음'이 스며들어 있다. 타카하루는 단호하게 말했다.

"우리는 소음이 아주 중요하다고 생각합니다. 아이들을 조용한 상자 안에 넣어 두면 어떤 아이들은 크게 긴장합니다.[350] 물고기가 정제된 물에서 살 수 없듯이 어린이들은 깨끗하고 고요하고 통제된 환경에서 살 수 없습니다."[351]

유치원 곳곳에는 우물이 설치되어 있어서, 아이들은 물건을 닦거나 놀이할 물을 받으며 친구들과 함께 모여 협력하고 이야기를 나눈다. 타카하루는 이렇게 설명했다.

"요즘 일본 아이들은 오로지 컴퓨터하고만 대화합니다. 저는 그게 정말 싫습니다. 모든 교실에 우물을 하나씩 설치하면 아이들은

억지로라도 서로 대화를 하게 될 거라고 봅니다. 일본에는 '이도바 타카이기いどばたかいぎ'라는 말이 있습니다. 우물가에서 나누는 잡담이라는 뜻입니다. 옛날에는 여자들이 물을 길러 간 우물가에서 만나 잡담을 나누고 정보도 얻곤 했지요. 저는 어린이들도 이렇게 되기를 바랍니다."[352]

타카하루는 '향수 어린 미래', 즉 어린이들이 어떤 장치나 컴퓨터 화면 없이도 자연스럽게 놀이를 선택하는 미래를 상상하며 후지 유치원을 설계했다고 한다. 그는 어린이들이 그리 멀지 않은 과거까지 즐겨 사용했고, 어쩌면 머지않은 미래에 다시금 쓰게 될 놀이와 배움의 방식을 이 유치원을 통해 이루고자 했다.

어떤 사람들은 미래의 교실이 깨끗하고 안전하며 세균 없는 곳, 컴퓨터를 풍부하게 활용하는 곳이 될 거라고 믿는다. 하지만 타카하루는 이렇게 주장한다.

"최근에 지어지는 현대식 학교 건물들은 규모도 점점 더 커지고 마치 IT 기업의 본사처럼 보입니다. 아이들은 절대 밖으로 나가지 못합니다. 많은 사람들은 이것이 미래라고 생각하지만, 저는 이것이 어린이들에게 정말 나쁜 선택이라고 생각합니다. 지나치게 인공적이고 통제된 환경은 더 이상 미래에 대한 비전으로 볼 수 없습니다. 아주 천천히 아이들을 죽이고 있으니까요."

그의 이론은 이렇다.

"최신 기술과 더 많이 접촉하는 어린이들은, 기술에 대한 접촉은 거의 없지만 자연스러운 환경에서 배우는 어린이들에 비해 좋은 교

아이들을 놀게 하라

육을 받고 있지 못하다고 볼 수 있습니다."[353]

'꿈의 유치원'의 교육 방식은 수많은 사람들에게 영감을 주고 굉장한 성공을 거두고 있다. 이 때문에 타카하루는 후지 유치원이 향후 50년 동안 지금의 운영 방식을 그대로 고수하리라고 예상한다.

후지 유치원의 가장 놀라운 점은 나무로 된 둥근 고리 형태의 놀이용 옥상이다. 타카하루와 유이 부부는 어린 자녀들이 식탁 주변을 계속해서 빙글빙글 뛰어노는 모습에서 영감을 얻었다고 한다. 타카하루는 이렇게 기억했다.

"우리는 이것이 건축을 하는 하나의 방법이라고 생각합니다. 그래서 아이들이 계속해서 뛸 수 있도록 지붕을 둥근 모양으로 만들었어요."[354]

이론적으로는 그럴 듯해 보였지만, 아이들의 반응을 예상하기는 어려웠다. 설계팀은 아이들이 입학한 후에도 부디 이 이론이 유효하기를 바랄 뿐이었다.

후지 유치원이 처음으로 문을 열던 2007년의 어느 날, 수백 명의 일본 어린이들은 생애 처음으로 마치 유토피아와 같은 놀이 학교를 경험했고, 모두의 꿈은 현실이 되었다. 어린이들은 황홀한 듯 옥상 위를 뛰어다녔다.

"단순하죠. 아이들은 그냥 뛰어다니기 시작했어요."

타카하루는 기억을 떠올렸다.

"기대 이상이었죠. 저는 교장 선생님과 함께 앉아서 그 모습을 지켜보았고 모두가 눈물을 흘렸습니다. 반응이 얼마나 즉각적이었는지 몰라요. 정말 멋졌답니다."[355]

그날 이후로 매년 후지 유치원의 어린이들은 계속해서 하루 평균 5킬로미터 거리를 달리고 있다. 아이들이 달리기를 그만둘 기미는 전혀 보이지 않는다.

바닷가 놀이터:
크로아티아의 실험

—

2017년 어느 날 아드리아해의 한 섬에 놀이터가 생겼다.

크로아티아의 달마티아 해변으로부터 약 12마일 거리에 있는 이 섬의 이름은 '흐바르'로, 브라치섬과 코르출라섬 사이에 위치해 있다. 크로아티아에서 가장 비옥한 평원이 있고, 바다까지 부드럽게 이어지는 산맥과 구릉은 포도밭과 과수원, 정원 등으로 뒤덮여 유럽에서 가장 아름다운 경치를 자랑한다.

호주의 배우 르노어 잔Lenore Zann은 이렇게 썼다.

「흐바르는 가히 세계에서 가장 아름다운 섬이라고 할 만하다. 그곳에 가는 유일한 길은 바다를 통하는 것뿐인데, 일단 섬에 도착하고 나면 마치 시간이 멈춘 세상에 발을 내디딘 것 같은 기분이 든다. 라벤더와 로즈마리, 올리브와 소나무의 뒤섞인 향 때문에 공기마저도 다르게 느껴진다. 마치 마법처럼 살아 있는 것만 같다.[356]」

흐바르 섬의 북쪽, 긴 항구의 끝에는 인구 3,000여 명이 살고 있는

아이들을 놀게 하라

스타리 그라드라는 작고 오래된 도시가 있다. 이 모든 아름다움 속에서도 스타리 그라드의 어린이들은 건강과 행복을 위한 필수 조건 하나를 놓치고 있었다. 제대로 된 놀이터가 하나도 없었던 것이다.

놀이터는 어린 시절의 기적이며, 즐거움과 우정, 배움의 장소이자 '삶의 학교'이고, 어린이들이 청소년이나 성인으로서 누리게 될 다양한 능력을 연습해 볼 수 있는, 가정과 학교의 직접적인 확장판이다. 하지만 이런 놀이터가 스타리 그라드의 어린이들에게는 없었다.

도시의 가장자리, 정신없는 농산물 직판장과 초등학교 옆에 있는 공터에는 옛 놀이터의 부서진 잔해들이 널브러져 있었지만, 흉측하고 매우 위험했다. 실제로 지난 몇 년 동안 그곳에서 놀던 아이들 일곱 명이 부서진 기구 때문에 심각한 부상을 입기도 했다. 그곳은 단 한 번도 보수 공사가 이루어지지 않아서 더 이상 아이들이 놀기에는 안전하지 못한, 허물어져 가는 버려진 공간이었다.

뭔가 조치가 시급했다. 그래서 스타리 그라드의 몇몇 어머니들은 위원회를 만들어 건축가와 업자들을 부르고, 기금을 모금하고, 완전히 새로운 놀이터를 건설하기 시작했다. 현대적이고 아동 친화적이며 안전한 놀이터에 대한 청사진을 갖고 있던 그녀들은 재정적 지원을 해 줄 파트너를 찾기 시작했다. 그리고 한 달이 채 되지 않아 계약금이 모였다. 어느 기부자와 스타리 그라드의 시장이 지원에 나선 것이다. 그 지역 근처에서 자란 파시의 아내도 모금에 참여했다. 대단한 계획은 아니었지만, 그 작고 아름다운 공간이 만들어지면 여러 가정이 그곳에서 만남을 갖고, 아이들은 즐겁게 뛰놀게 될 터였다. 또한 특별한 도움이 필요한 아이들도 즐겁게 놀 수 있도록 그네와 미끄럼틀, 시소, 모래상자, 그물 침대 같은 갖가지 기구들이 설치될 예정이었다. 어른들을 위한 벤치가 생기고 놀이터 내 휴대전화 사용은 금지될 예정이었는데, 부모와 조부모들이 휴대전화로부터 벗어나 친구를 사귀고, 아이들의 노는 모습을 함께 즐기도록 하기 위함이었다.

그 소식은 도시 전체로 퍼져 나갔고, 스타리 그라드의 아이들은 흥분을 감추지 못했다. 공사 현장에는 매일같이 아이들이 찾아왔고, 자신들을 위해 새롭고 특별한 공간을 만드는 인부들의 모습을 휘둥그레진 눈으로 구경했다. 유치원 아이들은 놀이터 안전수칙과 올바른 이용 태도를 알려 주는 표지판을 직접 만들기도 했다. 이제, 새 놀이터는 개장을 한 달도 채 남기지 않고 있었다.

아이들은 곧 자발적으로 팀을 짜서 공식 개장일 이전에는 누구도 몰래 놀이터에 들어가지 못하게 감시를 했다. 교대를 해 가며 낮이고 밤이고 그곳을 지켰다.

개장 당일이 되자 역사적인 사건을 맞이하는 화려한 풍경이 펼쳐졌다. 가수와 밴드가 노래를 불렀고, 시장은 다양한 정치 집단의 대표들과 시청 공무원들을 앉혀 놓고 연설을 했다.

시장이 놀이터 입구에서 리본 자르기 행사를 할 때는 광대가 아이들 무리를 이끌고 놀이터를 한 바퀴 돌며 행진하기로 되어 있었다. 하지만 파시의 아들인 오토와 노아를 포함하여 어린이들이 기쁨의 눈물을 흘리고 손을 흔들며 작은 발로 몰려 들어오자 질서는 완전히 흐트러지고 말았다.

지금도 이 놀이터는 이곳 지역 생활의 중심지이자 가족들이 함께 모여 어린 시절을 함께 즐기는 장소가 되었다. 한 어머니는 말했다.

"아이들이 이렇게 행복해하는 모습은 처음 봤어요. 예전의 망가진 놀이터를 몇 년 동안 보고 살아서 그런지 이런 일이 가능하리라고는 상상도 못 했거든요."

놀이터가 개장되고 몇 개월 후 우리는 스타리 그라드를 방문했고, 놀이터와 학교, 근처 도시의 놀이 그룹에 모인 학부모와 어린이들에게 놀이란 그들에게 어떤 의미인지를 물었다.

우리는 어린이 50여 명, 성인 20여 명을 대상으로 어린이의 놀이와 놀이터, 어린 시절 일반에 관한 인터뷰를 진행하였다. 그리고 그들이 얼마나 강하게 자신의 의견을 표현하는지, 전 세계 다른 아이들과 부모, 교사들에게서 들었던 이야기를 얼마나 똑같이 반복하는지를 보며 적잖이 놀랐다. 심지어 다섯 살짜리 아이도 놀이에 대한 그 나름대로의 의견을 갖고 있었다!

여기, 자녀들이 새로 생긴 놀이터에서 재미있게 노는 동안 부모들이 우리에게 들려준 이야기를 들어 보자.

- 놀이는 즐겁게 보내는 시간을 의미합니다. 특히 어린 아이들은 놀이를 하면서 민첩성, 능숙함, 기지 등 중요한 신체적인 능력을 익히게 되죠. 기본적으로 놀이는 우리가 살면서 얻을 수 있는 가장 큰 교훈입니다.
- 제 아들은 놀이하는 과정에서 가장 많이 배우고, 놀이를 통해 최고의 결

과를 얻습니다.

- 놀이는 아이가 자신의 느낌과 상상력을 키우는 방법입니다. 놀이는 어린이들이 올바른 방향으로 나아가기 위해 가장 중요합니다.

- 놀이터는 아이들의 사회화와 놀이에 너무나도 중요하며, 텔레비전과 컴퓨터 앞에서 보내는 시간을 줄여 줍니다!

- 밖에서 하는 놀이가 가장 좋습니다. 실내보다는 실외에서 자연과 마주하는 것이 모든 인간에게 보다 정상적인 환경이기 때문입니다. 아무리 큰 집에 살아도, 집은 잠을 자러 들어왔다가 아침이 되면 밖으로 나가야 하는 곳입니다.

- 아이에게는 친구를 사귀는 일이 정말 중요하다고 생각합니다. 신선한 공기를 마시며 다른 친구들과 밖에서 뛰어노는 것이 실내에서 놀거나 그저 앉아 있는 것보다 훨씬 건강한 일입니다.

- 저는 아들과 함께 하루에도 여러 번 다양한 게임을 합니다. 주로 아이가 원하는 게임을 고르죠. 여러 가지 게임이 준비되어 있기 때문에 그날그날의 기분에 따라 고를 수 있습니다. 아이가 유치원생이라 놀면서 항상 뭔가를 가르쳐 주려고 노력합니다.

- 놀이는 중요하지만, 휴대전화로 하는 놀이는 좋지 않습니다. 그건 시간 낭비에 불과해요.

- 저는 어른도 놀아야 한다고 생각합니다. 우리 모두의 마음 깊은 곳에는 어린 아이가 살고 있기 때문입니다. 부모가 함께 놀이를 즐길 때 아이들도 더 좋아합니다.

- 놀이를 통해 아이가 전부 자기 마음대로만 될 수는 없으며 다른 사람의

아이들을 놀게 하라

말에 귀 기울여야 한다는 것, 다른 사람과 협동할 줄 알아야 한다는 것을 배웠다고 생각합니다. 꼭 그랬기를 바랍니다.

- 놀이를 통해 제 아이들은 의사소통하는 법, 협동하는 법, 타인을 존중하고 규칙을 지키는 법을 배웠고, 사물에 대한 새로운 지식을 얻었으며 어휘력도 향상되었습니다.

- 놀이는 어린이들에게 지는 법을 가르쳐 줍니다. 아이들은 지는 걸 굉장히 힘들어하거든요. 놀이를 통해 새로운 사람을 만나기도 하고, 서로를 알아 갑니다. 그리고 무엇보다도 놀이는 재미있지요!

- 아이는 다른 사람과 놀면서 가장 중요한 것을 배운다고 생각합니다. 함께 나누는 법, 잘 싸우는 법, 서로 화해하고 존중하는 법 말입니다.

- 놀이를 하고 나면 아이들은 더 다정해지고 만면에 미소를 띱니다. 요즘 사람들에게 불평불만과 짜증이 그렇게 많은 것도 노는 법을 잊었기 때문이라고 생각합니다.

- 놀이는 행복입니다. 놀이를 통해 아이들은 친구를 사귀고, 피곤하지만 평화로운 상태로 잠자리에 듭니다. 결국 그 모든 것들이 모여서 아이는 아주 건강해집니다.

- 저도 아이와 함께 노는 걸 좋아합니다. 행복해하는 아이의 모습을 볼 때보다 행복한 순간은 없으니까요. 가끔은 모든 것이 너무 피곤하게만 느껴지기도 하지만, 일단 놀이를 시작하면 피로는 어느새 사라지고 새로운 에너지가 솟아오릅니다.

- 피곤할 때는 저도 그냥 텔레비전이나 컴퓨터 앞에 앉아 있고 싶습니다. 하지만 아이는 아랑곳하지 않고 저를 신선한 공기 속으로 끌고 나가지

요. 그러면 그 순간 저는 공을 던지고 달리며 아이와 함께 즐깁니다. 이 얼마나 멋진 변화인가요! 단 한순간에 말입니다! 이런 일들을 계속할 수만 있다면 우리 삶은 어떻게 바뀔까요! 상상이 되시나요?

• 어린 시절은 평생 경험할 수 있는 시간 중 가장 아름다운 시간입니다. 최고의 시간이지요. 더 많이 놀수록 당신의 삶은 더 아름다워집니다.

우리는 5세에서 11세까지 다양한 나이대의 어린이들과 대화를 나누었고, 아래 아이들의 의견을 담았다.

• 제 이름은 프로스퍼예요. 열한 살이고요. 놀이를 하면 저는 온몸이 행복해져요. 저는 친구들이나 아빠, 형제들, 아니면 다른 사람들과 노는 걸 좋아해요. 놀이는 재미있고 행복해요. 놀이터에서 노는 게 정말 좋아요. 놀이는 정말 중요한데, 우리는 놀면서 즐겁고, 행복하고, 자라고, 사랑을 나누고, 온갖 좋은 일들이 생기기 때문이에요.

• 저는 여덟 살 이반이에요. 잡기놀이랑 술래잡기를 좋아해요. 놀이는 아주 중요해요. 놀이를 해야 건강해지고 기분도 좋거든요. 놀이에서 가장 중요한 건 즐겁다는 거예요. 저는 모든 어른이 아이들과 놀아야 한다고 생각해요. 아이들은 건강해지려면 매일 놀아야 하거든요. 놀이는 저에게 도움이 돼요. 저는 놀이를 하면서 마음을 가다듬고 친구들과 함께 문제를 해결해요. 놀이를 통해서 우리는 힘든 일들을 잊어버릴 수도 있어요. 그게 가장 좋아요.

• 제 이름은 폴라예요. 저는 다섯 살이에요. 놀이는 재미있어요. 친구들과

아이들을 놀게 하라

함께 좋아하는 장난감이랑 인형이랑 아기인형들을 가지고 재미있게 놀아요. 놀이가 왜 그렇게 중요하냐면 그래야 아이들이 지루해지지 않기 때문이에요.

• 놀이터요? 진짜 좋아요! 완전 최고예요! 제가 제일 좋아하는 게 놀이터예요! 저는 놀이터에서 엄청 많이 놀아요. 어른들은 바빠서 놀지 않아요. 일도 해야 하고 직장도 가야 해서 너무 피곤하거든요. 하지만 가끔은 너무 힘들어서 어른들도 좀 쉬어야 해요.

• 제 이름은 루치아예요. 놀이는 제가 자라고 발전하기 위해서 중요해요. 저의 부모님은 저와 함께 놀아 줘요. 누구든지 놀 수 있어요. 할머니, 할아버지까지도요. 놀이를 하면서 저는 원하는 만큼 높이 뛰고 달리는 법을 배울 수 있어요. 아이들에게 놀이는 엄청나게 중요해요.

• 저는 작은 레고 블록만 있으면 하루 종일 놀 수 있어요.

• 제 이름은 마르셀라예요. 저는 일곱 살이에요. 놀이는 즐겁고 기분 좋은 일이에요. 논다는 건 즐긴다는 뜻이에요. 제가 제일 좋아하는 게임은 잡기놀이와 술래잡기예요.

• 놀이터는 아이들이 즐겁게 놀기 위해서 중요해요. 그거 말고 뭐가 더 필요한가요?

• 저는 놀이터에서 많은 걸 배웠어요. 다른 사람들을 구경하면서도 배워요. 이제 저는 놀이집에 기어 올라가는 법도 알고 그네를 타고 빙글빙글 돌 수도 있어요. 전에는 못 했거든요. 예전보다 달리기도 빨라졌어요. 이제는 그네를 타려면 차례를 지켜야 한다는 것도 알고요, 다른 사람에게 친절하게 대해야 한다는 것도 알아요.

- 저는 여섯 살이에요. 놀이는 저를 많이 도와줘요. 어디를 다쳐서 아파도 놀다 보면 아픈 걸 잊어버리거든요. 진짜 마법 같죠?
- 놀이터에서 저는 다른 사람에게 친절하게 대하는 법을 배웠어요. 다른 아이들이나 친구들과 함께 즐겁게 노는 법도요.
- 저는 놀이터에서 화내지 말아야 한다는 것과 게임에서 지거나 실패했을 때도 받아들여야 한다는 것을 배워요.
- 어른들도 놀아야 해요. 그래야 웃을 수 있으니까요!

마지막으로 우리는 어린이들에게 놀이에 관한 한 가지 논란에 대해 질문을 던졌다. 놀이는 우리에게 왜 필요할까? 그리고 놀이가 없다면 세상은 어떻게 될까? 우리는 이렇게 물었다.

"만약 어른들이 여러분에게 놀이는 중요하지 않다고 말한다면 그들에게 무슨 말을 해 줄 건가요?"

이 도발적인 질문에 아이들은 입을 모아 분노했고 확고한 의견을 내놓았다.

저는 어른들에게 "부끄러운 줄 아세요. 놀이는 엄청나게 중요하고, 당신은 그걸 아셔야 해요."라고 말할 거예요.

- 일곱 살 소녀

저는 그런 말을 하는 어른들에게 순전히 거짓말이라고 말해 줄 거예요.

- 열한 살 소년

"네."라고 대답할 거예요. 우리는 어른들 말을 잘 들어야 하니까요. "네."라

아이들을 놀게 하라

고 말한 다음에 그냥 계속 놀 거예요.

- 여섯 살 소년

저는 어른들에게 이렇게 말할 거예요. "그냥 자녀분들에게 그 말을 들려줘 보세요. 그럼 알 수 있을 거예요."라고요. 저는 놀이가 엄청나게 중요하다고 생각하거든요.

- 여덟 살 소년

어른들에게 당신들은 더 이상 재미가 없다고 말해 줄 거예요.

- 아홉 살 소년

그냥 놀이는 엄청나게 많은 걸 깨우쳐 준다는 걸 가르쳐 주고 싶어요.

- 여덟 살 소년

저는 어른들에게 그건 사실이 아니라고 말할 거예요. 친구와 함께 놀고 신선한 공기를 쐬는 건 누구에게나 엄청 중요하니까요.

- 열한 살 소년

말도 안 돼요! 저는 어른들에게 놀이가 중요하다고 말해 줄 거예요. 놀이는 당신에게도 우리에게도 중요하다고요!

- 아홉 살 소녀

저는 이렇게 말할 거예요. 이리 와서 같이 놀아요!(그러고는 다정하게 웃었다.)

- 다섯 살 소년

그중에서도 가장 강한 의견을 낸 건 열 살 소년이었다. 아이는 단호한 어투로 말했다.

"저는 어른들이 스스로 무슨 말을 하는지도 모른다고 말해 줄 거예요. 어른들은 놀이가 뭔지도 모르니까요. 그러니 저는 어른들 말을 듣지 않을 거예요."

그는 이렇게 결론지었다.

"어른들이 뭐라고 하든 저는 그냥 밖으로 나가서 계속 놀 거예요."

이 '바닷가 놀이터'가 우리에게 준 한 가지 교훈은, 다른 누군가가 나서서 상황을 개선하고 문제를 해결해 주기를 기다리지 말고 당신이 직접 나서서 어린이들에게 놀이를 되돌려 주라는 것인지도 모르겠다. 또한 우리는 크로아티아의 이 어린이들이 전 세계 수억 명의 어린이들을 대변한다고 생각한다. 아마도 모든 어린이들이 놀이에 대해 비슷한 의견을 갖고 있을 것이다.

마지막으로, 놀이터는 아주 신성한 장소다. 어린이들이 '삶의 학교'로 삼을 수 있는 놀이와 삶의 터전일 뿐만 아니라, 부모와 조부모들이 자녀들의 삶에 대해 생각하고 이야기를 나누며 어린 시절의 기적이 펼쳐지는 모습을 목격할 수 있는 곳이기 때문이다. 스타리 그라드의 놀이터는 미래의 상징이며, 이 섬이 지중해의 비밀스러운 진주였던 지난 3,000여 년 동안 계속 그래 왔듯이 공동체 어린이들의 삶을 관통하여 흐르는 상징이다.

***

지금 이 순간에도 세계 곳곳에서는 '위대한 놀이 실험'들이 실제로 꽃을 피우며 수많은 어린이들에게 도움을 주고 있다.

아이들을 놀게 하라

방글라데시, 우간다, 탄자니아에서는 수천 명의 어린이들이 다국적 비정부기구 BRAC이 설립한 '놀이 센터' 활동에 참여한다. 방글라데시 정부는 전국의 초등학교 교과과정에 놀이를 접목하는 데 비상한 관심을 보이고 있고, 현재 300여 개 학교에 새로운 놀이 프로그램을 시범적으로 운영하고 있다.

2010년 웨일스는 세계 최초로 어린이의 놀 권리를 보장하는 법안을 통과시켰다. 따라서 지방 정부들은 이 지역 어린이들에게 충분한 놀이의 기회를 보장해야만 한다. 2019년 가을 캐나다 퀘벡주 당국은 초등학생들에게 매일 두 번씩 20분간의 휴식을 보장하겠다고 발표했다. 미국의 일부 주와 지역들 역시 학교에 쉬는 시간을 다시금 요구하고 있다. 2018년부터 사우스캐롤라이나주의 어느 교육구는 초등학생들에게 시간마다 15분씩 쉬는 시간을 제공하기 시작했다. 이런 아이디어를 어디에서 얻은 것일까? 쉬는 시간을 늘리자고 처음 제안한 사람은 사우스캐롤라이나주 피켄스시의 교육감인 대니 머크Danny Merck였다. 그는 핀란드로 가서 학교를 견학하고 큰 영감을 얻었다고 한다.

영국 중부 에일즈베리에 있는 롱크래던 학교의 교사들은 몇 년 전 학교 운동장의 버려진 땅에 실외 학습 공간을 만들기로 결심했다. 교장인 스탬프Sue Stamp에 따르면 공간은 많았지만, 자금이 부족했다고 한다.[357] 결국 학교 측은 부모, 기업, 지역 공동체를 대상으로 기금 모금활동을 벌였다. 그곳에 작은 언덕을 만들 매립 자재와 터널을 만들 놀이기구를 구매하고, 아이들이 탐험할 수 있는 작은 길을 만들기 위해서였다. 머지않아 그 공간은 억새와 진흙으로 만든 완벽한 주방, 도르래와 관으로 만들어져 물을 옮길 수 있는 기구로 채워졌고, 놀이하는 아이들로 활기를 띠게 되었다.

전 세계 여러 지역에서는 많은 부모와 교사들이 학교와 어린 시절에서 놀이를 되살리기 시작했다. 그들에게는 우리의 도움이 필요하다.

많은 사람들은 성공적인 삶을 살고 싶으면 일과 놀이를 구별해야 한다고 생각한다. 열심히 일하는 것은 행복한 삶을 꿈꾸는 사람들이 추구해야 할 하나의 미덕으로 여겨진다. 그리고 그건 남은 일을 끝내기 위해 주말도 휴일도 반납해 가면서 오랜 시간을 일에 쏟아붓는다는 의미다. 누구보다도 일찍 출근하고 누구보다도 늦게 퇴근하는 일 중독자들이 있다. 그들은 직장 동료들이 계획한 소풍이나 파티에도 잘 참석하지 않는다. 재미란 행복한 삶을 완성하기 위한 그들의 레시피에 포함되지 않는다. 놀이는 일을 하고도 남는 시간이 있으면 그제야 하는 것에 불과하다. 아마 당신이 아는 사람 중에도 분명 이런 사람이 있을 것이다.

하지만 일부 기업 지도자들은 사람들의 일과 삶에 균형을 맞추려고 애쓴다. 버진Virgin 그룹의 창립자로서 큰 성공을 거둔 기업가인 리처드 브랜슨 경Sir Richard Branson은 '열심히 일하고 열심히 놀아라.'라는 철학을 설파하기 위해 자신이 일하는 것만큼 노는 것도 얼마나 좋아하는지를 세상에 보여 준다. 그는 그것이 일과 가정에 똑같은 비중을 두기 위한 가장 좋은 방법이라고 주장한다. 또한 그는 "만약

아이들을 놀게 하라

모두가 어린이의 정신으로 살 수 있다면 세상은 더 좋은 곳이 될 것이다.”[358]라는 말을 남겼다. 리처드 경을 비롯한 많은 사람들에게 놀이는 좋은 삶에 필수적인 부분이다. 하지만 불행하게도 어른들 중 매일 놀이를 실천하는 법을 기억하는 사람은 아주 소수에 불과하다.

오늘날 많은 단체와 기업에서는 호기심, 창의성, 공감 능력, 실패로부터의 배움을 인적 자원이 갖추어야 할 중요한 덕목으로 꼽는다. 일터에서의 성공은 더 이상 '얼마나 오래, 빨리, 열심히 일하느냐'나 '얼마나 많은 지식을 갖고 있느냐'에 좌우되지 않는다. 가장 뛰어난 학자들이라고 해서 꼭 더 많은 논문과 보고서를 발표하지는 않는다. 오늘날 성공하는 사람들은 호기심을 갖고 상황이 왜 그렇게 되었는지를 알아내려고 하고, 주어진 업무를 해내기 위한 새로운 방법을 끊임없이 찾으며, 다른 사람의 관점에서 볼 때 세상은 어떤 모습인가를 이해하려고 애쓴다. “당신이 겪은 가장 큰 실패는 무엇이며 거기서 무엇을 얻었는가?”라는 질문이 취업 면접에서 단골로 등장하는 이유도 바로 그것이다. 이런 가치는 놀이, 발견, 탐험, 실험, 실패로부터 배울 자유가 있는 학교 분위기가 갖춰져야만 가르칠 수 있다.

뉴잉글랜드의 한 교육구는 핀란드의 학교가 이룬 결실들에 오래도록 흥미를 가져왔다. 핀란드의 학교 시스템은 대단히 공평하고, 어린이들도 잘 배우기 때문이다. 교사들은 전문가로서의 독립성을 충분히 누리고, 사회의 신뢰와 존중을 받는다. 또한 핀란드의 학교는 서로 경쟁하지 않으며, 정치인, 학부모, 기업 지도자들이 공립학교를 표준 시험, 외부 감사, 가혹한 비판의 희생물로 삼지 않는다. 게다가 핀란드의 모든 어린이들은 수업마다 15분씩 쉬는 시간을 누리며, 거기에 매일 한 시간씩의 신체 활동 시간도 주어진다.

핀란드의 교육 체계에 깊은 인상을 받은 해당 교육구의 지도자와 교사들은 유치원 및 초등학교를 개선할 효과적인 방법을 찾는 데 특히 관심이 컸다. 하지만 주 정부 및 연방정부의 교육 정책이 새롭게 시행되었던 지난 10년 동안은 어쩔 수 없이 시험 점수에 더 집중하고 표준화된 교습 과정, 즉 미리 짜인 각본에 따라 진행하는 수업을 늘려 갈 수밖에 없었다.

2016년 봄의 어느 날 그들은 파시를 불러 학교 이사장 및 지역 공동체의 몇몇 유력가들과 대화를 나누도록 했다.

회의의 주최자가 파시에게 물었다.

"자, 우리에게 어떤 조언을 해 주시겠습니까?"

파시는 이렇게 답했다.

"우선 핀란드나 다른 어떤 교육 체제의 선례를 그대로 따라 하려고 하지 마십시오. 자신만의 길을 찾아야 합니다. 여러분의 문화에 영감을 줄 방법을 찾아 여러분만의 핀란드를 만들어야 합니다. 이곳의 학교를 개선할 단 한 가지 조건을 알려 드리자면, 학생들에게 더 많은 놀이 시간을 주시라는 겁니다."

파시는 제안했다. 그러자 어느 공무원이 대답했다.

"놀이가 아주 어린 아이들에게 좋다는 건 이해합니다. 하지만 우

아이들을 놀게 하라

리는 모든 어린이들의 학습 능력을 개선하고 모두가 학교를 졸업하게 할 수 있는 무언가를 찾고 있습니다."

파시는 대답했다.

"핀란드와 스코틀랜드의 사례를 살펴보면 둘 다 매우 전도유망한 상황입니다. 어린이들은 학교에서 매일 자주 쉬는 시간을 갖고, 일정 시간의 신체 활동도 합니다. 학생들의 행복과 건강이 학교에서의 적극적 참여와 성취에 직접 연관되기 때문입니다."

"하지만 우리 학생들은 핀란드나 스코틀랜드의 연간 일정에 비해 출석일수가 이미 적습니다. 여기서 공부 시간을 더 줄일 수는 없지 않겠습니까?"

지역 상공회의소의 회원이 물었다.

"그렇지는 않습니다. 미국 학교는 평균적으로 출석일수가 더 적지만 핀란드에 비해서 훨씬 긴 시간을 학교에서 보냅니다. 그러므로 수업 시간이 부족할 거라는 걱정은 하지 않으셔도 됩니다. 학교 시간표를 다시 짜서 학생들이 더 많은 시간 동안 휴식을 취하고 놀게 해 보세요."

"의견 주셔서 감사합니다만, 핀란드에서 효과가 있었다고 해서 여기서도 꼭 그럴까요?"

학교 이사회 회장이 말했다.

"네, 저도 핀란드와 미국이 여러 가지로 다르다는 것은 이해합니다. 하지만 충분히 놀 시간을 갖는 것은 모든 지역의 어린이들에게 도움이 된다고 믿습니다."

파시는 주장을 굽히지 않았다. 그러자 회장이 다시 말했다.

"핀란드나 스웨덴에서는 그렇겠지요. 하지만 미국의 문화는 다릅니다. 수업 시간을 줄이는 건 좋은 생각 같지가 않군요."

"놀이를 배움의 일부라고 생각하셔야 합니다. 놀이가 수업을 대체하는 것이 아니에요."

파시는 말했다.

"글쎄요. 하지만 우리와 당신 사이의 문화적 차이가 있는 건 분명하지 않습니까?"

한 부모가 물었고 파시는 이렇게 주장했다.

"그게 문화적 차이라서 다행이지요. 절대 바꿀 수 없는 무언가가 아니니까요. 문화는 변합니다. 미국 문화는 최근 역사에서도 많은 변화를 경험했고, 핀란드 역시 마찬가지였어요. 문화는 언제나 진화합니다. 저는 여러분이 그 변화를 이끌 수 있다고 생각해요. 학교에 대해서, 특히 아이들이 학교에서 무엇을 배워야 하는지에 대해서 관점을 바꾸도록 돕는다면 충분히 가능한 일입니다."

몇몇 부모들이 생각에 잠긴 채 중얼거렸다.

"그래요. 하지만 아주 어렵겠죠."

파시는 말을 이었다.

"물론입니다. 하지만 다행히도 이 상황을 바꾸기 위해 할 수 있는 일은 많습니다. 그리고 이건 싸워서 쟁취할 가치가 있는 목표입니다!"

우리는 어린이들이 학교 안팎에서 더 많은 놀이 기회를 가져야 한다고 믿는다. 부모들과 이야기를 나눠 보면, 가족들의 일과가 얼마나 바쁜지, 밖에서 아이를 혼자 놀게 하기가 얼마나 걱정스러운지에 대해서 자주 듣는다. 또한 방과 후 아이들의 자유시간이 숙제와 기타 활동들로 빼곡하게 채워지며, 부모들은 그런 것들이 학교 성적은 물론이고 아이들의 미래에도 도움을 주리라고 믿고 있다. 때때로 어린이들은 스스로 선택하지 않은 학원에 등록하거나 애초에 관심도 없던 분야를 배운다. 물론 아이들이 이런 활동을 즐거워할 수도 있다. 하지만 우리가 이해하는 바에 따르면 놀이는 언제나 어린이 자신의 의지와 내면적 동기에 의해 이루어져야 하며, 정신적 스트레스를 받아서는 안 된다.

어린이들은 단지 놀 시간만이 더 많이 필요한 것이 아니라 '심층' 놀이를 즐겨야 한다.

심층놀이의
힘

─

우리는 아이들이 놀 때 모두가 혜택을 받는다고 믿는다. 그렇다고 해서 모든 종류의 놀이가 신체 건강이나 학교에서의 배움에 자동적으로 도움이 된다는 뜻은 아니다. 더 많이 노는 것이 꼭 더 좋지만은 않다. 놀이에서 때로는 더 적은 것이 더 많은 것이다. 설사 짧은 시간 동안이라고 해도 어린이의 참여와 호기심, 열정, 상상력을 자극하는 양질의 놀이에 참여하는 것은 놀이의 필수적 특징을 거의 담지 못하는 활동에 오래도록 참여하는 것보다 더 의미가 깊다.

어린이에게 양질의 놀이란, 즉 '심층놀이'란 실내놀이와 실외놀이를 모두 포함하며 신체놀이와 지적놀이를 모두 포함한다. 다만, 심층놀이에는 다섯 가지 주요 요소가 포함되어야 한다.

· 자기주도성
· 내재적 동기
· 상상력의 활용
· 과정 지향성
· 긍정적 감정

심층놀이를 할 때 아이는 놀이를 하는 동안 일어나는 일에 대하여 주도권과 책임감을 갖는다. 교사와 부모는 필요할 때마다 응원과 지도를 해 주고, '가지고 놀' 재료와 프로젝트, 안전한 환경을 제공해 주지만, 평소에는 한 걸음 뒤로 물러서서 아이가 자신만의 속도에 맞게 놀도록 내버려 둔다. (그림 7)

어린이들은 놀이를 선택하고 관리하고 반성할 기회를 자주 가져야 한다. *자기주도적* 놀이란, 자신의 정신과 잠재력을 편안하게 탐구할 수 있는 안전하고 풍부한 환경에서 어린이가 스스로 결정한 놀이를 뜻한다. 자기주도성은 어린이가 혼자 놀 때뿐만 아니라 누군가와 함께 놀 때도 발현될 수 있다. 자기주도적 놀이의 가장 중요한 조건은 무엇을 하고 놀지, 어떻게 할지, 놀이의 규칙은 무엇인지를 어린이가 자유롭게 선택한다는 점이다. 이는 곧, 혼잡한 부분들이 서로 상호작용하는 과정에서 자연스럽게 어떤 형태의 질서가 나타나는 과정을 의미한다. 자연스러운 놀이는 외부의 통제를 필요로 하지 않으며, 우연한 사건에 의해 시작되고, 내면의 긍정적 피드백에 의해 강화되는 경우가 많다.

교실의 유형

느슨한 구조의 자유방임적 교실	아동 주도 놀이가 풍부한 교실	학습에 초점을 맞춘 즐거운 교실	엄격한 구조의 표준화된 교실
"놀이는 풍부하지만, 어른들의 적극적인 도움이 없어서 많은 경우 혼란스러운 결과를 낳는다."	"적극적인 교사가 지켜보는 가운데 놀이를 통해 세상을 탐구한다."	"경험에 근거한 풍부한 활동으로 교사가 학습 지도를 한다."	"놀이가 전혀 또는 거의 없는 상태로 대본에 의존한 교사 주도적 수업이 이루어진다."

그림 7 ‖ 학교에서 놀이의 '최적 지점'은 어디일까. 음영으로 표시된 부분은 이론적으로 이상적인 유치원 교실의 균형 상태를 표현하며, 이런 교실에서의 '심층놀이'는 아동의 학습 효과를 촉진한다. 같은 논리가 고학년 어린이들에게도 적용될 수 있다

출처: 에드워드 밀러Edward Miller & 조안 앨먼(Joan Almon)의 <유치원의 위기(Crisis in the Kindergarten)>(2009, Alliance for Childhood)에서 발췌

자기주도성은 어린이들이 지속적으로 개발해야 할 놀이의 중요한 기술이다. 여기에는 자기규제, 반성, 실행 능력과 같은 '상위 인지meta-cognitive' 능력이 포함되는데, 이후 고차원적 학습을 위한 기본 요소가 된다. 현대 학습 이론에서는 학습자가 지식과 능력을 적극

적으로 구성하는 과정을 학습이라고 보기 때문이다. 자기주도적 놀이는 배운 내용을 어린이가 스스로 이해할 수 있도록 돕는다. 놀이에서 자기주도성이 약하면 결국 놀이는 외부의 지시를 받게 된다. 놀이의 시작과 의사 결정, 행동에 대한 판단 등 관련된 행동이 아동이 아닌 다른 누군가에 의해 통제된다는 뜻이다. 외부의 지시에 따르는 놀이는 부모나 형제자매가 아이에게 무엇을 하고 무엇은 하지 말라고 지시하는 경우처럼 가정에서도 자주 나타난다. 규칙이 너무 엄격하고 타인의 기대가 너무 분명하면 놀이의 자기주도성을 발달시키는 데 해로울 수 있다.

*내재적 동기에 의한 놀이*를 할 때 어린이들은 오로지 즐거워서 어떤 행동을 하고, 행동 그 자체에서 영감을 얻는다. 내재적으로 동기를 얻은 어린이는 그저 너무 좋아서 놀이를 한다. 내재적 동기는 어린이의 발달에서 근본적인 세 가지 심리적 욕구에 뿌리를 둔다. 첫째, 스스로 행동을 시작하고 지시하는 자립성, 둘째, 어떤 일을 해낼 수 있다는 느낌인 능숙함, 셋째, 놀이 상황에서 다른 사람들과 안정적인 관계를 만들어 갈 수 있는 관계성이다. 이런 욕구에 초점을 맞추는 것은 놀이를 하는 동안 내재적 동기를 강화하는 데 꼭 필요하다. 내재적 동기는 어떤 일에 대한 진정한 관심으로 나타나곤 하며, 많은 경우 내재적 동기의 원천으로 여겨지는 호기심과 밀접한 관련이 있다.

놀이를 할 때는 호기심도 자극된다. 연구 결과에 따르면, 호기심 많은 어린이는 자신이 하는 일에 대해 궁금해하지 않는 어린이들에 비해 더 잘 배우고 더 잘 기억한다. 학교에서의 참여도를 높이고 자기주도적 학습을 촉발하는 호기심은 결국 보다 고차원적인 배움을 가능케 하며, 교육의 중심적 목표가 되어야 하는 재능 찾기 및 열정 발견하기에 도움을 준다. 부모나 교사로부터 보상을 얻고 싶어서 놀이를 하는 경우 어린이들은 대부분 활동의 동기를 외부로부터 얻는다. 그러므로 부모나 교사의 방해 없이 어린이 스스로 놀이를 시작하고 어떻게 놀 것인가에 관한 결정을 대부분 어린이가 스스로 내리도록 해야만 양질의 놀이가 이루어질 수 있다는 사실을 깨달아야만 한다.

상상력은 인간의 정신이 가진 위대한 힘이다. 상상력 덕분에 우리는 감각적으로 직접 경험하지 못한 무언가, 또는 지금껏 현실 세계에서 한 번도 인식되지 않았던 무언가에 대해 떠올릴 수 있다. 삶을 개선하고 세상을 변화시킬 새로운 아이디어를 상상할 수도 있다. 켄 로빈슨 경은, "상상력은 인간이 이룬 모든 성취의 원천이다."[359]라고 말했고, 따라서 상상력은 창의력과 혁신의 필수적 조건이라고 볼 수 있다. 우리에게 이런 상상력이 있으며, 그 능력을 활용할 때 삶을 최대한으로 누릴 수 있다는 사실을 배우기 위한 최고의 방법은 바로 놀이다.

창의력, 문제 해결 능력, 가치 있는 새로운 아이디어를 떠올리는 능력은 오늘날 고등교육을 받은 사람들에게 요구되는 가장 중요한 능력이다. 이런 능력은 이제 읽기, 쓰기, 수리와 같은 기본적인 능력들만큼이나 중요해졌다. '고정관념에서 벗어나라'거나 '실제 삶의 문제를 해결할 방법을 생각해 내라'는 말을 자주 듣는다. 창의적으로 문제를 해결하려면 상상력을 활용하여 현실 세계를 뛰어넘어야 한다. 이런 능력을 키워 주는 데 집중하는 상급 학교들에서는 학생들이 정신의 힘을 깨닫도록 돕기 위해 놀이, 미술, 신체 활동 등을 활용한다. 상상력은 학습과 매우 밀접하게 관련되어 있으며 인지 발달에도 큰 도움이 될 수 있다. 가작假作놀이와 상상놀이는 어린이들이 상상력을 활용하게 해 주는 일반적인 놀이의 형태다.

입학과 동시에 아이들은 성공하고 싶으면 현실적이고 이성적인 사람이 되어야 한다고 배우기 시작한다. 물론 이성이 엉뚱한 생각보다 더 좋은 경우도 많다. 하지만 많은 중요한 발명과 혁신은 상상력의 힘으로 이루어졌다. 많은 사람들은 상상력이 현실보다 훨씬 가치로울 수 있다는 사실을 학교나 대학을 졸업한 뒤에야 깨닫는다. 상상력은 열정에 불을 붙이고 모험, 창의력, 혁신을 부추기며 대안적인 미래를 만들어 가도록 해 준다. 놀이는 어린이들이 상상력을 사용해 볼 수 있는 자연스러운 방식이다.

오늘날 대부분의 학교는 어린이들의 상상력과 창의적 사고력을 제대로 키워 주지 못하고 있다. 표준화와 시험, 수학과 언어 등 편협한 교과과정에 대한 지나친 강조로 인해 예술, 음악, 신체 활동은 뒷전으로 밀려났으며, 실패에 대한 두려움 때문에 일종의 조립 공장처럼 변해 버린 학교에서는 교사들이 미리 짜인 대본에 따라 아이들을 가르친다. 이 같은 표준화는 창의력과 상상력을 좀먹는 가장 큰 적이다. 어린이들에게 상상력을 가르치는 최고의 방법은 교사들이 상상력을 발휘할 수 있는 학교를 만드는 것이다.

*과정 지향적 놀이*는 활동 그 자체가 즐거울 뿐 그 결과나 산물에 관심을 두지 않는 놀이이다. 놀이를 할 때는 어른이 아이들에게 지나치게 많은 지시를 내리지 않아야 한다. 놀이의 목적은 어린이들이 그 과정을 즐기는 것 그 자체이며, 결과물로 가치가 판단되어서는 안 되기 때문이다. 놀이의 주요 요소로서 과정 지향성은 놀이의 모든 다른 측면을 하나로 묶는 접착제와도 같다.

놀이는 즐거워야 한다. 아이들은 놀 때 마음속 깊이 즐거움과 재미를 느껴야 하고, 기쁨, 감사, 영감, 희망, 사랑, 몰입감, 다시 말해서 그 과정에 완전히 집중하는 기분을 느껴야 한다. 그러므로 부모와 교사들은 최선을 다해 심리적, 신체적, 사회적으로 충분히 안전한 놀이 환경을 제공하여, 아이들이 긍정적인 감정을 풍부하게 느낄 수 있게 해야 한다.

이 다섯 가지 측면 —자기주도성, 내면적 동기, 상상력, 과정 지향성, 긍정적 감정— 은 어린이들이 '심층놀이'를 즐기고 있는지를 확인하는 하나의 틀로 활용할 수 있다.

(그림 8) 놀이의 다섯 가지 측면이 모두 완벽히 충족된 경우를 심층놀이라고 부른다. 각각의 다섯 가지 측면은 약에서 강으로, 또는 '자기주도적-외부주도적', '내면적 동기-외부적 동기', '긍정적 감정-부정적 감정'과 같은 연속선상의 변화로 나타낼 수 있다.

이 다섯 가지 측면의 강도가 모두 강해질 때 놀이의 깊이와 질도 좋아진다. 학교와 가정에서 놀이가 이루어질 때는 바로 이런 가치들이 강조되어야 한다.

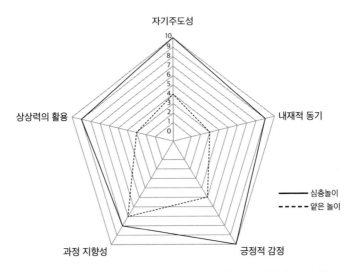

그림 8 ‖ '심층놀이'의 다섯 가지 요소. 이 다섯 가지 요소가 강해질수록 놀이의 질도 높아진다
출처: 저자

아이들을 놀게 하라

LET THE CHILDREN PLAY

10

미래 학교의
놀이

어린이는 미래의 사람이 아니라 오늘을 살아가는 사람이다.
어린이는 의사를 존중받을 자격이 있고,
동등한 존재로서 어른들의 존중과 친절을 누릴 권리가 있다.
또한 어린이들의 꿈은 있는 그대로 존중받아야 한다.
모든 어린이의 내면에 존재하는 미지의 인물이 우리 미래의 희망이기 때문이다.[360]

- 야누슈 코르착Janusz Korczak, 제자들을 위해 목숨을 바친 폴란드의 교사, 1942년

언젠가는 아이와 교사 모두 황홀한 기쁨에 싸인 채 학교로 향하는 날이 올 것이다.
집에 돌아와서 아이는 하루 동안 학교에서 있었던 일에 대해
자랑스럽게 이야기하게 될 것이다.[361]

- 엘라 플래그 영Ella Flagg Young, 1909~1915년 시카고 교육감

1967년 4월, 마틴 루터 킹 주니어 목사는 뉴욕시 리버사이드 교회 연설에서, "침묵은 언젠가 배반이 됩니다."라고 말했다.

우리는 점점 더 불행해지고 허약해지는 어린 시민들에 대해 너무 자주 침묵을 지킨다. 정치인들은 어린이들과 그들의 가정, 학교를 진정으로 돕는 일에 대해 크게 관심을 기울이지 않는다. 미국에서는 역사상 처음으로 미래 세대가 우리 세대보다 교육 수준이 낮아지는 날이 올 것이고, 그들 중 다수는 부모보다 어린 나이에 죽음을 맞이하게 될 것이다. 오늘날 전 세계 인구의 4분의 1은 만 14세 이하의 어린이들이다. 우리는 이들을 우선순위에 두어야 한다. 브루클린에서 활동하는 시인이자 교육자 테일러 말리Taylor Mali는 시를 통해 이렇게 물었다.

「가장 부유한 나라의 어린이가 가장 건강한 나라의 어린이가 되어야 하지 않겠는가?」

이제는 침묵을 깨야 할 때가 왔다.

세계는 다양한 이유로 변한다. 텍사스 북부에서 뉴욕 롱아일랜드까지, 중국에서 싱가포르, 스코틀랜드, 방글라데시까지 많은 지역에서는 어린이의 행복과 건강, 배움을 위한 끈질기고 전문적인 연구와 노력이 이루어져 왔고, 그 결과 학교 관리자와 학부모들에게 놀이의 힘을 일깨워 주고 어린이들의 학교생활을 바꾸어 놓았다. 핀란드를 비롯한 여러 북유럽 국가들에서는 모든 어린이들이 놀 권리, 매일 학교에서 건강한 점심식사를 할 권리, 의료, 돌봄, 유아 교육을 받을 권리를 누린다. 부분적으로는 여성의 목소리가 정치와 정책 결정 과정에서 힘을 발휘한 덕분이다.

얼마나 더 많은 위대한 실험이 있어야 어린이가 놀 때 가장 잘 배우고 잘 성장한다는 사실을 진정으로 이해할 수 있을까? 놀이의 중요성을 간절하게 호소하는 용감한 사람들이 얼마나 더 있어야 아이들에게 놀이를 돌려줄 수 있을까? 우리는 언제쯤이면 많은 '교육 개혁'이 이미 실패했으며 우리를 잘못된 길로 이끌고 있음을 깨닫게 될까? 그리고 세상을 바꾸고 더 좋은 곳으로 만들기 위해서는 어린이의 시각이 꼭 필요하다는 사실을 이해할까?

학교 개혁에 큰 공을 세운 인물이자 뉴욕시 공립학교 교육 선임 보좌관(1977~1980)이었던 로널드 에드먼즈Ronald Edmonds는 아프리카계 미국 학교의 개선을 위해 헌신한 최초의 학자이자 모든 어린이를 위한 공평한 교육의 선구자였다. 그는 학교도 변화를 일으킬 수 있다는 것을 보여 주기 위해 학교 수백 곳으로부터 자료를 수집하였다. 10년 동안의 연구와 기초 작업을 마친 1979년에 그는 이렇게 썼다.

「관심만 갖는다면 언제 어디서라도 모든 어린이를 성공적으로 교육할 수 있다. 우리에게는 이미 필요한 것보다 더 많은 지식이 있기 때문이다. 성공하느냐 못 하느냐는 결국 우리가 지금까지 실패했다는 사실을 제대로 받아들이는지 여부에 달려 있다.[362]」

우리는 그의 낙관론에 동의한다. 그리고 세계의 교사와 부모들이 놀이를 되찾기 위해 목소리를 높이고, 모든 아이들의 삶에 놀이를 되돌려 주기를 희망한다. 원하기만 하면 언제 어디서라도 어린이들에게 놀이를 되돌려 주고 기쁨, 건강, 배움, 행복을 찾아 줄 수 있다. 또한 이미 그렇게 하기 위한 필요 이상의 지식을 갖추고 있다.

우리는 미래를 낙관한다. 모든 학교, 모든 어린이들의 삶에 놀이를 되돌려 주기 위한 긍정적인 변화들이 세계 곳곳에서 나타나고 있다. 점점 더 많은 부모, 교사, 어린이들이 매일 이런 운동에 참여하고 있다.

언젠가 머지않은 미래에 세계의 부모, 교사, 어린이들은 함께 들고 일어나, 모든 어린이를 위한 차세대 학교를 건설할 것이다. 스트레스와 두려움 위에 세워진 학교가 아니라 놀이, 기쁨, 배움, 사랑에 기반을 둔 학교 말이다. 이런 변화를 만들어 내기 위해 필요한 모든 것은 이미 갖추어져 있다.

위대한 문화인류학자 마거릿 메드Margaret Mead는 이렇게 썼다.

「소수의 사려 깊고 헌신적인 시민이 세상을 바꿀 수 있다는 사실을 결코 의심하지 말라. 지금껏 세상을 바꾼 건 오로지 그들뿐이었다.[363]」

지금 이 순간에도 세계 곳곳의 부모, 교사, 시민들이 어린이의 놀 권리를 위해 싸우고 있다.

당신도 변화를 일으킬 수 있다. 아래, 앞으로 해야 할 일들을 몇 가지 적어 두었다.

1. 텔레비전을 끄고 자녀와 함께 놀이터로 가라. 기회가 있을 때
    마다 함께 놀고, 아이들에게 자유롭고 비정형화된 실내외놀이
    기회를 최대한 많이 주어라.

    일주일에 세 번씩 놀이터에 가기를 습관화하라. 날씨가 좋지
    않을 때를 대비하여 책과 블록, 장난감 등 아이가 가지고 놀 수
    있는 온갖 물건으로 가득한 마법 상자를 준비하라. '변명을 허
    용하지 말고' 무조건 놀러 나가라. 아이들은 부모가 함께 무언
    가를 꾸준히 열심히 한다는 사실을 아주 빠르게 인지하고 그
    것을 기대하기 시작한다. 놀이의 질을 점차 높이기 위해 이 책
    에 설명된 심층놀이의 틀을 활용하라. 실외놀이와 실내놀이
    중 선택할 수 있다면 무조건 실외놀이를 택하라.

    놀이가 끝날 때마다 자녀와 이야기를 나누라. 무슨 놀이를 했
    는지, 어떤 기분이 들었는지 물어보라. 아이들이 노는 동안 어
    떤 감정을 느끼는지 이해하려고 노력하라. 안전한 놀이 환경
    을 만들어 주되 아무런 위험 요소가 없어서는 안 된다. 아이가
    실패하게 하라. 그것도 여러 번. 아이 스스로 문제를 해결하는
    법을 찾게 하라. 아이들을 지루하게 하라. 정말로 꼭 필요할
    때에만 개입하라. 아이들이 갈등 상황에 놓였을 때는 협상할
    수 있도록 도와주라. 다른 성인들과 놀이에 대한 이야기를 나
    누고 그들은 자녀와 어떻게 놀아 주는지 들어 보라.

2015년 케임브리지 대학 가정연구센터의 클레어 휴스^{Claire}
^{Hughes} 교수와 동료들은 만 2.5세부터 5.5세의 어린이 1,500명
을 대상으로 연구를 진행하고 그 결과를 출간하였다. 밝혀진
바에 따르면, 학교를 다니기 시작하는 시기에 어린이의 학습
준비도, 언어, 인지 발달 능력을 가장 강력하게 예측하는 두 가
지 지표는 '어린이가 가정에서의 즐거운 활동에 대해 얼마나
많이 이야기하는가'와 '가정에서 얼마나 책을 많이 읽는가'였
다.[364] 그래서 결론은? 자녀의 초등학교 입학을 준비하고 싶다
면 책을 읽어 주어라. 그리고 함께 놀아라!

하버드 대학 아동발달센터는 온라인을 통해 놀이와 실행 능력
에 관한 자료를 제공하고, 어린이 및 학부모들을 위한 활동 목
록을 제시하고 있다. 아래를 참조하라.
http://developingchild.harvard.edu/wp-content/
uploads/2015/05/Enhancing-and-Practicing-Executive-
Function-Skills-with-Children-from-Infancy-to-
Adolescence-1.pdf.

2. 놀이 운동가가 되어라. 학교 이사회와 시 의회 회의에 참석하
여 놀이와 신체 활동이 규칙적으로 학교 일과에 포함되어야 한
다고 요구하라. 미국 소아과 학회, 질병통제예방센터, 국립의
학아카데미, 국제아동교육자연합 등의 의견을 근거로 들어라.
학령기의 자녀가 있다면 학교에서 놀이 시간이 얼마나 주어

아이들을 놀게 하라

지는지 물어보라. 아마 "아주 조금요."라든가 "거의 없어요." 라는 답이 돌아올 것이다. 학교 교장이나 이사회에 놀이가 부족한 이유에 대해 물으면 그들은 이렇게 대답할 것이다. "아이들의 성적을 높이려면 수업 시간을 최대한 늘려야 합니다." 또는, "안전이 최우선 고려사항이며 학교 운동장은 위험할 수 있습니다." 그럴 때는 심층놀이가 학생들의 학습 능력을 개선할수 있음을 설명해야 한다. 학교 운동장은 약간의 노력만으로도 더 안전해질 수 있다.

만약 정치인이나 학교 관리자들이 당신의 제안을 거부한다면 수많은 근거와 전문가의 의견이 당신의 편임을 잊지 말고, 정치인들에게 아래에 적시된 '최고의' 보고서 일곱 편을 읽어 본뒤 답변해 달라고 요구하라.

- 어린이의 건강한 발달을 촉진하고 부모-자녀 간 유대감을 유지하기 위한 놀이의 중요성, 2007년 미국 소아과 학회 임상 보고서(The Importance of Play in Promoting Healthy Child Development and Maintaining Strong Parent-Child Bonds, American Academy of Pediatrics Clinical Report, 2007)

- 체육 수업을 비롯한 학내 체육 활동과 학업 성취도 간의 연관성, 질병통제예방센터, 2010년(The Association Between School-Based Physical Activity, Including Physical Education, and Academic Performance, Centers for Disease Control and Prevention, 2010)

- 학생들의 신체를 교육하라: 신체 활동과 체육 교육의 도입, 국립의학아카데미(당시 의학협회로 불림), 2013년(Educating the Student Body: Taking Physical Activity and Physical Education to School, National Academy of Medicine (then called Institute of Medicine), 2013)

- 학교 쉬는 시간의 중요성, 미국 소아과 학회의 정책 발언, 2013년. 2016년에 재확인(The Crucial Role of Recess in School, American Academy of Pediatrics Policy Statement, 2013, reaffirmed 2016)

- 어린이의 건강한 발달을 촉진하고 부모-자녀 간 유대감을 유지하기 위한 놀이의 중요성: 가난한 아동에 관한 집중 보고서, 2012년 미국 소아과 학회 임상 보고서(The Importance of Play in Promoting Healthy Child Development and Maintaining Strong Parent-Child Bonds: Focus on Children in Poverty, American Academy of Pediatrics Clinical Report, 2012)

- 학교 쉬는 시간을 위한 전략, 질병통제예방센터, 전미체육교사협회, 2017년(Strategies for Recess in Schools, Centers for Disease Control, SHAPE America (Society of Health and Physical Educators), 2017)

- 놀이의 힘: 유아의 발달 촉진에 있어 소아과적 역할, 2018년 미국소아과 학회 임상 보고서(The Power of Play: A Pediatric Role in Enhancing Development in Young Children, American Academy of Pediatrics Clinical Report, 2018)

3. 목소리를 높여 놀이를 지지하라. 이 책에서 읽은 내용과 당신 스스로 연구한 내용을 바탕으로 시청에서 3분 연설을 하라. "배움과 놀이에 관한 선언—어린 시절에 대한 전쟁을 당장 멈춰라"(462쪽을 보라)를 당신의 현실에 맞게 각색해서 최대한 널리 퍼뜨려라.

4. 어린이들의 삶을 좌우할 수 있는 권력자들에게 단도직입적으로 질문을 던져라. 지역 당국, 학교 이사회 구성원, 정치인들에게 필수 보편적 표준 시험이 아이들의 학습에 도움이 된다는 분명한 근거와 연구 자료를 제시해 달라고 요구하고, 학급 담임에 의한 평가가 이루어지지 못하는 이유는 무엇인지 물어보라. 다음과 같은 강력한 질문을 던져라.

    "미국의 텍사스, 오클라호마, 롱아일랜드 지역을 비롯하여 많은 다른 나라의 아이들과는 달리 왜 제 아이는 충분한 쉬는 시간을 갖지 못하는 겁니까?"

    "미술, 음악, 역사, 가정경제, 구매에 관한 수업 시간은 왜 줄어든 거죠?"

    "왜 장애아동이나 빈곤아동들은 다른 아이들처럼 충분한 놀 기회를 보장받지 못하는 겁니까? 이 문제를 해결하기 위해 당신은 어떤 노력을 기울이고 있습니까?"

5. 지역 신문에 독자 사설을 게재하라. 그리고 당신의 페이스북

이나 트위터 계정을 통해 공유하라. 블로그, 사설 등은 생각을 표현할 수 있는 강력한 수단이다. 신문이나 잡지에 실린 짧은 편지와 논평도 큰 영향력을 가질 수 있다. 좋은 사설은 문제 상황을 잘 드러내 주거나 해결책을 제시한다. 어린이의 놀이에 관하여 지역 신문에 사설을 써라. 이 책에 언급된 연구 결과들과 기타 근거자료를 활용하여 주장을 펼쳐라. 그러면 언제든지 교사, 활동가 등이 개인 블로그나 웹사이트를 통하여 당신의 의견을 지역 공동체에 공유할 수 있다.

6. 지역 학교에서 놀이 실험을 시작하라. 당신의 자녀가 다니는 학교에 실험을 제안하라. 학교나 학부모들이 얼마나 준비되었는가에 따라 실내 자유놀이나 프로젝트 시간을 조금씩 늘리는 것부터 시작할 수도 있고, 매일 모든 어린이에게 더 많은 쉬는 시간을 줄 수도 있다. 심지어는 시간표를 획기적으로 바꾸어 실내외놀이 시간을 크게 늘릴 수도 있다. 단, 텍사스 놀이 실험에서 얻은 교훈에 따라 학생들이 자신의 행동과 타인의 행동을 더 잘 이해할 수 있도록 양질의 인성 교육 프로그램을 병행하는 것이 좋다.

7. 학교 운동장이나 놀이터를 보다 놀이에 적합한 장소로 만들기 위한 기금 모금 행사를 기획하라. 우리는 표준 시험과 기술에 대한 투자, 엄격한 예산 삭감으로 인해 어린이들을 위한 실외

아이들을 놀게 하라

놀이 공간이 열악해져 버린 학교를 여럿 목격했다. 학교 환경이 안전하지 못하다는 것 역시도 아이들을 하루 종일 실내에 머무르게 하는 핑계가 된다.

놀이의 질은 학교 운동장의 질에 달려 있다. 놀이 친화적이고 적절한 운동장을 갖추는 비용 역시도 학교 건물 관리 비용의 일부다. 물론 오늘날 많은 공립학교는 재정적 어려움을 겪고 있지만, 학교 놀이터에 투자하는 것은 현실적이고도 현명한 선택이다. 당신이 할 수 있는 일은 다음과 같다. 먼저, 아이들이 밖에서 더 많이 놀아야 한다고 생각하는 학부모와 지역 구성원들을 모아라. 훌륭한 실외놀이터를 갖추고 놀이가 교육과정의 일부로서 자리매김한 학교를 견학하라. 학교 자체의 자금과 더불어 기금 모금도 운동장 시설을 개선할 수 있는 한 가지 방법이다. 값비싼 비용을 치러야만 놀이에 적합한 환경을 만들 수 있는 건 아니라는 사실을 잊지 마라.

8. 지역 사회 내에서 과도한 시험과 표준화, 편협한 교과과정의 악영향에 대한 인식을 고취하라. 소셜 미디어나 지역 공동체 내 '놀이를 지지하는 모임'에 참여하여 놀이의 중요성을 알리고, 공립학교의 참여를 독려하는 모임에 참여하라. 교육에 열정적으로 관심을 갖는 사람들은 많다. 특히 자녀가 관련되어 있을 경우에는 더욱더 그렇다. 어떻게 교육을 개혁할 것인가에 대해서는 저마다 의견이 다르겠지만, 우리 모두는 서로에게서,

다른 가정과 다른 문화권으로부터 아직도 배울 것이 많다.

9. 당신의 지역에 있는 학교가 실험과 실패를 장려하고, 실패가 성공을 향하는 과정이며 실패로부터 배워야 한다는 것을 이해할 수 있도록 주기적으로 '실패 아카데미'를 개최하라. 학제 간 프로젝트를 통해 학생들이 도전과 시행착오를 통해 배우고, 새로운 방식을 시도하여 실패를 경험하며, 가정이나 학교, 직장에서 실패를 성공으로 향하는 하나의 과정으로서 축하할 수 있도록 해야 한다.

많은 경우 실패를 회피하는 것이 학업 및 교육에서 성공의 목적이 되곤 한다. 성공에 집착하는 환경에서 어린이들은 성공의 반대가 실패라고 배운다. 그들은 실패하면 벌을 받거나 상을 받지 못하는 경험을 자주 한다. 그리하여 실패가 얼마나 중요한 것인지를 배우지 못한다. 하지만 실제 삶에서 실패는 많은 경우 성공으로 이어지며 성공을 예측하는 중요한 척도다.

모든 어린이들이 학교 안팎에서 더 많은 시간 동안 놀 수 있게 하려면, 스트레스와 과도한 학업을 아이들의 건강과 행복보다 중시하는 해로운 교육 정책으로부터 공립학교를 보호해야 할 것이다. 어린이들에게 필요한 건 더 많은 교육이 아니라 더 좋은 교육이다. 더 좋은 교육을 위해서는 정치인과 시험 회사들이 만들어 낸 편협한 학업 표준으로부터 벗어나, 어린이의 발달과 성장을 촉진하는 '전인적' 접근법이 필요하다.

아이들을 놀게 하라

10. 이웃들과 협력하여 서로의 앞뜰이나 공동체에 안전 놀이구역을 만들고, 부모와 시민들이 나서서 자발적인 감시 활동을 하라. 당신의 집을 포함하여 두세 블록 안에 있는 집들을 연결하는 데서 시작하여 규모를 점차 확대할 수 있다.

11. 당신의 집을 정해진 시간 만큼은 전자 기기로부터 자유로운 자유놀이 구역으로 선포하고, 아이들의 참여를 유도할 수 있는 단순한 놀잇감과 비정형화된 자유놀이, 실험으로 가득 채워라. 자녀들에게 지루할 기회를 주어라. 어린이와 미디어, 놀이에 관하여 참고할 만한 훌륭한 웹사이트가 있다. 하버드 대학 소아과학 부교수인 마이클 리치 부교수가 창립한 비영리단체 미디어와 아동건강센터Center on Media and Child Health365의 웹사이트로, 'Mediatrician(미디어와 소아과 의사의 합성어_역주)'이라고도 알려져 있다. 주소는 http://cmch.tv/moreplaytoday다.

12. 어린이의 목소리에 귀 기울여라. 아이들은 놀이에 관해 할 말이 많다. 그리고 어른들은 그들의 이야기를 들어야 한다. 또한 교사들의 목소리도 들어야 한다. 최근 몇몇 교사들과 이야기를 나누었다. 그들은 정부 관료들이 일상의 수업과 관련하여 자신들의 의견을 거의 존중하지 않는다고 말했다. 하지만 부모들만큼은 교사들에게 거리낌 없이 아이디어를 요청해도 좋다. 교사들도 나누고 싶은 아이디어가 많으니까!

디지털 게임은
어떻게 해야 할까?

학교에서 최신 기술을 쓰는 데는 분명 장점도 있다. 기술은 특히 이과 수업이나 원격 수업, 특수 수업 등을 진행하는 교사들에게 효과적인 도구로 쓰일 수 있으며, 비디오 게임을 약간 했을 경우 어린이들의 반응 속도가 개선되고 문제 해결 능력이 좋아지는 등 인지적, 신체적으로 도움을 받는다는 연구 결과 또한 존재한다. 디지털 플랫폼은 어린이들이 다양한 과목에 대해 배울 수 있도록 돕는다.

하지만 학교 안팎에서 하는 '디지털 게임'이 실제 세상에서 하는 놀이보다 조금이라도 더 좋다는 설득력 있는 연구 결과는 그 어디에도 없다. 바로 그 이유 때문에 우리는, 몇백만 명의 아이들이 디지털 세상에 빠져들어 살고 있든, 어른들이 생각하기에 '디지털을 아주 잘 다루고 효율적으로 멀티태스킹할 줄 아는 어린이'가 얼마나 많든(실제로 이건 미신이다. 어른에게나 아이에게나 멀티태스킹은 비효율적이기 때문이다[366]), 그리고 무서운 성장세를 보이는 600억 달러 규모의 '에듀테크edu-tech' 산업계에서 어떤 말로 현혹하려 하든, 스크린을 놀이의 대체물로 받아들여서는 안 된다. 에듀테크 산업으로 인해 교실은 빠르게 크롬북Chromebooks, 아이패드iPads, 전자칠판, 태블릿 컴퓨터, 스마트폰, 교육용 어플리케이션, 그리고 끝이 없을 만큼 다양한 '교육용 게임'으로 채워지고 있다. 어느 의사의 말처럼 교실이 하나의 '디지털 놀이터'로 변하고 있는 것이다.[367]

아이들을 놀게 하라

놀이에 관한 2018년 미국 소아과 학회 임상 보고서에 언급되었듯이 미디어(예를 들어 텔레비전, 비디오 게임, 스마트폰, 태블릿 기기)의 사용은 많은 경우 창의적 학습과 사회적으로 의사소통하는 놀이보다 타인의 창의성을 소비하는 수동성을 부추긴다. 가장 중요하게는 전자미디어에 빠져 있으면 실내놀이든 실외놀이든 진짜 놀이를 할 시간을 모두 빼앗긴다. 보고서는 다음과 같이 강조하였다. '부모들은 미디어 사용이 자녀들의 호기심과 학습을 독려하고자 하는 목표에 그다지 도움이 되지 않는다는 사실을 반드시 이해해야 한다.' 또한 '아이들을 풍요롭게 하는 건 부모를 비롯한 양육자의 존재와 관심이지 정교한 전자 기기가 아니다.'[368]

놀랍게도, 학교에서 쓰는 다양한 전자 기기에 학습 효과가 있다는 근거는 거의 없다. 호주에서 1류로 꼽히는 시드니 중학교의 교장 존 밸런스John Vallance가 말했듯이 미래 교육의 역사가 오늘날을 기록한다면 교실에서 쓰는 기술에 대한 투자를 엄청난 실수로 평가하게 될 것이다.[369]

실제로 실리콘 밸리의 일부 경영자들은 자녀들이 10대 중반이 될 때까지 디지털 기기의 사용을 대체로 제한하며, 그들 자신 또한 어린 시절에 디지털 기기를 거의 사용하지 않은 경우가 많다. 구글의 창립자 래리 페이지Larry Page와 세르게이 브린Sergey Brin, 아마존의 창립자 제프 베이조스Jeff Bezos는 모두 미디어 노출이 적거나 아예 없는 몬테소리 학교를 다녔다. 2017년 빌 게이츠는 자녀들에게 만 14세가 될 때까지 휴대전화를 주지 않았다고 고백하면서, 아이들이 너무 빨리 휴대전화를 갖는 세태를 비판했다고 한다.[370] 스티브 잡스Steve Jobs는 2011년에 자녀들이 아이패드를 쓰냐는 질문을 받고, "제 아이들은 아이패드를 써 본 적이 없습니다. 저희 집에서는 아이들의 전자 기기 사용 시간을 제한합니다."[371]라고 단언했다. 1996년에도 잡스는 교실에서의 전자 기기 사용에 대해 회의적인 입장을 분명히 표현하며 이렇게 말했다. "저는 아마도 세계에서 가장 많은 학교에 컴퓨터 장비를 공급한 사람일 겁니다. 하지만 저는, 오늘날의 문제를 그런 기술이 해결하리라고 기대해서는 안 된다고 생각합니다. 오늘날 교육계의 문제는 그 어떤 기술로도 해결할 수 없습니다. 아무리 많은 기술을 쏟아부어도 마찬가지일 겁니다."[372] 그 밖에 많은 기술계 중역과 공학자들이 같은 생각으로 자녀들을 전자 기기를 쓰지 않는 발도르프 학교에 보낸다.[373] 오바마 전 대통령과 부인 미셸 역시도 첫째 딸이 만 12세가 될 때까지 휴대전화를 사 주지 않았으며, 가정에서의 컴퓨터 및 텔레비전 사용 시간을 엄격하게 제한하였다.[374] 이런 부모들은 과연 무엇을 깨달은 걸까?

"실리콘 밸리에서는 일반적으로 높은 지위에 있는 사람일수록 전자 제품들로부터 자녀를 보호하려고 노력합니다."

마이크로소프트 리서치Microsoft Research사의 학제 간 과학자이자 가상현실 분야의 선구자인 재런 러니어Jaron Lanier의 말이다.

"거대 기술 기업의 중역들은 자녀를 미디어 기술 사용을 제한하는 발도르프 학교에 보냅니다. 엄격한 감독을 받는 아주 제한적인 환경에서가 아니면 절대로 아이들이 온라인에 접속하지 못하게 하

아이들을 놀게 하라

고, 전혀 접촉하지 못하게 하는 것을 선호합니다. 자신이 일하는 분야에 자녀들이 접촉하는 것을 정말로 싫어하거든요."[375]

2018년 10월 〈뉴욕타임스〉는 샌프란시스코에 거주하는 기술 전문 기자 넬리 볼스Nellie Bowles의 기사를 연재한 바 있다. '미디어 기기와 어린이에 관한 부정적 인식'과 '미디어 기기에 대한 공포'로 인해 일부 부모가 교실에서의 미디어 기기 사용을 완전히 금지하도록 요구하는 등 '실리콘 밸리가 공황상태에 도달'하였다는 내용이었다. 볼스는 이렇게 썼다.

「많은 미디어 전문가들은 휴대전화가 어떻게 작동하는지 잘 알기 때문에 자신의 자녀들이 절대 근처에도 가지 않기를 바란다. 실리콘밸리에서는 '학습 도구로서 미디어 기기의 장점은 과장되었으며, 중독과 발달 저해의 위험은 높아 보인다.'라는 의견의 합치가 이루어지고 있다.」

마크 저커버그가 설립한 자선단체 챈 저커버그 이니셔티브Chan Zuckerberg Initiative에서 근무하는 아테나 차바리아Athena Chavarria는 단언했다.

"저는 휴대전화에 악마가 살고 있으며 아이들을 완전히 황폐화하고 있다고 봅니다."

뉴욕타임스 기자 볼스는 또한 다음과 같이 말했다.

"얼마 전까지만 해도, 부유한 학생들만이 어린 나이에 인터넷을 접하고 미디어에 대한 지식을 습득하면서 디지털 빈부격차가 생기지는 않을까 하는 우려가 컸다. 하지만 실리콘밸리의 부모들이 미디어의 악영향에 대해 엄청난 공포를 느끼고 자녀들을 미디어의 영향으로부터 보호하면서 새로운 디지털 빈부격차에 대한 걱정이 늘고 있다. 실리콘밸리 엘리트의 자녀들이 나무 장난감과 인간 간 상호작용으로 점차 되돌아가는 동안 저소득층 및 중산층 부모의 자녀들은 미디어 기기에 의해 양육될지 모른다."[376]

실제로 미디어 기술은 지금까지 아동들의 학습에 긍정적인 영향을 거의 주지 못했다. 놀랍게도 이는 OECD의 2015년 보고서 〈학생, 컴퓨터, 그리고 학습: 연결하기〉를 통해 밝혀진 바다. 해당 보고서의 저자인 OECD 소속 학자 안드레아 슐라이허Andreas Schleicher에 따르면, 정부가 정보통신기술에 수십억 달러를 미친 듯이 투자하고 있음에도 불구하고 학생들의 학습 성과에 미치는 영향은 기껏해야 '불분명한' 수준이다. 오늘날 대부분 국가의 학교에서 사용되는 기술은 최적점을 지나쳐 버렸다. 컴퓨터는 이미 학습을 방해하는 수준에 도달했다.[377] 또한 "과학기술은 사회적으로 혜택을 받은 아이들과 그렇지 못한 아이들 사이의 능력 격차를 줄이는 데 거의 도움이 되지 않는다."라고 주장했다. 간단히 말해서, 최신 기기와 서비스에 대한 접근권을 확대하고 보조금을 지급하는 것보다 모든 어린이에게 기본적인 읽기, 수학 능력을 갖추도록 하는 것이 디지털 세계에서 동등한 기회를 만들어 내는 데 더욱 도움이 된다. 보고서는 이렇게 결론 내린다.

「컴퓨터를 아주 능숙하게 사용하는 학생들은 대부분의 과목에서 훨씬 안 좋은 성과를 낸다. 심지어 학생의 사회적 배경이나 인구 통

아이들을 놀게 하라

계적 위치를 배제하더라도 결과는 마찬가지다.」

원격 학습이나 특별한 도움이 필요한 경우처럼 아주 예외적인 경우를 제외하고는, 검증된 교사가 학습의 기초를 가르치는 과정에서 디지털 기기가 아날로그 기기에 비해 본질적으로 우월하다는 근거는 거의 없다. 유아들의 경우는 특히 더 그렇다.

2010년 초에 모은 데이터에 근거한 위의 OECD 보고서는 학교에서의 과학기술 사용과 관련하여 교사들에 대한 훈련이 더 필요하다고 주장했다. 하지만 동시에, 아이들이 처음 학습을 시작할 때는 아날로그 도구를 통한 학습이 가장 효과적일 것으로 보았다. 나중에 디지털 플랫폼이 추가될 수는 있겠지만 말이다. 또한 교실에서의 미디어 활용 시간은 일주일에 몇 시간 정도가 적당하며, 그 이상 미디어를 활용할 경우 학습에 대한 이익이 점차 줄어들거나 심지어 부정적인 영향을 미칠 수도 있다고 주장하였다.[378]

다시 말해서, 일부 열정적인 사람들이 제안하듯이 미디어 기기에 100퍼센트 의존하는 교실이 아니라, 비용과 학습 효과 측면에서 효율적이고 전략적인 모델이 필요하다는 것이다. 디지털 도구는 이미 우리 생활의 일부로 자리 잡았으며, 어린이들의 학습 경험을 개선해 줄 잠재력이 있는 것도 사실이다. 하지만 미디어에 기반을 둔 특정 학습 도구에 귀중한 자산을 사용하기 전에 독립적인 연구 교사 및 담임교사들에 의한 엄격한 검증과 인정이 선행되어야 한다. 과학기술은 교실의 '종'이 되어야지 주인이 되어서는 안 된다. 아동 교육에 있어 성공적인 '디지털 도약'은 100퍼센트 미디어 기기에 기반을 두는 학습을 향해 나아가거나, 어린이의 손에 미디어 기기를 무분별하게 쥐여 주어서는 이룰 수 없다. 오히려, 이미 검증된 아날로그적 교육 도구들의 효과적인 보조 장치로서, 정확한 근거에 기반을 두어 신중하고 조심스럽게 디지털 기기를 활용하여야 하며, 배움에 진정으로 기여한다는 근거가 거의 없는 제품에 시간과 돈을 낭비하지 말아야 한다.

소셜 미디어, 텔레비전, 디지털 게임은 청소년들의 시간을 상당 부분 잡아먹는다. 예를 들어 미국과 핀란드의 청소년들은 매일 깨어 있는 시간의 절반 정도를 소셜 네트워크나 기타 인터넷 미디어에 접속하는 등 온라인상에서 소비한다. 소셜 네트워크나 인터넷상에서 오락을 즐길 때 아이들은 놀고 있는 것일까? 그 정도로 오랜 시간을 인터넷에서 보내면서 양질의 놀이를 즐기기는 어려울 거라고 본다. 몇몇 연구에 따르면 10대 다섯 명 중 한 명이 소셜 미디어와 스마트폰에 중독된 상태다. 중독은 진정한 놀이가 갖는 특징이 아니다. 어린이 스스로 선택할 권리는 진정한 놀이의 근본적이 요구조건의 하나이기 때문이다.

최근 몇 년 동안 전 세계에서 제시된 수많은 연구 결과들 덕분에 어린이와 청소년들의 과도한 미디어 기기 사용 및 텔레비전 시청의 잠재적 위험과 한계가 주목받고 있으며, 여기에는 어린이들에게서 나타나는 신체 및 행동상의 건강 문제가 포함된다. 미국 소아과 학회는 그 예로서 비만, 폭력, 공격적 행동, 우울, 불안, 성 문제, 학습 부진, 자기혐오, 악몽, 흡연, 약물 남용 등을 꼽았다.[379]

아이들을 놀게 하라

캐나다 앨버타주는 연구 프로젝트 'Growing Up Digital'[380]을 통하여 이런 의견을 보다 면밀히 살펴보고 있다. 하버드 의과 대학의 마이클 리치Michael Rich 박사와 앨버타 교사 연합 소속 필 맥레이Phil McRae 박사는 자료 수집을 통해, 교사들이 정보 검색, 자료 분석, 지식 공유라는 측면에서 과학기술로부터 분명한 이익을 보고 있음을 밝혀냈다. 하지만 동시에 앨버타의 교사들은 학교의 암울한 현실에 대해서도 호소하고 있었다. 전체 교사의 90퍼센트가 지난 5년 동안 정서적 어려움을 겪는 학생의 숫자가 점차 늘어나고 있다고 말했으며, 86퍼센트는 사회적으로 어려움을 겪는 학생의 숫자가 늘어나고 있다고 했고, 75퍼센트는 인지적 어려움을 겪는 학생의 숫자가 늘어나고 있다고 보았다. 그 원인과 영향은 아직 불분명하지만, 과도한 미디어 노출과 소셜 미디어 사용에 대한 불길한 경고는 계속해서 이어지고 있다.

미국에서는 아이들이 비디오 게임을 못 하게 하는 부모를 발로 차고 때리는 등 폭력적인 행동을 보인다는 보고가 수천 건씩 나오고 있다.[381] 때로는 학교가 문제를 악화시킨다. 롱아일랜드의 한 어머니는 아들이 만 6세부터 유치원 수업에서 아이패드를 쓴다는 사실을 알고 항의했다가 퇴원 조치될 수도 있다는 협박을 받았다. 학교 관계자들은 심지어 그녀를 아동 보호 기관에 고발한다고까지 협박했다.[382] 뉴욕주 소재 재활 센터에서 디지털 중독에 빠진 어린이들을 치료하고 있는 정신과 의사 니콜라스 카르다라스Nicholas Kardaras 박사에 따르면 200건 이상의 피어리뷰 연구를 통해 과도한 미디어 노출이 마약 중독, 공격성, 우울증, 불안, 정신병 등 다양한 임상 증상과 관련되어 있음이 밝혀졌다.

"우리가 반짝이는 과학기술에 푹 빠진 자신의 감정을 아이들에게 투사하면서, 태어나서부터 디지털에 익숙한 이 작은 아이들이 전자기기를 통해 더 많이 배울 거라고 합리화하고 있다. 하지만 그들이 진정으로 원하고 필요로 하는 것은 피와 살을 가진 진짜 교육자들과의 인간적인 접촉이다."383

캘리포니아 마린 카운티에서 바버라 맥베이는 카르다라스 박사와의 면담에서 이렇게 고백했다.

"열 살 아들에게서 디지털 기기를 빼앗으려고 하다가 두들겨 맞았어요. 멍한 얼굴로 절 때리는데, 절 바라보던 그 눈은 제가 아는 아들의 눈이 아니었어요."

경찰은 그녀에게 아들이 혹시 약물을 복용하는지 물었다고 한다. 바버라의 아들은 최신 과학기술을 많이 활용하는 교외 공립학교를 나와 시골학교로 전학을 간 이후부터 행동이 눈에 띄게 개선되었다. 하지만 머지않아 바버라는 전학 간 학교에서도 4학년 학생 전원이 비디오 게임 '코딩'하는 법을 배울 예정이며, 쉬는 시간에 밖에 나가 뛰어노는 대신 실내에서 폭력적인 비디오 게임을 하도록 허락될 거라는 사실을 알게 됐다. 그녀는 결연한 태도로 말했다.

"저는 미국 공공 교육과 과학기술 사용에 대한 전쟁을 벌일 준비가 되어 있습니다. 이건 한참 잘못된 일이에요. 아이들을 상대로 전쟁이 벌어지고 있다는 느낌마저 듭니다. 그 속도가 얼마나 빠른지,

거기에 의문을 제기할 생각조차 못 하고 있어요."[384]

미국 기업연구소American Enterprise Institute의 방문 연구원 나오미 셰이퍼 라일리Naomi Schaefer Riley는 〈뉴욕타임스〉에 이런 글을 썼다.

「이 나라에서 벌어지는 진짜 디지털 빈부격차는 인터넷에 접근할 수 있는 어린이와 그렇지 못한 어린이 사이의 격차가 아니다. 진정한 격차는 부모가 미디어 사용 시간제한이 필요하다는 것을 아는 아이와 부모가 학교와 정치인들의 속임수에 넘어가 미디어 접촉이 성공의 열쇠라고 믿는 아이 사이의 격차다. 이제는 모두에게 그 비밀을 알려 주어야 한다.[385]」

런던 경제대학 경제성과센터Centre for Economic Performance가 2016년에 발간한 보고서에 의하면 교실에서 휴대전화 사용이 금지되자 학생들의 점수가 높아졌다고 한다. 총 91개 학교 13만 명의 학생들을 대상으로 이루어진 광범위한 연구였다. 연구자들은 휴대전화를 압수한 이후 각 학교의 시험 점수가 평균 6.4퍼센트 급등했다고 밝혔다. 학업 성적이 부진한 가난하거나 특수교육을 받는 학생들은 더 큰 이익을 누렸다. 평균 시험 성적이 14퍼센트나 증가한 것이다.[386] 그로부터 4년 전에 이루어진 중요한 메타 분석, 즉 '연구에 대한 연구'에서는 과학기술에 기반을 둔 교육 개입이 다른 연구적 개입이나 접근법에 비해 약간 낮은 수준의 개선을 이끌어 내는 경향이 있음이 밝혔다. 이 연구는, "상호관계나 실험 결과를 종합적으로 살펴보면, 디지털 기술이 학습 결과에 설득력 있는 수준의 긍정적 영향을 미친다는 근거는 찾기 힘들다."[387]라고 밝혔다. 2013년 〈국제 교육연구

저널International Journal of Educational〉에 게재된 논문을 통해 노르웨이 스타방에르 대학의 앤 맹언Anne Mangen 교수와 동료들은 지문을 컴퓨터로 읽은 학생들의 이해도 평가 점수가 같은 지문을 종이로 읽은 학생들에 비해 낮다는 사실을 밝혔다.[388] 또한, 2011년 어느 연구에서 학생들은 오래된 방식의 인간적 접촉, 즉 '실제적이고 일상적인 수업'을 이러닝e-learning보다 선호한다고 답했다. 연구자들은 이런 결과를 접하고 상당히 놀랐다.

"우리의 예상과는 달랐다. 학생들이 고도의 신기술을 통해 이루어지는 것이라면 무엇이든 받아들일 거라고 생각했기 때문이다. 하지만 정반대로 학생들은 인간적인 상호작용을, 스마트폰이 아니라 교실 앞에 서 있는 '스마트'한 사람을 더 좋아하는 것 같다."[389]

앨버타 대학에서 체육 교육과 레크리에이션에 대해 가르치는 발레리 카슨Valerie Carson 부교수는 2015년 12월에 '디지털 성장Growing Up Digital' 연구의 결과를 발표했다.

「어린이는 신체 활동을 더 많이 할수록 인지적으로 더욱 발달한다. 태블릿 컴퓨터나 휴대전화와 같은 미디어 기기에 많이 노출될 경우 발달에 해로운 영향을 미치거나 아무런 영향도 주지 못했다.[390]」

니콜라스 카르다라스 박사는 "자녀들이 만 4, 5세 또는 8세 무렵에 애초에 미디어에 중독되지 않도록 막는 것이 가장 중요하다."라고 결론지었다. '아이패드 대신에 책을, 텔레비전 대신에 스포츠나 자연을 접하게' 하라는 것이다. 그는 부모들에게 제안했다.

"만 10세(다른 연구자들은 만 12세를 추천하기도 한다)가 될 때까지는 자녀들이 학교에서 태블릿 컴퓨터나 크롬북을 접하지 못하게 해 달라고 학교에 요구해야 한다."[391]

다시 말해서, 당신의 자녀에게는 실제로 하는 놀이가 더욱 이롭다. 디지털 기기로 하는 놀이는 효용이 훨씬 떨어진다.[392] 교육 분야에서 쓰이는 디지털 기기 대부분이 어린이들에게 도움을 준다는 철저하고 독립적인 근거는 전혀 또는 거의 없다.

학교 교육의 질
성적표

—

우리의 학교를 구하고 어린이의 성장을 도울 43가지 질문이 있다. 당신의 학교는 어떤지 평가해 보라.

우리는 시험으로 학생들을 평가한다. 학교는 왜 평가하지 않는가?

우리는 자녀를 학교에 맡기면서 상응하는 비용을 지불하고, 여러 가지로 지원하며, 학교를 운영하는 관료를 직접 선출하기도 한다. 그렇다면 왜 학교 교육의 질과 최소한의 기준에 관하여 기본적인 질문을 던지지 못하는가?

이제 상황을 뒤집어 보자. 시험으로 학교를 평가해 보자!

당신은 자녀가 다니는 공립학교나 거주 지역에 있는 공립학교들의 질을 어떻게 평가하는가?

학교를 판단하는 한 가지 방법은, "표준 시험에서 어떤 성적을 내는가?"를 묻는 것이다.

수학이나 언어 등 몇 가지 과목의 대규모 표준 시험에서 그 학교 아이들이 어떤 성적을 냈는지에 대한 자료를 살펴보고, 다른 학교들과 점수 및 경향성을 비교해 볼 수 있다. 지금까지는 이것이 미국과 여타 많은 국가들이 학교를 운영하는 지배적인 메커니즘이었다.

일부 정치인과 행정 관료들은 자신이 쉽게 관리하고 조작할 수 있는 '빠르고 간편한' 숫자를 얻을 수 있기 때문에 이런 점수를 좋아한다. 점수가 좋으면 정책 결정자들은 공식적으로 자화자찬하며 영웅 행세를 할 수 있다. 반대로 점수가 나쁘면 그들은 교사와 학생을 탓하면서 교육 관리를 소홀히 하고 충분한 재정적 지원을 하지 못한 자신들의 책임을 회피할 수 있다.

하지만 표준 시험만으로는 학교 교육의 질을 판단하는 데 필요한 완벽하고 정확한 정보를 얻을 수 없다. 그것만으로는 학생들의 소득 수준, 가정사, 과거의 학습 경험, 동료의 영향, 학교 밖에서의 충분한 영양 섭취 및 지적인 자극, 정서 생활, 가정 상황 등 학습, 발달, 성장에 영향을 미치는 수많은 다른 요인들을 전부 고려할 수 없기 때문이다. 모든 아이는 시작점이 서로 다르고, 자기만의 속도로 배운다. 게다가 표준 시험은 학교의 교육을 평가하기 위해 설계된 것이 아니라, 오로지 해당 시험이 측정하고자 하는 특정한 인지 능력이나 영역만을 평가할 수 있게 설계되었다. 또한 그런 시험에 주로 의존하는 학교 평가 시스템이 아동의 학습에 도움을 주고 성취도 격차를 줄인다는 근거는 아주 희박하다.

아이들을 놀게 하라

그런 평가 수단에 과도하게 의존하다 보면 다양한 위험이 따르지만, 그중에서도 학생들의 다른 중요한 능력과 과목들, 특히 단순한 표준 시험 점수로는 표현될 수 없는 수많은 과목들을 놓친다는 점이 중요하다. 또한 표준 시험은 놀이, 쉬는 시간, 학교 밖에서의 체육 활동은 물론이고 과학 실험, 미술, 제2외국어, 역사, 사회연구, 생활 기술, 업무 능력, 윤리학 등 시험만으로 평가하기 어려운 많은 중요한 과목을 밀어내는 경향이 있다. 그러므로 표준 시험은 대단히 불완전하며, 본질적으로 더 이상 쓸모없는 평가 방식이다.

학교 교육의 질을 평가하는 작업은 매우 복잡하며 그 어떤 평가 방식도 완벽하지 않다. 하지만 2, 3가지 기초 지식 분야의 표준 시험 점수만을 기준으로 삼는 것보다 훨씬 정확하고 민감하며 진일보한 방식이 있다. 학교 경영자들 ―그리고 학교를 감시하는 선출직 공무원들― 에게 학교와 학교 체제에 대한 완전한 정보를 담은 '성적표'를 요구하는 것이다. 여기에는 교육의 필수적 기초가 되는 놀이에 대한 정보도 포함될 수 있다. 그리고 그것을 학교에 대한 '정성적 표준 평가'라고 생각하고 그들의 답변에 따라 여러분 나름대로 점수를 매기면 된다. 아래, 우리가 제시한 질문 목록에 여러분 나름대로 몇 가지 질문을 추가할 수도 있을 것이다.

이제 학교를 개선하고 모든 어린이들이 잘 성장할 수 있도록 돕기 위하여 부모로서, 세금 납부자로서, 그리고 시민으로서 우리가 모든 공립학교와 학교 체제에 던져야 할, 학교 교육의 질과 표준에 관한 기본적인 질문들을 살펴보자.

1. 이 학교의 수업 및 학습 철학은 무엇입니까?

2. 교육의 목표는 무엇이며 이 목표를 향해 어떻게 나아가고 있습니까?

3. "어린이의 평생 성공은 놀이로부터 배운 교훈을 창의적으로 적용하는 능력에 좌우된다."라는 미국 소아과 학회의 의견을 이해하십니까? 미국 소아과 학회, 국립의학아카데미, 질병통제예방센터가 제안한 학교에서의 놀이, 쉬는 시간, 체육 활동에 관한 사항들을 준수하고 있습니까? 그렇지 않다면 이유는 무엇입니까?

4. 어린이의 사회적, 정서적, 학업-인지적, 신체적 건강과 성장을 돕기 위해 학교는 어떤 노력을 하고 있습니까?

5. 어린이의 기본적인 읽기, 언어, 수학 능력, 실행 기능, 자기 규제력, 창의성, 공감 능력, 모험심, 건강, 행복, 학습에 대한 애정, 실패 관리, 협동, 자기표현 능력을 어떻게 발달시키고 있습니까?

6. 모든 어린이가 가진 학습자로서의 개성은 존중과 평가, 지지를 받고 있습니까?

7. 모든 어린이가 석사 학위 및 광범위한 교습 경험을 갖춘 훌륭하고 자격 있는 교사에게 배우고 있습니까? 그렇지 않다면 이유는 무엇입니까?

8. 과학실험, 미술, 제2외국어, 역사, 사회연구, 생활기술, 언어능력, 윤리학 등과 관련하여 얼마나 풍부한 교과과정이 제공됩

아이들을 놀게 하라

니까?

9. 어린이들이 스트레스, 실패, 다툼, 좌절, 위기를 경험할 때는 학교로부터 어떤 지원을 받습니까?

10. 평균적인 학급당 학생 수는 몇 명이며 이상적인 규모는 어느 정도라고 생각하십니까? 학생 1인당 교사 수가 늘어날 때 어린이들이 이익을 본다고 생각하십니까?

11. 학교가 얼마나 안전합니까?

12. 모든 학생들이 지역 내 다른 학생들과 똑같은 교육 서비스를 누리고 있습니까? 그렇지 않다면 이유는 무엇입니까?

13. 학교의 정책과 관행을 형성하고 개선하는 과정에서 학생, 부모, 교사의 의견이 얼마나 반영됩니까?

14. 지역 내 다른 학교와 동등하게, 충분한 자원 및 자금이 조달되고 있습니까?

15. 건강한 식사와 양질의 무료 방과 후 프로그램이 제공됩니까?

16. 필요하다면 학교에서 건강 및 사회적 지원 서비스를 받을 수 있습니까?

17. 인종에 따라, 경제적 지위에 따라 학생을 차별하지는 않습니까? 더 넓은 지역 사회의 다양성을 반영하고 있습니까?

18. 교사가 직접 하는 수업, 협동학습, 기타 소그룹 활동, 자유로운 실외놀이, 지도에 따른 놀이, 자기주도 학습을 어떻게 활용하고 있습니까?

19. 뛰어난 학생이든 부진한 학생이든 교육적으로 특수한 관심이

필요한 학생들을 위해 학교는 어떤 정책과 관행을 채택하였습니까?

20. 어린이가 자신의 장점과 꿈을 발견하고 발전시킬 수 있도록 학교는 어떻게 도울 것입니까?

21. 학교 운동장은 등교 시간 전에 교사의 감독하에 자유롭고 안전한 놀이가 가능하도록 개방됩니까?

22. 학교 기반시설, 건물, 놀이 구역의 상태는 어떻습니까?

23. 어린이들에게 놀이, 쉬는 시간, 체육 활동, 선택 활동, 열정 프로젝트를 위해 부여되는 시간은 얼마나 됩니까?

24. 교사는 학업 성적이나 태도 등을 이유로 쉬는 시간을 보상이나 처벌로 활용하지 못하도록 분명히 고지받았습니까?

25. 현장 체험은 얼마나 자주 이루어집니까?

26. 학교가 표준 시험을 준비하고 실시하는 데 드는 직간접적 비용은 얼마나 된다고 보십니까?

27. 학교에서는 어린이의 학습과 발달을 어떻게 평가합니까?

28. 학생과 부모는 학생들의 학습 평가에 어떻게 참여합니까?

29. 학부모들은 아무런 불이익 없이 자녀의 학습 평가 방식을 개선하기 위해 표준 시험을 없애고, 담임교사가 직접 설계하고 감독하는 양질의 평가방식으로 변경할 수 있도록 요구할 권리를 갖습니까? 만약 그렇지 않다면 이유는 무엇입니까?

30. 학교에 스트레스나 두려움보다는 따뜻하고 협동하며 지지하는 분위기가 형성되었습니까?

31. 학교는 어린이들이 실수나 실패로부터 배울 수 있도록 어떻게 돕고 있습니까?

32. 학교에서의 봉사활동이나 교실 견학을 하고자 하는 학부모들을 기꺼이 받아들이십니까?

33. 학교의 재정과 운영이 완전히 투명하게 이루어집니까?

34. 학부모와 어떻게 의사소통합니까?

35. 어린이들에게 지역사회에서의 봉사활동에 참여할 기회가 주어집니까?

36. 출석률, 졸업 비율, 교사의 이직률 및 학생의 전학 비율은 최근 어떤 추세입니까?

37. 학교의 훈육 정책과 과정은 어떻습니까?

38. 교사들은 양질의 직업 교육과 리더십 발달 과정에 주기적으로 참여합니까?

39. 유치원, 초등학교, 중학교의 학부모들은 자녀의 숙제를 매일 저녁 몇 시간씩 이어지는 반복학습과 연습문제로부터 스스로 하는 독서, 가족들과 시간 보내기, 실외놀이, 건강을 위해 일찍 잠자리에 들기와 같은 양질의 숙제로 개선하기 위한 권리를 갖습니까? 그렇지 않다면 이유는 무엇입니까?

40. 학교에서의 디지털 기기 사용, 특히 어린이들이 직접 학교로 가져오는 기기의 사용을 어떻게 관리합니까?

41. 학부모가 학교에 얼마나 만족하고 있는지를 어떻게 파악합니까?

42. 교사들이 학교에 얼마나 만족하고 있는지를 어떻게 파악합니까?

43. 어린이들이 학교에 얼마나 만족하고 있는지를 어떻게 파악합니까?

***

어린 시절의 놀이가 배움이 된다는 인식은 인류 그 자체만큼이나 오래된 것이다. 오랜 지혜를 담고 있는 잠언 8장 30~31절에서는 "나는 그 곁에서 모든 것을 창조하였고, 항상 그 앞에서 놀고 그의 온 세상에서 즐거워하며 매일 기뻐하였노라. 또한 인간의 자녀들과 함께하며 기뻐하였노라."라고 쓰고 있다.

오늘날 아이들에게 꼭 필요한 것은 더 이상의 혼란과 '디지털 학습', 어플리케이션, 미디어 화면, '데이터 기반 교육', 미디어 화면을 통한 '개별 학습', 유행을 따르는 교육, 표준화된 수업과 시험이 아니다. 교사의 비전문화도, 교육에 대해 전혀 알지 못하는 정치인 및 이데올로기의 끊임없는 개입도 필요하지 않다. 학교에서 아이들에게 전혀 줄 필요가 없는 것은 바로 스트레스와 두려움이다.

정말로 아이들에게 필요한 것은 장점, 재능, 어린 시절의 꿈 위에 세워진 학교, 어린이의 관점에 깊은 관심을 갖고 안전과 지지를 제공하는 학교, 발견과 탐험이 가득하며 능력, 전문성, 협동심을 갖춘 교사들이 이끄는 학교다.

오늘의 세계에는 배경과 재능, 장점과 단점에 상관없이 모든 아이들을 기꺼이 받아들이고 보살피는 학교가 필요하다.

오늘의 세계에는 실험과 실패가 성공을 향한 과정으로 축하받는 학교, 어린이들이 삶의 모든 아름다움과 다양성, 풍요로움을 경험하고 이해할 수 있도록 돕는 학교가 필요하다.

오늘의 세계에는 스스로 생각하는 법, 배우는 법, 배움을 사랑하는 법, 실패하는 법, 성공하는 법, 함께 일하는 법, 서로 돕는 법, 세상을 더 좋은 곳으로 만드는 법, 자신의 운명을 개척해 나가는 법처럼 삶의 기본적인 능력을 가르치는 학교가 필요하다.

학교와 가정에서 아이들이 가장 필요로 하는 것은 어린이들 스스로 자신에게 줄 수 있는 가장 기묘하고도 강력한 선물, 바로 놀이 위에 세워진 어린 시절이다.

이제는 우리가 아이들에게 그것을 주어야 한다.

세계 놀이
정상회담

―

놀이는 어떻게 학교에 융합될 수 있을까? 우리는 미래의 학교를 어떻게 건설해야 할까?

이 문제에 대한 답을 찾기 위해 우리는 세계적인 전문가들과 직접 또는 온라인을 통해 개별 인터뷰를 진행했다. 이들 전문가 패널에는 세계 각국 출신의 교육계 최고 전문가들이 포함되었다. 아래에는 놀이에 대한, 그리고 어린이들에게 필요한 학교를 어떻게 건설할 것인가에 관한 그들의 의견을 담았다.

낸시 칼손-페이지, 레슬리 대학 아동발달 명예교수, 어린 시절 보호협회 공동창립자

제가 미래의 학교를 건설한다면 유치원부터 초등학교 3학년까지 교과과정의 핵심에 놀이(이것이 바로 어린이들의 일이죠)를 배치할 겁니다. 교실에는 블록, 건축 및 수학 재료, 모래 테이블, 이젤과 미술용품, 그림그리기와 글쓰기 공간, 특별 프로젝트를 위한 공간 등 여러 활동 구역을 만들 겁니다. 각각의 구역에는 어린이들이 관심사와 재료에 대한 호기심을 펼치고 자신의 발달 수준에 맞게 활용할 수 있는, 활용도 높은 재료들을 다양하게 갖출 것입니다. 매일 바깥놀이가 진행되고, 탐구하거나 놀이에 활용할 수 있는 자연 사물도 제공할 겁니다. 도심 지역이라고 하더라도 교사들은 나뭇잎, 돌멩이, 물, 모래와 같은 자연 사물을 활용하여 야외 놀이를 유도할 수 있습니다.

교실의 분위기는 따뜻하고 친절하고 즐거울 겁니다. 신체 활동을 위한 구조물을 갖추고 어린이들이 쉽게 받아들일 수 있는 시간표를 제공할 테고요. 그러면 아이들은 안정감을 느껴 놀이에 깊이 빠져들 수 있습니다. 또한, 공간 역시 어린이들에게 적합하게 설계될 텐데, 눈높이에 맞는 선반에 다양한 재료를 제공할 겁니다. 교실은 아

아이들을 놀게 하라

이들이 할 수 있는 일과 해야 할 일을 쉽게 이해할 수 있는 방식으로 활용될 겁니다. 매일 어떤 활동을 할 수 있는지 말해 주는 '선택 게시판'을 만들어 어린이들이 하고 싶은 활동을 스스로 선택하도록 도울 겁니다. 어린이들은 친구와 함께 놀고 함께 만드는 활동을 즐길 것이며, 협동 놀이를 하는 과정에서 자연스럽게 사회적 능력을 습득하도록 격려받을 것입니다.

미래의 학교에서는 교사들도 어린이의 관심사와 필요에 따라 교과과정을 구성하고, 놀이와 발달 수준에 기반을 두어 능숙하게 아이들을 가르칠 것입니다. 아동의 발달에 대해 탄탄한 경험을 갖춘 교사들이 아이들의 놀이를 능숙하게 관찰할 것이고, 놀이 과정을 통해 어린이들이 무엇을 배우고 필요로 하는지 제대로 이해할 겁니다. 그런 교사들은 어린이들이 놀이를 통해 떠올리는 주제들을 잘 관찰하고 그 의미를 제대로 해석해 낼 것입니다. 예를 들어 어떤 아이가 텔레비전에 나오는 무시무시한 괴물 놀이를 자주 한다면 함께 이 주제에 대해 탐구해 보고, 어쩌면 아이의 가족들에 대해서도 생각해 볼 수 있겠지요.

교사들은 또한 어린이의 사회적, 정서적 학습을 노련하게 도울 겁니다. 놀이를 관찰하면서 어떤 다툼이 일어나는지 확인하고, 이후 함께하는 활동 시간 동안 창의적인 방식, 예컨대 이야기 들려주기나 인형극을 통하여 그날 아이들이 겪은 것과 비슷한 상황을 다시금 경험하게 하고, 어떻게 하면 문제를 해결할 수 있을지에 대한 의견을 들을 겁니다. 만약 놀이 중에 개입이 필요한 정도의 다툼이 벌어지면 교사는 적절히 개입하여 아이들이 다툼을 멈추고 서로의 이야기를 들어 보게 한 다음, 문제 해결을 위한 여러 가지 아이디어를 탐색해 보고, 두 아이 모두가 만족스러워할 만한 해법을 찾을 수 있도록 도울 것입니다.

매일 소그룹 토의를 통해 그날 놀이/활동 시간 동안 무엇을 했는지 공유하는 시간을 가질 겁니다. 그 과정에서 아이들 사이에 공동체 의식과 열정을 키울 수 있겠지요. 또한 이런 식의 소그룹 활동은 새로운 아이디어를 자극하고 관계를 강화하며 아이들이 더 깊은 관심을 갖고 놀이로 돌아올 수 있게 해 줄 겁니다.

용 자오, 캔자스 대학 교육학부 석좌교수, 호주 빅토리아 대학 미첼 보건교육정책연구소 연구 교수, 영국 배스 대학 교수

첫째로 우리는 교육에서 놀이의 가치를 이해해야만 합니다. 교육계의 지도자, 정책 결정자, 학부모들은 놀이가 쓸데없는 시간 낭비가 아니라 효과적이고 필수적인 교육적 경험이라는 사실을 이해해야 합니다.

둘째로는 주어진 교과 과정 안에서 놀이를 할 수 있도록 학교가 여유 시간, 놀이 시설, 놀이의 기회와 분위기를 만들어야 한다는 겁니다.

셋째로 교사들은 생각 가지고 놀기, 가설을 적용하며 놀기, 해법을 찾으며 놀기, 동료와 함께 놀기, 학생들과 함께 놀기 등 다양한 방식의 놀이법을 보여 줄 수도 있겠습니다.

아이들을 놀게 하라

수전 린Susan Linn, 하버드 의과대학 정신의학 강사, 보스턴 아동 병원 연구원

놀이는 배움, 창의력, 자기표현, 건설적 문제 해결 능력의 기초입니다. 어린이들은 열심히 놀면서 삶을 의미 있는 것으로 만들어 가기도 합니다. 어린이는 내재적으로 놀 수 있는 능력을 갖추고 태어나지만, 우리 사회는 그 능력을 막기 위해 가능한 모든 일을 하고 있는 것 같습니다.

놀이는 학교에서, 심지어 유치원에서까지도 설 자리를 잃고 있습니다. 학교가 쉬는 시간, 미술, 음악 시간을 줄이고 정해진 대본대로 진행되는 학습, 반복 암기, 엄격하게 정형화된 수업에만 치중하면서 놀이의 기회는 사라지고 있습니다.

학교는 쉬는 시간, 미술, 음악을 통해 놀이의 기회를 되찾아 주어야 합니다. 반복적인 암기는 최소화하고, 아이들이 단순히 반응하기만 하는 것이 아니라 스스로 탐구하고 경험할 수 있도록 기회를 줘야 합니다.

스티븐 시비, 게티즈버그 대학 심리학 교수

자유놀이의 기회는 학교생활 전반에 걸쳐 제공되어야 하며, 아이들에게 좋은 행동이나 학습을 이끌어 내기 위한 수단으로서 사용되어서는 안 됩니다. 공식 교육 과정을 단지 인지 발달의 측면에서만 바라보지 말고, 이제는 보다 전인적인 관점을 취하여 인지, 사회, 정서적 발달을 더욱 긴밀하게 연결할 수 있어야 합니다. 놀이는 이 모든 능력을 하나로 묶는 접착제의 역할을 할 수 있습니다.

글로리아 래드슨-빌링스, 전미 교육 아카데미 회장, 위스콘신-매디슨 대학 도시교육학부 석좌교수, 교과과정 및 교습 학부 교수

어린이들은 놀이를 활용하여 문제 해결 능력이나 창의력 등의 고차원적 사고력과 상상력을 발달시킵니다. 놀이는 통일성을 강조하게 마련인 전형적인 교실의 구조로부터 아이들을 자유롭게 해 주며, 집단놀이는 성공적 삶을 살기 위해 꼭 필요한 사회적 기술을 발달시켜 줍니다.

아동 발달을 완전히 이해하는 사람이라면 누구나 아이들에게는 '놀이'가 바로 '일'이란 사실을 알 겁니다. 아이들이 앞으로 자신의 정체성을 규정하게 될 사회적, 문화적 역할을 '리허설'해 볼 수 있는 것도 바로 놀이를 통해서입니다. 예컨대 '집' 놀이를 하는 아이는 요리, 청소, 가르치기, 이야기 들려주기 등 가정에서 자신의 역할을 연습합니다. 전에 참석한 몇몇 모임에서는 자리에 앉아 모임을 진행하는 동안 가지고 놀 수 있는 물건들(예를 들어 스프링 장난감, 비눗방울 놀이, 색칠 놀이, 요요 등)을 구비해 두어 모임의 효율을 높이기도 하더군요.

어쩌면 정말 중요한 문제는 '어떻게 하면 학교를 놀이에 통합할 것인가'인지도 모릅니다. 그럴 경우 놀이는 학교의 가장 중요한 기능으로 여겨지겠지요. 제가 지금껏 본 유치원 중 최고의 유치원은 놀이가 중심적인 역할을 하는 곳이었습니다. 어린이들은 탐구하고 상상하고 구성하고 소통하고 협동했지요. 아이들에게 주어진 구조물에서 놀기, 변화시킬 수 있는 구조물(예컨대 모래 테이블 및 모래 상자 등)에서 놀기, 블록이나 레고처럼 쓰임이 자유로운 장난감 가지고 놀기 등 다양한 선택권을 제공하였습니다.

셀마 시몬스타인 Selma Simonstein, **세계유아교육기구**World Organization for Early Childhood Education **칠레 위원회 회장, 칠레 산티아고 메트로폴리탄 교육대학 교수**

놀이는 어린 시절의 자연스러운 특성으로서 어린이 삶의 모든 단계에서 항상 나타나야 합니다. 또한 놀이는 아동권리협약에 명시된 모든 어린이의 권리이기도 합니다. 교육자들은 놀이의 기회를 모든 어린이에게 주어야 합니다.

우리는 모든 어린이를 특별한 존재로 인식하여야 하며, 그들이 놀이를 통해 상상력과 의사소통 능력, 이해력을 키우고, 결국 세상을 바꾸어 놓을 수 있는 존재임을 이해하여야 합니다. 정부가 놀이를 중요한 요소로 받아들이지 않을 경우 놀이는 영향을 받게 되며, 과도한 학업, 과학기술의 남용, 가족의 압박, 학교에 대한 전통적 접근 방식 등에 의해서도 영향을 받습니다.

또한 균일성과 학습 결과에 대한 통제를 중시하고 암기와 숙제를 우선순위에 놓는 경우에도 놀이는 영향을 받습니다. 어린이들이 자연스럽게 세상을 배우고 세상과 의사소통하는 방법이 바로 놀이임에도 불구하고, 수학과 언어 발달만을 강조하는 교육 전략을 취할 경우 놀이는 평가절하됩니다. 우리는 어린이의 적절한 발달을 위해 실내뿐만 아니라 실외에서도 자신의 흥미 영역을 찾을 수 있도록 돕는 프로젝트를 시행해야 합니다. 어떤 놀이를 하고 무엇을 만들어 낼지를 어린이가 직접 선택할 수 있게 해 주고, 교육자가 제시하는 정보만을 수동적으로 받아들이는 것이 아니라 스스로 새로운 지식을 창조할 수 있게 도와야 합니다. 또한 재활용, 자연 보호, 퇴비 만들기, 정원 가꾸기에 관한 친환경 교육을 장려하여야 합니다. 어린이들 스스로 어떤 공간에 있고 싶은지, 얼마나 오랫동안 있고 싶은지를 결정하여 팀워크와 협동에 유리한 장소를 선택할 수 있도록 다양한 공간과 시설을 마련하는 것도 중요합니다.

프레이저 브라운 Fraser Brown, **리즈베켓 대학 건강증진위원회 핵심 위원, 놀이 교육 교수**

제가 미래의 학교를 건설한다면 현재의 접근법을 급진적으로 개혁하자고 제안할 겁니다. 학교는 즐거운 경험이 되어야 합니다. 플라톤이 말한 '놀이의 안식처'를 만들 수 있는 또 하나의 장소가 바로 학교이며, 아이들이 이미 상당한 시간을 보내고 있는 곳도 결국은 학교이니까요. 하지만 불행하게도 아이들을 위해 봉사하여야 할 학교가 아이들에게는 그리 가고 싶지 않은 곳이 되는 경우가 너무 많습니다. (영국이 표방하는) '모든 어린이는 소중하다Every Child Matters'라는 표어와 (미국의) 낙제학생방지 어젠다는 대부분의 학교에서 수업 시간이 더 많이 필요하다는 요청으로 받아들여집니다. 슬프게도 정치인들 대부분의 생각을 그대로 답습하는 것입니다. 그러므로 학교의 교습법을 바로잡는 것이야말로 아이들을 위해 할 수 있는 최선의

아이들을 놀게 하라

조치일 것입니다.

어린이에게 자유롭게 놀 권리를 주는 것만으로도 훨씬 효율적인 교육이 가능함을 시사하는 연구 결과는 많습니다. 놀이 연구가인 브라이언 서턴-스미스Brian Sutton-Smith에 따르면 놀이를 즐기고 난 뒤 모두가 기분이 좋아질 뿐 아니라 그 이후의 일들도 훨씬 잘 풀린다고 합니다. 놀이를 통해 얻을 수 있는 낙천성과 흥미를 강조한다면, 놀이의 반대말은 '일'이 아니라 '우울'일 것입니다. 놀이는 살아가는 것 그 자체의 가치를 새롭게 이해하는 것으로부터 출발합니다. 이 논리를 학교생활에 적용한다면 교과과정은 어린이들의 놀이 기회를 중심으로 새롭게 마련되어야 할 겁니다. 하지만 단순히 놀이를 통해 어른들이 중요하다고 생각하는 것들을 어린이에게 주입하려는 식의 성의 없는 교과과정으로는 부족합니다. 어른들이 주도하는 수업 시간만큼 놀이시간이 충분하게 주어진다면 교육 효과는 배가될 것입니다. 어린이들은 놀면서 진정한 배움을 얻을 기회를 누릴 것이고, 교실로 돌아와서도 자유로운 놀이가 준 에너지 덕분에 훨씬 더 준비된 자세로 수업에 임하게 될 것입니다. 하지만 45분 동안의 자유놀이와 수업이 반복되는 구조로 교과과정을 구성할 경우, 교사들에게 두 가지 역할을 모두 요구할 수는 없을 겁니다. 그러므로 새로운 접근법을 시도하기 위해서는 교사 외에도 놀이 교사를 따로 채용하여야 합니다.

학교가 어린이들의 욕구를 더욱 잘 다루기 위한 두 가지 단계가 더 있습니다. 먼저 학교는 어린이들에게 비정형화된 놀이의 중요성을 설명하고, 숙제에만 몰두하기보다는 자유롭게 놀도록 격려하여야 합니다. 또한, 대부분의 학교 운동장은 여러 지역에서 유일하게 넓고 개방된 공간임에도 불구하고 저녁 6시 이후에나 주말이면 문을 닫아 버려서 낭비되곤 합니다. 평일이나 주말에 놀이 교사를 고용하는 것도 학교를 해당 지역의 놀이 중심지로 만드는 새롭고도 창의적인 방법일 것입니다.[393]

헬렌 메이 Helen May, **뉴질랜드 오타고 대학, 교육학 명예교수**

만약 제가 미래의 학교를 만든다면 과거의 학교로부터 교훈을 얻을 겁니다. 저는 보다 넓은 의미에서의 놀이가 모든 학령기 어린이들에게 떼려야 뗄 수 없는 존재라고 생각합니다. 저는 수년 동안 유아들과 초등학교 저학년(만 10세까지) 아이들을 가르쳐 왔습니다. 그 어떤 환경에서도 우리는 놀이, 창의성 활동, 프로젝트 활동, 미술을 통해 하루를 시작했습니다. 그리고 바로 거기서부터 글쓰기와 대화가 시작되었죠. 학령기 아이들의 경우는 그 이후에 읽기와 수학 시간이 주어지지만, 이런 것들 역시도 즐겁고 창의적인 프로그램과 통합될 때 가장 성공적일 거라고 봅니다.

스티그 브로스트롬 Stig Brostrom, **오르후스 대학 교육학부 명예교수**

놀이는 아동기의 학습과 발달에서 근본적인 역할을 합니다. 요컨대 놀이는 어린이의 일반적인 발달에 기여하며, 사고력, 말하기, 언어, 사회적 발달, 상상력, 문제 해결 능력 등 많은 심리적 측면에 긍

아이들을 놀게 하라

정적 영향을 줍니다.

　유치원 아동들은 놀이를 통해 정신적으로 중요한 변화를 경험합니다. 그러면서 새로운 발달의 단계로 진입하지요. 놀이가 이토록 중요한 기능과 영향을 미치는 데에는 여러 원인이 있습니다. 또래나 어른들과의 상호작용을 통해 어린이는 문화적 표현과 상징들을 배웁니다. 문화역사 이론에 따르면 문화적 표현이 인간 간 상호작용의 일부가 되었을 때 어린이는 한 단계 높은 정신적 기능을 발달시키게 된다고 합니다.

　둘째로 놀이를 할 때 어린이는 놀지 않는 상황에 비해 다양한 생각을 경험하고 한 단계 발달된 행동을 할 수 있습니다. 다시 말해서 놀이를 할 때 스스로에게 더 많은 것을 요구하게 되고 이를 통해 스스로 근접발달영역으로 나아가는 것입니다.

　하지만 일각에서는 놀이가 어린이의 발달을 이끄는 기능을 한다는 낙천적인 생각이 지나치게 강조되고 있다고 비판합니다. 또한 "놀이를 할 때 어린이는 언제나 자신의 평균 나이를 넘어서는 수준으로 행동한다." 또는 "놀이는 언제나 발달의 개선을 이끌어 낸다."라는 (많은 경우 잘못 이해되는) 문구 역시 비판의 대상이 되어 왔지요. 이들은, 놀이 그 자체로는 어린이의 발달에 기여하지 못하며, 어린이의 도전정신을 북돋워서 자신의 '근접발달영역'을 넘을 수 있도록 돕는 놀이 환경이 주어졌을 때에만 놀이가 발달에 잠재적인 영향력을 갖는다고 주장합니다. 이런 주장에 따르면 놀이를 할 때 교사를 비롯한 성인이 사회적 상호작용을 통해 적극적인 역할을 하고, 도전

과제를 제시하며, 어린이가 새로운 방법이나 이해를 창출해 낼 수 있도록 자극해야 한다고 합니다. 전통적인 역할 놀이를 넘어서는 이와 같은 놀이를 '경계선 놀이border play'라고 부릅니다.

이에 더하여 놀이는 어린이들이 자기중심적 성향을 극복하도록 돕습니다. 예컨대 엄마 역할을 하며 놀 때 아이는 그 역할에 맞는 동기와 감정, 행동을 경험하게 되지요. 또한 역할놀이는 즉흥적 행동을 억제하는 데에도 도움을 줍니다. 놀이를 하기 위해 어린이들은 스스로 되돌아보며 놀이 행동을 구성해야 하기 때문입니다. 놀이 과정에서 어린이는 자신의 생각을 언어적으로 되돌아보고, 표현하고, 마침내 놀이 행동으로 구현합니다. 다시 말해서 본래 무의식적이고 충동적이었던 행동이 놀이를 통해 강한 의지에 따른 의식적 행동으로 점진적으로 옮겨 가는 것입니다. 기존에 행동-발화-생각 순으로 이어지던 것이 이제는 정반대, 즉 생각-발화-행동 순으로 바뀝니다.

또한 놀이는 상상력과 공상 능력을 발달시킵니다. 어린이는 상상 속 세상의 특정한 역할과 행동을 떠올릴 수 있어야만 역할놀이를 할 수 있으며, 놀이 행동과 놀이용 장난감에 새로운 의미를 부여해야 하기 때문입니다. 게다가 놀이는 어린이의 사회적 역량과 사회적 인지 능력을 발전시켜 줍니다. 개개의 역할에는 특정한 놀이 행동이 요구되며, 놀이라는 하나의 활동을 하기 위해 어린이들은 서로 합의를 이루기를 바라게 됩니다. 결국 놀이는 어린이가 의미 있는 방식으로 서로의 요구를 수용하도록 도우며, 이를 통해 문제 해결

아이들을 놀게 하라

능력을 키우도록 돕습니다.

저는 학교에서 네 가지 형태의 놀이를 실시하자고 주장해 왔습니다.

1. 어린이 자신의 경험적 탐구와 아이 주도형 자유놀이에 기반을 둔, 정답이 정해지지 않은 전인적 놀이로 교사의 관찰과 참여가 가능한 놀이.
2. 특정한 주제를 가지고 어린이와 교사가 함께 만들어 가는 놀이. 성인과 어린이는 공통의 가상현실, 놀이 세계, 놀이 구조를 공유하며, 여기에서 어린이와 어른 모두 특정한 주제를 중심으로 놀이를 하고 이야기를 만들어 낼 수 있다.
3. 놀이에 기반을 둔 학습 활동으로 분명한 목표가 존재하며 다양한 학과목(수학, 언어, 과학 등)과 통합되는 놀이. 이런 놀이를 통해 학업 역량을 키우게 된다.
4. 그림그리기, 춤, 이야기하기 등 심미적 활동이나 놀이 이후에 진행되는 대화식 읽기 놀이. 이 놀이에서 핵심은, 좋은 책을 읽고 그로부터 얻은 영감을 바탕으로 놀이를 진행하면서 흥미로웠던 부분에 대해 이야기를 나누거나 곱씹어 보고, (때로는) 책의 내용을 바꾸어 새로운 이야기를 만들어 보기도 하는 것이다. 이런 놀이를 통해 아이들은 스스로 이야기꾼이 되어 볼 수 있다.

울리나 마프 Ulina Mapp**, 세계유아교육기구 파나마지부, ISAE 대학원 연구 이사 겸 교수**

아이들이 배우기를 바란다면 아이들을 놀게 해야 합니다.

재미있는 놀이는 능력을 발달시키기 위한 하나의 전략이고, 바로 그 때문에 교사들은 아이들의 흥미를 끌 수 있는 다양한 게임을 만들어 냅니다.

전 세계 어린이들에게는 놀 공간이 필요합니다. 가정이나 학교에서, 공원과 정원에서 아이들은 놀아야 합니다. 나이에 관계없이 모든 사람은 놀 때 즐겁게 웃을 수 있으며, 바로 그 때문에 건강이 유지됩니다. 어린이들은 놀면서 능력, 습관 태도를 발달시키며, 이는 수년 동안 또는 평생토록 유지될 것입니다. 또한 놀이는 어린이들이 타인과 원만한 관계를 유지하고, 좌절감을 이겨 내며, 실패하더라도 다시 일어서는 법을 배울 수 있게 해 줍니다. 또한 어린이들이 능력을 발전시키고 또래를 비롯한 타인과 자신의 생각을 공유하고 구체화할 수 있도록 돕습니다.

미래의 학교에 놀이가 자리 잡는다면 학생들은 더 많은 가치와 혁신을 일구어 낼 것입니다.

시카 마츠다이라, 일본 시즈오카 대학 사회복지학과 부교수

일본에서는 놀이의 필요성에 관하여, 특히 유아기와 교육적 놀이의 필요성에 대하여 많은 논의가 이루어지고 있습니다. 놀이는 경험하고 배우기 위한 가장 효과적인 방식입니다. 상상력과 창의력은

아이들을 놀게 하라

어린이가 만족스러운 삶을 살아가는 데 꼭 필요하며, 놀이는 이런 능력을 키우는 데 근본적인 역할을 합니다. 놀이는 어린이의 언어이므로, 아이들과 소통하기 위해서는 그들의 언어를 써야 합니다. 저는 사람들이 놀이를 어른의 눈이 아닌 어린이의 눈으로 바라보기를 바랍니다. 어린이가 '놀이는 바로 이런 것'이라고 말한다면 바로 그것이 놀이이며, 그것이 실내 활동이든 실외 활동이든 상관없습니다. 놀이는 어린이가 충분히 안전하다고 느끼기만 한다면 어디에서든 이루어질 수 있습니다.

주디스 버틀러, 세계유아교육기구 아일랜드위원회 회장, 코크 과학대학 스포츠레저아동연구학부 유아교육과 강의 관리자

놀이를 통해 어린이는 통합적이고 전인적인 발달을 이룹니다. 어린이의 발달에 놀이는 필수적입니다. 놀이가 없다면 어린이는 어린 시절을 완전히 빼앗기는 것과 같습니다. 또한 놀이는 어린이의 배움과 발달을 확장하기 위한 유용한 도구가 되기도 합니다. 그러니 놀이 말고 다른 무엇이 필요할까요?

정책을 수립할 때 놀이의 중요성을 인식하고 강조해야 합니다. 부모를 비롯하여 제대로 교육 훈련을 받지 못한 사람들은 쉽게 놀이를 평가절하하곤 합니다. 그 결과 교사들은 전통적이고 교훈적인 교습 방식과 교과과정으로 회귀하라는 압박감을 느낄 수 있습니다. 또한 세계적으로 어린이의 전인적 발달에 꼭 필요한 위험한 놀이를 지나치게 규제하고 있습니다. 이런 제한적인 틀이 바깥놀이에 분명한 지장을 주고 있습니다.

결국 아이들은 정서적으로(억눌린 감정을 분출할 출구가 없어서), 신체적으로(예컨대 비만) 어려움을 겪고 있습니다. 교육대학에서는 예비교사들에게 놀이를 적극 활용하도록 강조해야 합니다. 교사들은 놀이를 활용하여 가르치는 방법을 터득해야 합니다. 적극적인 직접경험을 통한 학습법과 체험적인(시행착오를 통한 발견) 학습법은 꼭 필요하며, 교사들의 임용 전 또는 임용 후 훈련 과정에서 강조되어야 합니다.

실외놀이와 모험적 놀이는 그 가치가 인정되어야 합니다. 연구 결과에 따르면 아이들은 죄수들보다 더 실외에서 보내는 시간이 적다고 합니다. 우리는, '보호'의 관점에서는 어린이들의 권리를 완전히 존중하고 있지만, 필요한 것을 '제공'한다는 측면에서는 그렇지 못한 것 같습니다. 제가 늘 즐겨 인용하는 문구가 있습니다.

"행복한 날들이 우리를 현명하게 만든다."

세르조 펠리스, 캐나다 앨버타 레스브리지 대학 신경과학부 이사회 연구의 장 겸 교수

지의 연구 결과에 근거하여 말하자면 서구 국가들에서 어린이가 또래와 함께 자유롭게 놀 기회는 지난 2세기 동안 크게 축소되어 왔습니다. 놀이가 허락되더라도, 구조화된 놀이(예컨대 스포츠)가 대부분을 차지했습니다. 하지만 인간의 전전두엽 피질은 새로운 게임을 만들어 친구들과 함께 놀이하고, 규칙을 지키며, 어겼을 경우 벌칙을 부과하면서 이루어지는 협상행동을 통해 발달합니다. 다른 누군가(예컨대 교사, 심판 등)가 미리 만들어서 강제하는 규칙에 따르는 행위는 전전두엽 피질의 발달에 효과적이지 못합니다.

모든 어린이가 똑같지는 않기 때문에 모두에게 효과적인 단 하나의 프로그램이 있을 수는 없습니다. 오히려 저는, 어린이들 스스로 놀이의 장소와 유형을 선택할 수 있는 실내외놀이 환경이 제공되어야 한다고 생각합니다. 그 선택을 통해 어린이는 자신과 비슷한 흥미를 가진 친구들과 함께 적극적으로 놀이 활동에 참여할 수 있습니다. 사회적으로 또래보다 성숙하지 못한 아이들은 아마 처음에 자신과 비슷한 성향의 친구들과 함께 실내에서 비디오 게임만을 하겠다고 할지도 모릅니다. 하지만 사회적 능력이 향상될수록 아이들은 실외에서 하는 광범위한 놀이 활동 기회로 눈을 돌리게 될 것입니다. 놀이 부족의 문제는 50년 넘는 세월 동안 서서히 생겨난 것이므로, 그 부정적 효과를 바로잡는 일 역시 느리고 부드럽게, 어린이들이 보상으로서 스스로 놀이를 선택하는 방식으로 진행되어야 할 것입니다.

잔 골드하버, 버몬트 대학 교육사회서비스학부 명예 부교수

저는 어린이의 삶에서 놀이가 맡는 역할을 항상 강조해 왔고, 유아 교육자들이 놀이를 교육의 초석으로 인식할 수 있도록 수년 동안 노력해 왔습니다. 어린이들은 놀이를 통해 신체적, 사회적 세계를 이해하고, 그런 세계와 관계를 맺어 나갑니다. 놀이를 통해 어린이들은 자신만의 질문을 던지거나 자기만의 이론을 시험해 보고, 자기 자신, 타인, 공동체에 대한 이해를 쌓으며, 위험을 무릅쓰고 도전에 직면하여 목적을 향해 나아갈 수 있습니다.

최근 과학, 기술, 공학, 수학 등의 이과 과목이 엄청난 주목을 받고 있는 만큼, 놀이가 이런 과목들을 습득하기 위한 근본적인 역할을 한다는 주장이 설득력을 얻고 있습니다. 저는, 자연세계가 정답이 없는 놀이 중심적 환경으로서 어린이들의 정서적, 사회적, 인지적 발달을 돕는 데 중요한 역할을 한다는 연구 결과들을 살펴보자고 제안하고 싶습니다. 또한, 교사의 역할에 특히 주목할 것을 제안합니다. 놀이와 관련된 교사의 역할은 수동적이지 않습니다. 놀이 시간을 한가하게 앉아서 종이에 뭔가를 끼적이거나 동료들과 수다 떠는 시간으로 인식해서는 안 됩니다. 교사는 적극적 관찰자로서, 물리적 또는 일시적 환경의 변화가 나타나는 순간에 잘 대처할 준비가 되어 있어야 합니다. 교사가 놀이의 교육적 가치를 제대로 이해하기 위해서는 관찰자이자 기록자로서, 어린이들이 의미를 찾아가는 과정을 돕는 사람으로서 적극적인 역할을 수행할 준비가 되어 있어야만 합니다.

넬 노딩스Nel Noddings, 스탠퍼드 대학 교육학부 석좌교수, 국립 교육 아카데미, 교육사회철학회, 존 듀이협회 전 회장

저는 고등학생들이 지적인 개념에 대하여 갖는 정서적 수용력을 발달시키는 데 관심이 큽니다. 우리는 '학습 목표'에만 끝없이 집중해서는 안 됩니다. 아이들이 사물이 들려주는 이야기를 듣고, '거기에 있는 것'을 탐험할 수 있도록 도와야 합니다. 어떤 아이들은 공상에 자주 빠진다는 이유로 혼이 나곤 하지만, 그처럼 개방적이고 수용적이며 즐거운 탐구의 과정에서 놀라운 발견이 이루어지곤 합니다. 오늘날에는 놀이를 포함한 모든 것들이 지나치게 구조화되어 있습니다.

조너선 플러커 Jonathan Plucker**, 존스홉킨스 대학 교육학부 재능개발 석좌교수**

우리는 배움을 개인적인 활동으로 치부하곤 하지만, 사실 배움은 본질적으로 사회적인 활동입니다. 실제로는 배움이 타인과의 상호작용을 반드시 수반하는 것임에도 배움을 혼자서 하는 것으로 생각하곤 하지요. 놀이를 통해서 그 어떤 방법으로 다른 사람과 교류할 때보다도 훨씬 더 많은 것을 배웁니다. 놀이는 사회성, 문제 해결 능력, 창의력, 개념 습득력 등 모든 유형의 학습에 도움을 줍니다.

놀이는 인간 창의성의 주요 원천이 되는 상상력의 발달에 특히 필수적입니다. 놀이에서는 실제로 일어나지 않은 상황을 상정하는 경우가 많기 때문이지요. 당신 상상력의 한계는 어디이며, 그런 한계를 어떻게 하면 확장할 수 있을까요? 이런 질문을 마주했을 때 우리는 가상 놀이를 활용합니다.

오늘날 학교 안팎에서 놀이는 최악의 상황에 다다른 것 같아 우려스럽습니다. 저의 학창시절에는 초등학교 3학년부터 중학교까지 매일 쉬는 시간이 세 번씩 주어졌습니다. 방과 후나 주말에도 늘 동네에서 친구들과 놀았고, 이런 쉬는 시간과 놀이 시간은 대부분 전혀 정형화되어 있지 않았습니다. 물론 약간의 스포츠를 즐기기도 했지만, 자유 시간을 침해하지는 않았습니다. 예를 들어 제 친구와 저는 정식 야구팀에 속해 있었음에도 늘 뒷마당에서 즉흥적으로 만들어 낸 게임을 즐겼습니다. 아주 많이 말이죠. 제 아이들의 생활과 비교해 볼까요. 요즘 아이들에게는 학교에서 하루 종일 단 한 번의 짧은 쉬는 시간이 주어질 뿐이며, 모든 활동은 미리 짜인 일정에 따라 이루어집니다. 즉석에서 하는 게임은 거의 사라져 버렸습니다. 우리는 아이들의 삶에서 놀이를 빠른 속도로 제거하고 있습니다만, 도대체 무엇을 위해서일까요? 높은 점수를 위해서? 운동경기에서 좋은 성적을 내기 위해서? 잊지 마세요! 아이들의 삶에서 놀이를 없애 버린다고 해서 눈에 띄게 시험 점수가 높아지지도, 더 좋은 운동선수가 되지도 않습니다!

저는 이렇게 제안하고 싶습니다.

1. 매일 학교 시간표에 비정형화된 놀이시간을 포함시킬 것.
2. 학습 활동을 즐거운 일로 만들 것. 단지 시험 준비를 위해 공부하기보다는, 문제 해결과 질문에 기반을 둔 학습 활동에 집중할 것.
3. 정형화된 교외 활동 시간을 제한할 것.
4. 일부 학생들은 노는 법을 알지 못하므로 직접적인 도움이 필요하다는 사실을 잊지 말 것.

아이들을 놀게 하라

헨리 리바인 Henry Levin**, 컬럼비아 교육대학원 경제 교육학 석좌교수**

놀이를 통해 어린이는 인간관계에 관하여 결정을 내리거나 문제를 해결할 수 있는 힘을 얻습니다. 놀이를 통해 애매모호한 상황들에 직면하고, 그것을 잘 해결해 보는 경험을 얻습니다. 또한 놀이를 하면서 새 친구를 사귀고 기존의 우정을 유지할 기회도 얻으며, 즐거운 시간을 보낼 수도 있지요. 형식이 정해진 놀이나 자유로운 놀이를 통해 타인과 교류하기 위한 사회적 규칙을 습득하며, 신체 활동과 다양한 게임을 경험해 볼 수도 있습니다.

미래의 학교는 어린이가 건강하고 효과적인 인간으로 발달하기 위한 다양한 인지적, 정서적, 사회적 경험에 초점을 맞춰야 하며, 이런 경험들이 어떻게 하면 학교에서의 경험과 잘 결합될 수 있을지를 고민해야 합니다. 물론 학생들이 정해진 시간을 '자유롭게' 활용할 수 있는 기회도 주어져야겠지요.

마르셀로 M. 수아레스-오로스코 Marcelo M. Suárez-Orozco**, UCLA 교육정보학 대학원 교육 석학 교수 겸 학장**

네덜란드의 철학자 요한 하우징아J. Huizinga는 저서 〈호모 루덴스 Homo Ludens: A Study of the Play-Element in Culture〉에서, 놀이는 '문화보다 오래된 것이다. 문화는 언제나 인간 사회를 전제로 하지만, 동물은 인간으로부터 가르침을 받은 적이 없음에도 놀이를 즐기기 때문'이라고 썼습니다.

놀이는 어린이의 인지, 정서, 사회적 관계, 의미화의 구조를 형성한다는 점에서 유아기 교육의 근본적인 요소라고 볼 수 있습니다.

저는 너무나 바쁘고 정형화된 시간표 때문에 어린이들의 놀이가, 특히 자발적인 놀이가 희생되고 있다고 생각합니다.

하지만 의미 있고 본질적이며 근본적인 배움은 모두 놀이와 즐거움을 통해 이루어집니다. 몇 해 전에 저는, 어린이와 청소년들에게 "학교는 ( )."라는 문장을 완성해 보라는 설문을 진행했습니다. 압도적 다수를 차지한 답변은 "지루하다"였습니다. 지루함은 호기심의 반대말입니다.

하지만 즐거움은 호기심의 사촌 격입니다. 이제는 교육에서 놀이가 차지하는 역할을 다시 상상하고 구성하여야 합니다.

세랍 세비믈리-셀릭Serap Sevimli-Celik, 터키 앙카라 중동기술대학 교육학부 초등유아교육학부 부교수

우리가 진정으로 교실에 놀이를 도입하고자 한다면 깊은 고민을 통해 학습 환경을 재구성해야 합니다. 어린이들은 끊임없이 움직이고 놀이를 하면서 환경을 탐구합니다. 그리고 환경을 탐구하거나 신체 능력을 단련할 때, 주변의 사람, 사물과 상호작용할 때는 움직임을 활용할 수 있어야만 합니다. 이런 기회를 통해 어린이들은 활동적이고 건강한 신체를 발달시킬 수 있으며, 이는 향후 그들의 삶의 질에 상당한 영향을 미치기 때문입니다. 그러므로 놀이와 움직임을 통해 어린이들의 욕구를 충족시키기 위해서는 학교의 실내외 설계에 대해서부터 다시 생각해 봐야 합니다.

아이들을 놀게 하라

오늘날에는 유아기의 신체적 잠재력에 비해 정신적 잠재력만이 강조되는 경향이 있기에, 놀이와 움직임은 더더욱 필요합니다. 교육 문제를 대부분 인지적 관점에서 접근하면 학습 관행에 장기적으로 중대한 영향을 미치기 때문입니다. 오늘날의 교실 구성과 교과 과정은 어린이들이 주변 환경을 탐색하고 신체 활동을 통해 스스로를 표현할 여지를 많이 남겨 두지 않습니다. 게다가 지적 능력에 근거하여 어린이가 미래에 어떤 삶을 살아가게 될지, 학습적 잠재력이 어느 정도인지를 판단해 버리는 오늘날의 경향성 때문에 많은 유아들이 정서적, 신체적 욕구를 충족하지 못하고 문제를 겪습니다.

아주 어린 아이에게도 조용히 스스로 돌아볼 시간이 필요합니다. 그리고 이런 시간은 두뇌보다 손과 몸을 활용한 활동을 하면서 얻은 지식을 조직화하기 위해 쓰였을 때 진정한 효과를 누릴 수 있습니다. 움직임의 자유는 신체적 정신적 건강을 유지하기 위해서도 중요합니다. 우리는 건강한 신체에 건강한 정신이 깃든다는 그리스인들의 조언을 기억해야 합니다. 교사들을 대상으로 신체 움직임에 대한 교육을 진행해 본 결과, 많은 교사들이 창의적이고 즐거운 신체 표현 활동에 대해 상당히 부정적인 태도를 갖고 있었습니다. 그런 부정적인 태도를 바꾸고 놀이와 움직임의 위상을 다시금 세우기 위한 한 가지 방법이 교사 교육입니다. 놀이할 줄 아는 교사가 되고자 하는 동기를 불러일으키기 위해서는, 놀이에 관한 강좌를 제공하고, 학습자들이 놀이에 대해 깊이 이해할 수 있도록 다양한 교육 전략을 채택하며, 예비 교사들이 놀이 기술을 연마할 수 있는 교실 환경을 제공해야 합니다.

진 글래스, 애리조나 주립대학 명예석학교수, 콜로라도 대학 볼더 캠퍼스 국립교육정책센터 선임연구원

놀이를 하는 동안 두뇌에서 진지한 인지 처리가 이루어지지 않는다는 생각은 그야말로 터무니없는 것입니다. 그런 말을 들으면, 50년 전 '문화가 박탈된'(소수자) 어린이들에 관한 순진한 생각들이 떠오릅니다. 당시에는, 도심의 소수자 어린이들이 '투입'되는 정보가 부족하기 때문에 활기 없는 상태로 살아갈 거라고 생각하는 사람들이 많았습니다. 예나 지금이나 말도 안 되는 생각입니다. 누군가가 능동적인 인지 활동을 하지 않는 것처럼 보인다는 건, 단지 관찰자 본인이 그 사람의 정신 내부에서 어떤 일이 벌어지고 있는지를 모른다는 의미일 수도 있기 때문입니다. 결국, 관찰자가 '놀고 있는' 어린이의 정신에서 어떤 일이 벌어지고 있는지를 상상할 수 없다고 해서 어린이의 정신이 복잡하고도 지워지지 않는 학습을 경험하지 않는다는 뜻은 아닙니다.

우리는 어린이들에게 창의적이고 정서적이며 즐거운 삶을 살아가는 방법을 가르쳐야 합니다. 미술과 음악을 배우는 것은 단조로운 삶에서 우리를 구원해 줄 가치 있는 활동입니다. 한때 자유로운 교육이란 인간을 일로부터 해방시켜 주는 데 목적이 있었습니다. 모든 어린이는 교육 과정을 마치면서 평생토록 이어질 스포츠에 대한 관심(관중이 아닌 참여자로서)을 얻어야 합니다. 자신의 신체를 학대

아이들을 놀게 하라

하지 않기 위한 정신적, 신체적 습관을 발달시키도록 도움을 받아야 합니다. 유행병처럼 돌고 있는 나쁜 생활 습관으로 인한 질병(당뇨, 심장질환, 다양한 중독)은 미국 경제를 갉아먹는 큰 요인이 되고 있습니다. 어쩌면 교육이 놀이로부터 멀어지는 바로 이 시점에 이런 일이 벌어지는 건 우연이 아닐지도 모릅니다.

리사 소린 Reesa Sorin**, 호주 퀸즐랜드 제임스쿡 대학 열대환경 사회대학 예술 사회교육학부 유아교육과 코디네이터 겸 조교수**

누구든지 놀이를 통해서 배울 때 가장 잘 배웁니다. 휴식을 취할 때나 즐거운 일을 할 때 더 잘 기억하고 경험하며 대상을 깊이 바라보게 됩니다. 따라서 저는 모든 배움이 재미있고 즐거우며 흥미로워야 한다고 생각합니다.

저라면 모든 아이들에게 놀이에 기반을 둔 교과과정을 제공할 겁니다. 즉, 배움을 재미있고 즐겁고 흥미로운 활동으로 만들 것입니다. 이곳 호주에는, 세계적으로 교육 분야를 선도하는 핀란드의 교육을 우리가 따라가지 못하고 있다는 우려가 많습니다. 하지만 그러면서도 핀란드처럼 교사를 신뢰하고 학생들의 흥미를 존중하며 학습을 즐겁고 흥미로운 것으로 만들기 위해 노력하기보다 형식적인 학습 경험, 시험 및 직접적인 수업, 지루한 학습 경험만을 점점 더 강조하고 있습니다. 호주의 어린이들은 정식 학교 교육에 첫 발을 내딛자마자, 아니 심지어 그 이전 단계부터도 엄청난 스트레스를 받습니다. 많은 아이들이 등교를 거부하거나 스스로 '멍청하다'고 생각한다고 합니다. 그 말을 듣고 분노가 밀려왔습니다.

오늘날 어린이들이 겪는 또 다른 문제는 바깥 환경을 경험하지 못하고 전자 기기로 가득한 실내에만 갇혀 있는 시간이 늘어났다는 점입니다. 아이들은 실외 환경과 다시 연결되어야 하며, 실내에서도 실외에서도 언제나 즐거워야 합니다.

에릭 콘트레라스Eric Contreras, 뉴욕시 스튜이버선트 고등학교 교장

학교에서 놀이가 평가절하되면서 교육자로서 우리 자신은, 그리고 학생들은 많은 피해를 입었습니다. 표준 시험이 호기심과 놀이를 밀어내는 문화 안에서 학생들은 부담이 너무 크기 때문에 서툰 일을 해 보거나 실험할 기회를 잡지 않습니다. 놀이가 없으니 교사들 역시 학생들이 내면의 창의적 자아를 통해 해방되는 모습을 볼 기회를 놓치게 됩니다.

어린이들의 놀이를 관찰하면서 그들의 상상력이 지닌 가능성을 확인하고, 교실 안에서의 형식적 학습을 대체할 수 있는 새로운 활동을 만들어 낼 수 있습니다. 어린이들은 자연스러운 일이란 무엇인지를 놀이하는 모습을 통해 배워야 하지만, 우리는 그 기회를 잃어버렸습니다. 놀이는 교실 안에서 호기심의 힘을 해방시킬 수 있으며, 역설적이게도 그것은 성적도 올려 줍니다. 그런 의미에서 저는, 너무도 과감한 주장을 펴고 있는 이 책에 찬사를 보내고 싶습니다!

스미타 마투르, 제임스매디슨 교육대학 유아초등 및 읽기 교육학부 조교수

놀이는 선천적이고 즐거우며 아동(또는 학생) 주도의 활동으로서 배움이 지속될 수 있게 해 줍니다. 또한 놀이는 특별한 관심이 필요한 어린이들을 비롯하여 모든 어린이들의 신체적, 사회적, 정서적, 인지적, 언어적 발달을 촉진합니다. 배움의 목적이 무엇이든, 아이가 몇 학년이든 놀이는 모든 아이들에게 가치 있다고 생각합니다. 미래의 학교에서 놀이는 중심적 지위를 차지하게 될 것이고, 또 그래야만 합니다.

조 볼러 Jo Boaler, **스탠퍼드 교육대학원 수학 교육학부 교수**

놀이는 학생들이 창의적으로 생각하고 탐구하는 법을 배울 중요한 기회입니다. 다른 과목에서도 모두 마찬가지겠지만, 수학을 공부할 때 놀이는 정말 중요합니다. 오늘날의 미국 교육 체계에서 학생들은 배움을 희생시켜 가며 공부합니다. 수학 교육에서도 학생들은 늘 공부에 시달리느라 창의적으로 생각하는 법, 수학을 사랑하는 법을 거의 배우지 못합니다.

불행하게도 수학은 가장 시험을 많이 치르고 점수가 매겨지는 과목이지만, 학교는 여전히 성취에 대한 압박을 멈추지 않습니다. 수학은 숙제가 가장 많은 과목이기도 합니다. 숙제가 학생들에게 엄청난 스트레스를 유발하고 있음에도 불구하고 말입니다. 그러나 특별히 의미 있는 것이 아니고서야 숙제가 아이들의 성취도를 높여 준다는 근거는 없고, 오히려 불공평의 주요 요인이 되고 있다는 증거가 많습니다.

핀란드는 국제 시험에서 낮은 점수를 내던 국가였지만, 최근 몇 년 동안 수학 성적이 굉장히 높아졌습니다. 무엇이 변한 걸까요? 핀란드는 학생들에게 더 이상 숙제를 내주지 않고 보다 자유롭게 어린이다운 시간을 보낼 수 있도록 교육 환경을 바꾸었습니다. 매일 저녁 의미 없는 수학 숙제를 하느라 가족끼리 보낼 중요한 시간을 빼앗기고, 항상 할 일이 쌓여 있다는 기분을 느끼게 되는 미국과 상황이 완전히 다릅니다.

제가 진행한 연구에서는, 학생들이 시험 문제의 답을 찾는 것이 목적이라고 생각할 때보다 배우기 위해, 즉 다양한 개념을 탐구하고 자유롭게 생각하고 있다고 느낄 때 더 많은 것을 이해하고 더 높은 성과를 달성한다는 결과가 도출됐습니다.

성적이 낮은 학생들만 불행을 경험하는 건 아닙니다. 제가 스탠퍼드 대학에서 가르치는 수많은 학부생들, 전국적으로도 가장 좋은 성과를 내는 그 학생들조차도 수학에 대한 트라우마를 갖고 있습니다. 최근에 진행한 인터뷰에서 학생들은 학교에서 수학을 배우는 것이 마치 '햄스터의 쳇바퀴'에 올라가 달리는 것처럼 느껴진다고 말했습니다. 아무런 목적도 의미도 없이 그저 달리고 또 달리는 기분이라는 것이지요. 어느 중학교 1학년 학생은 제게 수학 공부만 하면 '갇혀 있는 듯한' 기분이 들어서 수학이 마치 감옥처럼 느껴진다고 말하기도 했습니다.

여기에는 미국의 시험과 채점 관행에 큰 책임이 있습니다. 학기마다 또는 학년이 끝날 때마다 점수를 매겨서 학생들의 능력을 평가한다는 것 자체도 아주 나쁘지만, 디지털 점수 포털 등 디지털 기술의 발달로 인해 학생들이 매일 매 순간 자신이 몇 등인지 알 수 있게 되면서 상황은 한층 악화되었습니다. 성취에 대한 압박감을 한층 증폭시키기 때문입니다. 하지만 연구 결과에 따르면 점수는 중요하지 않습니다. 오히려 수학 교사들이 시험 점수를 건설적인 조언으로 바꾸기만 해도 학생들의 학습 능력은 개선됩니다. 저는 스탠퍼드의 학생들을 가장 자유롭게 해 주는 말이 바로 이것이라고 생각합니다.

"이 수업에서는 점수를 매기지 않을 겁니다. 스스로 배우기 위해 공부하세요."

많은 경우, 깊고 느리게 생각하는 사람이 최고의 수학자가 됩니다. 하지만 요즘 학생들은 정반대의 것을 가장 중요하다고 배웁니다. 바로, '속도'이지요. 물론 교실에서 빨리 대답해야 한다는 압박을 받을 때 능력을 가장 잘 발휘하는 사람도 있습니다. 계산을 빨리 하는 사람들이 전형적으로 그렇지요. 우리가 사는 세상에서는 그런 사람들이 타인에 비해 우월감을 느끼곤 하지만, 오늘날 그런 능력은 실제로 그리 유용하거나 필요하지 않습니다.

이제는 수학 교육의 방식을 바꾸어 성과보다 배움과 탐구를 강조해야 합니다. 그렇지 않으면 앞으로도 계속 수학을 햄스터의 쳇바퀴, 심지어는 감옥으로 느끼는 학생들을 만들어 낼 것입니다. 더 많은 학생들이 숫자만 보면 두려움을 느끼게 될 겁니다. 수학에 관한 성과 중심적 문화 때문에 많은 사람들이 꼭 필요하고 재미있는 과목 하나를 빼앗기고 있습니다. 학교는 소수의 계산이 빠른 사람들만을 격려하느라 새로운 세상을 열 수 있는 창의적인 사고를 제대로 가르치지 못했습니다. 이제부터라도 배움을 사랑하고 수학을 사랑하는 학생들을 키워 내고자 노력한다면 아이들은 자유롭고 유능하게 생각하는 사람으로서 사회적 가치를 인정받게 될 것입니다.

저는 학교들에게 숙제를 완전히 없애고, 학생들이 가족과 함께 시간을 보내고 놀고 생각하고 어린이다운 생활을 할 수 있도록 시간을 주라고 권하고 싶습니다. 또한 성과만을 강조하는 학교 문화를 바꾸어 학교를 진정한 배움의 장소로 만들어야 합니다. 유치원부터 고등학교 3학년까지 모든 학생들에게 놀이 시간은 반드시 주어져야 합니다. 이 시간을 통해 학생들은 창의적으로 사고하며 자신의 정신세계를 넓혀 나가는 법을 배우게 됩니다.

찰스 웅거라이더 Charles Ungerleider, **브리티시컬럼비아 대학 교육연구학부 명예교수**

모든 인간은 탐험의 기회를 필요로 합니다. 탐험이야말로 배움의 본질이기 때문입니다. 모든 어린이는, 심각한 부상의 위협으로부터는 자유로워야 하지만, 모든 위험이 제거되지는 않은 상태로 상상력을 발휘하고 시험하며, 자신의 가설을 증명하고, 새로운 역할을 탐구하고, 새로운 방식으로 생각을 결합해 볼 수 있어야 합니다. 자신의 생각을 현실로 만들어 내고, 스스로 디자인한 의상을 입어 보고,

자신이 선택한 역할을 수행해 볼 수 있도록 다양한 천과 재료도 제공되어야 합니다. 놀이 재료가 값비쌀 필요는 없지만, 풍부해야 합니다.

어린이를 교육하는 사람들은 정답이 없는 조언("~할 때 너는 어떤 생각이 드니?")과 답이 정해져 있지 않은 질문("만약 ~한다면 어떤 일이 일어날까?")을 준비하고 있어야 하며, 아이가 하는 대답의 형식이나 내용에 대하여 어떤 선입견도 갖지 않아야 합니다. 또한, 상호작용을 통해 어린이가 기존의 지식적, 경험적 경계를 뛰어넘고, 즐겁게 호기심을 발휘할 수 있도록 도와야 합니다. 어린이들과 함께 일하는 사람들에게 아이의 자발성을 이해하는 능력, 어린이의 관점에서 사물을 바라보는 능력은 대단히 중요합니다.

소피 앨콕Sophie Alcock, 뉴질랜드 빅토리아 대학교 교육학부 부교수

'미래의 학교'는 학생들의 사회적, 창의적 관심사에 귀를 기울이고, 학생들이 자신의 생각과 감정을 표현할 수 있도록 도와야 합니다. 그 도구로서 실내외놀이를 활용할 수 있습니다. 놀이를 통해 학생들은 다양한 언어와 방식으로 자신의 생각과 감정을 표현할 수 있기 때문입니다. 또한, 학생과 교사, 지역사회에 관심과 생기를 불러일으킬 수 있는 활동이라면 어떤 것이든 (다른 형태의 배움과 더불어) 놀이를 통해 탐구되어야 할 것입니다. 여기에는 수학, 음악, 춤, 스포츠, 미술, 정원 가꾸기, 지구과학, 물리학, 도예, 양봉 등 다양한 활동이 포함될 수 있습니다. 놀이를 밑바탕에 쌓으면 우리는 지구상에

만연한 수많은 문제들에 대한 창의적인 해법을 찾아낼 능력을 갖추게 됩니다. 그렇기 때문에 오늘날 놀이가 더욱 강조되어야 하는 것입니다. 그러니 어서 아이들을 놀게 하세요!

배움과 놀이에 관한 선언 - 어린 시절에 대한 전쟁을 당장 멈춰라!

지적인 놀이와 신체놀이는 어린이가 배움, 건강한 발달, 학업 발달을 이루고 삶에 필요한 기술을 습득하기 위한 필수적 기초다.

놀이는 어린이가 학교에서, 가정에서, 지역 사회에서 누려야 할 본질적 권리다.

어린이에게 학교에서의 놀이가 필요하다는 강력한 과학적, 의학적 합의가 존재함에도 불구하고 학교와 정치인들은 학교에서 놀이를 없애고, 신체 활동을 제한하고, 쉬는 시간을 줄이고 없애며, 과도한 공부와 두려움, 스트레스를 강제하고, 만 8세라는 어린 나이부터, 심지어는 그 이전부터 어린이들에게 대규모 표준 의무 시험을 강요하는, 비생산적 정책을 도입하고 있다. 어린 시절을 상대로 전쟁을 벌이고 있는 그들을 당장이라도 막아야 한다.

모든 어린이에게는 아래의 것들이 제공되어야 한다.

1. 발견과 실험, 격려, 대화, 지적 도전, 자유로운 놀이와 지도에

따르는 놀이, 즐거운 수업과 배움으로 가득하며, 어린이의 의견과 어린이들 간 학습 수준의 차이를 존중하는 학교. 어린이의 사회적, 정서적, 인지적 능력을 키워 주는 학교. 공평한 자금 지원을 받고, 필요할 경우 건강한 식사를 포함하는 사회적 서비스를 제공할 수 있는 학교, 관리가 가능할 정도의 작은 학급, 안전과 보안. 미술, 체육 활동을 포함하여 완전한 교과 과정을 제공하는 학교. 표준 시험 대신 충분한 자격을 갖춘 전문성 있는 교사가 설계하는 양질의 정기 평가. 쉬는 시간과 놀이에 관한 미국 소아과 학회의 가이드라인에 따라 쉬는 시간을 처벌로서 빼앗지 않는 학교. 놀이와 체육 활동을 효과적으로 가르치고, 교육 연구, 아동 발달, 교내 실습 분야에서 충분한 훈련을 받은 교사와 관리자들이 운영하는 학교.

2. 가능하면 언제든 바깥 활동을 할 수 있는, 매일 최소 60분간의 비정형화된 쉬는 시간(국제연합 수형자 대우 최소 표준 규칙에서 정한 최소한의 시간과 같다)[394]. 국립의학아카데미의 권고[395]에 따른 최소한의 체육 교육. 즉, 초등학교의 경우 매일 평균 최소 30분, 중고등학교의 경우 매일 평균 최소 45분의 질 높은 체육 시간.

3. 아동 주도로 이루어지는 정기적 실내놀이 및 어린이가 직접 선택하고 실행하는 '열정 프로젝트'.

4. 실패할 자유, 성공을 향한 과정으로서 실패로부터 배울 자유.

5. 놀이와 신체 활동, 독서, 정신 건강 및 신체 건강, 충분한 수면, 전자 기기로부터 자유로운 시간, 가족과의 시간, 쉬는 시간 등

으로 학교 밖에서의 시간도 풍부하게 보낼 수 있도록 장려하는 학교.

학교의 예산과 시간표는 이에 따라 재조정되어야 한다.

정치인과 학교 관리자들은 이러한 최소한 표준을 준수할 직접적 책임을 져야 한다.

이 선언에 대하여 지지를 표하고 싶다면 아래의 웹페이지를 방문해 보라.

https://www.change.org/p/u-s-house-of-representatives-the-declaration-of-learning-and-play-call-to-halt-the-war-on-childhood

LET THE CHILDREN PLAY

어린이
헌장

어린이의 건강과 보호에 관한 백악관 회의는 시민의 첫 번째 권리로 어린이의 권리를 인정하며, 미국 어린이들을 위해 아래의 목표를 지켜 나갈 것을 서약한다.

1. 모든 어린이가 영적, 도덕적 훈련을 통해 삶의 어려움 속에서도 강인할 수 있게 하며,

2. 모든 어린이가 가장 귀중한 권리로서 자신의 인격을 이해하고 지켜 나가게 하며,

3. 모든 어린이가 가정, 가정으로부터의 사랑, 안전을 보장받게 하고, 위탁 보육을 받아야 하는 어린이는 자신의 가정과 가장 가까운 형태의 보육을 받을 수 있게 하며,

4. 모든 어린이가 완벽한 준비를 갖춘 채 출생하고, 그 어머니는 산전에, 출산 시에, 산후에 충분한 보살핌을 받고, 다양한 보호 장치를 통해 안전한 임신을 보장받으며,

5. 모든 어린이가 출생 시부터 청소년기에 이르기까지 정기 건강 검진과 필요할 경우 전문가 및 병원의 보살핌, 정기 치과 검진 및 치료, 전염성 있는 질병에 대한 보호 및 예방 조치, 깨끗한 음식과 우유, 물 등 건강상의 보호를 받으며,

6. 모든 어린이가 출생 시부터 청소년기에 이르기까지 충분히 훈련된 교사 및 지도자들의 도움을 받아 건강교육, 건강 프로그램, 전인적 신체 및 정서적 여가 활동 등을 누리며,

7. 모든 어린이가 적절한 주거환경을 통하여 안전하고 위생적이고 건전하며 합리적 수준의 사생활을 보장받고, 조화롭고 풍요로우며 발달을 저해하는 환경으로부터 자유로운 가정환경을 누리며,

8. 모든 어린이가 위험으로부터 안전하고 위생적이며 적절한 기구를 갖춘 학교에 다니고, 유아들은 가정 보육을 대체할 수 있는 수준의 보육을 보장받으며,

9. 모든 어린이가 어린이의 욕구를 인정하고 지지하고, 신체적 위험 및 도덕적 위해, 질병으로부터 어린이를 보호하고, 어린이가 놀고 즐길 수 있는 안전하고 건전한 장소를 제공해 주고, 어린이의 문화적 사회적 욕구를 충족시켜 줄 준비가 되어 있는 공동체에서 살아가며,

10. 모든 어린이가 자신만의 능력을 발견하고 발달시킴으로써 삶을 준비하고, 훈련과 직업 교육을 통해 향후 최대한의 만족감을 누리며 살아갈 수 있도록 해 주는 교육을 받으며,

11. 모든 어린이가 좋은 가정을 꾸리고 성공적인 부모가 되고 시민으로서의 권리를 누릴 수 있도록 돕는 교육과 훈련을 받으며, 부모들은 부모로서의 문제를 현명하게 해결하기 위해 자신에게 잘 맞는 보충적 훈련을 받으며,

12. 모든 어린이가 현대 사회에서 마주하기 쉬운 사고에 직접 노출되었을 때, 또는 부모의 사망이나 장애 등 직접적으로 사고의 피해 당사자가 되었을 때, 그 위험으로부터 안전과 보호를 보장받기 위한 훈련을 받으며,

13. 모든 어린이가 시각, 청각, 지체 장애를 비롯한 다양한 신체장애나 정신장애가 있을 경우 조기 발견과 진단, 적절한 보살핌과 치료, 훈련을 통해 사회가 책임져야 할 대상이 되기보다는 사회의 자산이 될 수 있도록 돕고, 그러한 서비스를 받기 위한 비용이 개인적으로 충당되기 어려울 경우 공적으로 보조되도록 하며,

14. 사회와 충돌을 겪는 모든 어린이가 사회로부터 따돌림을 당하는 것이 아니라 사회의 책임으로 현명하게 다루어지고, 가정, 학교, 교회, 사법부, 필요할 경우 교정 시설의 도움을 받아 언제라도 평범한 삶으로 돌아갈 수 있도록 하며,

15. 모든 어린이가 적절한 생활수준을 누리고, 사회적으로 불리한 조건에 대한 가장 확실한 보호 장치로서 안정된 수입을 보장받는 가정에서 자랄 권리를 인정받으며,

16. 모든 어린이가 교육을 제한하고 우정, 놀이, 즐거움의 권리를 박탈하는 신체 및 정신적 성장 저해와 노동으로부터 보호받으며,

17. 시골 지역에 사는 모든 어린이가 도시 어린이와 마찬가지로 만족스러운 학교 교육과 건강 서비스를 제공받고, 사회, 문화

시설 및 놀이 시설을 보장받으며,

18. 가정과 학교를 대신하여 청소년을 훈련시키고, 현대적 삶으로 인해 어린이들이 자기도 모르게 빼앗길 수 있는 다양한 흥미를 되돌려 줄 수 있는 자발적 청소년 기구의 확장과 발전을 자극하고 격려하며,

19. 위와 같은 최소한의 보호가 어린이의 건강과 복지를 위하여 어디에서나 제공될 수 있도록 건강, 교육, 복지를 위한 구, 시, 지역 공동체별 기구가 마련되어야 하며, 이는 주별 프로그램과의 협력을 통해 전국적인 정보, 통계 자료, 과학적 연구 자료에 즉각적으로 대응할 수 있어야 한다. 이들 기구에는 아래가 포함되어야 한다.

    a. 잘 훈련된 상근 공중보건 공무원 및 공중보건 간호사, 위생 보호 및 실험실 근로자

    b. 충분한 병원 침상

    c. 빈곤, 불행, 행동문제 때문에 특별한 도움이 필요한 어린이들을 안심시키고 도우며, 학대, 방치, 착취, 도덕적 위해로부터 어린이를 보호하기 위한 전일제 공중보건서비스

미국 깃발의 보호 아래에 있는 한 모든 어린이는 어디에 살든, 인종, 피부색, 상황이 어떻든 위의 모든 권리를 보장받는다.

1930년 11월 22일 어린이의 건강과 보호를 위한 백악관 회의, 어린이 헌장 (https://catalog.archives.gov/id/187089)

주석

━━

1   Milteer, R. M., Ginsburg, K. R.; Council on Communications and Media,
    & Committee on Psychosocial Aspects of Child and Family Health,
    American Academy of Pediatrics (2012). Clinical report. The importance
    of play in promoting healthy child development and maintaining strong
    parent-child bonds: Focus on children in poverty. Pediatrics, 129, e204–
    e213. The first quote, in its entirety, is "Pediatricians can advocate for
    safe play spaces for children who live in communities and attend
    schools with a high proportion of low-income and poor children by
    emphasizing that the lifelong success of children is based on their ability
    to be creative and to apply the lessons learned from playing."

2   Sukhomlinsky, V. (Trans. A. Cockerill). (2016). The School of Joy: Being
    Part 1 of My Heart I Give to Children (p. 111). Graceville, Australia: EJR
    Language Service.

3   Henley, J., McBride, J., Milligan, J., & Nichols, J. (2007). Robbing
    elementary students of their childhood: The perils of No Child Left
    Behind. Education, 128(1), 56–63.

4   Bradbury, R. (1990). Medicine for Melancholy (p. 102). New York: Bantam.

5   Green, R. (2013). Mandela: The Life of Nelson Mandela (p. 13). New York:
    Macmillan.

6   Remarks to 2012 National Day Rally, quoted in Hartung, R. (2019, August
    29). What are kindergartens really for?" TODAY (Singapore).

7   The Children's Charter, White House Conference on Child Health and
    Protection, November 22, 1930. College Park, MD: U.S. Children's Bureau

Files, National Archives. The conference was convened by President Herbert Hoover.

8   Ginsburg, K. R.; American Academy of Pediatrics Committee on Communications; American Academy of Pediatrics Committee on Psychosocial Aspects of Child and Family Health. (2007). The importance of play in promoting healthy child development and maintaining strong parent–child bonds. Pediatrics, 119(1), 182– 191.

9   Centers for Disease Control and Prevention. (2010). The association between school- based physical activity, including physical education, and academic performance. Atlanta, GA; Centers for Disease Control and Prevention, U.S. Department of Health and Human Services. Retrieved from https://www.cdc.gov/healthyyouth/health_and_academics/pdf/pape_paper.pdf.

10   Resolution on Early Years Learning in the European Union, adopted by the European Parliament, May 12, 2011.

11   Milteer, R. M., Ginsburg, K. R.; Council on Communications and Media, & Committee on Psychosocial Aspects or Child and Family Health, American Academy of Pediatrics. (2012). The importance of play in promoting healthy child development and maintaining strong parent–child bonds: Focus on children in poverty. Pediatrics, 129(1), e204– e213. This policy statement was reaffirmed by the American Academy of Pediatrics in 2016.

12   Murray, R., Ramstetter, C.; Council on School Health; American Academy of Pediatrics (2013). The crucial role of recess in school. Pediatrics, 131(1), 183–188.

13   Institute of Medicine [now called National Academy of Medicine]. (2013). Educating the student body: Taking physical activity and physical education to school. Washington, DC: National Academies Press.

14   Shinozaki, K., Nonogi, H., Nagao, K., & Becker, L. B. (2016). Strategies to improve cardiac arrest survival: A time to act. Acute Medicine & Surgery, 3(2), 61– 64.

15   Centers for Disease Control and Prevention and SHAPE America— Society of Health and Physical Educators. (2017). Strategies for recess in schools. Atlanta, GA: Centers for Disease Control and Prevention, U.S. Department of Health and Human Services.

16   China Education Daily, May 7, 2017, translation on Anji Play Facebook post of May 9, 2017.

17   World Bank Group. (2017). World development report 2018: LEARNING to realize education's promise (p. 69). Washington, DC: World Bank Publications.

18   Yogman, M., Garner, A., Hutchinson, J., Hirsh- Pasek, K., Golinkoff, R. M.; American Academy of Pediatrics Committee on Psychosocial Aspects of Child and Family Health, Council on Communications and Media. (2018). The power of play: A pediatric role in enhancing development in young children. Pediatrics, 142(3), e20182058. This landmark clinical report focuses on younger children, but the report's authors confirmed to us that its implications extend to older children as well. In this book, we consider a "child" to be "a human being below the age of 18 years," which is the definition used by the United Nations Convention on the Rights of the Child. When we refer to "childhood education" the same logic applies.

19   These passages are inspired by Dwight D. Eisenhower's "Chance for Peace" speech on military spending, also known as the "Cross of Iron" speech, given to the American Society of Newspaper Editors on April 16, 1953; and George Kennan's May 1981 speech accepting the Einstein Peace Prize.

20   The Editors of Time. (2017). TIME, The Science of Childhood: Inside the Minds of Our Younger Selves. New York: Time Inc. Books.

21   Finland has been qualitatively ranked as the #1 education system in the world or the developed world by UNICEF Office of Research (2017), Building the future: Children and the Sustainable Development Goals in rich countries, Innocenti Report Card 14, p. 10; by the World Economic Forum Global Competitiveness Index, 2017–2018; and by the OECD Better Life Index, 2017. Additionally, a global team of researchers published an analysis in The Lancet online on September 24, 2018, that ranked Finland as the nation with the #1 highest level of expected human capital, a combined measure of education and health that is considered an important determinant of economic growth. See Lim, S. S., Updike, R. L., Kaldjian, A. S., Barber, R. M., Cowling, K., York, H., . . . Murray, C. J. L. (2018). Measuring human capital: A systematic analysis of 195 countries and territories, 1990–2016. Lancet, 392(10154), P1217–P1234.

22   Papert, S. (1993). The Children's Machine. New York: Basic Books.

23   On publication bias in research, see, for example, Egger, M., & Smith, G. D. (1998). Meta-analysis bias in location and selection of studies. British Medical Journal, 316, 61. On research study weakness in general, see the provocative article by John Ioannidis (2005). Why most published research findings are false. Plos Medicine, 2(8), e124. On the problems in research of publication bias, outcome reporting bias, spin, and citation bias, see pediatrician Aaron E. Carroll's article in the September 24, 2018, issue of the New York Times, titled "Congratulations. Your Study Went Nowhere."

24   The Republic [Section IV], quoted in Panksepp J. (2007). Can PLAY diminish ADHD and facilitate the construction of the social brain? Journal

of the Canadian Academy of Child and Adolescent Psychiatry, 16(2), 57–66.

25   Stillman, J. (2017, June 22). Here's Einstein's advice to his son on how to accelerate learning. Inc.com.

26   Beatty, B. (1997). Preschool Education in America: The Culture of Young Children from the Colonial Era to the Present (p. 3). New Haven, CT: Yale University Press.

27   Hirsh-Pasek, K. (2009). A Mandate for Playful Learning in Preschool: Applying the Scientific Evidence (p. 3). New York: Oxford University Press.

28   Ginsburg, K. R.; American Academy of Pediatrics Committee on Communications; American Academy of Pediatrics Committee on Psychosocial Aspects of Child and Family Health. (2007). The importance of play in promoting healthy child development and maintaining strong parent–child bonds. Pediatrics, 119(1), 182–191.

29   Ibid.

30   Center on Media and Child Health. (n.d.). #MorePlayToday. http://cmch.tv/moreplaytoday/.

31   The Council of the European Union. (2011, June 15). Council conclusions on early childhood and care. Official Journal of the European Union, C 175/8.

32   Yogman, M., Garner, A., Hutchinson, J., Hirsh- Pasek, K., & Golinkoff, R, M.; American Academy of Pediatrics Committee on Psychosocial Aspects of Child and Family Health, Council on Communications and Media. (2018). The power of play: A pediatric role in enhancing development in young children. Pediatrics, 142(3), e20182058.

33   Author interview.

34   Groos, K. (1898). The Play of Animals (E. L. Baldwin, Trans.) New York:

Appleton; Groos, K. (1901). The theory of play. In The Play of Man (chapter 1, pp. 361–406). (E. L. Baldwin, Trans.). New York: Appleton.

35   Ward, H. (2012, November 2). All work and no play. Times Educational Supplement.

36   Chudacoff, H. (2008). Children at Play: An American History (p. 126). New York: NYU Press.

37   Brown, C. (2016, April 27). Kindergartners get little time to play. Why does it matter? The Conversation.

38   Quoted in White, R. (2013). The power of play: A research summary on play and learning. Minneapolis: Minnesota Children's Museum.

39   Ortlieb, E. (2010). The pursuit of play within the curriculum. Journal of Instructional Psychology, 37(3), 241–246.

40   Yogman et al. (2018). The power of play.

41   Plato. (1970). The Laws (T. J. Saunders, Trans.) (p. 278). Harmondsworth: Penguin.

42   Quoted in All- Party Parliamentary Group on a Fit and Healthy Childhood. (2015). Play: A report by the All- Parliamentary Group on a Fit and Healthy Childhood.

43   Froebel, F. (1912). Froebel's Chief Writings on Education (p. 50). London: Longmans Green.

44   Gopnik, A. (2016, August 12). In defense of play. The Atlantic.

45   See The World Bank. (2016, October 3). The power of play. It contains links to the original Jamaica study and follow-up reports: http://www.worldbank.org/en/programs/sief-trust-fund/brief/the-power-of-play.

46   Wolfgang, C. H., Stannard, L. L., & Jones, I. (2001). Block play performance among preschoolers as a predictor of later school achievement in mathematics. Journal of Research in Childhood Education, 15(2), 173–180. doi:10.1080/02568540109594958

47   White, R. (2013). The power of play: A research summary on play and learning. Minneapolis: Minnesota Children's Museum.

48   Whitebread, D. (2013). University of Cambridge research: Starting school age: The evidence. Retrieved from https://www.cam.ac.uk/research/discussion/school-starting-age-the-evidence.

49   Institute of Medicine [now called National Academy of Medicine]. (2013). Educating the student body: Taking physical activity and physical education to school. Washington, DC: National Academies Press.

50   Yogman et al. (2018). The power of play. The authors of the report noted that further research is needed to clarify these points.

51   Barker, J. E., Semenov, A. D., Michaelson, L., Provan, L. S., Snyder, H. R., & Munakata, Y. (2014). Less-structured time in children's daily lives predicts self-directed executive functioning. Frontiers in Psychology, 5, 593. The researchers noted that their findings indicate correlation, and not necessarily causation—it could be, for example, that children with strong executive function gravitate toward lessstructured activities.

52   "Kids whose time is less structured are better able to meet their own goals, says CU- Boulder study." CU Boulder Today, University of Colorado Boulder, June 18, 2014.

53   Yogman et al. (2018) The power of play.

54   A recent review by researchers at the Lego Foundation found that there is evidence, among other things, that: physical play is linked to motor development, and some tentative evidence that it is linked to social development; unstructured breaks from cognitive tasks improve learning and attention, though it is unclear whether play leads to greater improvements in learning than simply taking a break and, for example, talking with friends; block play leads to improvements in spatial processing/mental rotation; construction play relates to language

development, and this relationship may be strongest in infancy, with pretend play becoming more important for language as children enter toddlerhood; word- play and word- games relate to language development; pretend play relates to language development, and particularly narrative skills; pretend play—and particularly fantasy-oriented pretense—may relate to learning- to- learn skills such as executive function and selfregulation; board games (particularly those with numbers and linear number sequences) lead to improvements in numeracy/ mathematics ability; and physical games with rules help children (and especially boys) adapt to formal schooling." See Whitebread, D., Neale, D., Jensen, H., Liu, C., Solis, S. L., Hopkins, E., Hirsh-Pasek, K., & Zosh, J. (2017). The role of play in children's development: A review of the evidence (research summary). Billund, Denmark: The Lego Foundation.

55 Ginsburg et al. (2007). The importance of play.

56 Sylva, K., Melhuish, E., Sammons, P., Siraj-Blatchford, I., & Taggart, B. (2004). The Effective Provision of Pre-school Education [EPPE] Project: Findings from pre-school to end of key stage 1. Nottingham, UK: Department of Education and Skills.

57 Author interview.

58 Brussoni, M., Gibbons, R., Gray, C., Ishikawa, T., Sandseter, E. B. H., Bienenstock, A., ... & Pickett, W. (2015). What is the relationship between risky outdoor play and health in children? A systematic review. International Journal of Environmental Research and Public Health, 12(6), 6423–6454.

59 University of British Columbia. (2015, June 10). Risky outdoor play positively impacts children's health, study suggests. Science Daily.

60 UNICEF. (2012). The State of the World's Children 2012: Children in an Urban World. New York: Author.

61   Tremblay, M., Gray, C., Babcock, S., Barnes, J., Bradstreet, C. C., Carr, D., ... & Brussoni, M. (2015). Position statement on active outdoor play. International Journal of Environmental Research and Public Health, 12(6), 6475–6505.

62   Ulset, V., Vitaro, F., Brendgen, M., Bekkhus, M., & Borge, A. (2017). Time spent outdoors during preschool: Links with children's cognitive and behavioral development. Journal of Environmental Psychology, 52, 69–80.

63   He, M., Xiang, F., Zeng, Y., Mai, J., Chen, Q., Zhang, J., ... & Morgan, I. G. (2015). Effect of time spent outdoors at school on the development of myopia among children in China: A randomized clinical trial. JAMA, 314(11), 1142–1148; Rose, K. A., Morgan, I. G., Ip, J., Kifley, A., Huynh, S., Smith, W., & Mitchell, P. (2008). Outdoor activity reduces the prevalence of myopia in children. Ophthalmology, 115(8), 1279–1285.

64   Patte, M. (n.d.). The decline of unstructured play. Retrieved from http:www.thegeniusofplay.org.

65   Institute of Medicine [now called National Academy of Medicine]. (2013). Educating the student body: Taking physical activity and physical education to school. Washington, DC: National Academies Press.

66   Ibid.

67   Yogman et al. (2018). The power of play.

68   National Association of Elementary School Principals. (2010, February 4). Principals link recess to academic achievement in latest Gallup Poll.

69   Hillman, C. H., Buck, S. M., Themanson, J. R., Pontifex, M. B., & Castelli, D. M. (2009). Aerobic fitness and cognitive development: Event- related brain potential and task performance indices of executive control in preadolescent children. Developmental Psychology, 45(1), 114–125; Hillman, C. H., Pontifex, M. B., Castelli, D. M., Khan, N. A., Raine, L. B.,

Scudder, M. R., ... & Kamijo, K. (2014). Effects of the FITKids randomized controlled trial on executive control and brain function. Pediatrics, 134(4):e1063-71.

70   See the comprehensive CDC research collection Health and Academics at: https://www.cdc.gov/healthyschools/health_and_academics/index. htm.

71   Howie, E. K., & Pate, R. R. (2012). Physical activity and academic achievement in children: A historical perspective. Journal of Sport and Health Science, 1(3), 160–169.

72   Centers for Disease Control and Prevention and SHAPE America— Society of Health and Physical Educators. (2017). Strategies for recess in schools. Atlanta, GA: Centers for Disease Control and Prevention, U.S. Department of Health and Human Services.

73   Ibid.

74   Curtin, M. (2017, December 29). The 10 top skills that will land you high-paying jobs by 2020, according to the World Economic Forum. Inc.

75   Author interview.

76   Hirsh-Pasek, K. (2018, January 29). Taking playtime seriously. New York Times.

77   Kathy Hirsh-Pasek, Senior Fellow, Global Economy and Development, Center for Universal Education Stanley; Debra Lefkowitz, Faculty Fellow, Department of Psychology, Temple University; Roberta Michnick Golinkoff, Unidel H. Rodney Sharp Professor of Education, University of Delaware. "Becoming brilliant: Reimagining education for our time." Brookings global education blog, May 20, 2016.

78   All-Party Parliamentary Group on a Fit and Healthy Childhood (2015). Play: A report by the All-Party Parliamentary Group on a Fit and Healthy Childhood.

79 Adapted from Ginsburg, K. R.; American Academy of Pediatrics Committee on Communications; American Academy of Pediatrics Committee on Psychosocial Aspects of Child and Family Health. (2007). The importance of play in promoting healthy development and maintaining strong parent–child bonds. Pediatrics, 119(1), 182–191; Milteer, R. M., Ginsburg, K. R.; Council on Communications and Media, & Committee on Psychosocial Aspects of Child and Family Health, American Academy of Pediatrics. (2012). The importance of play in promoting healthy child development and maintaining strong parent–child bonds: Focus on children in poverty. Pediatrics, 129, e204–e213; Murray, R., Ramstetter, C.; Council on School Health; American Academy of Pediatrics. (2013). The crucial role of recess in schools. Pediatrics, 131(1), 183–188; and Yogman, M., Garner, A., Hutchinson, J., Hirsh- Pasek, K., & Golinkoff, R, M.; American Academy of Pediatrics Committee on Psychosocial Aspects of Child and Family Health, Council on Communications and Media. (2018). The power of play: A pediatric role in enhancing development in young children. Pediatrics, 142(3), e20182058. Also, AAP press release, "AAP considers recess a necessary break from the demands of school," December 31, 2012.

80 Yogman, M., Garner, A., Hutchinson, J., Hirsh-Pasek, K., & Golinkoff, R, M.; American Academy of Pediatrics Committee on Psychosocial Aspects of Child and Family Health, Council on Communications and Media. (2018). The power of play: A pediatric role in enhancing development in young children. Pediatrics, 142(3), e20182058.

81 Author interview.

82 Author interview.

83 Author interview.

84 See, for example, Siviy, S, & Panksepp, J. (2011). In search of the

neurobiological substrates for social playfulness in mammalian brains. Neuroscience and Biobehavioral Reviews, 35, 1821–1830; Siviy, S. (2016). A brain motivated to play: Insights into the neurobiology of playfulness. Behaviour, 153, 819–844.

85   Author interview.

86   Author interview.

87   Author interview.

88   Author interview. In her article "Settling for Scores" in the December 27, 2017, issue of the Atlantic, Professor Diane Ravitch quoted the wise 1979 axioms of psychologist Donald Campbell: "The more any quantitative social indicator is used for social decision- making, the more subject it will be to corruption pressures and the more apt it will be to distort and corrupt the social processes it is intended to monitor"; and "Achievement tests may well be valuable indicators of general school achievement under conditions of normal teaching aimed at general competence. But when test scores become the goal of the teaching process, they both lose their value as indicators of educational status and distort the educational process in undesirable ways." Ravitch added: "For the last 16 years, American education has been trapped, stifled, strangled by standardized testing. Or, to be more precise, by federal and state legislators' obsession with standardized testing. The pressure to raise test scores has produced predictable corruption: Test scores were inflated by test preparation focused on what was likely to be on the test. Some administrators gamed the system by excluding low-scoring students from the tested population; some teachers and administrators cheated; some so that more time could be devoted to the tested subjects. As a teaching tool, the tests are deeply flawed because they quash imagination, creativity, and divergent thinking. These are mental habits we should encourage,

not punish." A 2018 report titled "How High the Bar?" published by the National Superintendents Roundtable and the Horace Mann League concluded that standardized tests are designed so that the vast majority of students in most countries cannot demonstrate "proficiency." The authors argued that the United States has set test score benchmarks so high that they are not useful, not credible, and designed so that most students will fail. The results are then used to criticize public schools, teachers, and teacher unions, and to drum up support for vouchers, charters, and school privatization. Dr. James Harvey, executive director of the National Superintendent's Roundtable, noted, "Many criticize public schools because only about one third of our students are deemed to be 'proficient' on NAEP [National Assessment of Educational Progress, a sample- based standardized testing regime] assessments. But even in Singapore—always highly successful on international assessments—just 39 percent of fourth-graders clear NAEP's proficiency benchmark."

89   See, for example, special issue of Educational Management Administration& Leadership, 36(2), 2008.

90   Strauss, V. (2014, May 1). Answer sheet: 6 reasons to reject Common Core K–3 standards—and 6 rules to guide policy Washington Post.

91   We believe that school systems should be "data informed" with a wide range of information, not "data driven" mainly by standardized test scores in a few subjects.

92   Sahlberg, P. (2006). Education reform for raising economic competitiveness. Journal of Educational Change, 7(4), 259–287.

93   See, for example, Adamson, F., Astrand, B., & Darling- Hammond, L. (2016). Global Education Reform: How Privatization and Public Investment Influence Education Outcomes. New York: Routledge.

94   See, for example, Abrams, S. (2016). Education and the Commercial

Mindset. Cambridge, MA: Harvard University Press.

95   For a history of failed attempts at education reform during the Bush–Obama years and their impact on schools, see Ravitch, D. (2010). The Death and Life of the Great American School System: How Testing and Choice are Undermining Education. New York: Basic Books; Ravitch, D. (2013). Reign of Error: The Hoax of the Privatization Movement and the Danger to Public Schools. New York: Knopf; Merrow, J. (2017). Addicted to Reform: A 12- Step Program to Rescue Public Education. New York: The New Press. In Koretz, D. (2017). The Testing Charade: Pretending to Make Schools Better, Chicago: University of Chicago Press, Harvard education Professor Dan Koretz concluded that "The best estimate is that test- based accountability may have produced modest gains in elementary- school mathematics [author's note: which fade out before high school graduation] but no appreciable gains in either reading [author's note: in any grade] or high- school mathematics—even though reading and mathematics have been its primary focus." He added that "these meager positive effects must be balanced against the many widespread and serious negative effects," such as excessive testing and test preparation, displacing of actual instruction, "utterly absurd" teacher evaluation systems, the "corruption of the ideals of teaching," manipulation of tested populations (like finding ways to keep low achievers from being tested), outright cheating that has even led to criminal charges and imprisonment, score inflation, and the creation of "gratuitous and often enormous stress for educators, parents, and, most important, students." As for achievement gaps, Koretz concluded that "the trend data don't show consistent improvement" (6, 187, 190, 191).

96   Strauss, V., & Merrow, J. (2017, September 25). The "questionable questions" on today's standardized tests. Washington Post.

97   What's wrong with America's playgrounds and how to fix them: An interview with Joe L. Frost. American Journal of Play, Fall, 141–158, 2008.

98   Gordon, A. (2014, July 29). At this day camp, risks can be rewarding. Toronto Star.

99   Common Sense Media. (2015). The Common Sense census: Media use by tweens and teens. Also see Kaiser Foundation. (2010). Generation M2: Media in the lives of 8-to 18-year-olds; Pew Research Center. (2018). Teens, social media and technology 2018. Retrieved from http://www.pewinternet.org/2018/05/31/teens-social-media-technology-2018/

100   Miller, M., & Almon, J. (2009). Crisis in the kindergarten: Why children need to play in school. Alliance for Childhood.

101   Singer, D. G., Singer, J. L., D'Agostino, H., & DeLong, R. (2009). Children's pastimes and play in sixteen nations: Is free-play declining? American Journal of Play 1(3), 283–312.

102   Ikea Corporation. (2015). The play report.

103   Strauss, V., & Carlsson- Paige, N. (2015, November 24). How "twisted" early childhood education has become—from a child development expert. Washington Post online. Retrieved from https://www.washingtonpost.com/news/answer-sheet/wp/2015/11/24/how-twisted-early-childhood-education-has-become-from-a-childdevelopment-expert/?utm_term=.d2cb0605515e

104   Abeles, V. (2016). Beyond Measure: Rescuing an Overscheduled, Overtested, Underestimated Generation (p. 107). New York: Simon & Schuster.

105   Jesse Hagopian, J. (2014). More Than a Score: The New Uprising Against High-Stakes Testing (p. 21). New York: Haymarket Books.

106   Parents Across America. (2013). The power of play. Retrieved from http://parentsacrossamerica.org/power- play/.

107   Merrow, J. (2017). Addicted to Reform: A 12-step Program to Rescue Public Education (p. 107). New York: The New Press.

108   Ibid.

109   Strauss, V. (2014, May 2). Answer Sheet: 6 reasons to reject Core K–3 standards—and 6 rules to guide policy. Washington Post online.

110   Yogman et al. (2018). The power of play.

111   Heim, J. (2016, September 6). Almost the entire D.C. school district is ignoring its PE requirements. Washington Post.

112   Ahmed- Ullah, N. (2011, October 25). Schools face new challenge: Return of recess. Chicago Tribune.

113   Roth, J., et al. (2003). What happens during the school day? Time diaries from a national sample of elementary school teachers. Teachers College Record.

114   Symons, M. (2016, January 21). Christie: Vetoed recess bill was "stupid." Daily Record.

115   Neal Cavuto Show, Fox News, January 20, 2016.

116   Gilson, K. (2013, April 18). CPS security chief bans dangerous bubbles from headquarters of America's third largest school system. Substance News.

117   Whitehouse, E., & Shafer, M. (2017, March 9). State policies on physical activity in schools. The Council of State Governments.

118   Ginsburg, K. R.; American Academy of Pediatrics Committee on Communications; American Academy of Pediatrics Committee on Psychosocial Aspects of Child and Family Health. (2007). The importance of play in promoting healthy child development and maintaining strong parent–child bonds. Pediatrics, 119(1), 182–191.

119   On costs and inaccuracies of standardized testing, see, for example, Shavelson, R., Linn, R., Baker, E., Ladd, H., Darling-Hammond, L.,

Shepard, L. A., ... & Rothstein, R. (2010, August 27). Briefing paper: Problems with the use of student test scores to evaluate teachers. Economic Policy Institute; fairtest.org. (2007). Fact sheet: The dangerous consequences of high-stakes standardized testing; Nelson, H. (2013, July). Testing more, teaching less: What America's obsession with student testing costs in money and lost instructional time. American Federation of Teachers.

120 Hart, R., Casserly, M., Uzzell, R., Palacios, M., Corcoran, A., Spurgeon, L.; Council of the Great City Schools. (2015, October). Student testing in America's great city schools: An inventory and preliminary analysis.

121 Darling-Hammond, L. (2013, April 10). Editorial: Test and punish sabotages quality of children's education. MSNBC. Retrieved from http://www.msnbc.com/melissa-harris-perry/test-and-punish-sabotages-quality-childr

122 Ravitch, D. (2016, October 12). John King doubles down on importance of standardized tests; "reformers" cheer. dianeravitch.net

123 National Research Council. (2011). Incentives and Test-Based Accountability in Education. Washington, DC: National Academies Press.

124 Pellegrini, A. (2008). The recess debate: A disjuncture between educational policy and scientific research. American Journal of Play, Fall, 181–191.

125 Tienken, C. (2017, July 5). Students test scores tell us more about the community they live in than what they know. The Conversation.

126 Merrow, J. (2017, August 7). The FreshEd Podcast.

127 Solley, B. A. (2007, October 28). On standardized testing: An ACEI position paper. Retrieved from https://www.redorbit.com/news/education/1120085/on_standardized_testing_an_acei_position_ paper/.

128 Russo, L. (2013). Play and creativity at the center of curriculum and assessment: A New York City school's journey to re-think curricular

pedagogy. Bordon, Journal of Education, 65(1), 131–146.

129 Bartlett, T. (2011, February 20). The case for play: How a handful of researchers are trying to save childhood. The Chronicle of Higher Education.

130 Gates, B. (2016, April 3). A fairer way to evaluate teachers. Washington Post.

131 Chudacoff, H. (2008). Children at Play: An American History (p.126). New York: NYU Press.

132 Burdette, H. L., & Whitaker, R. C. (2005). Resurrecting free play in young children: Looking beyond fitness and fatness to attention, affiliation, and affect. Archives of Pediatrics and Adolescent Medicine, 159(1), 46–50; citing Hofferth, S. L., & Sandberg, J. F. (2001). Changes in American children's use of time, 1981–1997. In T. Owens & S. L. Hofferth (Eds.), Children at the Millennium: Where Have We Come From, Where Are We Going? (pp. 193–229). Amsterdam: Elsevier Science Publishers.

133 Wisler, J. (n.d.) Unstructured play is the parenting miracle we've all been waiting for (really). Retrieved from http://www.scarymommy.com/unstructured-play-is-parenting- miracle/.

134 Elkind, D. (2007). The Power of Play: How Spontaneous, Imaginative Activities Lead to Happier, Healthier Children (p. 4). New York: Da Capo Press.

135 Christakis, E. (2016, January–February). The new preschool is crushing kids. The Atlantic.

136 Strauss, V. (May 1, 2014). Answer sheet: 6 reasons to reject Common Core K–3 standards. Washington Post. For an opposing argument that favors beginning formal reading instruction in kindergarten, see Hanson, R., & Farrell, D. (1992, January). Prescription for literacy: Providing critical educational experiences. ERIC Digest. Retrieved from https://www.

ericdigests.org/1992-5/literacy.htm; and Hanson, R., & Farrell, D. (1995). The long- term effects on high school seniors of learning to read in kindergarten. Reading Research Quarterly, 30(4), 908. A key question is how best to support (and not penalize, overpressure, or discourage) children who are naturally disposed to formal reading and writing instruction at ages 6, 7, or 8 rather than 5.

137   Miller, E., & Almon, J. (2009). Crisis in the kindergarten: Why children need to play in school. Alliance for Childhood, National Society for the Study of Education.

138   For an opposing argument in favor of teaching advanced math in kindergarten, see Engel, M., Claessens, A., Watts, T., & Farkas, G. (2014, October 26). The misalignment of kindergarten mathematics content. Draft paper prepared for the Association for Public Policy Analysis and Management 2014 Fall Research Conference.

139   Wong, M. (2015, October 7). Study finds improved self- regulation in kindergartners who wait a year to enroll. Stanford News Center.

140   Suggate, S. (2009). School entry age and reading achievement in the 2006 Programme for International Student Assessment (PISA). International Journal of Educational Research, 48(3), 151–161.

141   Suggate, S. P., Schaughency, E. A., & Reese, E. (2013). Children learning to read later catch up to children reading earlier. Early Childhood Research Quarterly, 28(1), 33–48.

142   Ibid.

143   Morris, L. (2014, May 10). Political pressure takes the fun out of kindy, say academics. Sydney Morning Herald.

144   Schweinhart, L., & and Weikart, D. (1997). The High/Scope Preschool Curriculum Comparison Study through age 23. Early Childhood Research Quarterly, 12(2) 117–143. For a critique of the methodology and small

sample size of the High/Scope study by "direct instruction" advocate Siegfried Engelmann, see Response to "The High/Scope Preschool Curriculum Comparison Study through age 23," (n.d.), at: http://darkwing. uoregon.edu/~adiep/zigrebut.htm

145 Marcon, R. A. (2002). Moving up the grades: Relationship between preschool model and later school success. Early Childhood Research & Practice, 4(1), n1. The study concluded, "Children's later school success appears to be enhanced by more active, child- initiated learning experiences. Their long-term progress may be slowed by overly academic preschool experiences that introduce formalized learning experiences too early for most children's developmental status. Pushing children too soon may actually backfire when children move into the later elementary school grades and are required to think more independently and take on greater responsibility for their own learning process." Also see Marcon, R. (1999). Differential impact of preschool models on development and early learning of inner-city children: A three-cohort study. Developmental Psychology, 35(2), 358–375.

146 Yogman, M., Garner, A., Hutchinson, J., Hirsh- Pasek, K., & Golinkoff, R, M.; American Academy of Pediatrics Committee on Psychosocial Aspects of Child and Family Health, Council on Communications and Media. (2018). The power of play: A pediatric role in enhancing development in young children. Pediatrics, 142(3), e20182058.

147 David Berliner, John Popham, Diane Ravitch, and Daniel Koretz are among those scholars.

148 Evidence from large-scale case studies suggests that overstandardization does not benefit teachers and students. Perhaps the most interesting example is England, which launched a systemwide education reform in 1988 that for the first time brought tight external control to what

and how teachers taught in the country's public schools. Based on an assumption that market-based choice for parents would work as it does in a marketplace, by raising efficiency and quality and lowering cost, the reform brought along the standardization of education services. Data from frequent standardized tests, the theory went, provided parents with information to help them choose "the best school" for their child. But, as mentioned earlier, research evidence shows that the reform didn't improve either the quality or equity of public school education in England. Similar research- informed conclusions have been made, for example, in the United States, Sweden, Australia, New Zealand, South Africa, and Chile.

149 Christakis, E. (2016, January– February). The new preschool is crushing kids. The Atlantic. Retrieved from https://www.theatlantic.com/magazine/archive/2016/01/the-new-preschool-is-crushingkids/419139/.

150 Strauss, V., & Carlsson-Paige, N. (2015, November 24). Answer sheet: How "twisted" early childhood education has become—from a child development expert. Washington Post online.

151 Ibid.

152 Berdik, C. (2015, June 14). Is the Common Core killing kindergarten? Boston Globe.

153 Bassok, D., Latham, S., & Rorem, A. (2016, January 6). Is kindergarten the new first grade? AERA Open, https://doi.org/10.1177/2332858415616358

154 Walker, T. (2015, October 1). The joyful, illiterate kindergarteners of Finland. The Atlantic.

155 Ibid.

156 Ibid.

157 Kim, K. H. (2011). The creativity crisis: The decrease in creative thinking scores on the Torrance tests of creative thinking. Creativity Research

Journal, 23(4), 285–295.

158   Boston Globe, June 14, 2015.

159   Ibid.

160   Nicholson, J., Bauer, A., & Wooly, R. (2016). Inserting child-initiated play into an American urban school district after a decade of scripted curricula complexities and progress. American Journal of Play, 8(2), 228–271.

161   Gray, P. (2011). The decline of play and the rise of psychopathology. American Journal of Play, 3(4), 443–463.

162   Gray, P. (2013, September 18). The play deficit. Retrieved from https://aeon. co/essays/children-today-are-suffering-a-severe-deficitof-play.

163   Miller, E., & Almon, J. (2009). Crisis in the kindergarten: Why children need to play in school. Alliance for Childhood.

164   Ibid.

165   Haelle, T. (2018, May 16). Hospitals see growing numbers of kids and teens at risk for suicide. NPR; reporting on Plemmons, G., Hall, M., Doupnik, S., Gay, J., Brown, C., Browning, W., ... Williams, D. (2018). Hospitalization for suicide ideation or attempt: 2008–2015. Pediatrics, 141(6), e20172426.

166   Abeles, V. (2016). Beyond Measure: Rescuing an Overscheduled, Overtested, Underestimated Generation (p. 15). New York: Simon & Schuster.

167   Association for Childhood Education International. (2017, May 9). OECD's "Baby PISA" early learning assessment. Retrieved from https://www.acei. org/acei- news/2017/5/9/oecds-baby-pisa-earlylearning-assessment.

168   Merrow, J. (2016, September 5). The A.D.D. epidemic returns. The Merrow Report (online).

169   Schwarz, A. ADHD Nation: Children, Doctors, Big Pharma, and the

Making of an American Epidemic (p. 3). New York: Simon & Schuster.

170   D'Agostino, R. (2014, April). The drugging of the American boy. Esquire.

171   Ibid.

172   Fulton, B., Scheffler, R., & Hinshaw, S. (2015). State variation in increased ADHD prevalence: Links to NCLB school accountability and state medication laws. Psychiatric Services, 66, 1074–1082.

173   D'Agostino, R. (2014, April). The drugging of the American boy. Esquire.

174   Evans, W., Morrill, M., & Parente, S. (2010). Measuring inappropriate medical diagnosis and treatment in survey data: The case of ADHD among school-age children. Journal of Health Economics, 29(5), 657–673.

175   Panksepp, J. (2008). Play, ADHD, and the construction of the social brain: Should the first class each day be recess? American Journal of Play, Summer, 55–79. In this paper, Panksepp predicted that future brain research will reveal that "(1) when properly evaluated, we will find that psychostimulants reduce the urge of human children to play; (2) a regular diet of physical play, each and every day during early childhood, will be able to alleviate ADHD-type symptoms in many children that would otherwise be on that 'clinical' track; (3) play will have long- term benefits for children's brains and minds that are not obtained with psychostimulants; (4) psychostimulants may sensitize young brains and intensify internally experienced urges that may, if socio- environmental opportunities are available, be manifested as elevated desires to seek drugs and other material rewards; and (5) if and when we finally get to human brain gene expression studies (methodologically almost impossible, since one needs brain tissue samples), we would anticipate that the profiles of gene-activation resulting from lots of play and lots of psychostimulants will be quite different in their brains." Researchers

Anthony Pellegrini and Catherine Bohn have noted that "most children with attention- deficit hyperactivity disorder (ADHD) are boys, and they are especially vulnerable to the deleterious effects of prolonged periods of concentrated work without a break. Under less structured regimens, some of the same boys may not be diagnosed as ADHD." Regarding children in general, they added, "playful, not structured, breaks may be especially important in maximizing performance because unstructured breaks may reduce the cognitive interference associated with immediately preceding instruction." They suggested that "breaks during periods of sustained cognitive work should reduce cognitive interference and maximize learning and achievement gains," and "extending the American school day and school year, with more frequent recess periods, might positively affect children's cognitive performance and social competence, while simultaneously providing parents with badly needed child care for more extended periods." Pellegrini, A. D., & Bohn, C. M. (2005). The role of recess in children's cognitive performance and school adjustment. Educational Researcher, 34(1), 13–19.

176   Ridgway, A., Northup, J., Pellegrini, A., & Hightshoe, A. (2003). Effects of recess on the classroom behavior of children with and without attention-deficit hyperactivity disorder. School Psychology Quarterly, 18, 253–268.

177   Cohen, P., Hochman, M., & Bedard, R. (2017, March 16). Is ADHD overdiagnosed and overtreated? Harvard Health blog.

178   Strauss, V., Miller, E., & Carlsson-Paige, N. (2013, January 29). Answer Sheet: A tough critique of Common Core on early education. Washington Post online. Retrieved from https://www.washingtonpost.com/news/answer-sheet/wp/2013/01/29/atough-critique-of-common-core-on-early-childhood-education/?utm_ term=.2d3946eac0b8.

179   Ibid.

180   Ibid.

181   Ibid.

182   Kohn, D. (2015, May 16). Let the kids learn through play. New York Times.

183   Ibid.

184   Ibid.

185   Ibid.

186   Ibid.

187   Ibid.

188   Ibid.

189   Strauss, S., McLaughlin, G. B., Carlsson-Paige, N., & Levin, D. E. (2013, August 2) The disturbing shift underway in childhood classrooms. Washington Post.

190   Strauss, V., & Sluyter, S. (2014, March 23). Answer sheet: Kindergarten teacher: My job is now about tests and data—not children. I quit. Washington Post.

191   Teacher Blogs, Cody. A. (2012, September 26). Living in dialogue, guest post by Rog Lucido. How do high stakes tests affect our students? EdWeek blog. Retrieved from http://blogs.edweek.org/teachers/living-in-dialogue/2012/09/rog_lucido_how_do_high_stakes_.html.

192   Chasmar, J. (2013, November 25). Common Core testing makes children vomit, wet their pants: N.Y. principals. Washington Times.

193   Ohio Department of Education, Center for Curriculum and Assessment, Offices of Curriculum, Instruction and Assessment. (2007, October) Ohio achievement tests: Grade 3, reading, directions for administration.

194   Singer, S. (2017, August 2). Middle school suicides double as Common Core testing intensifies. Huffington Post. Retrieved from https://www.huffingtonpost.com/entry/middle-school-suicidesdouble-as-common-core-testing_us_59822d3de4b03d0624b0abb9.

195 McMahon, K. (2010, September 2). As a teacher, kindergarten is now not so exciting. The Progressive.

196 Strauss, V., McLaughlin, G. B., Carlsson- Paige, N., & Levin, D. (2013, August 2). Answer sheet: The disturbing shift underway in early childhood classrooms. Washington Post online. Retrieved from https://www. washingtonpost.com/news/answer-sheet/wp/2013/08/02/the- disturbing-shift-underway-in-early-childhood-classrooms/?utm_ term=.4f0301e8c69a.

197 U.S. Department of Education Office for Civil Rights. (2014, March 21). Civil rights data collection: Data snapshot (early childhood).

198 Ibid.

199 Toppo, G. (2016, June 7). Black students nearly 4× as likely to be suspended. USA Today.

200 The impact of play deprivation on poor children is a special concern of Professor Rich Milner of the University of Pittsburgh, who studies sociology and urban education. He told us, "Play is of course an essential anchor to the development and learning of young children. And play is essential for all children—not just those from higher socio-economic backgrounds. My concern is that with an overemphasis on testing and test scores, some groups of students, especially those living below the poverty line, those whose first language is not English, those of color, and those with learning differences, may lose play time to focus on test prep—even in the early ages and grades. I worry though that 'play' opportunities are being streamlined with accountability systems in place that force some teachers to focus on traditional teaching methods and that do not allow students opportunities to explore, create, and develop skills through play." Echoing Milner's concerns, Douglas Harris, Professor of Economics at Tulane University, points out the "potential irony that play might contribute positively to academic achievement, but more

so in the long run than the short run, in which case reducing play is undermining the goal." Author interviews.

201 National Research Council, Division of Behavioral and Social Sciences and Education, Board on Testing and Assessment, Committee on Incentives and Test-Based Accountability in Public Education. (2018). Incentives and Test-Based Accountability in Education (pp. 4–26). Washington, DC: National Academies Press.

202 Cowan, L., & Mingo, C. (2012, May 2). A testing culture out of control. New York Daily News.

203 Domenech, D. (2013, May). Executive perspective. School Administrator.

204 Belknap, E., & Hazler, R. (2014). Empty playgrounds and anxious children. Journal of Creativity in Mental Health, 9(2), 210–231.

205 Toppo, G. (2016, May 17). GAO study: Segregation worsening in U.S. schools. USA Today.

206 Author interview.

207 Campanile, C. (2015, November 9). Principal says standardized testing is "modern day slavery." New York Post.

208 Cornerstone Academy for Social Action Middle School website, http://casaworldwide.org/principal-jamaal-bowman/.

209 Ibid.

210 Dewey, J. (1916). Democracy and Education. An introduction to the philosophy of education. New York: The Free Press, p. 194.

211 Nussbaum, D. (2006, December 10). Before children ask, "What's recess?" New York Times.

212 Deruy, E. (2016, September 13). Learning through play. The Atlantic.

213 Centers for Disease Control and Prevention and SHAPE America (Society of Health and Physical Educators). (2018). Physical activity during school: Providing recess to all students.

214   Johnson, D. (1998, April 9). Many schools putting an end to play. New York Times.

215   Ibid.

216   Ibid.

217   Blackwell, J. (2004, August). Recess: Forgotten, neglected, crossed off, or hidden. Childhood Education.

218   Patte, M. (2010). Is it still OK to play? Journal of Student Wellbeing, 4(1), 1–6.

219   Adams, C. (2011, March). Recess makes kids smarter. Instructor, Spring, 55–58.

220   Sohn, E. (2015, November 9). Recess: It's important. Does your child get enough of it? Washington Post.

221   Llopis- Jepsen, C. (2015, July 18). Elementaries not offering enough recess, advocates say. Topeka Capital- Journal.

222   French, R. (2014, August 31). School day recess and PE times diminish. Atlanta Journal-Constitution.

223   Anderson Cordell, S. (2013, October 23). Nixing recess: The silly, alarmingly popular way to punish kids. The Atlantic.

224   DiFulco, D. (2016, August 6). Parents push to boost recess in schools. USA Today.

225   Ibid.

226   Adams, C. (2011, March). Recess makes kids smarter, Instructor, Spring, 55–58.

227   Ibid.

228   De La Cruz, D. (2017, March 21). Why kids shouldn't sit still in class. New York Times.

229   Wurzburger, L. A. (2010). Recess policy in Chicago Public Schools: 1855–2006 (Unpublished master's thesis). Paper 506. http://ecommons.luc.edu/

luc_theses/506.

230 The Chronicle, Columbia College Chicago. (2012, January 27). CPS students respond to new guidelines [Video file]. YouTube. https://www.youtube.com/watch?v=DT3rGPlYZn0.

231 Sohn, E. (2015, November 9). Recess: It's important. Does your child get enough of it? Washington Post.

232 Chin, J., & Ludwig, D. (2013). Increasing children's physical activity during school recess periods. American Journal of Public Health, 103(7), 1229–1234.

233 Jarrett, O. (2013). A Research- based case for recess. US Play Coalition.

234 Robert Wood Johnson Foundation. (2009). The state of play: Gallup survey of principals on school recess.

235 Centers for Disease Control and Prevention. (1997). Guidelines for school and community programs to promote lifelong physical activity among young people. Atlanta, GA: Author.

236 Murray, R., Ramstetter, C.; Council on School Health; American Academy of Pediatrics. (2013). The crucial role of recess in school. Pediatrics, 131(1), 183–188.

237 The 2017 Wellness Policy of the New York City Department of Education states in no uncertain terms, "Physical activity during the school day (including but not limited to recess, physical activity breaks, or physical education) will not be withheld as punishment for any reason, nor will it be used as a punishment for any reason."

238 Christine Davis post on Arizonans for Recess and Wellness facebook page, September 12, 2018, accessed at https://www.facebook.com/photo.php?fbid=10216885009859073&set=gm.2091222257797693&type=3&theater&ifg=1.

239 Adams, C. (2011, March). Recess makes kids smarter. Instructor, Spring,

55–58.

240   Ibid.

241   Ferdman, R. (2015, January 16). The potentially significant flaw in how schools are serving lunch to kids. Washington Post.

242   Schulzke, E. (2014, August 10). Why has U.S. academic success dropped? The answer may be on the playground. Deseret News.

243   Fuller, L. (2017). Recess before lunch. National Education Association.

244   Just, J. P. D. (2015). Lunch, recess and nutrition: Responding to time incentives in the cafeteria. Preventive Medicine, 71(February), 27–30.

245   Overton, P. (2007, October 15). Playing first, eating later. The Hartford Courant.

246   Ramstetter, C., Murray, R., & Garner, A. (2010). The crucial role of recess in schools. Journal of School Health, 80 (11), 517– 526.

247   Reilly, K. (2017, October 23). Is recess important for kids or a waste of time? Here's what the research says. Time.

248   One structured/ coached recess program, called Playworks, is popular among some school teachers and principals. The results of two recent studies of Playworks' impact on children's physical activity were mixed. One study of 29 schools, titled "The Impact of Playworks on Boys' and Girls' Physical Activity During Recess," by Martha Bleeker, Nicholas Beyler, Susanne James-Burdumy, and Jane Fortson, published in the January 21, 2015, Journal of School Health, concluded "Playworks had a significant impact on some measures of girls' physical activity, but no significant impact on measures of boys' physical activity." Another study, by the same research team (plus Max Benjamin), titled "The Impact of Playworks on Students' Physical Activity During Recess: Findings from a Randomized Controlled Trial," published in the December 2014 issue of Preventive Medicine, stated, "Teachers in Playworks schools

reported that students were more active during recess, but accelerometer and student survey measures showed either no impacts or marginally significant impacts." An interesting exercise would be to measure the impact of Playworks sessions on physical activity levels versus that of physical education classes, which can often involve a lot of standing and sitting around time, and also to measure its impact versus that of simple outdoor free- play recess periods overseen by trained school staff. Regardless of whether a program like Playworks is offered, children should be granted safely supervised daily blocks of free, unstructured outdoor play time, plus regular, and preferably daily, physical education.

249 Whitebread, D., Basilio, M., Juvalja, M., & Verma, M. (2012). The importance of play: A report on the value of children's play with a series of policy recommendations. Commissioned by Toy Industries of Europe.

250 Author interview.

251 Yan, A. (2016, December 27). Piano lessons, maths classes and hours of homework . . . a weekend in the life of China's stressed- out kids. South China Morning Post.

252 Students "drugged" in class ahead of gaokao. (2012, May 5). China Daily.

253 Larmer, B. (2014, December 31). Inside a Chinese test- prep factory. New York Times.

254 Yan, A. (2016, December 27). Piano lessons, maths classes and hours of homework ... a weekend in the life of China's stressed-out kids. South China Morning Post.

255 Ibid.

256 Murray, J. (2014, November 18). Overtesting and China: A cautionary tale [radio broadcast]. WBUR.

257 Xueqin, J. (2010, December 8). The test Chinese schools still fail. Wall Street Journal.

258   Gray, P. (2013, September 18). The play deficit. Retrieved from https://aeon.co/essays/children-today-are-suffering-a-severe-deficit-of-play.

259   Private tutoring market in China—Drivers and forecasts from Technavio. Business Wire, April 21, 2017. Retrieved from https://www.businesswire.com/news/home/20170421005379/en/Private-Tutoring-Market-China.

260   Zhao, S. (2015, May 25). Tutoring centre's founder defends kindergarten interview ad campaign that went viral. South China Morning Post.

261   Blundy, R. (2017, April 22). All work and no play: Why more Hong Kong children are having mental health problems. South China Morning Post.

262   Author interview.

263   Choon, C. M. (2016, September 25). Seoul to cut homework for kids in P1 and P2. Straits Times.

264   Moon, L. (2018, June 9). Inside Asia's pressure- cooker exam system, which region has it the worst? South China Morning Post.

265   McDonald, M. (2011, May 22). Elite South Korean University rattled by suicides. New York Times.

266   Koo, S-W. (2014, August 1). An assault upon our children. New York Times.

267   Diamond, A. (2016, November 17). South Korea's testing fixation. The Atlantic.

268   Hesketh, T., Zhen, Y., Lu, L., Dong, Z. X., Jun, Y. X., & Xing, Z. W. (2010). Stress and psychosomatic symptoms in Chinese school children: Cross-sectional survey. Archives of Disease in Childhood, 95(2), 136–140.

269   Author interview. Similarly, in Poland, according to one expert, play is offered in kindergarten, but not in higher grades: "Children have the opportunity to play only during breaks between lessons. There is a conviction that during school lessons children are expected to learn in the traditional sense of the word. The Polish school does not recognize the developmental potential of children's play. It separates play from

learning." Author interview with Ewa Lemańska-Lewandowska, Adjunct Professor, Department of Educational and Educational Studies and the Laboratory of Educational Change, Center for Research on Learning and Development at the Pedagogy Institute at the Faculty of Pedagogy and Psychology, at the University of Kazimierz Wielki in Bydgoszcz, Poland.

270 All-Party Parliamentary Group on a Fit and Healthy Childhood. (2015). Play: A report by the All-Party Parliamentary Group on a Fit and Healthy Childhood.

271 Ibid.

272 Ibid.

273 Moss, S. (2012). Natural childhood. Swindon, UK: National Trust.

274 Ibid.

275 Carrington, D. (2015, March 25). Three-quarters of UK children spend less time outdoors than prison inmates—survey. The Guardian.

276 Institute of Education, University of London. (2013). The social value of breaktimes and lunchtimes in schools. Research Briefing No 59. London: Author.

277 Gill, E. (2016, May 3). Parents explain why their children are "on strike" over tests for six- year- olds. Manchester Evening News.

278 Ibid.

279 Richardson, H. (2017, April 16). Teachers back moves towards primary SATS boycott. BBC News. Retrieved from https://www.bbc.com/news/education-39592777

280 Ibid.

281 Evans, M. (2011, February 8). Analysis: What does "ready for school" mean? Nursery World.

282 Whitebread, D. (2014, July 11). Hard evidence: At what age are children ready for school? The Conversation.

283 Gaunt, C. (2018, February 27). Campaigners publish case against the baseline. Nursery World, reporting on Baseline testing: Why it doesn't add up, Association for Professional Development in Early Years.

284 Abeles, V. (2016). Beyond Measure: Rescuing an Overscheduled, Overtested, Underestimated Generation (p. 160). New York: Simon & Schuster.

285 Brown, F., & Patte, M. (2012). Rethinking Children's Play (p. 145). London: A&C Black.

286 Kwon, Y-I. (2002). Changing curriculum for early childhood education in England. Early Childhood Research and Practice, 4(2).

287 University of Cambridge. (2009). Introducing the Cambridge Primary Review: Children, their world, their education. Cambridge, UK: Author.

288 Robinson, N. (2018, March 7). Calls for NAPLAN review after report reveals no change in decade of results. ABC News Australia.

289 Topsfield, J. (2012, November 26). NAPLAN tests take heavy toll. Sydney Morning Herald.

290 Ibid.

291 Seith, E. (2018, August 2). Call to abolish tests that leave P1s "shaking." Retrieved from https://www.tes.com/news/call-abolish-tests-leave-p1s-shaking.

292 Scottish National Standardised Assessments [website]. https://standardisedassessment.gov.scot.

293 Author interview.

294 Author interview.

295 Author interview.

296 Author interview.

297 Meredith, J., & Doyle, W. (2012). A Mission from God: A Memoir and Challenge for America (p. 264). New York: Doubleday.

298 Latest edition: Sahlberg, P. (2015). Finnish Lessons 2.0.: What Can the World Learn from Educational Change in Finland? New York: Teachers College Press.

299 Jung, C. G. (2014). Collected Works of C.G. Jung, Volume 6: Psychological Types (p. 123). Princeton, NJ: Princeton University Press.

300 Author interview.

301 Author interview.

302 Author interview.

303 Author interview.

304 On the Finnish childhood education system, see Abrams, S. (2011, January 28). The children must play. The New Republic; Hancock, L. (2011, September). Why are Finland's schools successful? Smithsonian Magazine; Partanen, A. (2011, December 29). What Americans keep ignoring about Finland's school success. The Atlantic. On the history of Finland and class size: see Sam Abrams in http://parentsacrossamerica.org/ what- finland-and-asia-tell-us-about-realeducation-reform/:"These reductions in class size were won by Finland's teachers' union (Opestusalan Ammattijarjesto, or OAJ) as a concession from the government when education authorities nullified tracking. In 1972, authorities postponed tracking from fifth grade to seventh. In 1985, authorities postponed tracking from seventh grade to tenth. The response from the OAJ was acceptance of the termination of tracking as wise but only if class sizes were reduced, as it would be too difficult for teachers to teach heterogeneous groups if classes remained large. In addition to science classes, all classes that involve any machinery or lab equipment are capped at 16. This includes cooking (which all seventh-graders are required to take), textiles (or sewing), carpentry, and metal shop." On ideal class sizes, Leonie Haimson, Executive Director of Class Size Matters, told us in an email communication: "There

is very little research on this but what there is shows the smaller the better—though there is no particular threshold that needs to be met for benefits to accrue to the kids in the class. Several elite prep schools like Exeter cap class sizes at 12; no more than can fit around their 'Harkness table.' What I've found through experience and anecdotal evidence is that the ideal class size for any school, public or private, is 15 or less. Whether or not that is achievable is another question. Class sizes in grades K-3 really should be capped at 18 or less, at about 23 students in middle school and no more than 25 in high school."

305 Another problem is indoor air quality: Fully 9 percent of Finnish pupils began the 2018/ 2019 school year in temporary buildings because their schools were infected with mold and had to be renovated, a chronic problem in the often damp nation of Finland. See Mould problems drive thousands of Finnish school children into temporary barracks, YLE News, September 13, 2018.

306 Sahlberg, P. (2012, September 6). How gender equality could help school reform. Washington Post.

307 UNICEF. (2017). Innocenti Report Card 14: Building the future: Children and the sustainable development goals in rich countries. Retrieved from https://www.unicef-irc.org/publications/pdf/RC14_eng.pdf.

308 World Economic Forum. (2018). The global gender gap report. Retrieved from http://www3.weforum.org/docs/WEF_GGGR_2018.pdf.

309 Ibid.

310 James Heckman, quoted in Kristoff, N. (2011, October 20). Occupy the classroom. New York Times.

311 Watson, J. (2012). Starting well: Benchmarking early education across the world. Economist Intelligence Unit, The Economist.

312 Christakis, E. (2016, January–February). The new preschool is crushing kids.

The Atlantic.

313 For families where both parents choose to work, Finnish law guarantees the right to a municipal kindergarten spot to children younger than 7. About 40 percent of 1-and 2-year-olds take advantage of this right while the rest of the children stay home with mother, father, or another adult. Three out of four 3-to 5-year-olds take part in daily early childhood education and care in either public, private, or home-based day care. Early childhood education is heavily subsidized in all of these arrangements, with the maximum monthly fee determined by parents' wealth per child in Helsinki being about $300. All 6-year-olds must attend publicly funded half-day preschool either in their kindergarten or neighborhood primary school prior to starting primary school at the age of 7.

314 Author interview.

315 Finnish Schools on the Move website: https://liikkuvakoulu.fi/english.

316 Association for Childhood Education International. (2009). Childhood obesity & testing: What teachers can do. Retrieved from http://www. teachhub.com/childhood-obesity-testing-what-teachers-can-do.

317 Bangsbo, J., Krustrup, P., Duda, J., Hillman, C., Andersen, A. B., Weiss, M., ... & Elbe, A-M. (2016). The Copenhagen Consensus Conference 2016: Children, youth, and physical activity in schools and during leisure time. British Journal of Sports Medicine, 50(19). doi:10.1136/bjsports-2016-096325.

318 Rhea, D., Rivchun, A., & Pennings, J. (2013). The LiiNk Project: Implementation of a recess and character development pilot study with grades K & 1 children. Texas Association for Health, Physical Education, Recreation & Dance Journal (TAHPERD), Summer, 14–35.

319 Background on Debbie Rhea's thinking are from interviews with

Professor Rhea; details and quotes on the LiiNK program in this chapter are from author interviews with and information provided by Deborah Rhea, Amber Beene, Doug Seiver, Debbie Clark, and Bryan McLain; Texas Christian University LiiNK Project, End of Year Report (2015–16); Rhea, D. (2016). Recess: The forgotten classroom. Instructional Leader, 29(1), 1–4; Rhea, D., Rivchun, A., & Pennings, J. (2016). The LiiNk Project: Implementation of a recess and character development pilot study with grades K & 1 children. Texas Association for Health, Physical Education, Recreation & Dance Journal (TAHPERD), Summer, 14–35; Rhea D., & Nigaglioni, I. (2016, February). Outdoor playing = Outdoor learning. Educational Facility Planner Journal.

320 Increasing recess can help school grades? NewsOn6.com (Chattanooga, OK), May 17, 2017. Retrieved from http://www.newson6.com/story/35457235/increasing-recess-can-help-school-grades.

321 McLogan, J. (2017, October 27). Patchogue schools experiment with expanded recess, less homework. CBS New York. Retrieved from https://newyork.cbslocal.com/2017/10/27/patchogue-medford-homework/.

322 Pat-Med debuts before school play program. Patch.com, January 25, 2018. Retrieved from https://patch.com/new-york/patchogue/pat- med-debuts-school-play-program.

323 Except where indicated, Dr. Hynes's thoughts, quotes, and details on his school district's play initiatives are from author interviews.

324 Chang Jing, C. (2016, October 26). How did "Anji Play" go global? (J. Coffino, Trans.). China Education Daily.

325 Author interview.

326 Jing, C. (2016, October 26). How did "Anji Play" go global? (J. Coffino, Trans.). China Education Daily.

327 Coffino, J. (2016, March 21). This 21st century Maria Montessori is

changing China, and we should all be paying attention. Medium.com. In an interview with the authors, Coffino elaborated on the deeply Chinese roots of Anji Play: "Confucian culture stresses a humancentered world view and respect for the essence of human nature, and that because the freedom of play is essential to the nature of childhood, a pedagogy that derives from a human- centered view would therefore advocate for self-determined play in childhood. Traditional Chinese culture advocates for the value of the natural world, and the oneness of man and nature. Moreover, both Daoism and Confucian thought emphasize the unique knowledge and learning of the child, that education should follow natural development, accord with the individual characteristics of each learner, and that self-direction and independent thought are critical qualities of learning. Laozi emphasized the need for adults to return to the qualities of childhood as a means of learning deeply and naturally. Ming dynasty Confucian scholar Wang Yangming believed that the education of the child should center around the joy that the child derives from play guided by their own interests, and that to limit that trajectory is to limit the natural growth of the child. While the Ming dynasty scholar Li Zhi emphasized that adults should maintain the spirit of the child in themselves, that essential spirit of the child should be venerated and protected in the process of education."

328 Author interview, translated by Jesse Coffino.

329 China Education Daily, May 7, 2017.

330 Boesveld, S. (2015, January 25). When one New Zealand school tossed its playground rules and let students risk injury, the results were surprising. National Post (Canada).

331 SBS Dateline, Journeyman Pictures. The school with a radical "no rules" policy YouTube video posted November 24, 2014. Retrieved from https://

www.youtube.com/watch?v=qG2MhjBOSLQ.

332   Bruce McLachlan at TEDxBondUniversity. Play at Swanson School. YouTube video posted October 2, 2014. Retrieved from https://www.youtube.com/watch?v=uADHiCuq1SI.

323   McLachlan, B. (2015, Winter). The no rules playground. Leadership in Focus.

334   Farmer, V. L., Williams, S. M., Mann, J. I., Schofield, G., McPhee, J. C., & Taylor, R. W. (2017). Change of school playground environment on bullying: A randomized controlled trial. Pediatrics, 139(5), e20163072.

335   Research and information for this section were provided to the authors by Inspiring Scotland.

336   Zaharia, M., & Ungku, F. (2017, January 8). In the hunt for new ideas, Singapore eases obsession with grades. Reuters.

337   Vasagar, J., & Kang, B. (2016, September 29). Singapore's strict schools start to relax. Financial Times.

338   Author interview.

339   July 25, 2018, Keynote Address by Minister for Education Ye Kung Ong, at the Economic Society of Singapore Dinner.

340   July 11, 2018, Singapore Government News.

341   Teng, A. (2016, April 17). Going beyond grades: Evolving the Singapore education system. Straits Times.

342   Ibid.

343   Rubin, C. M. (2017, August 14). The global search for education: Will Singapore continue to lead in 2030? Huffington Post.

344   Teng, A. (2018, September 28). Learning is not a competition: No more 1st, 2nd or last in class for primary and secondary students. South China Morning Post.

345   Mokhtar, F. (2018, September 28). Changes made, now the next challenge.

TODAY (Singapore).

346   Yng, N. J. (2014, January 24). In Japan's pre- schools, children must play. TODAY (Singapore); Yng, N. J., & Chia, A. (2014, February 19). Lessons for Singapore from Asia's pre- schools. TODAY (Singapore).

347   Clavel, T. (2014, March 2). Thinking outside the usual white box. The Japan Times.

348   Moriyama RAIC International Prize award document, 2017.

349   Ibid.

350   Ha, T- H. (2015, April 23). Inside the world's best kindergarten. Ideas. Ted.com. Retrieved from https://ideas.ted.com/inside-the-worldsbest-kindergarten/.

351   Block, I. (2017, October 2). Tokyo kindergarten by Tezuka Architects lets children run free on the roof. Retrieved from https://www.dezeen.com/2017/10/02/fuji-kindergarten-tokyo-tezuka-architects-ovalroof-deck-playground/.

352   Ibid.

353   Moriyama Prize award document, 2017.

354   Bozikovic, A. (2017, September 19). Fuji kindergarten awarded $100,000 global architecture prize. Globe and Mail.

355   Block, I. (2017, October 2). Tokyo kindergarten by Tezuka Architects lets children run free on the roof.

356   Zann, L. (2015, January 30). Croatia: Journey to my ancestral home. The Chronicle Herald (Halifax).

357   Jenkin, M. (2016, June 2). Wild things: How ditching the classroom boosts children's mental health. The Guardian.

358   Branson, R. (2014, November 10). The importance of play. Retrieved from https://www.virgin.com/richard-branson/importanceplay.

359   See Sir Ken Robinson's website: http://sirkenrobinson.com.

360   de Braganza, A. (2013, August 12). To love somebody: Remembering Janusz Korczak. Times of Israel (blog).

361   Kuper, L. (2013, September 3). 10 commandments for new teachers. Retrieved from https://www.theguardian.com/teacher- network/teacher-blog/2013/sep/03/nqt-10-commandments-new-teachers; Goldstein, D. (2014). The Teacher Wars: A History of America's Most Embattled Profession. New York: Knopf Doubleday Publishing Group. Note: some versions of this quote have it as "elastic joy" rather than "ecstatic joy."

362   McEwan, E. (1998). The Principal's Guide to Raising Reading Achievement (p. 3). Newbury Park, CA: Corwin Press.

363   Lutkehaus, N. (2008). Margaret Mead: The Making of an American Icon (p. 261). Princeton, NJ: Princeton University Press. Interestingly, although this quote is widely, and probably reliably, attributed to Margaret Mead, the original primary source has yet to be found.

364   Hughes, C., Daly, I., White, N., et al. (2015). Measuring the foundations of school readiness: Introducing a new questionnaire for teachers—the Brief Early Skills and Support Index. British Journal of Educational Psychology, 85(3), 332–356.

365   Center on Media and Child Health. #MorePlayToday. Retrieved from http://cmch.tv/moreplaytoday/.

366   See the provocative, cliché-busting article, Kirschner, P. A., & van Merriënboer, J. G. J. (2013, June). Do learners really know best? Urban legends in education. Educational Psychologist.

367   Kardaras, N. (2016, December 17). Kids turn violent as parents battle "digital heroin" addiction. New York Post.

368   Yogman, M., Garner, A., Hutchinson, J., Hirsh- Pasek, K., & Golinkoff, R, M.; American Academy of Pediatrics Committee on Psychosocial Aspects of Child and Family Health, Council on Communications and Media.

(2018). The power of play: A pediatric role in enhancing development in young children. Pediatrics, 142(3), e20182058.

369 Kardaras, N. (2016, August 31). Screens in schools are a $60 billion hoax. Time.

370 Retter, E. (2017, April 21). Billionaire tech mogul Bill Gates reveals he banned his children from mobile phones until they turned 14. The Mirror.

371 Bilton, N. (2014, September 10). Steve Jobs was a low-tech parent. New York Times.

372 Carmody, T. (2012, January 17). What's wrong with education cannot be fixed with technology: The other Steve Jobs. Wired.

373 Richtel, M. (2011, October 11). A Silicon Valley school that doesn't compute. New York Times.

374 The View, ABC Network, May 15, 2012.

375 Interview with Mary Harris, The Leonard Lopate Show, WNYC radio, December 7, 2017.

376 Bowles, N. (2018, October 26). A dark consensus about screens and kids begins to emerge in Silicon Valley; Silicon Valley nannies are phone police for kids: The digital gap between rich and poor kids is not what we expected. New York Times online. Retrieved from https://www.nytimes.com/2018/10/26/style/phones-children-siliconvalley.html.

377 Ferdman, R. A. (2015, September 15). The problem with one of the biggest changes in education around the world. Washington Post online. Retrieved from https://www.washingtonpost.com/news/wonk/wp/2015/09/15/how-much-computers-at-school-are-hurting-kidsreading/?utm_ term=.d272d4c94d57.

378 For a contrary view, see Zheng, B., Warschauer, M., & Chin-Hsi Lin, C-H. (2016). Learning in one-to-one laptop environments: A metaanalysis and

research synthesis. Review of Educational Research, 86(4). The article reviewed 65 journal articles and 31 doctoral dissertations published from January 2001 to May 2015 to examine the effect of one-to-one laptop programs on teaching and learning in K–12 schools. From the article's abstract: "A meta- analysis of 10 studies examines the impact of laptop programs on students' academic achievement, finding significantly positive average effect sizes in English, writing, mathematics, and science. In addition, the article summarizes the impact of laptop programs on more general teaching and learning processes and perceptions as reported in these studies, again noting generally positive findings."

379 Milteer, R. M., Ginsburg, K. R.; Council on Communications and Media, & Committee on Psychosocial Aspects of Child and Family Health, American Academy of Pediatrics. (2012). Clinical report: The importance of play in promoting healthy child development and maintaining strong parent–child bonds: Focus on children in poverty. Pediatrics, 129, e204–e213.

380 Growing Up Digital (GUD) Alberta. Website: https://www.teachers.ab.ca/Public%20Education/EducationResearch/Pages/GrowingUpDigital(GUD)Alberta.aspx.

381 Kardaras, N. (2017). Glow Kids: How Screen Addiction Is Hijacking Our Kids—and How to Break the Trance. New York: St. Martin's Griffin.

382 Kardaras, N. (2016, 17). Kids turn violent as parents battle "digital heroin" addiction, New York Post.

383 Kardaras, N. (2016, August 31). Screens in schools are a $60 billion hoax. Time.

384 Kardaras, N. (2016, 17). Kids turn violent as parents battle "digital heroin" addiction, New York Post.

385 Riley, N. S. (2018, February 11). America's real digital divide. New York

Times.

386 Beland, L-P., & Richard Murphy, R. (2015, May). Ill communication: Technology, distraction & student performance. CEP Discussion Paper No. 1350. Centre for Economic Performance.

387 Higgins, S., Xiao, Z., & Katsipataki, M. (2012). The impact of digital technology on learning: A summary for the Education Endowment Foundation. Durham, UK: Durham University.

388 Mangen, A., Walgermo, B., & Brønnick, K. (2013). Reading linear texts on paper versus computer screen: Effects on reading comprehension. International Journal of Educational Research, 58, 61–68.

389 Boesveld, S. (2011, September 8). Students give e-learning a grade of incomplete. National Post (Canada).

390 Rieger, S. (2015, December 3). Screen time is bad for kids' development: University of Alberta researchers. Huffington Post Canada.

391 Kardaras, N. (2016, August 27). It's "digital heroin": How screens turn kids into psychotic junkies. New York Post.

392 For problems and limitations of screens in schools, see Parents Across America. (2016). Our children @ risk: PAA reports detail dangers of EdTech; and Cimarusti, D. (2018). Online learning: What every parent should know. Network for Public Education.

393 Passage adapted with permission from Brown, F., & Patte, M. (2013). Rethinking Children's Play. New York: Bloomsbury.

394 Rule 23, United Nations Standard Minimum Rules for the Treatment of Prisoners (Nelson Mandela Rules, adopted 2015), United Nations Office on Drugs and Crime, retrieved from: http://www.unodc.org/documents/justice-and-prison-reform/GA- RESOLUTION/E_ebook.pdf.

395 Institute of Medicine [now called National Academy of Medicine]. (2013). Educating the student body: Taking physical activity and physical

education to school, 6, 7. Retrieved from http://www.nationalacademies.org/hmd/Reports/2013/Educating-the-Student-Body-Taking-Physical-Activity-and-Physical-Education-to-School.aspx.

참고 문헌

This book is based on author interviews with a panel of over 70 international academic experts and educators; our personal observations and conversations with teachers, parents, and students during field visits to schools and kindergartens in the United States, Finland, Canada, Singapore, Australia, New Zealand, Japan, China, Iceland, Norway, Sweden, England, Scotland, Croatia, and around the world; and our critical review of a wide range of research literature on childhood education and play.

We are grateful to these experts for generously agreeing to share their ideas, opinions, and research discoveries with us. They are as follows:

Sophie Alcock, Senior Lecturer, School of Education, Victoria University of Wellington, New Zealand

Joshua Aronson, Associate Professor of Applied Psychology, Steinhardt School of Culture, Education, and Human Development, New York University, New York City

Amber Beene, Principal, Saginaw Elementary School, Fort Worth, Texas

Jo Boaler, Professor, Mathematics Education, Stanford Graduate School of Education, Palo Alto, California

Robert Boruch, University Trustee Chair Professor of Education and Statistics, Co- Director, Center for Research and Evaluation in Social Policy (CRESP), Human Development and Quantitative Methods Division, Graduate School of Education, University of Pennsylvania, Philadelphia

Jamaal Bowman, Founding Principal of Cornerstone Academy for Social Action

Middle School, South Bronx, New York

Milda Bredikyte, Associate Professor, Lithuanian University of Educational Sciences, Vilnius

Stig Brostrom, Professor Emeritus, Danish School of Education, Aarhus University, Aarhus, Denmark

Fraser Brown, Professor of Playwork, Core Member of the Institute for Health and Wellbeing, Leeds Beckett University; Co- Editor, International Journal of Play

Judith Butler, President of World Organization for Early Childhood—Ireland, Course Coordinator, Early Years Education, Department of Sport, Leisure & Childhood Studies, Cork Institute of Technology, Cork, Ireland

Nancy Carlsson- Paige, Professor Emerita, Child Development, Lesley University, Cambridge, Massachusetts; co- founder, Defending the Early Years

Christine Chen, Asia Pacific Early Education Development Federation, Founder, President of the Association for Child Care Educators (ACCE) and Founder and current President, Association for Early Childhood Educators (AECES), Singapore

Debbie Clark, Principal, Oak Point Elementary School, Oak Point, Texas

Eric Contreras, Principal, Stuyvesant High School, New York City

Barbara Darrigo, Retired Principal, P.S. 149—the Sojourner Truth School, Harlem, New York

Bruce Fuller, Professor of Education and Public Policy, University of California, Berkeley

Gene Glass, Senior Researcher, National Education Policy Center, University of Colorado Boulder; Regents' Professor Emeritus, Arizona State University, Phoenix

Jeanne Goldhaber, Associate Professor Emeritus, College of Education and Social Services, University of Vermont

Ian Goldin, Oxford University Professor of Globalisation and Development, Director of the Oxford Martin Programme on Technological and Economic Change, Senior Fellow at the Oxford Martin School, Professorial Fellow at the University's Balliol College

Pentti Hakkarainen, Professor, Lithuanian University of Educational Sciences, Vilnius

Heikki Happonen, Professor of Education, University of Eastern Finland, Head of the Finnish Association of University Teacher Training Schools

Douglas Harris, Professor of Economics, Schleider Foundation Chair in Public Education, Director, Education Research Alliance for New Orleans, Tulane University; Non-Resident Senior Fellow, Brookings Institution

Stephen P. Hinshaw, Professor, Department of Psychology, University of California, Berkeley; Professor in Residence and Vice-Chair for Child and Adolescent Psychology, Department of Psychiatry, UCSF Weill Institute for Neurosciences, University of California, San Francisco

Kathy Hirsh-Pasek, Senior Fellow, Global Economy and Development, Center for Universal Education, Stanley and Debra Lefkowitz Faculty Fellow, Department of Psychology, Temple University, Philadelphia

Michael Hynes, Superintendent of Schools, Patchogue-Medford School District, Long Island, New York

Sekiichi Kato, Principal, Fuji Kindergarten, Tokyo

Lori Korner, Principal, Patchogue-Medford School District, Long Island, New York

Gloria Ladson-Billings, President, National Academy of Education; Professor, Department of Curriculum & Instruction, Kellner Family Distinguished Professor in Urban Education, University of Wisconsin–Madison

Ewa Lemańska-Lewandowska, Adjunct Professor, Department of Educational and Educational Studies and the Laboratory of Educational Change,

Center for Research on Learning and Development, Pedagogy Institute at the Faculty of Pedagogy and Psychology, University of Kazimierz Wielki, Bydgoszcz, Poland

Henry Levin, William H. Kilpatrick Professor of Economics and Education, Teachers College, Columbia University, New York City

Susan Linn, Lecturer on Psychiatry, Harvard Medical School; Research Associate, Boston Children's Hospital

Ulina Mapp, President, World Organization for Early Childhood Education–Panama; Professor, Director of Research and Postgraduate Studies, ISAE University, Panama City

Erum Mariam, Director of Institutional Development, BRAC University, Bangladesh

Smita Mathur, Associate Professor, College of Education, Department of Early, Elementary, & Reading Education, James Madison University, Harrisonburg, Virginia

Chika Matsudaira, Associate Professor, Social Welfare, University of Shizuoka, Japan

Helen May, Emeritus Professor of Education, University of Otago, New Zealand

Bryan McLain, Principal, Eagle Mountain Elementary School, Fort Worth, Texas

Deborah Meier, Senior Scholar, New York University Steinhardt School of Education; Founding Principal, Central Park East Elementary Schools, New York City; author, These Schools Belong to You and Me

Rich Milner, Professor of Education, Helen Faison Professor of Urban Education, Professor of Sociology, Social Work, and Africana Studies, Director, Center for Urban Education, University of Pittsburgh

Stellakis Nektarios, Assistant Professor, Department of Educational Science and Early Childhood Education, University of Patras, Greece; Regional Vice-President for Europe, World Organization for Early Childhood Education

Chee Mg Ng, former Minister for Education, Republic of Singapore

Pak Tee Ng, Associate Professor, National Institute of Education, Singapore

Julie Nicholson, Associate Professor of Practice, School of Education, Mills College; Deputy Program Director, WestEd Center for Child and Family Studies, Sausalito, California

Nel Noddings, Lee L. Jacks Professor of Education, Emerita, Stanford University; past President of the National Academy of Education, the Philosophy of Education Society, and the John Dewey Society

Pedro Noguera, Distinguished Professor of Education, Graduate School of Education and Information Studies, University of California, Los Angeles

Kolbrún Pálsdóttir, Associate Professor, Program Director for the Leisure and Youth Programme, School of Education, University of Iceland, Reykjavik

Anthony Pellegrini, Professor Emeritus, Department of Educational Psychology, College of Education, University of Minnesota

Sergio Pellis, Professor and Board of Governors Research Chair, Department of Neuroscience, University of Lethbridge, Alberta, Canada

Jonathan Plucker, Julian C. Stanley Professor of Talent Development, School of Education, Johns Hopkins University, Baltimore, Maryland

Catherine L. Ramstetter, PhD, Health Educator; Co- author of American Academy of Pediatrics 2013 Policy Statement "The Crucial Role of Recess in Schools"

Diane Ravitch, Research Professor of Education, Steinhardt School of Culture, Education, and Human Development, New York University; Founder and President of the Network for Public Education (NPE)

Rob Reich, Professor of Political Science, Stanford University, Palo Alto, California

Deborah Rhea, Associate Dean of Research and Health Sciences, Harris College of Nursing and Health Sciences, Professor, Department of Kinesiology, Texas

Christian University, Fort Worth

Eszter Salamon, President, European Parents Association

Ellen Beate Hansen Sandseter, Professor, Queen Maud University College of Early Childhood Education, Norway

Barbara Schneider, John A. Hannah University Distinguished Professor in the College of Education and the Department of Sociology, Michigan State University, East Lansing

Doug Seiver, Principal, Chavez Elementary School, Little Elm, Texas

Serap Sevimli-Celik, Assistant Professor, Elementary and Early Childhood Education, College of Education, Middle East Technical University (METU), Ankara, Turkey

Selma Simonstein, President, Chilean National Committee of the World Organization for Early Childhood Education; Professor, Metropolitan University of Education Sciences, Santiago, Chile

Stephen Siviy, Professor of Psychology, Gettysburg College, Gettysburg, Pennsylvania

Erin Skahill, Principal, Patchogue- Medford School District, Long Island, New York

Reesa Sorin, Associate Professor, Coordinator, Early Childhood Education, College of Arts, Society and Education, Division of Tropical Environments and Societies, James Cook University, Queensland, Australia

Deborah Stipek, Judy Koch Professor of Education and former Dean of the Graduate School of Education, Stanford University, Director of Heising-Simons Development and Research in Early Math Education Network

Marcelo Suárez-Orozco, Wasserman Dean and Distinguished Professor of Education, Graduate School of Education & Information Studies, University of California, Los Angeles

William G. Tierney, Wilbur Kieffer Professor of Higher Education, University

Professor & Co- director, Pullias Center for Higher Education, University of Southern California, Los Angeles

Charles Ungerleider, Professor Emeritus, Educational Studies, University of British Columbia

Tony Wagner, Expert in Residence, Innovation Lab, Harvard University; Senior Research Fellow, Learning Policy Institute

Cheng Xueqin, Founder, Anji Play, China

Hirokazu Yoshikawa, Courtney Sale Ross University Professor of Globalization and Education, Steinhardt School of Culture, Education, and Human Development, New York University, New York City

Yong Zhao, Foundation Distinguished Professor in the School of Education, University of Kansas; Professorial Fellow at the Mitchell Institute for Health and Education Policy, Victoria University, Australia; Global Chair at the University of Bath, UK

Jonathan Zimmerman, Professor of Education and History, University of Pennsylvania, Philadelphia

The expert titles and affiliations are as of the writing of this book and for identification only, and the author's opinions, interpretations, conclusions, and any errors are, of course, exclusively our own.

RESEARCH SOURCES

There is a vast research literature on the childhood benefits of various forms of play. Much of it is limited by the ethical difficulties of doing valid long-term interventional research on children, by small sample sizes, short research periods or less- than- ideal research designs, and by the fact that much of the research has been focused on Western and younger populations. These are important caveats to keep in mind.

Key research sources on play include the academic journals the American Journal of Play and the International Journal of Play, as well as the research papers, books, and presentations listed here.

Abrams, S. E. (2011, January 17). The children must play. The New Republic. Retrieved from https://newrepublic.com/article/82329/education- reform-finland-us.

Barros, R. M., Silver, E. J., & Stein, R. E. K. (2009). School recess and group classroom behavior. Pediatrics, 123(2), 431–436.

Bassok, D., Claessens, A., & Engel, M. (2014, June 4). The case for the new kindergarten: Challenging and playful. Education Week. Retrieved from http://www.edweek.org/ew/articles/2014/06/04/33bassok_ep.h33.html.

Baumer, S., Ferholt, B., & Lecusay, R. (2005). Promoting narrative competence through adult–child joint pretense: Lessons from the Scandinavian educational practice of playworld. Cognitive Development, 20, 576–590.

Becker, D. R., McClelland, M. M., Loprinzi, P., & Trost, S. G. (2014). Physical activity, self- regulation, and early academic achievement in preschool children. Early Education & Development, 25(1), 56–70.

Bickham, D., Kavanaugh, J., Alden, S., & Rich, M. (2015). The state of play: How play affects developmental outcomes. Center on Media and Child Health, Boston Children's Hospital.

Bodrova, E., Germeroth, C., & Leong, D. J. (2013). Play and self-regulation: Lessons from Vygotsky. American Journal of Play, 6(1), 111.

Bodrova, E., & Leong, D. J. (2015). Vygotskian and post-Vygotskian views on children's play. American Journal of Play, 7, 371–388.

Bonawitz, E., Shafto, P., Gweon, H., Goodman, N. D., Spelke, E., & Schulz,

L. (2011). The double-edged sword of pedagogy: Instruction limits spontaneous exploration and discovery. Cognition, 120(3), 322–330.

Brown, S., with Vaughan, C. (2009). Play: How It Shapes the Brain, Opens the Imagination, and Invigorates the Soul. New York: Avery.

Brussoni, M., Gibbons, R., Gray, C., Ishikawa, T., Sandseter, E. B. H., Bienenstock, A., ... & Pickett, W. (2015). What is the relationship between risky outdoor play and health in children? A systematic review. International Journal of Environmental Research and Public Health, 12(6), 6423–6454.

Brussoni, M., Olsen, L., Pike, I., & Sleet, D. (2012). Risky play and children's safety: Balancing priorities for optimal development. International Journal of Environmental Research and Public Health, 9, 3134–3148.

Burdette, H. L., & Whitaker, R. C. (2005). Resurrecting free play in young children: Looking beyond fitness and fatness to attention, affiliation, and affect. Archives of Pediatrics & Adolescent Medicine, 159(1), 46–50.

Burghardt, G. (2005). The Genesis of Animal Play: Testing the Limits. Cambridge, MA: MIT Press.

Center on the Developing Child at Harvard University. (2014). Enhancing and practicing executive function skills with children from infancy to adolescence. Retrieved from http://developingchild.harvard.edu/wp-content/uploads/2015/05/Enhancing-and-Practicing-Executive-Function-Skills-with-Children-from-Infancyto-Adolescence-1.pdf.

Center on the Developing Child at Harvard University. (2016). From best practices to breakthrough impacts: A science-based approach to building a more promising future for young children and families. Retrieved from https://developingchild.harvard.edu/resources/from-best-practicesto-breakthrough-impacts/.

Centers for Disease Control and Prevention. (2010). The association between school-based physical activity, including physical education, and academic performance. Atlanta, GA; Centers for Disease Control and Prevention, U.S. Department of Health and Human Services. Retrieved from https://www. cdc.gov/healthyyouth/health_and_academics/pdf/pape_paper.pdf.

Cheng Pui-Wah, D., Reunamo, J., Cooper, P., Liu, K., & Vong, K. P. (2015). Children's agentive orientations in play-based and academically focused preschools in Hong Kong. Early Child Development and Care, 185(11–12), 1828– 1844.

Christakis, D. A. (2016). Rethinking attention- deficit/hyperactivity disorder. JAMA Pediatrics, 170(2), 109–110.

Christakis, D. A., Zimmerman, F. J., & Garrison, M. M. (2007). Effect of block play on language acquisition and attention in toddlers: A pilot randomized controlled trial. Archives of Pediatrics and Adolescent Medicine, 161(10), 967–971.

Christakis, E. (2016). The Importance of Being Little. New York: Viking Press.

Conklin, H. (2015, March 3). Playtime isn't just for preschoolers—Teenagers need it, too. Time. Retrieved from http://time.com/3726098/learning-through-play-teenagers-education/.

Council on Physical Education for Children. (2001). Recess in elementary schools. A position paper from the National Association for Sport and Physical Education.

Diamond, A. (2012). Activities and programs that improve children's executive functions. Current Directions in Psychological Science, 21, 335–341.

Diamond, A. (2014). Want to optimize executive functions and academic outcomes? Simple, just nourish the human spirit. Minnesota Symposium on Child Psychology, 37, 205–232.

Diamond, A, & Lee, K. (2011). Interventions shown to aid executive function development in children 4 to 12 years old. Science, 333(6045), 959–964.

Elkind, D. (2007). The Power of Play: How Spontaneous, Imaginative Activities

Lead to Happier, Healthier Children. New York: Da Capo Press.

Elkind, D. (2008). The power of play: Learning what comes naturally. American Journal of Play, Summer, 1–6.

Fein, G. G. (1981). Pretend play in childhood: An integrative review. Child Development, 52(4), 1095–1118.

Fisher, K. R., Hirsh- Pasek, K., Newcombe, N., & Golinko, R. M. (2013). Taking shape: Supporting preschoolers' acquisition of geometric knowledge through guided play. Child Development, 84, 1872–1878.

Fletcher, R., St George, J., & Freeman, E. (2012). Rough and tumble play quality: Theoretical foundations for a new measure of father-child interaction. Early Child Development and Care, 183(6), 746–759.

Fortson, J., James- Burdumy, S., Bleeker, M., et al. (2013). Impact and implementation findings from an experimental evaluation of Playworks: Effects on school climate, academic learning, student social skills and behavior. Princeton, NJ: Robert Wood Johnson Foundation.

Fuller, B., Bein, E., Bridges, M., Kim, Y., & Rabe- Hesketh, S. (2017). Do academic preschools yield stronger benefits? Cognitive emphasis, dosage, and early learning. Journal of Applied Developmental Psychology, 52, 1–11.

Gertler, P., Heckman, J., Pinto, R., Zanolini, A., Vermeerch, C., Walker, S., & Grantham- McGregor, S. (2014). Labor market returns to an early childhood stimulation intervention in Jamaica. Science, 344(6187), 998–1001.

Ginsburg, K. R.; American Academy of Pediatrics Committee on Communications; American Academy of Pediatrics Committee on Psychosocial Aspects of Child and Family Health. (2007). The importance of play in promoting healthy child development and maintaining strong parent–child bonds. Pediatrics, 119(1), 182–191.

Goldstein, J. (2012). Play in children's development, health and well- being. Toy industries of Europe. Retrieved from https://www.toyindustries.eu/resource/

play- childrens- development/ .

Graham, G., Holt- Hale, S., & Parker, M. (2005). Children Moving: A Reflective Approach to Teaching Physical Education (7th ed.). New York: McGraw- Hill.

Gray, A. (2017, Jan. 27). What does the future of jobs look like? This is what experts think. World Economic Forum. Retrieved from https://www. weforum.org/agenda/2017/01/future-of-jobs-davos-2017.

Gray, P. (2009). Play as a foundation for hunter- gatherer social existence. American Journal of Play, 1(4), 476–522.

Gray, P., (2013). Free to Learn: Why Unleashing the Instinct to Play Will Make Our Children Happier, More Self- Reliant, and Better Students for Life. New York: Basic Books.

Haapala, E. A., Väistö, J., Lintu, N., Westgate, K., Ekelund, U., Poikkeus, A. M., Brage, S., ... & Lakka, T. A. (2017). Physical activity and sedentary time in relation to academic achievement in children. Journal of Science and Medicine in Sport, 20(6), 583–589.

Hassinger-Das, B., Hirsh- Pasek, K., & Michnick Golinkoff, R. (2017). The case of brain science and guided play: A developing story, young children. National Association for the Education of Young Children (NAEYC), 72(2). Retrieved from https://www.naeyc.org/resources/pubs/yc/may2017/case-brain-science-guided-play.

Heckman J. (2015). Keynote address. In R. Winthrop (Ed.), Soft Skills for Workforce Success: From Research to Action. Washington, DC: Brookings Institution. Retrieved from https://www.brookings.edu/events/softskills-for-workforce-success-from-research-to-action/.

Hillman, C. (2014). An introduction to the relation of physical activity to cognitive and brain health, and scholastic achievement. Monographs of the Society for Research in Child Development, 79, 1–6.

Hillman, C. H., Pontifex, M. B., Castelli, D. M., Khan, N. A., Raine, L. B.,

Scudder, M. R., ... & Kamijo, K. (2014). Effects of the FITkids randomized controlled trial on executive control and brain function. Pediatrics, 134(4). Retrieved from http://pediatrics.aappublications.org/content/134/4/e1063.

Hirsh-Pasek, K., & Golinkoff, R. M. (2003). Einstein Never Used Flash Cards: How Our Children Really Learn—And Why They Need to Play More and Memorise Less. Emmaus, PA: Rodale.

Hirsh-Pasek, K., Golinkoff, R. M., Berk, L., & Singer, D. G. (2009). A Mandate for Playful Learning in Preschool: Presenting the Evidence. New York: Oxford University Press.

Howard, J., & McInnes, K. (2013). The impact of children's perception of an activity as play rather than not play on emotional well- being. Child: Care, Health and Development, 39(5), 737–742.

Huizinga, J. (1950). Homo Ludens: A Study of the Play Element in Culture. New York: Roy Publishers.

Hurwitz, S. (2003). To be successful—let them play! Child Education, 79(2), 101–102.

Isenberg, J., & Quisenberry, N. (2002). A position paper of the Association for Childhood Education International, PLAY: Essential for all children. Journal of Childhood Education, 79(1), 33–39.

Jarrett, O. S. (2002). Recess in elementary school: What does the research say? ERIC Digest, Retrieved from https://eric.ed.gov/?id=ED466331.

Jarrett, O. (2014). A research- based case for recess. Position paper for the US Play Coalition.

Jarrett, O. S., Maxwell, D. M., Dickerson, C., Hoge, P., Davies, G., & Yetley, A. (1998). Impact of recess on classroom behavior: Group effects and individual differences. Journal of Educational Research, 92(2), 121–126.

Jenkins, J. M., Duncan, G. J., Auger, A., Bitler, M., Domina, T., & Burchinal, M. (2018). Boosting school readiness: Should preschool teachers target skills or the whole child? Economics of Education Review, 65, 107– 125.

Kinoshita, I. (2008, January). Children's use of space of the fourth generation (today) with reviewing the three generation's play maps (1982). Presented at the IPA 17th triennial conference "Play in a Changing World." Hong Kong.

Koretz, D. (2017). The Testing Charade: Pretending to Make Schools Better. Chicago: University of Chicago Press.

LaFreniere, P. (2011). Evolutionary functions of social play: Life histories, sex differences, and emotion regulation. American Journal of Play 3, 464–488.

Layton, T. J., Barnett, M. L., Hicks, T. R., & Jena, A. B. (2018). Attention deficit– hyperactivity disorder and month of school enrollment. New England Journal of Medicine, 379, 2122–2130.

Lester, S., & Russell, W. (2008). Play for a Change: Play, Policy and Practice: A Review of Contemporary Perspectives. London: Play England.

Lester, S., & Russell, W. (2010). Children's Right to Play: An Examination of the Importance of Play in the Lives of Children Worldwide. The Hague: Bernard van Leer Foundation.

Lillard, A. S., Lerner, M. D., Hopkins, E. J., Dore, R. A., Smith, E. D., & Palmquist, C. M. (2013). The impact of pretend play on children's development: A review of the evidence. Psychological Bulletin, 139, 1–34.

Lim, S. S., Updike, R. L., Kaldjian, A. S., Barber, R. M., Cowling, K., York, H., ... & Murray, C. J. L. (2018). Measuring human capital: A systematic analysis of 195 countries and territories, 1990–2016. Lancet, 392(10154), P1217–P1234.

Liu, C., Solis, S. L., Jensen, H., Hopkins, E. J., Neale, D., Zosh, J. M., Hirsh-Pasek, K., & Whitebread, D. (2017). Neuroscience and learning through play: A review of the evidence (research summary). Billund, Denmark: The Lego Foundation. Retrieved from https://www.legofoundation.com/media/1064/neuroscience-review_web.pdf.

Mahar, M. T. (2011). Impact of short bouts of physical activity on attentiontotask in elementary school children. Preventive Medicine, 52(Suppl. 0), S60–S64.

Mahar, M. T., Murphy, S. K., Rowe, D. A., Golden, J., Shields, A. T., & Raedeke, T. D. (2006). Effects of a classroom-based program on physical activity and on-task behavior. Medicine and Science in Sports and Exercise, 38(12), 2086–2094.

Marcon, R. A. (2002). Moving up the grades: Relationship between preschool model and later school success. Early Childhood Research & Practice, 4(1), n1.

McElwain, N., & Volling, B. (2005). Preschool children's interactions with friends and older siblings: Relationship special city and joint contributions to problem behavior. Journal of Family Psychology, 19(4), 486–496.

Miller, E., & Almon, J. (2009). Crisis in the kindergarten: Why children need to play in school. Alliance for Childhood, National Society for the Study of Education.

Milteer, R. M., Ginsburg, K. R.; Council on Communications and Media, & Committee on Psychosocial Aspects of Child and Family Health, American Academy of Pediatrics. (2012). Clinical report: The importance of play in promoting healthy child development and maintaining strong parent–child bonds: Focus on children in poverty. Pediatrics, 129, e204–e213.

Murray, R., Ramstetter, C.; Council on School Health; American Academy of Pediatrics. (2013). The crucial role of recess in school. Pediatrics, 131(1), 183–188.

National Association for Sport and Physical Education. (2002). Active start: A statement of physical activity guidelines for children from birth to age 5 (2nd ed.). Retrieved from http://www.aahperd.org/naspe/standards/nationalGuidelines/ActiveStart.cfm.

National Association of Early Childhood Specialists in State Departments of

Education. (2002). Recess and the importance of play: A position statement on young children and recess. Washington, DC: National Association of Early Childhood Specialists in State Departments of Education.

Nicholson, J., Bauer, A., & Wooly, R. (2016). Inserting child- initiated play into an American urban school district after a decade of scripted curricula complexities and progress. American Journal of Play, 8(2), 228–271.

Nicolopoulou, A., Cortina, K. S., Ilgaz, H., Cates, C. B., & de Sá, A. B. (2015). Using a narrative-and play-based activity to promote low-income preschoolers' oral language, emergent literacy, and social competence. Early Childhood Research Quarterly, 31, 147– 162.

OECD. (2015). Students, computers and learning: Making the connection. Paris: OECD.

OECD (2016). PISA 2015 Results (Volume I). Excellence and equity in education. Paris: OECD.

Panksepp, J., Burgdorf, J., Turner, C., & N. Gordon. (2003). Modeling ADHD type arousal with unilateral frontal cortex damage in rats and beneficial effects of play therapy. Brain and Cognition, 52, 97–105.

Pellegrini, A. D. (1980). The relationship between kindergartners' play and achievement in prereading, language, and writing. Psychology in the Schools, 17(4), 530–535.

Pellegrini, A. D. (2009). The Role of Play in Human Development. Oxford: Oxford University Press.

Pellegrini, A. D., & Bohn, C. M. (2005). The role of recess in children's cognitive performance and school adjustment. Educational Researcher, 34(1), 13–19.

Pellegrini, A. D., & Davis, P. D. (1993). Relations between children's playground and classroom behavior. British Journal of Educational Psychology, 63, 88–95.

Pellegrini, A. D., Dupuis, D., & Smith, P. K. (2007). Play in evolution and development. Developmental Review, 27(2), 261–276.

Pellegrini, A. D., & Gustafson, K. (2005). Boys' and girls' uses of objects for exploration, play, and tools in early childhood. In A. D. Pellegrini & P. K. Smith (Eds.), The Nature of Play: Great Apes and Humans (pp. 113– 135). New York: Guilford Press.

Pellegrini, A. D., & Holmes, R. M. (2006). The role of recess in primary school. In D. Singer, R. Golinkoff, & K. Hirsh-Pasek (Eds.), Play = Learning: How Play Motivates and Enhances Children's Cognitive and Socio-Emotional Growth. Oxford: Oxford University Press.

Pellegrini, A. D., Huberty, P. D., & Jones, I. (1995). The effects of recess timing on children's classroom and playground behavior. American Educational Research Journal, 32, 845–864.

Pellegrini, A. D., & Smith, P. K. (1993). School recess: Implications for education and development. Review of Educational Research, 63(1), 51–67.

Pellegrini, A. D., & Smith, P. K. (1998). Physical activity play: The nature and function of a neglected aspect of play. Child Development, 69, 577–598.

Pellis, S. M., & Pellis, V. (2007). Rough and tumble play and the development of the social brain. Current Directions in Psychological Science 16(2), 95–98.

Pellis, S., & Pellis, V. (2009). The Playful Brain. Oxford: Oneworld Publications.

Pellis, S., & Pellis, V. (2011). Rough and tumble play: Training and using the social brain. In P. Nathan & A. D. Pellegrini (Eds.), The Oxford Handbook of the Development of Play (pp. 245–259). New York: Oxford University Press.

Pellis, S. M., Pellis, V. C., & Bell, H. C. (2010). The function of play in the development of the social brain. American Journal of Play, 2, 278–296.

Pellis, S. M., Pellis, V. C., & Himmler, B. T. (2014). How play makes for a more adaptable brain: A comparative and neural perspective. American Journal of Play, 7(1), 73–98.

Piaget, J. (1962). Play, Dreams, and Imitation in Childhood. New York:

W.W.Norton.Plomin, R., & Asbury, K. (2005). Nature and nurture: Genetic and environmental influences on behavior. Annals of the American Academy of Political and Social Science, 600, 86–98.

Pyle, A., & Danniels, E. (2017). A continuum of play- based learning: The role of the teacher in play- based pedagogy and the fear of hijacking play. Early Education and Development, 28(3), 274–289.

Ramstetter, C. L., Murray, R., & Garner, A. S. (2010). The crucial role of recess in schools. Journal of School Health, 80(11), 517–526.

Ramstetter, C., & Murray, R. (2013). American Academy of Pediatrics policy statement: The crucial role of recess in schools. Pediatrics, 131(1). Retrieved from http://pediatrics.aappublications.org/content/131/1/183.

Ravitch, D. (2013). Reign of Error: The Hoax of the Privatization Movement and the Danger to America's Public Schools. New York: Alfred A. Knopf.

Rubin, K. H., Fein, C. G., & Vandenberg, B. (1983). Play. In E. M. Hetherington (Ed.), Handbook of Child Psychology (Vol. 4), Socialization, Personality, and Social Development (pp. 693–774). New York: Wiley.

Saggar, M., Quintin, E. M., Kienitz, E., Bott, N. T., Sun, Z., Hong, W. C., ... & Hawthorne, G. (2015). Pictionary-based fMRI paradigm to study the neural correlates of spontaneous improvisation and inaugural creativity. Scientific Reports, 5.

Sahlberg, P. (2006). Education reform for raising economic competitiveness. Journal of Educational Change, 7(4), 259–287.

Sahlberg, P. (2012, September 6). How gender equality could help school reform? Washington Post.

Sahlberg, P. (2015). Finnish Lessons 2.0. What Can the World Learn from Educational Change in Finland? New York: Teachers College Press.

Sahlberg, P. (2016). Global educational reform movement and its impact on teaching. In K. Mundy, A. Green, R. Lingard, & A. Verger (Eds.), The

Handbook of Global Policy and Policymaking in Education (pp. 128–144). New York: Wiley- Blackwell.

Sahlberg, P. (2018). FinnishED Leadership: Four Big, Inexpensive Ideas to Transform Education. Thousand Oaks, CA: Corwin Press.

Sandseter, E. (2011). Children's risky play from an evolutionary perspective. Evolutionary Psychology, 9, 257–284.

Schulz, L. E., & Bonawitz, E. B. (2007). Serious fun: Preschoolers engage in more exploratory play when evidence is confounded. Developmental Psychology, 43(4), 1045–1050.

Schwab, K., & Samans, R. (2016). The future of jobs. Employment, skills and workforce strategy for the fourth Industrial Revolution. The World Economic Forum. Retrieved from http://www3.weforum.org/docs/WEF_Future_of_Jobs.pdf.

SHAPE America. (2016). Guide for recess policy. Reston, VA.

Shields, A., & Ciccetti, D. (1998). Reactive aggression among maltreated children: The contributions of attention and emotion dysregulation. Journal of Clinical Child Psychology, 24, 381–395.

Shonko, J., & Phillips, D. (2000). From Neurons to Neighborhoods: The Science of Early Childhood Development. Institute of Medicine, Committee on Integrating the Science of Early Childhood Development, Board on Children, Youth and Families. Washington, DC: National Academies Press.

Singer, D., Golinko, R., & Hirsh-Pasek, K. (2006). Play = Learning: How Play Motivates and Enhances Children's Cognitive and Social- Emotional Growth. Oxford: Oxford University Press.

Siviy, S. M. (2016). A brain motivated to play: Insights into the neurobiology of playfulness. Behaviour, 153, 819–844.

Siviy, S. M., & Panksepp, J. (2011). In search of the neurobiological substrates for social playfulness in mammalian brains. Neuroscience and Biobehavioral

Reviews, 35, 1821–1830.

Spinke, M., Newberry, R., & Bekoff, M. (2001). Mammalian play: Training for the unexpected. Quarterly Review of Biology, 76, 141–168.

Stroud, J. E. (1995). Block play: Building a foundation for literacy. Early Childhood Education Journal, 23(1), 9–13.

Sutton- Smith, B. (1997). The Ambiguity of Play. Cambridge, MA: Harvard University Press.

Thompson, R. A. (2001). Development in the first years of life. The Future of Children, 11(1), 20–33.

Trawick- Smith, J., Swaminathan, S., Baton, B., Danieluk, C., Marsh, S., & Szarwacki, M. (2017). Block play and mathematics learning in preschool: The effects of building complexity, peer and teacher interactions in the block area, and replica play materials. Journal of Early Childhood Research, 15, 433–448.

UN Committee on the Rights of the Child (CRC). (2013). General comment No. 17 (2013) on the right of the child to rest, leisure, play, recreational activities, cultural life and the arts (art. 31), 17 April 2013, CRC/C/GC/17.Retrieved from http://www.refworld.org/docid/51ef9bcc4.html.

Urban, M. (2019). The Shape of Things to Come and what to do about Tom and Mia: Interrogating the OECD's International Early Learning and Child Well- Being Study from an anti-colonialist perspective. Policy Futures in Education. Retrieved from https://doi.org/10.1177/1478210318819177.

Vygotsky, L. S. (1967). Play and its role in the mental development of the child. Soviet Psychology, 5, 6–18.

Vygotsky, L. (1978). Mind in Society—The Development of Higher Psychological Processes. Cambridge, MA: Harvard University Press.

Vygotsky, L. S. (1978). The role of play in development. In Mind in Society (pp. 92–104). Cambridge, MA: Harvard University Press.

Wallace, C. E., & Russ, S. W. (2015). Pretend play, divergent thinking, and math achievement in girls: A longitudinal study. Psychology of Aesthetics, Creativity, and the Arts, 9(3), 296–305.

Weisberg, D. D. S., Hirsh- Pasek, K., & Golinko, R. M. (2013). Guided play: Where curricular goals meet a playful pedagogy. Mind, Brain, and Education, 7(2), 104–112.

Weisberg, D. S., Hirsh- Pasek, K., Golinkoff, R. M., Kittredge, A. K., & Klahr, D. (2016). Guided play: Principles and practices. Current Directions in Psychological Science, 25(3), 177–182.

White, R. (2013). The power of play: A research summary on play and learning. Minneapolis: Minnesota Children's Museum.

White, R. E., & Carlson, S. M. (2016). What would Batman do? Selfdistancing improves executive function in young children. Developmental Science, 19(3), 419–426.

Whitebread, D., Neale, D., Jensen, H., Liu, C., Solis, S. L., Hopkins, E., Hirsh-Pasek, K., & Zosh, J. M. (2017). The role of play in children's development: A review of the evidence (research summary). Billund, Denmark: The Lego Foundation. Retrieved from https://www.legofoundation.com/media/1065/play-types-development-review_web.pdf.

Wolfgang, C. H., Stannard, L. L., & Jones, I. (2001). Block play performance among preschoolers as a predictor of later school achievement in mathematics. Journal of Research in Childhood Education, 15(2), 173–180.

Yogman, M., Garner, A., Hutchinson, J., Hirsh-Pasek, K., & Golinkoff, R, M.; American Academy of Pediatrics Committee on Psychosocial Aspects of Child and Family Health, Council on Communications and Media. (2018). The power of play: A pediatric role in enhancing development in young children. Pediatrics, 142(3), e20182058.

Zachariou, A., & Whitebread, D. (2015). Musical play and selfregulation: Does musical play allow for the emergence of self- regulatory behaviours? International Journal of Play, 4(2), 116–135.

Zelazo, P. D., Blair, C. B., & Willoughby, M. T. (2017). Executive Function: Implications for Education (NCER 2017-2000). Washington, DC: National Center for Education Research, Institute of Education Sciences.

Zhao, Y. (2014). Who's Afraid of the Big Bad Dragon? Why China Has the Best (and the Worst) Education System in the World. San Francisco: Jossey-Bass.

Zosh, J. M., Hassinger-Das, B., Toub, T. S., Hirsh-Pasek, K., & Golinkoff, R. (2016). Playing with mathematics: How play supports learning and the Common Core state standards. Journal of Mathematics Education at Teachers College, 7, 45–49.

Zosh, J. M, Hirsh-Pasek, K., Golinkoff, R. M., & Dore, R. A. (2017). Where learning meets creativity: The promise of guided play. In R. Beghetto & B. Sriraman (Eds.), Creative Contradictions in Education: Cross Disciplinary Paradoxes and Perspectives (pp. 165–180). New York: Springer International Publishing.

Zosh, J. M., Hirsh- Pasek, K., Hopkins, E. J., Jensen, H., Liu, C., Neale, D., ... & Whitebread, D. (2018) Accessing the inaccessible: Redefining play as a spectrum. Frontiers in Psychology, 9, 1124.

Zosh, J. M., Hopkins, E. J., Jensen, H., Liu, C., Neale, D., Hirsh-Pasek, K., ... & Whitebread, D. (2017). Learning through play: A review of the evidence (white paper). Billund, Denmark: Lego Foundation. Retrieved from https://www. legofoundation.com/media/1063/learning-throughplay_web.pdf.